国家科学技术学术著作出版基金资助出版

液压型风力发电机组控制技术

Control Technology of Hydrostatic Transmission Wind Turbine

孔祥东 艾超 李昊 张寅 陈立娟 著

机械工业出版社
CHINA MACHINE PRESS

本书主要针对液压型风力发电机组及其相应的关键技术进行阐述。液压型风力发电机组控制涉及多变量、非线性、强时变、高阶次、工况跨度大等问题，是电力系统、控制与流体传动等多学科交叉的研究内容。液压型风力发电机组控制技术中包含了多项关键技术，攻破并掌握这些关键技术是液压型风力发电机组进一步发展的必由之路，也是液压型风力发电机组进行产业化的道路中必须要克服的难题。

燕山大学孔祥东教授团队经过多年对液压型风力发电机组控制技术的研究，已经掌握了多项液压型风力发电机组关键技术，并通过本书得到了体现。本书内容包括绪论、液压型风力发电机组工作原理及子系统数学模型、液压型风力发电机组输出转速控制技术、液压型风力发电机组输出功率控制技术、液压型风力发电机组最佳功率追踪控制技术、液压型风力发电机组低电压穿越控制技术、液压型落地式风力发电机组长管路谐振抑制技术、液压型风力发电机组变桨距控制技术。

本书通过通俗简练的语言和图文并茂的展现方式把对液压型风力发电机组功率传输及其控制技术的研究工作进行提炼和总结，希望对从事风力发电领域的广大科研人员和工程技术人员有所帮助。

图书在版编目（CIP）数据

液压型风力发电机组控制技术/孔祥东等著. —北京：机械工业出版社，2021.4
国家科学技术学术著作出版基金资助出版
ISBN 978-7-111-67740-6

Ⅰ.①液… Ⅱ.①孔… Ⅲ.①风力发电机-发电机组-控制系统
Ⅳ.①TM315

中国版本图书馆 CIP 数据核字（2021）第 042451 号

机械工业出版社（北京市百万庄大街22号　邮政编码100037）
策划编辑：舒　恬　责任编辑：舒　恬
责任校对：肖　琳　封面设计：张　静
责任印制：郜　敏
盛通（廊坊）出版物印刷有限公司印刷
2021年8月第1版第1次印刷
184mm×260mm·23印张·3插页·568千字
标准书号：ISBN 978-7-111-67740-6
定价：168.00元

电话服务	网络服务
客服电话：010-88361066	机 工 官 网：www.cmpbook.com
010-88379833	机 工 官 博：weibo.com/cmp1952
010-68326294	金 书 网：www.golden-book.com
封底无防伪标均为盗版	机工教育服务网：www.cmpedu.com

序 一

风力发电机组是将风能转换为电能的发电装备。而风能具有随机性和波动性，可能导致风力发电机组输出的电能质量过低，同时引起风力发电机组弃风。液压型风力发电机组作为一种新型的风力发电设备，具有传动比实时可调、工作效率高和可靠性高等特点，为解决传统风力发电机组所面临的问题提供了更为有效的理论与技术途径。

2017 年我曾向国家科学技术学术著作出版基金委员会推荐《液压型风力发电机组控制技术》一书，非常荣幸获得了该基金来之不易的资助。该书总结了作者对液压型风力发电机组研究工作的很多创新成果。书中详细阐述了液压型风力发电机组的转速控制、功率控制、最佳功率追踪控制、机组功率平抑控制、长管路系统谐振抑制、机组低电压穿越控制和变桨距控制等研究成果，涵盖了液压系统和风力发电机组中非线性控制技术的核心问题。该书介绍的研究成果具有重要的理论价值，也具有重要的工程实际意义，对我国风力发电机组的基础研究将起到积极的推动作用。

该书凝聚了作者多年从事液压型风力发电机组研究的心血和成果。期望该书为风力发电机组控制技术、液压系统控制技术及相关领域的学者和工程技术人员提供有益参考，体现出其重要的价值。

中国工程院院士

2019 年 8 月

序　二

随着环境污染和能源短缺问题日益加剧，包括风能在内的可再生能源开发利用受到世界各国的高度重视。但由于风能具有不连续、不稳定等特性，大规模并网后会打破原有的电力电量平衡格局，且低质量的风电易造成弃风现象。如何实现风力发电机组的高寿命、高电能质量和高风能利用率的控制目标，是风力发电机组控制领域的核心问题，也是目前研究的热点。

《液压型风力发电机组控制技术》一书针对液压型风力发电机组，围绕风能预测与捕获和能量传输与调配等方面展开研究，从静液压传动的动力学行为出发，结合流体力学、振动力学、控制理论，提出了高风能利用率、高电能质量、高可靠性和高电网适应性等一系列控制方法。该书获得了2017年国家科学技术学术著作出版基金的资助，是目前国内唯一一本较全面论述液压型风力发电机组控制技术的专著，具有重要的理论研究价值和工程应用价值。

该书理论研究与实验研究相结合，内容丰富，是作者多年来对液压型风力发电机组研究成果的总结和凝练，可供从事风力发电技术研究的高等学校电气工程、机械电子工程及相关学科师生使用，也可供从事流体传动与控制的工程技术人员参考。

北京航空航天大学教授

2019 年 8 月

全球经济飞速发展，但随之而来的能源短缺和环境问题却成为人类关注的热点。尤其是传统化石能源如天然气、石油的日渐短缺，对各国工业发展的影响尤为突出。2018 年《BP 世界能源统计年鉴》中指出，已探明的全球石油资源和天然气储量已经不能满足社会发展的需要。因此，可再生能源的发展逐渐成为各国关注的焦点。风能作为一种绿色的可再生能源，具有蕴藏量丰富、分布广、无污染等特点，已成为可再生能源发展的一个重要方向。风电以其良好的环境效益和逐步降低的发电成本，已成为我国继煤电、水电之后的第三大能源，在国民经济发展中发挥着越来越重要的作用。

从全世界范围来看，风电在欧洲和北美每年都是新增电力装机的领头羊，包括非洲、亚洲和拉丁美洲等在内，很多国家的众多风电市场的开放，加之风电新机型的不断涌现，使得具备风电能源市场开发价值的地区进一步扩大。种种迹象表明，风力发电的前景广阔，且具有巨大的市场潜力。

我国幅员辽阔，海岸线长，风能资源比较丰富。近年来，在国家政策的支持下，我国大力发展以风电为代表的清洁能源，风力发电增长势头迅猛。截至 2019 年底，全球新增风电装机容量约 60.4GW，其中，我国新增风电装机容量 26.16GW 占全球风电装机容量的 43.3%，全国风电年发电量占全国总发电量的 5.5%，风电已成为我国电力系统的重要组成部分。加快发展风电，不断提高全国的风能利用水平，将有助于我国 2060 年前实现碳中和目标的达成。但是，我国风电产业基础比较薄弱、自主创新能力有所欠缺、产业链也不尽完善，并面临着弃风现象严重、消纳困难以及装机成本高等一系列问题。因此，为了进一步提高系统的工作效率和系统可靠性，降低风力发电机组的制造维护成本，液压型风力发电机组研发开始崭露头角，同时液压型风力发电机组控制方面的研究势在必行且意义重大。

目前，世界风力发电正朝着增大单台风力发电机组装机功率的方向发展。液压型风力发电机组作为一种新型风力发电机组，由于采用了液压动力传动形式，因此具有十分突出的特点：能实现传动比实时可调，且可实现柔性控制，可抑制风速波动对电能质量的影响；能实现励磁同步发电机在风力发电机组领域的应用，以准同期方式接入电网，降低对电网的冲击，无谐波，且励磁同步发电机具有较强的低电压穿越能力，不需增加硬件设备；省去齿轮箱、逆变器和箱式变压器，减少功率损耗，大大减轻了风力发电机组的重量，降低了装机成本。在液压型风力发电机组中，主传动系统采用定量泵-变量马达闭式容积调速系统，风力机带动定量泵转动，将风能转化为液压能，经液压管路驱动变量马达将液压能转化为机械能，变量马达带动同步发电机将机械能转化为电能并网发电。

液压型风力发电机组作为一种涉及空气动力学、振动力学、流体力学、电力系统、机械结构以及先进控制理论等多学科知识高度交叉的新技术集群系统，与传统机组相比具有独特优势，为新能源的开发与利用注入新的活力，是具有划时代意义的一项技术变革。本书采用理论与实践相结合的方法详细分析了液压型风力发电机组的运行特性，包括液压型风力发电机组机理模型、发电运行特性、并网冲击特性、低电压运行特性以及机组长管路特性等。由于控制系统的分析与设计相对困难，因此控制策略的优化是液压型风力发电机组柔性并网运行的关键，并且是实现液压型风力发电机组高电能质量、高风能利用率和高寿命的重要手段。基于此，在系统特性分析的基础上，本书结合控制理论提出了包括机组输出转速控制技术、机组输出功率控制技术、机组最佳功率追踪控制技术、机组低电压穿越控制技术、系统长管路谐振抑制技术以及变桨距控制等液压型风力发电机组控制体系。全书的内容依托于生产实践，将理论与实际相结合，具有一定的创新性和代表性，并遵循深入浅出、循序渐进和自成体系的原则。书中所涉及的内容均进行了严格推导，并经过大量的仿真和实验验证，力争做到准确无误。

写作本书的初衷是对液压型风力发电机组功率传输及其控制技术进行研究，以期打破国外的垄断，为实现我国风力发电的宏伟目标，落实能源"互联网+"政策，推进风力发电技术的发展和创新尽自己的绵薄之力，同时为我国液压型风力发电机组的理论研究和工程应用提供一定的理论基础和技术依据。本书通过通俗简练的语言和图文并茂的展现方式把对液压型风力发电机组功率传输及其控制技术的研究工作进行提炼和总结，希望对从事风力发电领域的广大科研人员和工程技术人员有所帮助。本书共包含8章，第1章是绪论，介绍液压型风力发电机组的兴起和发展，第2章介绍液压型风力发电机组的工作原理及子系统数学模型，第3章探究液压型风力发电机组输出转速控制技术，第4章和第5章分析液压型风力发电机组的输出功率和最佳功率追踪的控制技术，第6章进一步介绍液压型风力发电机组低电压穿越控制技术，第7章针对液压型落地式风力发电机组液压系统的长管路谐振特性进行了详细的分析和介绍，第8章探究液压型风力发电机组变桨距控制技术。

本书由孔祥东、艾超、李昊、张寅、陈立娟合著。孔祥东教授编写第3、4、6章，艾超教授编写第2、7章，李昊教授编写第8章，张寅副教授编写第5章，陈立娟博士研究生编写第1章。在液压型风力发电机组的研究过程中，很多研究生先后参与了研究工作，他们是陈文婷、叶壮壮、闫桂山、董彦武、刘艳娇、张亮、陈汉超、高伟、柏文杰、刘旋、吴超、赵帆、王亚伦、张庭源、张亚滨、贾存德、周广玲、郭佳伟、李策和陈俊翔。他们认真钻研、勤奋刻苦，为本书的完成付出了汗水和心血，做出了重要贡献。

在研究的前期，浙江大学杨华勇院士、北京航空航天大学焦宗夏教授、哈尔滨工业大学姜继海教授和南京理工大学李晓宁教授对本书的具体内容提出了很多建设性的指导意见，并给予了极大的支持和鼓励，在此谨向各位老师致以诚挚的谢意！

作者特别感谢杨华勇院士、焦宗夏长江学者特聘教授为本书作序！感谢他们对本书的高度评价和殷切期望！

感谢国家自然科学基金面上项目（51375422、51475406）和国家自然科学基金青年项目（51405423）的资助，感谢国家科学技术学术著作出版基金的资助，使得项目研究圆满完成和本书顺利出版。

本书得到了机械工业出版社的大力支持，多位编辑为本书的顺利出版倾注了大量精力，特此致谢！

由于作者水平有限，书中存在疏漏和不足之处在所难免，殷切希望广大读者批评指正。

著　者

目　录

第**1**章 绪 论

1.1 风力发电发展现状

全球经济飞快发展，而能源的短缺和随之而来的环境问题却成为人类的噩梦，受到全球的关注。尤其是传统化石能源如天然气、石油的日渐短缺，对各国工业的发展影响巨大。2020年《世界能源统计年鉴》中指出，2019年末，已探明的全球石油资源储量约1.734万亿桶，天然气储量约198.8万亿m^3，已经不能满足社会发展的需要。因此可再生能源的发展成为各国政府开始关注的焦点。

风能在可再生能源中是最环保、开发前景最为广阔的能源之一。从技术角度上讲，风力发电技术也是最成熟、工作最稳定、商业价值较高的新能源技术。全球各个国家都很重视风电技术的发展。风能是因为地球表面受太阳能辐射，又由于地表差异化引起的地表面受热不一，从而导致气流的运动而产生的，其最大的优点就是取之不尽、用之不竭、绿色环保。风能资源蕴藏量巨大，据估计，全球的风能总储量大约为2.76×10^9MW，可以被人类开发利用的储量约为2.01×10^8MW。

据《全球风电市场年度统计报告》显示，截至2019年底全球风电市场新增装机容量超过60.4GW，累计装机容量已超过651GW，其中我国实现新增装机容量26.155GW，占全球风能市场新增装机容量的43.3%。由于全球对可再生能源的重视程度逐渐增强，风力发电行业整体仍以增长趋势发展。

从全世界范围来看，风电在欧洲和北美每年都是新增电力装机的领头羊。包括非洲、亚洲和拉丁美洲等很多国家在内的众多风电市场的开放，加之风电新机型的不断涌现，使得具备风电能源市场开发条件的地区进一步增多，种种迹象表明，风力发电的前景广阔，具有巨大的市场潜力。

2020年，我国风力发电市场仍以健康可持续发展的趋势存在于电力领域，2020年新增的风力发电机组装机容量达到71.67GW，我国的风力发电发展迅猛，在整个能源供应中所占比例越来越高[1]。风能是当前技术较为成熟、能够规模性开发并具有很大发展潜力的可再生能源，风电已成为我国继煤电、水电之后的第三大电源。加快发展风电，不断提高全国

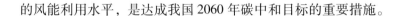

的风能利用水平，是达成我国 2060 年碳中和目标的重要措施。

1.2 液压型风力发电机组发展现状

1.2.1 液压型风力发电机组概述

液压型风力发电机组主要分为双馈型风力发电机组和直驱式风力发电机组，这两种机型已经广泛应用于陆地和海上风力发电。为了进一步提高机组的工作效率和系统可靠性，降低风力发电机组的制造维护成本，科研工作者提出了一些新的想法，并已进行试验验证或样机试验，且部分成果已经在市场中崭露头角。液压型风力发电机组是最具代表性的新机型，其通过液压传动系统完全替代了齿轮箱、变流器、变频器等装置，而且液压系统柔性传动的特质是齿轮箱或直驱型传动无法比拟的[2]。

液压型风力发电机组结构具有多样性。其中典型的液压型风力发电机组系统结构图如图 1-1 所示，该系统主要包括叶片和轮毂构成的风力机、由定量泵-变量马达组成的闭式液压系统、电控系统以及励磁同步发电机等[3]。

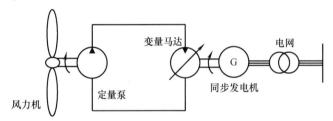

图 1-1　液压型风力发电机组系统结构图

液压型风力发电机组工作原理：自然风驱动风力机旋转把风能转换成机械能；风力机与定量泵同轴连接，在风能的驱动下，风力机带动定量泵旋转，将机械能转换成液压能；变量马达与励磁同步发电机同轴连接，变量马达带动励磁同步发电机旋转，实现液压能向电能的转换。

液压型风力发电机组与双馈型风力发电机组和直驱式风力发电机组比较具有明显优势。液压传动系统取代了双馈型风力发电机组中的齿轮箱，避免了齿轮箱故障率高的问题，提高了系统可靠性，同时解决了直驱式风力发电机组中电机和变流器体积过大的问题，在整机重量和价格方面也有着显著的优势[4]；利用液压传动方式具有在线调节传动比的优点，即不需要通过额外的变频变流装置来匹配风速的变化和电网频率之间的关系，因此系统灵活性更高；液压传动可以实现灵活的柔性控制，能够更好地吸收功率波动、降低并网冲击和减少系统谐波振动，提高电能质量[5]；励磁同步发电机当电网故障时在不增加硬件设备的条件下可以更好地实现低电压穿越。

1.2.2 液压型风力发电机组国外发展现状

1.2.2.1 基础机型及其相关研究

挪威 Charp Drive 公司自 2004 年开启了液压型风力发电机组的研究工作。于 2012 年，在液压型风力发电机组的研发上实现了重大突破，其中在主传动系统和并网控制方法以及低电压穿越的控制方法上，获得三项欧洲专利[6]。目前，该公司对 3.3MW 以及 6.6MW 两种液压型风力发电机组进行研制，该机型的原理如图 1-2 所示[7]。

苏格兰爱丁堡阿托斯公司在 2009 年[8]成功研制了 1.5MW 液压型风力机组，并制作出其模型，图 1-2 所示为该机组的三维样图与传动系统示意图。三菱重工于 2015 年成功完成装机容量为 7MW 的海上液压型风力发电机组的研制。

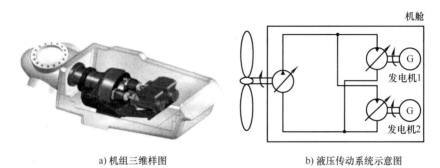

a) 机组三维样图   b) 液压传动系统示意图

图 1-2 阿托斯液压型风机机组

2010 年，德国亚琛工业大学学者搭建了 1MW 液压型风力发电机组半物理仿真实验平台。实验平台如图 1-3 所示[9]。

图 1-3 亚琛工业大学液压型风力发电机组半物理仿真实验平台

在该平台上完成了模拟波动风速条件下系统理论仿真分析和实验台数据分析。实验系统原理如图 1-4 所示。

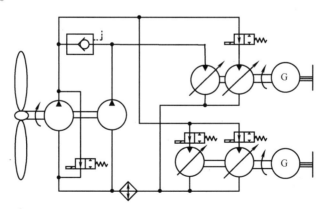

图 1-4 亚琛工业大学液压型风力发电机组原理示意图

针对液压型风力发电机组中变量马达处于局部负荷区时效率较低的问题，挪威国家石油公司同赫格隆液压马达公司共同提出了采用变量泵-变量马达组成的双速液压传动系统。但因为工作风速宽泛，所以气动效率轻微下降，然而对液压系统的传动效率提高具有明显的作用，其原理图如图 1-5 所示。

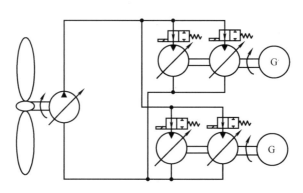

图 1-5　双速液压型风力发电机组原理图

1.2.2.2　优化机型及其相关研究

为提高液压型风力发电机组的性能和扩大机组的市场占有率，在原有液压型风力发电机组的基础上，从机组结构上进行优化，例如，在原有结构上引入液压长管路、蓄能器、比例阀等以及采用混合传动方式，具体介绍如下。

2010 年，美国 EATON 公司提出一种新型液压风力发电机设计方案[10]，90%的设备被安装于地上，这样大大降低了系统安装成本、减轻了机舱重量、很大程度上方便工程维修，这样的系统设计更适合小型风力发电机组。该风力机采用水平轴结构，传动系统采用定量柱塞泵-变量柱塞马达闭式液压系统设计，柱塞泵输出高压油经过管道驱动马达拖动异步发电机工作于同步转速，进而实现并网发电，其原理如图 1-6 所示。

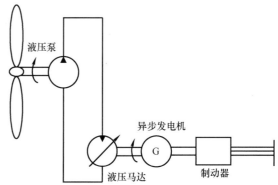

图 1-6　EATON 公司液压型风力发电机组原理图

2008 年，荷兰代尔夫特理工大学的风电研究机构开展了代尔夫特海上风电项目研究（DOT），其原理图如图 1-7 所示[11]。有关学者已经对系统所涉及的元件特性、系统特性进行了详细的说明，并对系统中独特的无源控制方法展开了论述。

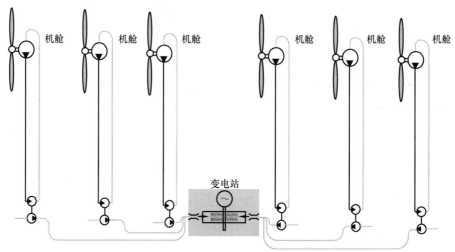

图 1-7　代尔夫特理工大学海上液压型风力发电机组原理图

韩国蔚山大学 Hoang Thinh DO 团队[12]对如图 1-8 所示的液压型风力发电机组系统模型进行了研究。提出在高压侧和低压侧分别加装高低压蓄能器，当风速过高时吸收风功率，当风速较低时释放吸收的风功率补充到系统中以达到提高系统效率。

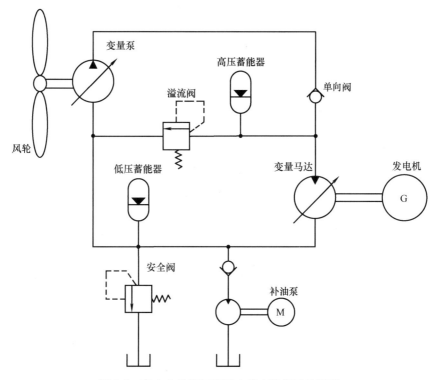

图 1-8　蔚山大学液压型风力发电机组系统模型

美国普渡大学学者[13]针对如图 1-9 所示的液压型风力发电机组系统进行了研究。从单输入单输出系统模型入手建立主传动系统状态空间模型，通过 PID 控制策略对系统的可行性进行研究，利用实验对比数学模型的仿真结果，最终证明了数学建模是正确的。

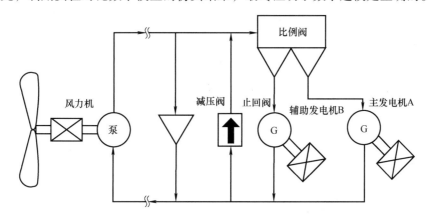

图 1-9　普渡大学液压型风力发电机组系统原理图

美国明尼苏达大学教授 Kim A. Stelson 团队针对如图 1-10 所示的液压型风力发电机组进行了研究。提出，在风力机和变量泵之间、马达和发电机之间增加机械齿轮环节。通过机械齿轮部分弥补了单纯液压型风力发电机效率低下的问题[14]。通过仿真对比分析，机液联合传动的方式比单纯液压传动方式的风力发电机效率高。

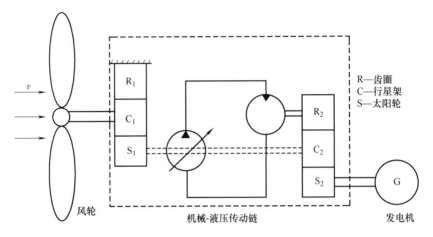

图 1-10　明尼苏达大学液压型风力发电机组系统模型

1.2.3　液压型风力发电机组国内发展现状

国内在液压型风力发电机组领域具有丰富的研究成果，但主要仍停留在高校内的研发团队，相对突出的有燕山大学、浙江大学以及大连理工大学等。

燕山大学孔祥东教授团队从 2009 年开始着力于液压型风力发电机组的研究工作。先后对液压型风力发电机主传动系统恒转速输出控制、无冲击并网控制、最佳功率追踪控制、变桨距控制、谐振抑制以及低电压穿越控制等进行了一系列理论与实验研究[15-22]。相应的液压型风力发电机组系统简图如图 1-11 所示。

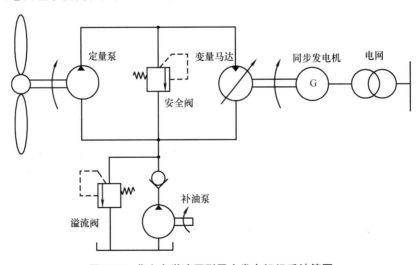

图 1-11　燕山大学液压型风力发电机组系统简图

浙江大学李伟教授团队开展了基于能量液压型变速恒频风力发电机组的研究工作，其原理图如图 1-12 所示。深入研究了电液比例变桨距技术和双泵-双马达变速恒频系统，对几种典型的功率追踪方法进行了仿真对比研究，并完成了半物理仿真试验台相应的搭建工作[23]。

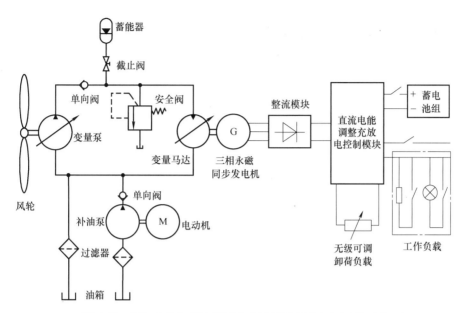

图 1-12 浙江大学能量液压型变速恒频风力发电机组原理图

大连理工大学对液压型风力发电机组做了阶段性研究，主要体现在设计基本液压传动原理，对系统进行建模分析和仿真研究，说明系统的可行性和算法的有效性[24]。

上海交通大学施光林教授团队针对液压型风力发电机组提出了一种分层调整的闭环速度控制系统[25]，通过粗调变量马达和精调旁路比例节流阀的控制方法，实现了机组的恒转速输出控制，并进行了相应的仿真和实验研究，其风力发电试验台如图 1-13 所示。

图 1-13 上海交通大学风力发电试验台

1—比例节流阀 2—控制器 3—变量马达 4—发电机 5—油箱
6—液压泵动力输入轴 7—蓄能器 8—低速大排量液压泵 9—转速传感器

1.3 液压型风力发电机组控制关键技术

液压型风力发电机组控制涉及多变量、非线性、强时变、高阶次、工况跨度大等问题，是电力系统、控制与流体传动相交叉的学科研究内容。液压型风力发电机组控制技术中包含了多项关键技术，攻破并掌握这些机组的核心技术是液压型风力发电机组进一步发展的必由之路，也是液压型风力发电机组进行产业化的道路中必须要克服的难题。

燕山大学孔祥东教授团队在对液压型风力发电机组控制技术数年的研究过程中，已经掌握了多项液压型风力发电机组关键控制技术，具体包括以下几方面。

第一点，机组液压传动系统恒转速输出控制技术。

风能受风不确定变化的影响也会随之变化，如何将持续变化的风能转化为稳定输出的电能是机组液压传动系统需要解决的最核心问题。针对液压型风力发电机组自身的结构特点，要保证变量马达恒转速输出，进而满足同步发电机频率与电网频率相一致。本书将详细阐述机组液压传动系统恒转速输出控制技术，即实现机组液压系统定量泵侧变转速输入、变量马达侧恒转速输出。

第二点，机组液压传动系统输出功率控制技术。

液压型风力发电机组的风力机吸收风功率，经定量泵-变量马达液压传动系统，输送给励磁同步发电机，机组通过控制液压传动系统相关参量来实现控制输出功率的目的。本书阐述的机组液压系统功率控制技术，考虑机组在局部负荷区、额定负荷区以及超负荷区均需要对功率进行控制的要求，在风速一定时，风力发电机组可以按照给定功率稳定发电，在风速变化时，机组可适应风速变化快速调整输出平滑功率，最终实现液压型风力发电机组的高电能质量控制目标。

第三点，机组最佳功率追踪控制技术。

液压型风力发电机组在实际工作过程中，风速是不断变化的，在某一风速下，风力机吸收的功率会有一个最佳功率点。本书介绍的机组最佳功率追踪控制技术包含多种最佳功率追踪控制方法，适用于不同工况下机组的最佳功率追踪控制，最终可实现液压型风力发电机组的高风能利用的控制目标。

第四点，机组低电压穿越控制技术。

针对液压型风力发电机组低电压穿越控制，以机组液压传输系统为研究对象，研究系统非线性、低电压穿越机理；根据所得到的低电压工况下机组运行特性，分别从基于马达摆角调控、比例节流阀-定量泵联合调控以及机组能量的分层调控三个方面，探索机组有功功率控制、能量传递与耗散、电磁转矩波动补偿等方面的控制方法，最终提出整体的液压型风力发电机组低电压穿越控制策略。

第五点，机组液压传动系统长管路特性研究。

以长管路泵控液压马达系统为研究对象，重点研究了长管路对液压系统带来的影响，分析了液压长管路的谐振机理。推导出管道出口与入口的压力比传输幅频特性模型，研究液压型落地式风力发电机组管道系统在频域内的压力传递特性，通过数值模拟计算，得到管道长度、直径、油液密度等系统参数对系统压力传输的影响规律，并研究了管道系统产生流体谐振的条件。采用阻抗分析法，分析得到了各阻抗特性对机组传输的影响规律，为长管路谐振抑制控制算法的提出奠定了基础。

第六点，机组联合调桨控制技术。

液压型风力发电机组对变桨距系统的控制要求与传统风力发电机组不同，该技术采用理论分析和实验研究的方法，以风速特征、风轮特性和变桨距载荷特性分析为基础，提出了阀控液压马达桨距角位置控制过程中的摩擦补偿、变桨距速度冲击、变桨距载荷模拟技术以及液压型风力发电机组变桨距功率控制技术。

1.4　本章小结

本章主要分析了风力发电机组的现状、液压型风力发电机组的基本工作原理、液压型风力发电机组的发展现状，并阐述了液压型风力发电机组控制的关键技术，明确了后续章节的架构。

参考文献

［1］ 吕文春，马剑龙，陈金霞，等. 风电产业发展现状及制约瓶颈 ［J］. 可再生能源，2018，36（08）：1214-1218.

［2］ SKAARE B，HÖRNSTEN B，NIELSEN F G. Modeling，Simulation and Control of a Wind Turbine with a Hydraulic Transmission System ［J］. Wind Energy，2012：1-19.

［3］ 孔祥东，艾超，王静. 液压型风力发电机组主传动控制系统综述 ［J］. 液压与气动，2013（1）：1-7.

［4］ WHITBY R D. Hydraulic fluids in wind turbines ［J］. Tribology & Luburication technology，2010，66（3）：72-72.

［5］ KUSIAK A，ZHANG Z J，LI M Y. Optimization of wind turbine performance with data-driven models ［J］. IEEE Transactions on Sustainable Energy，2010，1（2）：66-76.

［6］ PETER C，MICHAEL N. Wind Turbine Power Production System with Hydraulic Transmission：2481916A1 ［P］. 2012.

［7］ JENSEN J A，FURUSETH A A，CHANG P，et，al. Technological Advances in Hydraulic Drive Trains for Wind Turbines ［C］. EWEA Annual Event Conference Proceedings，April 2012.

［8］ WHITBY R D. Hydraulic fluids in wind turbines ［J］. Tribology & Luburication technology，2010，66（3）：72-72.

［9］ KOHMÄSCHER T. Modell bildung Analyse und Auslegung hydrostatischer Antriebsstrangkonzepte ［D］. Germany：RWTH Aachen，2010.

［10］ EATON. Reliable power from the ground up ［OL］. http：//www.eaton.com/ ecm/idcplg? IdcSer-vice＝GET_FILE&allowInterrupt＝1&RevisionSelectionMethod＝LatestReleased&Rendition＝Primary&&dDocName＝PCT_328168.

［11］ DIEPEVEEN N F B，TEMPEL J V D. Delft Offshore Turbines，the Future of Wind Energy. Technical report ［R］. Delft University of Technology，2008：8-17.

［12］ DO H T，AHN K K，YOON J I. Application of Secondary control Hydrostatic Transmission on Wind Energy Conversion System ［C］// Proceedings of the Eighth International Conference on Fluid Power Transmission and Control（ICFP2013），2013：127-132.

［13］ HAMZEHLOUIA S，IZADIAN A. Modeling of Hydraulic Wind Power Transfers ［C］//2012 IEEE Power and

Energy Conference at Illinois. PECI. Champaign，IL，2012：1-6.

［14］WANG F，TRIETCH B，STELSON K A. Mid-sized Wind Turbine with Hydro-mechanical Transmission Dem-onstrates Improved Energy Production ［C］//Proceedings of the Eighth International Conference on Fluid Power Transmission and Control （ICFP2013），2013：167-171.

［15］艾超. 液压型风力发电机组转速控制和功率控制研究 ［D］. 秦皇岛：燕山大学，2012.

［16］王静. 液压型风力发电机组并联发电机并网控制研究 ［D］. 秦皇岛：燕山大学，2013.

［17］李昊. 液压型风力发电机组阀控液压马达变桨距控制理论与实验研究 ［D］. 秦皇岛：燕山大学，2013.

［18］廖利辉. 液压型风力发电机组最佳功率追踪控制方法研究 ［D］. 秦皇岛：燕山大学，2014.

［19］娄霄翔. 液压型风力发电机组低电压穿越理论与实验研究 ［D］. 秦皇岛：燕山大学，2012.

［20］叶壮壮. 液压型落地式风力发电机组主传动系统特性与稳速控制研究 ［D］. 秦皇岛：燕山大学，2015.

［21］陈立娟. 液压型风力发电机组功率追踪优化控制研究 ［D］. 秦皇岛：燕山大学，2017.

［22］刘艳娇. 液压型落地式风力发电机组谐振特性及抑制研究 ［D］. 秦皇岛：燕山大学，2017.

［23］林勇刚，王贤成，王菁，等. 基于液压传动的离网型风力机"变速恒频"控制研究 ［J］. 太阳能学报，2014，35（10）：1965-1970.

［24］张高峰. 液压传动型风力发电系统马达转速特性研究 ［D］ 大连：大连理工大学，2012.

［25］HUANG R J，SHI G L. I Research on the Constant Speed Control System of Hydraulic Motor under Variable Flow-rate Input Based on Dual-PID Method ［C］. Sarasota，USA：Proceedings of the ASME/BATH 2013 Symposium on Fluid Power & Motion Control，2013，1-7.

第**2**章　液压型风力发电机组工作原理及子系统数学模型

2.1　液压型风力发电机组工作原理

液压型风力发电机组并网之前需要在任意风速下调节变量马达转速至工频转速处，使风力发电机组顺利并网。在研究中发现，控制变量马达转速过程中，由于系统没有并入电网，变量马达输出端接近空载，因此变量马达转速稳定时马达端入口压力很低，如果采用以往的定量泵-变量马达闭式系统，由于负载压力低而使风轮产生较大的加速度，在随机风速作用下，风轮转速可能会产生较大的波动，使变量马达转速不容易稳定，造成系统并网困难。并且当风轮加速超过一定范围后，系统流量也会超过变量马达的最大流量，液压系统工作于溢流状态，造成系统发热，增加补油泵的工作负担。

在定量泵-变量马达之间加入比例流量阀可以解决上述问题。利用比例流量阀控制风轮转速，不仅可使风轮转速相对稳定，使流入变量马达端的流量稳定，保证液压型风力发电机组在任意额定风速下都可以顺利并网，还能确保风轮转速工作于系统不溢流的转速范围内，减少系统发热，降低补油泵的工作负担，提高机组寿命。但由于大型风力机组系统流量很大，目前还没有适于满流量范围的流量阀规格，因此可以在机组起动阶段只考虑比例流量阀与变量马达摆角联合控制，在风速较高的情况下通过变桨距进行辅助调节，克服桨叶惯量很大难于调节的困难，使风轮转速初步稳定，保证系统流量在一定范围内，再利用流量阀与变量马达摆角联合作用进一步控制使系统顺利并网。

改进的液压型风力发电机组原理如图 2-1 所示，主传动系统为定量泵-变量马达系统，定量泵与风轮相连，变量马达与同步发电机相连，风轮旋转使得泵出口高压油到马达入口驱动其带动同步发电机实现风力发电机组并网，并网后向电网输入有功功率。

液压型风力发电机组并入电网以后，同步发电机被电网拖住。我国电网频率为 50Hz，因此发电机转速为工频转速 1500r/min。由于变量马达与同步发电机相连，变量马达在机组并网后也稳定工作于工频转速处，因此液压型风力发电机组并网后的变量马达转速不受机组控制。风力发电机组除具有容易并网的功能外，还需要实现功率追踪的功能，即通过控制手段使风力发电机组获取最大的风能，转换成电能送入电网，风能的获取与风轮转速有关，因此风力发电机组并网后的主要控制目标是定量泵转速。考虑液压系统能量传输效率问题，并网后比例流量阀应退出控制系统，不再参与风轮转速的控制，

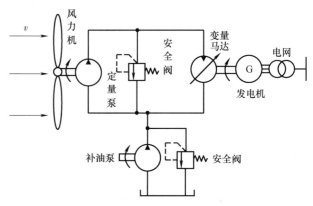

图 2-1　液压型风力发电机组原理简图

此时系统的可控变量为变量马达的摆角和风轮桨距角，在额定风速以下时需要利用变量马达摆角控制系统吸收最佳风功率，在额定风速以上时通过变量马达摆角和桨距角联合作用使机组吸收额定风功率。

2.2　风速建模

2.2.1　风

　　大气从压力高处运动到压力低处的运动形成了风。由于太阳对赤道和两极辐射强度的不同形成了大气环流，地球自转产生的科里奥利力对大气环流产生影响，形成地转风。地表到100m高的大气层称为大气的底层，在此大气层内风的运动受空气摩擦力的影响，造成风速大范围幅值和频率的改变，称为地方性风。近地层的风受到地转风和地方性风共同影响，因此地理位置、气候特征、海拔以及地表形貌等因素均会影响风向及风速[1]。

　　从空气运动来讲，可根据高度将大气层划分为三个区域，如图2-2所示。底层是距离地面小于2m的区域，下部摩擦层是2~100m的区域，两部分总和为地面境界层，上部摩擦层是100~1000m的区域，以上三区域总和称为摩擦层。摩擦层以上是大气。风力机主要工作于100m高度层。

2.2.2　风速模型

　　由于各种因素影响，风速变化包括动能和势能的变化，在一定时间和空间内风速变化具有随机性，但从统计学角度来讲，风速随时间的变化又具有一定的规律。风速建模就是采用数学方法描述风速特性，使之逼近真实风速特性，用以验证风力机模型的精确度和控制策略的有效性。

　　国外有很多关于风速频率分布的研究，近年来国内也开始进行大量研究。有模拟中期风速分布的威布尔（Weibull）双参数分布、皮尔逊（Pearson）Ⅲ型分布和瑞利（Rayleigh）分布，以及模拟脉动风速功率谱的有 Von Karman 谱、自回归滑动平均方法（ARMA）、Davenport 谱、Kaimal 谱等。

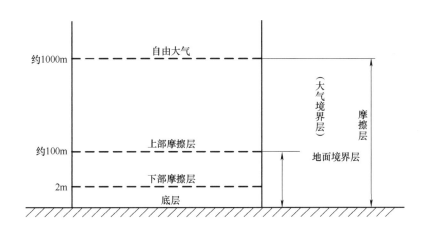

图 2-2　大气层分布图

　　风速频率分布一般是正态分布，风速高的部分，其分布曲线平缓。威布尔分布被认为是一个适合模拟真实风速规律的模型，应用极大似然估计法和矩量法可以准确估计威布尔分布双参数[2-3]。但威布尔分布体现的是 10min 以上的风速平均分布，而这种时间尺度不适用于研究风力机动态特性之间的耦合关系。

　　风湍流统计模型是随空间和时间变化将三个方向湍流分量表示成频率的函数，这些模型可分为 Von Karman 谱和 Kaimal 谱。经理论推导和风洞试验得出 Von Karman 谱，为湍流相关性提供了相应表达式[4-6]，因而较适合于描述风洞中的湍流，而对于大气中的湍流则不太准确。J. C. Kaimal 等人在对大气观测做了大量研究的基础上，作出风速功率谱——Kaimal 谱，较真实地描述大气风速湍流结构。因此，人们通常用 Kaimal 谱来近似描述风力发电研究中风速湍流的功率谱密度。

　　自回归滑动平均模型，是用英国统计学家 M. Jenkins 和美国统计学家 George E. P. Box 的名字命名的一种时间序列预测方法。此模型分为自回归模型（简称 AR 模型）、滑动平均模型（简称 MA 模型）和自回归滑动平均混合模型（简称 ARMA 模型）。对于滑动平均（MA）模型和自回归滑动平均（ARMA）混合模型建模，自回归模型（AR）建模在计算上相对简单，而且足够高阶的 AR 模型可以近似表示 MA 或 ARMA 模型，所以 AR 模型应用更广泛。但 ARMA 模型具有更高的仿真效率，仿真速度完全可以适应电力系统和风力发电系统动态仿真的要求[7]。

2.2.3　组合风速模型

　　为了精确描述风速，体现地转风和地方性风的综合作用，将风速模型简化为四种典型风速的叠加：基本风、阵风、渐变风、随机风[9-12]。

　　（1）基本风

　　基本风在风力机正常工作时一直存在，基本风决定风力机发电功率，同时体现了风电场平均风速的变化。风力发电场测风的威布尔分布参数可近似确定其大小。

$$\bar{v} = A\Gamma(1+1/k) \tag{2-1}$$

式中　　$\bar{v}$——基本风速，单位为 m/s；

　　　　A——威布尔分布的尺度参数；

　　$\Gamma(\cdot)$——伽马函数；

　　　　k——威布尔分布的形状参数。

一般认为基本风速随时间变化小，因而仿真计算中可以取常数，$\bar{v}=K_b$。

（2）阵风

一般用阵风描述风速突然变化的特性：

$$v_{WG}=\begin{cases}0 & t<T_{1G}\\ v_S & T_{1G}\leqslant t<T_{1G}+T_G\\ 0 & t\geqslant T_{1G}+T_G\end{cases}\tag{2-2}$$

$$v_S=(\max G/2)\{1-\cos[2\pi(t/T_G)-(T_{1G}/T_G)]\}$$

式中　v_{WG}——阵风风速，单位为 m/s；

　T_{1G}——阵风起动时间，单位为 s；

　T_G——阵风周期，单位为 s；

　$\max G$——阵风最大值，单位为 m/s。

（3）渐变风

可用渐变风来模拟风速的渐变特性：

$$v_{WR}=\begin{cases}0 & t<T_{1R}\\ v_r & T_{1R}\leqslant t<T_{2R}\\ \max R & T_{2R}\leqslant t<T_{2R}+T_R\\ 0 & t\geqslant T_{2R}+T_R\end{cases}\tag{2-3}$$

$$v_r=\max R[1-(t-T_{2R})(T_{1R}-T_{2R})]\tag{2-4}$$

式中　v_{WR}——渐变风风速，单位为 m/s；

　T_{1R}——渐变风起始时间，单位为 s；

　$\max R$——渐变风最大值，单位为 m/s；

　T_{2R}——渐变风终止时间，单位为 s；

　T_R——渐变风保持时间，单位为 s。

（4）随机风

可用随机噪声风速成分来表示风速变化的随机性：

$$\begin{cases}v_{WN}=2\sum_{i=1}^{N}[S_V(\omega_i)\Delta\omega]^{1/2}\cos(\omega_i+\varphi_i)\\ \omega_i=(i-1/2)\cdot\Delta\omega\\ S_V(\omega_i)=\dfrac{2K_N F^2\omega_i}{\pi^2[1+(F\omega_i/u\pi)^2]^{4/3}}\end{cases}\tag{2-5}$$

式中　N——统计风速总数；

　$\Delta\omega$——风速频率间距，单位为 rad/s；

　φ_i——0~2π 之间均匀分布的随机变量；

K_N——地表粗糙系数；

F——扰动范围；

u——相对高度的平均风速，单位为 m/s；

v_{WN}——随机噪声风速，单位为 m/s。

综合上述四种风速成分，模拟实际作用在风力机上的风速 v_ω 为

$$v_\omega = \bar{v} + v_{WG} + v_{WR} + v_{WN} \tag{2-6}$$

利用达拉特旗风场实际风速风向数据，描绘出短时间内风速曲线，并利用组合风速模拟实际风速曲线，可以实现对风速的精确描述，如图 2-3 和图 2-4 所示。

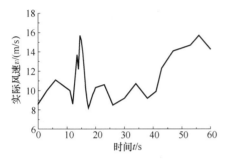

图 2-3　实际风速

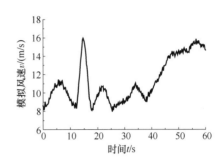

图 2-4　模拟风速

2.3　风力机系统建模

2.3.1　风功率计算

由流体力学可知，通过截面积 A，速度为 v 的气流的风功率为

$$P = \frac{1}{2}\rho A v^3 \tag{2-7}$$

式中　v——气流速度，单位为 m/s；

ρ——气流密度，单位为 kg/m^3；

A——过流面积，单位为 m^2。

由式（2-7）可知，风功率的大小与气流密度和过流面积成正比，与气流速度三次方成正比。空气密度和风速受到地理位置、海拔、地形等因素的影响。

2.3.2　风力机能量分析

风力机从运动的风中提取能量，由于风动能的转移，通过风力机的风速会下降，将通过风力机的风从没有减速的风中分离出来，可形成一个包含受影响空气团的边界面，将边界面沿风速方向前后延伸，得到一个截面为圆形的空气流管，如图 2-5 所示。由于空气流管中任意横截面质量流量相等，所以当流管中空气减速时，流管横截面积将膨胀以适应减速的空气，此时空气并没被压缩。

风动能转换成风力机的机械能，风速会有所下降，但是风速是不会突变的，只能以压力突变的方式进行能量转化。如图 2-6 所示，由于风力机的存在，接近风力机的风逐渐减速，

风动能转换成压力能，风到达风力机时，风速已经低于自由风速，静压高于自由风的静压。风离开风力机时，静压低于自由风的静压，最终为了保持平衡，风力机下游风静压要与自由风的静压一致，所以离开风力机的风速需要降低，将一部分风动能转换成压力能。纵观风力机上游和风力机下游，风速减小，动能转换成风力机机械能，风静压没有变化。但是风力机前后则是风动能没有变化，静压能突变减小转换成风力机机械能。

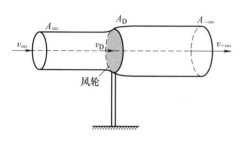

图 2-5　流管示意图

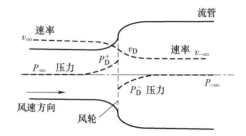

图 2-6　贯穿流管的空气流速及气压

风力机提取部分风能，上游风速 v_∞ 大于下游风速 $v_{-\infty}$，上游截面积 A_∞ 小于风力机截面积 A_D，风力机截面积 A_D 小于下游截面积 $A_{-\infty}$，沿流管方向质量流量处处相等，则

$$\rho A_\infty v_\infty = \rho A_D v_D = \rho A_{-\infty} v_{-\infty} \tag{2-8}$$

$$v_D = (1-a) v_\infty \tag{2-9}$$

式中　v_D——风力机处风速；

　　　a——轴流诱导因数，描述风力机对风速变化影响的大小。

由动量定理知，流管中风动量变化率等于风速变化与质量流量的乘积，引起动量变化的力来自于流过风力机气流的压力差，所以有

$$F_D = (P_D^+ - P_D^-) A_D = \rho A_D v_D (v_\infty - v_{-\infty}) \tag{2-10}$$

式中　P_D^+、P_D^-——分别为风力机前后的风静压。

对流管上游到风力机前处列写伯努利方程有

$$\frac{1}{2}\rho v_\infty^2 + P_\infty + \rho gh = \frac{1}{2}\rho v_D^2 + P_D^+ + \rho gh \tag{2-11}$$

对流管下游到风力机后处列写伯努利方程有

$$\frac{1}{2}\rho v_{-\infty}^2 + P_{-\infty} + \rho gh = \frac{1}{2}\rho v_D^2 + P_D^- + \rho gh \tag{2-12}$$

联立式（2-10）、式（2-11）和式（2-12）可得，作用于风力机的气动力

$$F_D = 2\rho A_D v_\infty^2 a(1-a) \tag{2-13}$$

将风力机单位时间从风中吸收的能量称为风力机输入功率，风力机输入功率为

$$P = F_D v_D = 2\rho A_D v_\infty^3 a(1-a)^2 \tag{2-14}$$

显然，风力机输入功率受到轴流诱导因数 a 取值的影响，当轴流诱导因数 a 取值为 1/3（求解极值可得）时，此时风力机输入功率取得理论最大值，为

$$P_{max} = 2\rho A_D v_\infty^3 a(1-a)^2 = \frac{8}{27}\rho A_D v_\infty^3 \tag{2-15}$$

此时流管中风能利用率为

$$\eta = \frac{P_{\max}}{\frac{1}{2}\rho A_\infty v_\infty^3} = \frac{\frac{8}{27}\rho A_D v_\infty^3}{\frac{1}{2}\rho A_\infty v_\infty^3} = \frac{\frac{8}{27}\rho v_\infty^3}{\frac{1}{2}\rho v_\infty^3}\frac{A_D}{A_\infty} = \frac{\frac{8}{27}}{\frac{1}{2}}\frac{v_\infty}{v_D} = \frac{8}{9} \tag{2-16}$$

2.3.3　风能利用系数

（1）贝兹极限

风力机输入功率与风功率的比值定义为风能利用系数，用 C_P 表示。

由式（2-16）可知，流管中风能利用率最大为 8/9，此时进口的流管截面积小于风力机截面积。在计算风能利用系数时，风功率截面积取风力机面积较合理，则

$$C_P = \frac{2\rho A_D v_\infty^3 a(1-a)^2}{\frac{1}{2}\rho A_D v_\infty^3} = 4a(1-a)^2 \tag{2-17}$$

从式（2-17）可以看出，理论计算中风能利用系数 C_P 的大小与轴流诱导因数 a 的取值有关。当轴流诱导因数 a 值为 1/3 时，即此时风能利用系数 C_P 取得最大值

$$C_P = 4a(1-a)^2 = \frac{16}{27} = 0.593 \tag{2-18}$$

$C_P = 0.593$ 为最大风能利用系数，也就是贝兹极限，由德国空气动力学家 Albert Betz 提出。这说明风力机从风中能吸收的能量是有限的，不会超过 59.3%，实际的风力发电机的风能利用系数 $C_P < 0.593$，风力机从风能中捕获并输出的功率表示为

$$P = \frac{1}{2}\rho A v^3 C_P \tag{2-19}$$

式（2-19）中风能利用系数 C_P 取值与风场的实际情况有关，且工程实际中 C_P 取值不是作为轴流诱导因数 a 的函数，而是叶尖速比 λ 和桨距角 β 的函数，即 $C_P(\lambda,\beta)$。

（2）风力机旋转涡流

由于风力机叶片长度和叶片数量都有限，所以当理想化的空气流管模型如图 2-5 所示通过真实的风力机时，风力机叶片将对流经的气流产生影响，使气流的方向发生改变。风力机的旋转使得离开叶片的气流形成旋涡，产生两个主要的涡区：一个靠近轮毂附近处，另一个在叶尖处。当风力机旋转时，通过每个叶尖的气流的迹线为一螺旋状。同理，在轮毂附近也形成螺旋状气流。同时，气流通过叶片时，由于叶片表面上下压力不同，又形成边界涡流，如图 2-7 所示。

假设涡流通过风力机的轴向速度为 v_s，旋转速度为 u_s，从图 2-7 可以看到，涡流形成的气流通过风力机的轴向分速度 v_s 与风速方向相反，而旋转速度 u_s 方向与风力机转向相同，矢量图如图 2-8 所示。

这样，考虑涡流影响时，风速由 v 变为 $(v-v_s)$，风力机转速由 u 变为 $(u+u_s)$，设

$$v_s = av, u_s = bu \tag{2-20}$$

其中，a 为轴向诱导速度系数，b 为切向诱导速度系数，由下式定义

$$a = \frac{K_L}{(1-K_L)^2}\frac{\lambda^2}{1+\frac{\lambda^2}{(1-K_L)^2}}, \qquad b = \frac{K_L}{(1-K_L)^2}\frac{1}{1+\frac{\lambda^2}{(1-K_L)^2}} \tag{2-21}$$

式中　K_L——拉格朗日系数，$K_L = 1/3$；

λ——叶尖速比，$\lambda = R\omega/v = u/v$，为风力机角速度 ω 和风速 v 的函数。

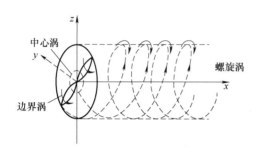

图 2-7　流经风力机的气流形成的涡流图

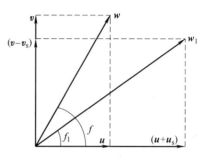

图 2-8　涡流影响下的速度矢量图

根据图 2-8 可得相对风速为

$$w_1 = \sqrt{\left[(1-a)v \right]^2 + \left[(1+b)u \right]^2} \tag{2-22}$$

倾角为

$$\varphi_s = \arctan \frac{(1-a)v}{(1+b)u} \tag{2-23}$$

（3）叶素模型

叶素理论是以气动力的分析为基础的，由此可获取风力机的转矩表达式和风力机捕获风能的表达式。基于叶素理论的风力机建模是将叶片沿风力机轴向切断为若干微元，这些微元即称为叶素。通过对叶素进行受力分析，求得其转矩，再对叶素转矩进行积分，即可得到风力机的输出转矩。在风力机叶片半径为 r 处，取一长度为 d_r 的叶素，如图 2-9 所示。

设其弦长为 l，桨距角为 β，攻角为 α。假设风力机始终正对风向，风吹过风力机的轴向风速为 v，在半径为 r 处的风力机线速度 $u = \omega r$，ω 为风力机

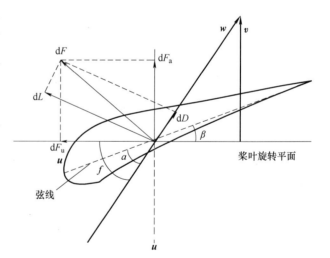

图 2-9　叶素受力图

转动的角速度，风相对于叶片的速度为 w，根据图 2-9 中速度矢量关系有

$$w = v - u \tag{2-24}$$

叶素在风的作用下，受力如图 2-9 所示，dF 为风作用在叶素上的气动力，方向斜向上，将 dF 沿相对速度 w 方向和垂直于相对速度方向分解为阻力 dD 和升力 dL，当增量 dr 很小时，可近似将叶素面积 S 看成是弦长 l 和 dr 的乘积，即

$$S = l \cdot dr \tag{2-25}$$

将升力 dL 和阻力 dD 分别用升力系数 C_L 和阻力系数 C_D 表示如下

$$dL = \frac{1}{2}\rho C_L w^2 l dr, \quad dD = \frac{1}{2}\rho C_D w^2 l dr \tag{2-26}$$

另一方面，如图 2-9 所示，风的作用力又可以分解为平行于旋转平面和垂直于旋转平面的两个力 dF_a 和 dF_u，其中，风力机转动的有效转矩 dT 由分力 dF_u 产生。根据图中的几何关系，转矩 dT 可表示为

$$dT = r \times dF_u = r(dL\sin\theta - dD\cos\theta) \tag{2-27}$$

其中，中间变量 $\theta = \alpha + \beta$；桨距角 $\beta = \beta_0 + \beta_1$，$\beta_0$ 为桨叶节距角，β_1 为输入调节桨距角；升力系数 C_L 和阻力系数 C_D 与攻角 α 有关。

令升阻比 $\varepsilon = C_L/C_D$，将式（2-26）代入式（2-27），可得

$$dT = \frac{1}{2}\rho r l w^2 C_L \sin\theta(1 - \varepsilon\cot\theta)dr \tag{2-28}$$

风力机受到的总转矩 T 为风力机叶片所有叶素受到的转矩微元之和，因此有

$$T = \int dT = \int_{r_0}^{R} \frac{1}{2}\rho r l w^2 C_L \sin\theta(1 - \varepsilon\cot\theta)dr \tag{2-29}$$

式中　r_0——风力机轮毂半径，单位为 m；

R——风力机叶片半径，单位为 m。

由于弦长 l 和桨距角 β 都与叶素到风力机旋转轴线的距离 r 有关，故上式不能直接积分出来，将其表示为如下函数式

$$T = f(v, u, \beta_1; C_L, C_D, l, \beta_0, R, r_0) \tag{2-30}$$

其中，输入未知量有风速 v、叶素速度 u、输入调节桨距角 β_1；升力系数 C_L、阻力系数 C_D、桨叶节距角 β_0、叶片半径 R、轮毂半径 r_0 是风机的固有参数，为已知量。故风力机受到的总转矩 T 是风速 v、风力机转速 u、输入调节桨距角 β_1 的函数。

综上可知，利用叶素模型对风力机建模时依赖风力机固有参数较多，而且是针对特定的风机类型，具有特殊性。本书以液压型风力发电机组主传动控制系统为研究目标，所以对风力机部分研究以简化模型为主。

2.3.4　风力机特性数学建模

在特定风速下，风力机具有最佳转速，使得在最佳转速下风力机输出功率达到最大值，而风力机转矩具有随着转速先变大、再变小的规律。希望在不同风速下，风力机总在最大功率点上，所以针对现有的风力机参数建立数学模型得到风力机输出功率—转速、转矩—转速特性是风力发电机组功率控制的一个基础。风力机输出功率和气动转矩分别为

$$P = C_P(\lambda, \beta)\frac{\rho A}{2}v^3 = \frac{1}{2}\rho\pi R^2 v^3 C_P(\lambda, \beta) \tag{2-31}$$

$$T_r = \frac{P_r}{\omega_r} \tag{2-32}$$

其中，风能利用系数 $C_P(\lambda, \beta)$ 是 λ 和 β 的函数。叶尖速比 λ 的定义可表示为

$$\lambda = \frac{v}{R\omega_r} \tag{2-33}$$

由该定义式可知，当已知叶片半径 R、风速 v 一定时，叶尖速比 λ 仅与风力机角速度 ω

有关，又由于角速度可用转速 n 表示为

$$\omega = \frac{n\pi}{60} \tag{2-34}$$

因此，特定风速下，很多文献中将风力机输出功率和气动转矩变化规律表示成图 2-10 和图 2-11。

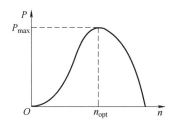

图 2-10　风力机功率特性曲线

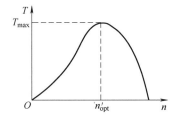

图 2-11　风力机转矩特性曲线

由图 2-10 和图 2-11 可知，风力机输出功率和气动转矩随转速的变化规律相似，即二者都是随着转速先变大后变小，且都有一个最佳转速使得输出功率和气动转矩取得最大值。风力机输出功率和气动转矩出现图 2-10 和图 2-11 所示的变化规律，主要是由于风能利用系数 $C_P(\lambda,\beta)$ 变化所致。风能利用系数 $C_P(\lambda,\beta)$ 表示风力机吸收的机械能与通过风力机旋转面的全部风能的比值。因此，要提高风力机在局部负载区的效率，关键在于提高风能利用系数 $C_P(\lambda,\beta)$，使风力机尽量工作在最大功率点。风能利用系数 $C_P(\lambda,\beta)$ 计算式为

$$C_P(\lambda,\beta) = C_1\left(\frac{C_2}{\lambda_1} - C_3\beta - C_4\right)e^{-\frac{c_5}{\lambda_i}} + C_6\lambda \tag{2-35}$$

其中

$$\frac{1}{\lambda_i} = \frac{1}{\lambda + 0.08\beta} - \frac{0.0035}{\beta^3 + 1} \tag{2-36}$$

各系数为 $C_1 = 0.5176$，$C_2 = 116$，$C_3 = 0.4$，$C_4 = 5$，$C_5 = 21$，$C_6 = 0.0068$。

由式（2-35）计算出的风能利用系数 $C_P(\lambda,\beta)$ 最大值为 0.48，调整系数 C_6 为 0.003，使最大风能利用系数为 0.45，并将该修改后的系数代入式（2-35），计算出的风能利用系数 $C_P(\lambda,\beta)$ 随叶尖速比 λ 的变化规律如图 2-12 所示。而在局部负载区，某 850kW 风力机生产厂家提供的数据见表 2-1。

风力机输出功率和气动转矩仿真模型以式（2-35）、式（2-36）为依据。针对 850kW 风力机，模型的输入量有风速 v：范围为 $4\sim13\text{m/s}$；风力机叶片半径 R 为 22.283m；桨距角 β：在局部负荷区取值 $0°$；风力机转速 n：给定范围为 $0\sim70\text{r/min}$。

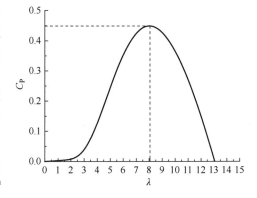

图 2-12　风能利用系数变化曲线

利用 MATLAB 中 Simulink 工具建立仿真模型，仿真得到的风力机输出功率 P 对风力机转速 n 和风力机输出气动转矩 T 对风力机转速 n 的结果分别如图 2-13 和图 2-14 所示。

表 2-1　某 850kW 风力机数据

项　目	数　值	项　目	数　值
额定功率/kW	850	额定风速/(m/s)	13
风力机总成直径/m	44.556	风能利用系数	0.4496
叶尖速比	8	额定转速/(r/min)	45

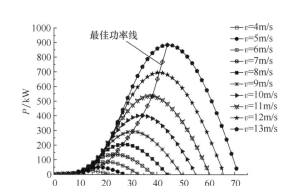

图 2-13　风力机输出功率特性曲线

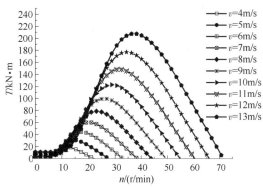

图 2-14　风力机气动转矩特性曲线

将仿真结果与生产厂家给出的输出功率特性曲线进行对比，其变化趋势和每种风速下的最大功率点的数据误差在 0.3% 以内，从而验证了风力机数学模型的正确性。

2.4　调桨系统建模

变桨距载荷计算和分析是风力发电机组变桨距系统设计的基础。在风力机变桨距系统工作过程中，变桨距载荷是一种时变载荷，载荷时变性给变桨距控制过程中的平稳性和有效性带来很大的影响，使得整个风力发电机组发出的电能质量下降和风轮主轴磨损加剧。

在叶片执行变桨过程中，叶片所受到的变桨距载荷包括：离心力引起的变桨距载荷、桨叶重力引起的变桨距载荷和桨叶气动力引起的变桨距载荷。忽略三种载荷的耦合作用关系，则总的变桨距载荷 T_P 可以表示为

$$T_P = T_c + T_G + T_Z \tag{2-37}$$

式中　　T_c——离心力引起的变桨距载荷，单位为 N·m；

T_G——重力引起的变桨距载荷，单位为 N·m；

T_Z——气动力引起的变桨距载荷，单位为 N·m。

2.4.1　离心力引起的变桨距载荷

离心力引起的变桨距载荷在三种载荷之中所占的比重最大，且风力机转速越高，由离心力引起的变桨距载荷则越大。取叶片上长度为 dr、距叶轮转轴距离为 r 且与变桨轴线垂直的一段叶素建立坐标系，如图 2-15 所示。设风力机叶片以角速度 ω 绕 y 轴旋转，叶素的质心位于 B 点，风力机叶片的锥角为 γ'。XOZ 为垂直于 y 轴的平面。面 $x''Cy'$ 为过叶素上 B 点且与 z' 轴垂直。

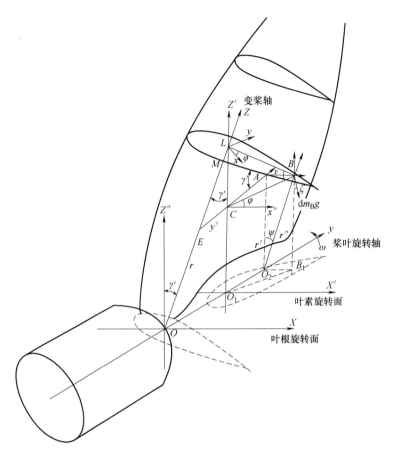

图 2-15　离心力载荷模型

由图 2-15 可知，叶素所受到的离心力为

$$dP = \omega^2 \ddot{r} dm_B \tag{2-38}$$

式中　dm_B——叶素的质量，单位为 kg；

　　　ω——叶轮转速，单位为 rad/s；

　　　$\ddot{r}$——叶素质心 B 点的旋转半径，单位为 m。

$$\ddot{r} = \frac{r\cos\gamma' - LB\sin v}{\cos\psi} \tag{2-39}$$

式中　v——LB 与 BC 的夹角，$v = \arcsin\varphi\sin\gamma'$。

　　　γ'——风力机叶片的锥角。

由于离心力的方向与变桨轴线不重合，故会由离心力引起变桨距载荷 dT_c，叶素引起的离心力载荷为

$$dT_c = \omega^2 LB\cos\varphi\,dmLB\cos^2 v(\tan\gamma'\tan v + \sin\varphi)\cos\gamma' + \omega^2(r\cos\gamma' - LB\sin v)\,dm\sin\gamma' LB\cos v\cos\varphi \tag{2-40}$$

当叶片的锥角 $\gamma' = 0$ 时，$v = \arcsin\varphi\sin\gamma' = 0$，式（2-40）可以表示为

$$dT_c = \frac{1}{2}LB^2\omega^2\sin2\varphi\,dm \tag{2-41}$$

对于整个叶片，离心力引起的变桨距载荷为

$$T_c = \int_0^r dT_c = \sum dT_c \tag{2-42}$$

2.4.2　气动力引起的变桨距载荷

气动力引起的变桨距载荷是由于空气动力作用在桨叶上而产生的在变桨距方向上的载荷分布。建立气动力变桨距载荷受力如图 2-16 所示。

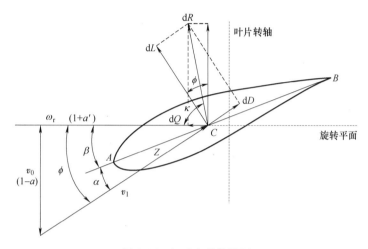

图 2-16　气动力载荷模型

在图 2-16 中，v_0 为来流风速，v_1 为气流相对于叶素的速度，a 为轴向诱导因子，a' 为周向诱导因子。α 为攻角，β 为桨距角，ϕ 为来流角，C 为风压中心，Z 为变桨距轴，AB 为弦长。根据受力情况，作用于叶片上的升力和阻力可以表示为

$$\begin{cases} dL = \dfrac{1}{2}\rho C_1 v_1^2 c\, dr \\ dD = \dfrac{1}{2}\rho C_d v_1^2 c\, dr \end{cases} \tag{2-43}$$

式中　ρ——空气密度，单位为 kg/m^3；

　　　C_1——升力系数；

　　　C_d——阻力系数；

　　　c——半径 r 处的叶片弦长，单位为 m；

　　　dr——叶素厚度，单位为 m。

叶片所受升力 dL 和阻力 dD 的合力 dR 表示为

$$dR = \frac{1}{2}\rho v_1^2 c\sqrt{C_1^2 + C_d^2}\, dr \tag{2-44}$$

气动力引起的变桨距载荷就是 dR 对 Z 点的力矩，表示为

$$dT_Z = dR \cdot ZC\sin(\beta+\kappa) = \frac{1}{2}\rho v_1^2 c\sqrt{C_1^2 + C_d^2} \cdot ZC\sin(\beta+\kappa)\, dr \tag{2-45}$$

对于整个叶片而言，气动力引起的变桨距载荷为

$$dT_Z = dR \cdot ZC\sin(\beta+\kappa) = \frac{1}{2}\rho v_1^2 c\sqrt{C_1^2+C_d^2} \cdot ZC\sin(\beta+\kappa)\,dr \qquad (2\text{-}46)$$

对于某一叶素处的气动变桨距载荷计算，首先要确定该叶素处的来流风速，来流风速可以根据轮毂中心处的风速和风速模型来确定，然后根据采用迭代法获得的诱导因子来计算该叶素处的来流角。来流角等于气流对于叶素的速度与风速的夹角。根据来流角即可计算叶素的攻角值，根据攻角值可以根据翼型手册来获得升力系数和阻力系数。

2.4.3　重力引起的变桨距载荷

风力机叶片在转动过程中和变桨过程中始终承受着重力载荷，重力引起的变桨距载荷是由于 T_G 在变桨距过程中，桨叶基素偏离变桨距轴线而产生的。叶片的空间分布如图 2-17 所示，其中，θ 为叶片的位置角，h_0 为叶片旋转轴距地面的高度。

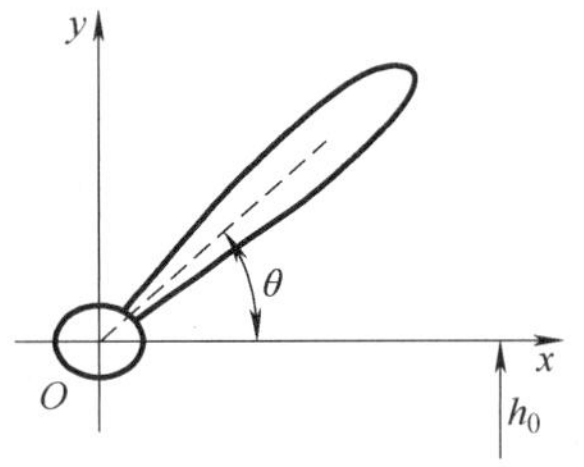

由图 2-15 可得，重力对变桨距轴线 z 的变桨力矩表示为

$$dT_G = dm_B g\sin\xi \cdot AM + dm_B g\cos\xi\sin\gamma' \cdot AB \qquad (2\text{-}47)$$

因为

图 2-17　重力引起的变桨距载荷

$$\begin{cases} AM = LB(\tan\gamma'\tan v + \sin\varphi)\cos\gamma' \cdot \cos v \\ AB = LB\cos\varphi\cos v \end{cases} \qquad (2\text{-}48)$$

因此

$$dT_G = dm_B g\sin\xi \cdot LB(\tan\gamma'\tan v + \sin\varphi)\cos\gamma' \cdot \cos v + dm_B g\cos\xi\sin\gamma' \cdot LB\cos\varphi\cos v \qquad (2\text{-}49)$$

当锥角为 0 时，即 $\gamma'=0$ 时，叶素所受的重力变桨距载荷为

$$dT_G = dm_B g\sin\xi \cdot LB\sin\varphi\cos v \qquad (2\text{-}50)$$

对于整个叶片，由重力引起的变桨距载荷为

$$T_G = \int_0^R g\sin\xi \cdot LB\sin\varphi\cos v\,dm_B \qquad (2\text{-}51)$$

2.5　液压传动系统建模

液压型风力发电机组液压传动系统模型包括定量泵数学模型、比例节流阀数学模型、变量马达数学模型、液压管路数学模型[2-3,13]。

结合本节所研究的低电压穿越具体要求，为简化分析，先做如下假设[14]：

1）定量泵和变量马达之间的连接管道很短，管道中压力损失、流体质量效应和管道动态效应可忽略不计。

2）定量泵和变量马达壳体回油压力均为大气压。

3）高低压管路完全相同，每个腔内油液密度和体积弹性模量均为常数，且压力均匀相等。

4）忽略补油系统。

5）管道中不产生压力冲击，其压力不超过安全阀压力，比例节流阀输入信号较小，不发生饱和现象。

2.5.1　定量泵数学模型

定量泵在风力机作用下输出高压油，其流量连续性方程为

$$Q_p = D_p \omega_p - C_{tp} p_{h1} \tag{2-52}$$

式中　C_{tp}——定量泵的泄漏系数，单位为 $m^3/(s \cdot Pa)$；

D_p——定量泵的排量，单位为 m^3/rad；

ω_p——定量泵的角速度，单位为 rad/s；

Q_p——定量泵的流量，单位为 m^3/s；

p_{h1}——定量泵进出口的压力差，单位为 Pa。

定量泵的力矩平衡方程为

$$T_w - T_p = J_p \frac{d\omega_p}{dt} + B_p \omega_p + G_p \theta_p \tag{2-53}$$

式中　T_p——定量泵负载力矩，单位为 $N \cdot m$；

J_p——定量泵转动惯量，单位为 $kg \cdot m^2$；

B_p——定量泵的阻尼系数，单位为 $N/(m/s)$；

θ_p——定量泵转角，单位为 rad；

G_p——定量泵负载弹簧刚度，单位为 $N \cdot m/rad$。

其中，定量泵负载力矩 T_p 为

$$T_p = D_p p_{h1} \tag{2-54}$$

考虑效率时，定量泵机械功率输入和液压功率输出的能量平衡方程为

$$T_p \omega_p \eta_{pm} \eta_{pv} = p_{h1} Q_p = p_{h1} D_p \omega_p \eta_{pv} \tag{2-55}$$

式中　η_{pv}——定量泵容积效率；

η_{pm}——定量泵机械效率。

考虑到定量泵输出端刚度很大，由上述分析可得定量泵的状态方程为

$$\dot{\omega}_p = \frac{1}{J_p} \left(T_W - \frac{D_p p_{h1}}{\eta_{mp}} - B_p \omega_p \right) \tag{2-56}$$

2.5.2　比例节流阀数学模型

比例节流阀在定量泵与变量马达之间，起节流调速作用，其阀芯位移方程为

$$X_V = K U_E \tag{2-57}$$

式中　X_V——比例节流阀开口大小，X_V 取值为 $0 \sim 1$；

K——比例系数；

U_E——电压信号，单位为 V。

比例节流阀流量方程可表示为[15]

$$Q_b = C_d W X_V \sqrt{\frac{2}{\rho}(p_{h1} - p_{h2})} = C_d W X_V \sqrt{\frac{2 p_L}{\rho}} = K_q X_V \tag{2-58}$$

式中　C_d——节流口的流量系数；

W——节流口的面积梯度，单位为 m^2；

ρ——液压油密度，单位为 kg/m^3；

p_{h1}——比例节流阀入口压力，单位为 Pa；

p_{h2}——比例节流阀出口压力，单位为 Pa；

p_L——比例节流阀压降，单位为 Pa；

K_q——比例节流阀的流量系数，单位为 m^2/s，$K_q = C_d W\sqrt{2p_L/\rho}$。

2.5.3 变量马达数学模型

变量马达排量受摆角的控制作用，其控制方程为

$$D_m = K_m\gamma \tag{2-59}$$

式中 D_m——变量马达的排量，单位为 m^3/rad；

γ——变量马达摆角大小，γ 取值为 $0\sim1$；

K_m——变量马达排量梯度，单位为 m^3/rad。

变量马达流量方程为

$$Q_m = K_m\gamma\omega_m + C_{tm}p_{h2} \tag{2-60}$$

式中 Q_m——变量马达的流量，单位为 m^3/s；

ω_m——变量马达的角速度，单位为 rad/s；

C_{tm}——变量马达的泄漏系数，单位为 $m^3/(s\cdot Pa)$。

变量马达力矩平衡方程为

$$T_m - T_e = J_m\frac{d\omega_m}{dt} + B_m\omega_m + G_m\theta_m \tag{2-61}$$

式中 T_m——变量马达输出转矩，单位为 $N\cdot m$；

T_e——作用在变量马达的电磁力矩，单位为 $N\cdot m$；

J_m——变量马达的转动惯量，单位为 $kg\cdot m^2$；

B_m——变量马达的阻尼系数，单位为 $N/(m/s)$；

θ_m——变量马达转角，单位为 rad；

G_m——变量马达负载弹簧刚度，单位为 $N\cdot m/rad$。

其中，变量马达输出转矩 T_m 为

$$T_m = D_m p_{h2}\eta_{mm} \tag{2-62}$$

变量马达液压功率输入和机械功率输出的能量平衡方程为

$$p_{h2}Q_m = p_{h2}D_m\omega_m\eta_{mv} = T_m\omega_m\eta_{mm}\eta_{mv} \tag{2-63}$$

式中 η_{mv}——变量马达容积效率；

η_{mm}——变量马达机械效率。

考虑到变量马达输出端刚度很大，由上述分析可得变量马达的动态方程为

$$\dot\omega_m = \frac{1}{J_m}(K_m\gamma p_{h2}\eta_{mm} - B_m\omega_m - T_e) \tag{2-64}$$

2.5.4 液压管路数学模型

管路模型广泛采用的方法有等效容腔法、分布参数法、集中参数法、分段集中参数法及

特征线法，实际上，分布参数法是最接近管路真实情况的。本节管路模型建立基于线性摩擦理论来进行研究。

管路的特性主要取决于由液阻、液容、液感、液导组成的串联阻抗与并联导纳，以定量泵与比例节流阀之间的管路为例，反映在流体传输管道动态特性基本方程为

$$\begin{pmatrix} P_1(s) \\ Q_p(s) \end{pmatrix} = \begin{pmatrix} \mathrm{ch}\,\Gamma(s) & Z_c(s)\,\mathrm{sh}\,\Gamma(s) \\ \dfrac{1}{Z_c(s)}\mathrm{sh}\,\Gamma(s) & \mathrm{ch}\,\Gamma(s) \end{pmatrix} \begin{pmatrix} P_{h1}(s) \\ Q_b(s) \end{pmatrix} \tag{2-65}$$

式中　$\Gamma(s)$——传播算子，$\Gamma(s)=\chi(s)l$；

$\quad\quad Z_c(s)$——特征阻抗，$Z_c(s)=\sqrt{Z(s)/Y(s)}$；

$\quad\quad \chi(s)$——传播常数，$\chi(s)=\sqrt{Z(s)Y(s)}$；

$\quad\quad l$——管路长度，单位为 m；

$\quad\quad Z_c(s)$——串联阻抗；

$\quad\quad Y(s)$——并联导纳。

在线性摩擦理论中，有

$$Z(s)=\frac{\rho}{A}\left(s+\frac{8\pi\mu}{\rho A}\right)$$
$$Y(s)=\left(\frac{A}{\rho a^2}\right)s \tag{2-66}$$

式中　A——管道横截面积，单位为 m^2，$A=\pi d^2/4$；

$\quad\quad \mu$——动力黏度，单位为 $\mathrm{N\cdot s/m}^2$；

$\quad\quad a$——压力波传播速度，单位为 m/s；

$\quad\quad d$——管路内径，单位为 m。

节流阀与变量马达间的管路较短，其流量方程为

$$Q_b-Q_m=\frac{V_{02}}{\beta_e}\frac{\mathrm{d}p_{h2}}{\mathrm{d}t} \tag{2-67}$$

式中　V_{02}——比例节流阀与变量马达间的高压管路容腔体积，单位为 m^3。

所以，节流阀到变量马达间的这段高压管路状态方程为

$$\dot{p}_{h2}=\frac{\beta_e}{V_{02}}(K_q X_V-K_m\gamma\omega_m-C_{tm}p_{h2}) \tag{2-68}$$

2.5.5　液压系统输出数学模型

液压系统输出转矩为

$$T_h=p_{h2}K_m\gamma \tag{2-69}$$

液压系统输出功率为

$$P_h=K_m\omega_m p_{h2}\gamma \tag{2-70}$$

风力发电机组并网后，发电机（变量马达）转速受电网牵制稳定于同步转速。此时，液压系统输出功率取决于系统压力和变量马达摆角大小。

2.5.6 液压传动系统状态空间模型

联立式（2-52）、式（2-56）、式（2-58）、式（2-64）、式（2-65）和式（2-68）可得以下状态空间表达式。

$$
\begin{pmatrix} \dot{\omega}_{\mathrm{p}} \\ \dot{P}_1 \\ \dot{\omega}_{\mathrm{m}} \\ \dot{P}_2 \end{pmatrix} = \begin{pmatrix} -\dfrac{B_{\mathrm{p}}}{J_{\mathrm{p}}} & -\dfrac{D_{\mathrm{p}}}{J_{\mathrm{p}}\eta_{\mathrm{mp}}} & 0 & 0 \\ \dfrac{Z_{\mathrm{c}}(s)D_{\mathrm{p}}s}{\mathrm{th}\Gamma(s)} & -\dfrac{Z_{\mathrm{c}}(s)C_{\mathrm{tp}}s}{\mathrm{th}\Gamma(s)} & 0 & 0 \\ 0 & 0 & -\dfrac{B_{\mathrm{m}}}{J_{\mathrm{m}}} & 0 \\ 0 & 0 & 0 & -\dfrac{\beta_{\mathrm{e}}C_{\mathrm{tm}}}{V_{02}} \end{pmatrix} \begin{pmatrix} \omega_{\mathrm{p}} \\ P_1 \\ \omega_{\mathrm{m}} \\ P_2 \end{pmatrix} +
$$

$$
\begin{pmatrix} \dfrac{1}{J_{\mathrm{p}}} & 0 & 0 & 0 \\ 0 & -\dfrac{Z_{\mathrm{c}}(s)K_{\mathrm{q}}s}{\mathrm{sh}\Gamma(s)} & 0 & 0 \\ 0 & 0 & -\dfrac{1}{J_{\mathrm{m}}} & \dfrac{K_{\mathrm{m}}\eta_{\mathrm{mm}}}{J_{\mathrm{m}}}P_2 \\ 0 & \dfrac{K_{\mathrm{q}}\beta_{\mathrm{e}}}{V_{02}} & 0 & -\dfrac{\beta_{\mathrm{e}}K_{\mathrm{m}}\omega_{\mathrm{m}}}{V_{02}} \end{pmatrix} \begin{pmatrix} T_{\mathrm{w}} \\ X_{\mathrm{v}} \\ T_{\mathrm{e}} \\ \gamma \end{pmatrix} \tag{2-71}
$$

其中，液压主传动系统输出转矩为

$$
T_{\mathrm{h}} = p_{\mathrm{h2}}K_{\mathrm{m}}\gamma \tag{2-72}
$$

式中　T_{h}——液压主传动系统输出转矩，单位为 N·m。

液压主传动系统输出功率为

$$
P_{\mathrm{h}} = K_{\mathrm{m}}\omega_{\mathrm{m}}p_2\gamma \tag{2-73}
$$

式中　P_{h}——液压主传动系统输出功率，单位为 W。

联立式（2-71）、式（2-72）和式（2-73）得

$$
\begin{pmatrix} \omega_{\mathrm{p}} \\ P_2 \\ P_{\mathrm{h}} \\ T_{\mathrm{h}} \end{pmatrix} = \begin{pmatrix} 1 & 0 & 0 & 0 \\ 0 & 0 & 0 & 1 \\ 0 & 0 & 0 & 0 \\ 0 & 0 & 0 & 0 \end{pmatrix} \begin{pmatrix} \omega_{\mathrm{p}} \\ P_1 \\ \omega_{\mathrm{m}} \\ P_2 \end{pmatrix} + \begin{pmatrix} 0 & 0 & 0 & 0 \\ 0 & 0 & 0 & 0 \\ 0 & 0 & 0 & K_{\mathrm{m}}\omega_{\mathrm{m}}P_2 \\ 0 & 0 & 0 & \omega_{\mathrm{m}}P_2 \end{pmatrix} \begin{pmatrix} T_{\mathrm{w}} \\ X_{\mathrm{v}} \\ T_{\mathrm{e}} \\ \gamma \end{pmatrix} \tag{2-74}
$$

依据式（2-71）、式（2-72）和式（2-73）可得液压型风力发电机组主传动系统整体模型结构如图 2-18 所示。

如图 2-18 所示，液压系统输出转矩与功率主要取决于系统中变量马达入口压力和马达转速与摆角，其中，马达转速与入口压力可分别通过转矩转速传感器及压力传感器实时采集监测，系统并网后，马达转速根据电网频率要求，稳定于同步转速，此时，变量马达入口压力与马达摆角是影响系统输出转矩与输出功率的主要因素。

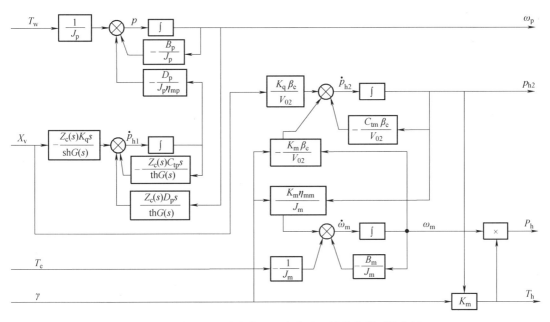

图 2-18　液压型风力发电机组主传动系统整体模型结构图

2.6　发电机系统及励磁系统建模

液压型风力发电机组中采用的是励磁同步发电机,同步发电机对电网友好,具有有功功率和无功功率可根据功率因数调节等优势。发电机是整个机组中将机械能转化为电能的关键环节。建立励磁同步发电机的数学模型是实现对发电机控制的基础,同时分析同步发电机的稳态运行状态和暂态运行状态,为实现机组发电机的稳定和暂态控制提供理论依据。对同步发电机单机运行、并机运行和并网运行中的控制方式进行研究是研究低电压穿越过程中对机组发电机实现持续并网稳定运行控制的前提,同时,研究同步发电机的功角特性和励磁控制是实现机组在低电压工况下的有功功率和无功功率调节的基础。

2.6.1　不同坐标系下同步发电机模型

同步发电机主要由定子和转子以及其他机座、端盖等部件组成,其中发电机组中的定子由导磁的定子铁心、导电的定子绕组(也叫电枢绕组)等部件组成;发电机中的转子由导磁的铁心、产生励磁磁场的励磁绕组、集电环等部件构成。三相同步发电机结构如图 2-19 所示。

同步发电机工作原理:励磁系统给转子中励磁绕组通入励磁电流,外界机械力驱动发电机转子旋转,转子中励磁绕组产生的转子磁场与转子一起以同步旋转,转子磁场旋转过程中会切割定子导体,此时在定子的电枢绕组感应出电压。在图 2-19 所示的三相同步发电机中,电枢绕组 a-a'、b-b'、c-c' 中感应出三个幅值和频率相同、

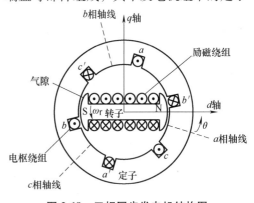

图 2-19　三相同步发电机结构图

相位各相差 120° 的三相电压。

在建立发电机模型前要对同步发电机进行理想化假设：①定子 a、b、c 相绕组结构相同，旋转对称；②转子相对于 d 轴及 q 轴对称；③定子、转子铁心同轴且表面光滑；④定子、转子绕组电流产生的磁动势在气隙中是基波正弦分布，忽略高次谐波；⑤磁路是线性的，无饱和，无磁滞和涡流损耗，忽略趋肤效应，认为铁心的导磁系数为常数。

分别建立 abc 三相静止坐标系下的同步发电机方程和 dq 两相旋转坐标系下的同步发电机方程。

2.6.1.1 *abc* 三相静止坐标系下同步发电机方程

同步发电机在 abc 坐标系下的方程用矩阵的形式表达如下。

同步发电机电压方程为

$$
\begin{pmatrix} u_a \\ u_b \\ u_c \\ u_f \\ 0 \\ 0 \end{pmatrix} = \begin{pmatrix} r_a & 0 & 0 & 0 & 0 & 0 \\ 0 & r_b & 0 & 0 & 0 & 0 \\ 0 & 0 & r_c & 0 & 0 & 0 \\ 0 & 0 & 0 & r_f & 0 & 0 \\ 0 & 0 & 0 & 0 & r_D & 0 \\ 0 & 0 & 0 & 0 & 0 & r_Q \end{pmatrix} \begin{pmatrix} -i_a \\ -i_b \\ -i_c \\ i_f \\ i_D \\ i_Q \end{pmatrix} + \frac{d}{dt} \begin{pmatrix} \psi_a \\ \psi_b \\ \psi_c \\ \psi_f \\ \psi_D \\ \psi_Q \end{pmatrix}
\tag{2-75}
$$

同步发电机磁链方程

$$
\begin{pmatrix} \psi_a \\ \psi_b \\ \psi_c \\ \psi_f \\ \psi_D \\ \psi_Q \end{pmatrix} = \begin{pmatrix} L_{aa} & M_{ab} & M_{ac} & M_{af} & M_{aD} & M_{aQ} \\ M_{ba} & L_{bb} & M_{bc} & M_{ba} & M_{ba} & M_{ba} \\ M_{ca} & M_{cb} & L_{cc} & M_{cf} & M_{cD} & M_{cQ} \\ M_{fa} & M_{fb} & M_{fc} & L_{ff} & M_{fD} & M_{fQ} \\ M_{Da} & M_{Db} & M_{Dc} & M_{Df} & L_{DD} & M_{DQ} \\ M_{Qa} & M_{Qb} & M_{Qa} & M_{Qf} & M_{QD} & L_{QQ} \end{pmatrix} \cdot \begin{pmatrix} i_a \\ i_b \\ i_c \\ i_f \\ i_D \\ i_Q \end{pmatrix}
\tag{2-76}
$$

式（2-75）、式（2-76）中各符号含义：其中，字母 u、i、ψ、r、L、M 分别表示电压、电流、磁链、电阻、自感、互感；下标 a、b、c、f、D、Q 分别表示 a 相、b 相、c 相、励磁绕组、纵向阻尼绕组、横向阻尼绕组；L_{ii} 为各绕组的自感；M_{ij} 为 j 相绕组对 i 相绕组的互感。

需要指出的是，在 abc 三相静止坐标系下，同步发电机转子旋转带来位置的变化会使发电机微分方程的系数发生周期性改变，同步发电机在 abc 三相静止坐标系下建立的数学模型具有高阶、非线性和强耦合等特点，在深入理论研究和工程实际应用中，需要对以上方程进行降阶和解耦。

2.6.1.2 *dq* 两相旋转坐标系下同步发电机方程

20 世纪 20 年代，R. H. Park 提出了 Park 变换，将观察的角度从静止的定子上转移到了旋转的转子上，即将三相静止坐标系下的变量变换至发电机转子同步旋转的 dq 坐标系下，经此变换后，同步发电机的数学模型由复杂的非线性方程组简化为线性方程组。

Park 变换整体表达式为

$$\boldsymbol{F}_{\mathrm{d,q,0}} = \boldsymbol{P} \cdot \boldsymbol{F}_{\mathrm{a,b,c}} \tag{2-77}$$

式中 $\boldsymbol{P}$ 为 Park 矩阵，即

$$\begin{pmatrix} i_{\mathrm{d}} \\ i_{\mathrm{q}} \\ i_{0} \end{pmatrix} = \boldsymbol{P} \begin{pmatrix} i_{\mathrm{a}} \\ i_{\mathrm{b}} \\ i_{\mathrm{c}} \end{pmatrix} = \frac{2}{3} \begin{pmatrix} \cos\theta & \cos(\theta-120°) & \cos(\theta+120°) \\ -\sin\theta & -\sin(\theta-120°) & -\sin(\theta+120°) \\ \dfrac{1}{2} & \dfrac{1}{2} & \dfrac{1}{2} \end{pmatrix} \begin{pmatrix} i_{\mathrm{a}} \\ i_{\mathrm{b}} \\ i_{\mathrm{c}} \end{pmatrix} \tag{2-78}$$

其中，$\theta = \theta_0 + \omega_{\mathrm{t}}$ 为 d 轴与 a 相绕组轴线的夹角。

经 Park 矩阵变换后，同步发电机电压方程为

$$\begin{pmatrix} u_{\mathrm{d}} \\ u_{\mathrm{q}} \\ u_{0} \\ u_{\mathrm{f}} \\ 0 \\ 0 \end{pmatrix} = \begin{pmatrix} r_{\mathrm{a}} & 0 & 0 & 0 & 0 & 0 \\ 0 & r_{\mathrm{b}} & 0 & 0 & 0 & 0 \\ 0 & 0 & r_{\mathrm{c}} & 0 & 0 & 0 \\ 0 & 0 & 0 & r_{\mathrm{f}} & 0 & 0 \\ 0 & 0 & 0 & 0 & r_{\mathrm{D}} & 0 \\ 0 & 0 & 0 & 0 & 0 & r_{\mathrm{Q}} \end{pmatrix} \begin{pmatrix} -i_{\mathrm{d}} \\ -i_{\mathrm{q}} \\ -i_{0} \\ i_{\mathrm{f}} \\ i_{\mathrm{D}} \\ i_{\mathrm{Q}} \end{pmatrix} + \frac{\mathrm{d}}{\mathrm{d}t} \begin{pmatrix} \psi_{\mathrm{d}} \\ \psi_{\mathrm{q}} \\ \psi_{0} \\ \psi_{\mathrm{f}} \\ \psi_{\mathrm{D}} \\ \psi_{\mathrm{Q}} \end{pmatrix} - \begin{pmatrix} -\omega\psi_{\mathrm{q}} \\ \omega\psi_{\mathrm{d}} \\ 0 \\ 0 \\ 0 \\ 0 \end{pmatrix} \tag{2-79}$$

同步发电机磁链方程为

$$\begin{pmatrix} \psi_{\mathrm{d}} \\ \psi_{\mathrm{q}} \\ \psi_{0} \\ \psi_{\mathrm{f}} \\ \psi_{\mathrm{D}} \\ \psi_{\mathrm{Q}} \end{pmatrix} = \begin{pmatrix} X_{\mathrm{d}} & 0 & 0 & X_{\mathrm{ad}} & X_{\mathrm{ad}} & 0 \\ 0 & X_{\mathrm{q}} & 0 & 0 & 0 & X_{\mathrm{aq}} \\ 0 & 0 & X_{0} & 0 & 0 & 0 \\ X_{\mathrm{ad}} & 0 & 0 & X_{\mathrm{f}} & X_{\mathrm{ad}} & 0 \\ X_{\mathrm{ad}} & 0 & 0 & X_{\mathrm{ad}} & X_{\mathrm{D}} & 0 \\ 0 & X & 0 & 0 & 0 & X_{\mathrm{Q}} \end{pmatrix} \begin{pmatrix} i_{\mathrm{d}} \\ i_{\mathrm{q}} \\ i_{0} \\ i_{\mathrm{f}} \\ i_{\mathrm{D}} \\ i_{\mathrm{Q}} \end{pmatrix} \tag{2-80}$$

式（2-79）、式（2-80）中，u、i、X 分别表示机端电压、负载电流、同步电抗；下标 d、q、0 分别表示直轴、交轴、0 轴；X_{ad}、X_{aq} 分别为直轴和交轴反应电抗。

2.6.1.3　dq 坐标系中同步发电机标幺值方程

通常进行电力系统分析时都采用标幺值，即选择一种基准值，将有名值变成标幺值，与归一化处理类似。dq 坐标系中同步发电机方程做标幺值折算后的标幺值方程为

$$\begin{pmatrix} \overline{u}_{\mathrm{d}} \\ \overline{u}_{\mathrm{q}} \\ \overline{u}_{0} \\ \overline{u}_{\mathrm{f}} \\ 0 \\ 0 \end{pmatrix} = \begin{pmatrix} \overline{r}_{\mathrm{a}} & 0 & 0 & 0 & 0 & 0 \\ 0 & \overline{r}_{\mathrm{b}} & 0 & 0 & 0 & 0 \\ 0 & 0 & \overline{r}_{\mathrm{c}} & 0 & 0 & 0 \\ 0 & 0 & 0 & \overline{r}_{\mathrm{f}} & 0 & 0 \\ 0 & 0 & 0 & 0 & \overline{r}_{\mathrm{D}} & 0 \\ 0 & 0 & 0 & 0 & 0 & \overline{r}_{\mathrm{Q}} \end{pmatrix} \begin{pmatrix} -\overline{i}_{\mathrm{d}} \\ -\overline{i}_{\mathrm{q}} \\ -\overline{i}_{0} \\ \overline{i}_{\mathrm{f}} \\ \overline{i}_{\mathrm{D}} \\ \overline{i}_{\mathrm{Q}} \end{pmatrix} + \frac{\mathrm{d}}{\mathrm{d}t} \begin{pmatrix} \overline{\psi}_{\mathrm{d}} \\ \overline{\psi}_{\mathrm{q}} \\ \overline{\psi}_{0} \\ \overline{\psi}_{\mathrm{f}} \\ \overline{\psi}_{\mathrm{D}} \\ \overline{\psi}_{\mathrm{Q}} \end{pmatrix} - \begin{pmatrix} -\overline{\omega}\overline{\psi}_{\mathrm{q}} \\ \overline{\omega}\overline{\psi}_{\mathrm{d}} \\ 0 \\ 0 \\ 0 \\ 0 \end{pmatrix} \tag{2-81}$$

同步发电机标幺值磁链方程为

$$\begin{pmatrix} \overline{\psi}_d \\ \overline{\psi}_q \\ \overline{\psi}_0 \\ \overline{\psi}_f \\ \overline{\psi}_D \\ \overline{\psi}_Q \end{pmatrix} = \begin{pmatrix} \overline{X}_d & 0 & 0 & \overline{X}_{ad} & \overline{X}_{ad} & 0 \\ 0 & \overline{X}_q & 0 & 0 & 0 & \overline{X}_{aq} \\ 0 & 0 & \overline{X}_0 & 0 & 0 & 0 \\ \overline{X}_{ad} & 0 & 0 & \overline{X}_f & \overline{X}_{ad} & 0 \\ \overline{X}_{ad} & 0 & 0 & \overline{X}_{ad} & \overline{X}_D & 0 \\ 0 & X & 0 & 0 & 0 & \overline{X}_Q \end{pmatrix} \begin{pmatrix} \overline{i}_d \\ \overline{i}_q \\ \overline{i}_0 \\ \overline{i}_f \\ \overline{i}_D \\ \overline{i}_Q \end{pmatrix} \qquad (2\text{-}82)$$

式（2-81）、式（2-82）中，各符号加一横表示该量的标幺值。

其中，在定子电压方程 $\overline{u}_0 = -\overline{r}_c \overline{i}_0 + \dfrac{d\overline{\psi}_0}{d\overline{t}}$ 和定子磁链方程 $\overline{\psi}_0 = -\overline{X}_0 \overline{i}_0$ 中，最后一项表示 0 轴分量，当三相定子电流不对称时需要考虑该分量。

2.6.2 同步发电机的稳态暂态运行

2.6.2.1 同步发电机的稳态运行

同步发电机在对称稳态运行情况下，发电机转速等于或接近额定转速，即 $\omega_e = 1$；定子各等效绕组、转子各绕组交链的磁链为常数，即各磁链对时间的变化率为零；等效阻尼绕组中的电流 $i_D = i_Q = 0$；定子电阻为零。

当发电机工作于稳态条件下时，方程中对时间的导数项为零。将定子磁链方程代入到定子电压方程中，整理得到发电机稳态方程为

$$\overline{E}_t = -j\overline{X}_s \overline{I}_t + j\overline{E}_{fd} \qquad (2\text{-}83)$$

其中，$\overline{E}_{fd}$ 为发电机空载电动势；$\overline{E}_t$ 为发电机端电压；$\overline{X}_s = \overline{X}_q = \overline{X}_d$ 为定子电抗；$\dot{I}_t = \overline{i}_d = -j\overline{i}_q$ 为定子电流；$\dot{E}_Q = \dot{E}_t + jX_s\dot{I}_t$ 为定义的虚构电动势，虚构电动势也叫作励磁电动势。

显然此时虚构电动势与空载电动势相等，以上式子成立的条件是发电机定子电抗与转子电抗相等。

根据图 2-20 可求出转子位置角，即功率角。

$$\tan\delta = \frac{X_s I_t \cos\varphi}{E_t + X_s I_t \sin\varphi} \Rightarrow \delta = \arctan\left(\frac{X_s I_t}{E_t + X_s I_t \sin\varphi}\right) \qquad (2\text{-}84)$$

如图 2-20 所示，忽略损耗，发电机电磁功率即为有功功率，为

$$P_e = P = \frac{E_Q \sin\delta}{X_s} E_t \qquad (2\text{-}85)$$

发电机无功功率为

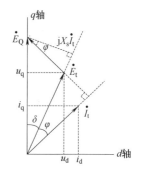

图 2-20 稳态运行时的相量图

$$Q = \frac{E_t E_Q \cos\delta}{X_s} - \frac{E_t^2}{X_s} \qquad (2\text{-}86)$$

2.6.2.2 同步发电机的阻尼绕组

阻尼绕组在发电机的转子上，是阻尼电流的主要通道，阻尼绕组中的电流与气隙磁通相互作用而产生一个阻尼转矩，该阻尼转矩能对暂态扰动后转子的振荡提供阻尼作用。当同步发电机接入的电网发生不对称电压跌落故障时，气隙磁通中将包含两部分分量，即由电流产生的与转子旋转方向一致的磁通，这部分磁通分量称为正序分量；由电流产生的与转子旋转

方向相反的磁通，这部分磁通分量称为负序分量，是导致电磁转矩高频波动的主要原因。

负序分量中的负序磁通与转子旋转方向相反，发电机转子持续高速旋转，因而负序磁通具有较高的相对转动速度，会产生较大的转矩，最终造成电磁转矩的波动，转矩波动幅度的大小由电网电压不对称跌落的深度和电压跌落的类型决定，通常跌落深度越深，电磁转矩波动幅值越大，同一电压跌落深度下，电网电压两相跌落时要比电网电压单相跌落时更为严重。

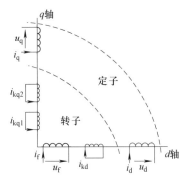

图 2-21　同步发电机阻尼绕组定子和转子电路

发电机中本身具有的阻尼绕组可以起到减小转矩的效果，具体说来，阻尼绕组中的电流与气隙磁通作用产生与电磁转矩方向相反的阻尼转矩，从而达到限制发电机转速的增长速率。阻尼绕组中的电流可以被分解为两个分量，即 d 轴阻尼电流和 q 轴阻尼电流，如图 2-21 所示。

2.6.2.3　同步发电机暂态模型

整理可得磁链与电流关系式方程为

$$
\begin{pmatrix} \bar{\psi}_d \\ \bar{\psi}_q \\ \bar{\psi}_0 \\ \bar{\psi}_h \\ \bar{\psi}_{kd} \\ \bar{\psi}_{kq1} \\ \bar{\psi}_{kq2} \end{pmatrix} - \begin{pmatrix} \bar{\psi}_{md} \\ \bar{\psi}_q \\ 0 \\ \bar{\psi}_{md} \\ \bar{\psi}_{md} \\ \bar{\psi}_{mq} \\ \bar{\psi}_{mq} \end{pmatrix} = \begin{pmatrix} -\bar{L}_{1s} & 0 & 0 & 0 & 0 & 0 & 0 \\ 0 & -\bar{L}_{1s} & 0 & 0 & 0 & 0 & 0 \\ 0 & 0 & -\bar{L}_{1s} & 0 & 0 & 0 & 0 \\ 0 & 0 & 0 & \bar{L}_{1h} & 0 & 0 & 0 \\ 0 & 0 & 0 & 0 & \bar{L}_{kq} & 0 & 0 \\ 0 & 0 & 0 & 0 & 0 & \bar{L}_{kq1} & 0 \\ 0 & 0 & 0 & 0 & 0 & 0 & \bar{L}_{kq2} \end{pmatrix} \begin{pmatrix} \bar{i}_d \\ \bar{i}_q \\ \bar{i}_0 \\ \bar{i}_h \\ \bar{i}_{kd} \\ \bar{i}_{kq1} \\ \bar{i}_{kq2} \end{pmatrix}
$$

(2-87)

则磁链的动态微分表达式为

$$
\frac{\mathrm{d}}{\mathrm{d}\bar{t}} \begin{pmatrix} \bar{\psi}_d \\ \bar{\psi}_q \\ \bar{\psi}_0 \\ \bar{\psi}_h \\ \bar{\psi}_{kd} \\ \bar{\psi}_{kq1} \\ \bar{\psi}_{kq2} \end{pmatrix} = \begin{pmatrix} \bar{u}_d \\ \bar{u}_q \\ \bar{u}_0 \\ \bar{u}_h \\ \bar{u}_{kd} \\ \bar{u}_{kq1} \\ \bar{u}_{kq2} \end{pmatrix} + \begin{pmatrix} \dfrac{\bar{r}_s}{\bar{L}_{1s}} & 0 & 0 & 0 & 0 & 0 & 0 \\ 0 & \dfrac{\bar{r}_s}{\bar{L}_{1s}} & 0 & 0 & 0 & 0 & 0 \\ 0 & 0 & \dfrac{\bar{r}_s}{\bar{L}_{1s}} & 0 & 0 & 0 & 0 \\ 0 & 0 & 0 & \dfrac{\bar{r}_h}{\bar{L}_{1h}} & 0 & 0 & 0 \\ 0 & 0 & 0 & 0 & \dfrac{\bar{r}_{kd}}{\bar{L}_{kd}} & 0 & 0 \\ 0 & 0 & 0 & 0 & 0 & \dfrac{\bar{r}_{kq1}}{\bar{L}_{kq1}} & 0 \\ 0 & 0 & 0 & 0 & 0 & 0 & \dfrac{\bar{r}_{kq1}}{\bar{L}_{1kq1}} \end{pmatrix}
$$

$$-\begin{pmatrix} \overline{\psi}_{md}-\overline{\psi}_{d} \\ \overline{\psi}_{mq}-\overline{\psi}_{q} \\ \overline{\psi}_{0} \\ \overline{\psi}_{md}-\overline{\psi}_{h} \\ \overline{\psi}_{md}-\overline{\psi}_{kd} \\ \overline{\psi}_{md}-\overline{\psi}_{kq1} \\ \overline{\psi}_{md}-\overline{\psi}_{kq2} \end{pmatrix} - \begin{pmatrix} \overline{\omega}\overline{\psi}_{q} \\ \overline{\omega}\overline{\psi}_{d} \\ 0 \\ 0 \\ 0 \\ 0 \\ 0 \end{pmatrix} \tag{2-88}$$

式（2-87）和式（2-88）中各符号含义：L 表示电感；下标 s、h、kd、kq1、kq2 表示定子相关、转子相关、d 轴阻尼相关、q 轴阻尼 1 相关、q 轴阻尼 2 相关；$\overline{L}_{1s}$ 是定子漏电感；L_{1h} 是转子漏电感；$\overline{\psi}_{md}$ 是 d 轴与转子互感产生磁链；$\overline{\psi}_{mq}$ 是 q 轴与转子互感产生磁链。

2.6.2.4 发电机电功率和电磁转矩

同步发电机定子三相输出功率瞬时值为

$$P_{t}=\frac{3}{2}\left[\left(i_{d}\frac{d\psi_{d}}{dt}+i_{q}\frac{d\psi_{q}}{dt}+2i_{0}\frac{d\psi_{0}}{dt}\right)+(\psi_{d}i_{q}-\psi_{q}i_{d})\omega-(i_{d}^{2}+i_{q}^{2}+2i_{0}^{2})r_{s}\right] \tag{2-89}$$

等号右边第一部分解释为电枢磁场能量变化率，第二部分解释为穿越气隙传递到定子上的功率，第三部分解释为电枢电阻中的损耗功率。根据电磁转矩的定义可知，穿越气隙传到发电机定子上的功率与发电机转子角速度的比值即为电磁转矩。

$$\overline{T}_{e}=\overline{\psi}_{d}\overline{i}_{q}-\overline{\psi}_{q}\overline{i}_{d} \tag{2-90}$$

2.6.2.5 发电机转子运动方程

为描述转子在机械转矩和电磁转矩下的运动状态，引入转子运动方程：

$$J_{f}\frac{d\omega_{s}}{dt}=T_{m}-T_{e}-T_{0} \tag{2-91}$$

式中 J_{f}——机组转动惯量，单位为 $kg\cdot m^{2}$；

ω_{s}——转子角速度，单位为 rad/s；

T_{m}——输入机械转矩，单位为 N·m；

T_{e}——电磁转矩，单位为 N·m；

T_{0}——空载转矩，单位为 N·m。

2.6.3 同步发电机运行控制

同步发电机机组运行控制方式大概有两种，一种是孤网运行控制，另一种是并网运行控制，其中孤网运行又包括单机运行和并机运行。

2.6.3.1 单机运行控制分析

单机运行模式如图 2-22 所示。

单机运行特点为发电机输出的有功功率和无功功率直接由负荷决定。发电机组单机运行时的转速控制方式框图如图 2-23 所示，发电机组单机运行

图 2-22 单机运行

时的电压控制方式框图如图 2-24 所示。

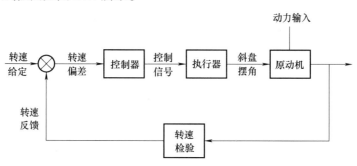

图 2-23　发电机组单机运行时的转速控制框图

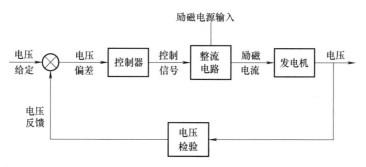

图 2-24　发电机组单机运行时的电压控制框图

2.6.3.2　并机运行控制分析

两台及以上发电机并机运行，如图 2-25 所示。

两台及以上发电机并机运行时，每台发电机需要根据自身容量和负荷成比例分担有功功率和无功功率。这要求发电机具有负调差的输出特性，当负荷变化时，所有发电机的转速/频率保持不变，从而保证每台发电机输出有功功率的百分比不变。机组的无功功率分配与有功功率分配方法一样。发电机组并机运行时的转速控制方式框

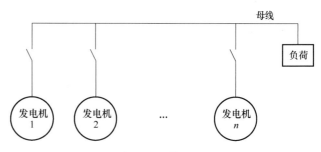

图 2-25　两台及以上并机（孤网）运行

图如图 2-26 所示，发电机组并机运行时的电压控制方式框图如图 2-27 所示。

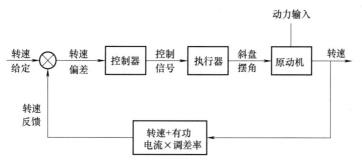

图 2-26　发电机组并机运行时的转速控制框图

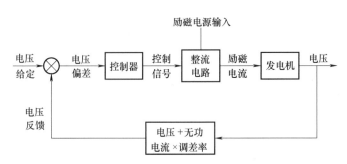

图 2-27　发电机组并机运行时的电压控制框图

2.6.3.3　并网运行控制分析

并网（无穷大电网）运行方式和并机运行类似，如图 2-28 所示。

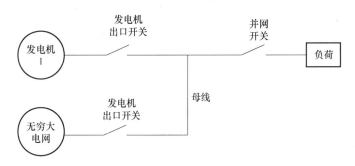

图 2-28　并网（无穷大电网）运行

并网运行时，发电机通过内部转速控制环和外部功率控制环来实现机组稳定的有功功率输出，控制框图如图 2-29 所示。

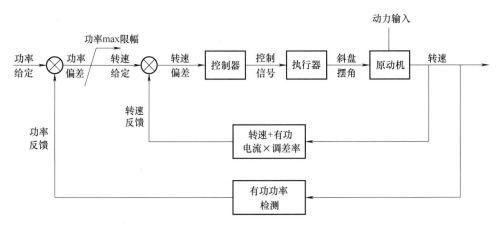

图 2-29　发电机稳定输出有功功率的控制框图

并网运行时，发电机通过内部电压控制环和外部恒功率因数控制环实现对机组的无功功率的控制，控制框图如图 2-30 所示。

总而言之，同步发电机组的运行控制中，发电机有功功率是通过转速/频率控制环实现的，无功功率是通过电压控制环实现的，是同步发电机组最基本的控制方式。

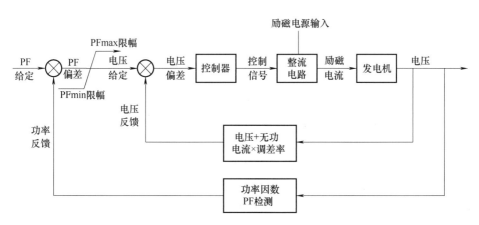

图 2-30　发电机稳定输出无功功率的控制框图

2.6.4　发电机的功角特性与励磁系统模型

为进一步研究同步发电机与无穷大电网并联时发电机是如何调节有功功率和无功功率的，现对同步发电机的功角特性与励磁系统进行研究。

2.6.4.1　同步发电机的功角特性

所谓的功角特性，是指当励磁电动势 E_Q 和机端电压 E_t 保持不变时，同步发电机发出的电磁功率 P_e 与功率角 δ 之间的关系 $P_e=f(\delta)$。假设 d 轴与 q 轴的电抗相等，在忽略磁损的情况下，电磁功率 P_e 与功率角 δ 之间的关系可表示为

$$P_e=P=\frac{E_Q\sin\delta}{X_s}E_t \tag{2-92}$$

根据式（2-92）可知，同步发电机的有功功率是功率角 δ 的正弦函数。同步发电机并联到无穷大电网后，发电机的输出转速和机端电压因电网的约束而保持不变，当发电机转速刚好等于同步转速时，处于空载状态的发电机功角为零，转子磁场与空气隙合成磁场重合。现对机组增加有功功率的情况进行讨论，发电机输入转矩增加会打破转子动力学平衡而使转子加速，而此时空气隙合成磁场仍均保持不变，转子磁场在转子加速后会超前于空气隙合成磁场，这将导致功率角变大，引起发电机有功功率增加。功率角持续增大，

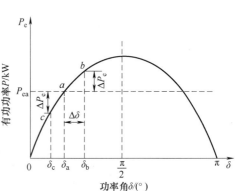

图 2-31　有功功率功角特性

当发电机的输入功率与输出功率相等时，发电机达到新的平衡状态。有功功率功角特性如图 2-31 所示。

2.6.4.2　同步发电机的励磁系统

根据同步发电机稳态运行分析的结论可知，同步发电机的无功功率可表示为

$$Q=\frac{E_t E_Q\cos\delta}{X_s}-\frac{E_t^2}{X_s} \tag{2-93}$$

由式（2-93）可知，当同步发电机励磁不发生变化时，发电机的无功功率可以描述为功率角的余弦函数，无功功率的功角特性曲线如图 2-32 所示。

由图 2-32 不难得出以下结论：改变机组的励磁电流可以相应改变机组的无功功率。励磁系统对于同步发电机组的意义也是显而易见的，当机组的有功功率因发电机的外界输入功率增加时，可以通过控制无功功率来实现对发电机功率因数的调节，从而使机组适应电网的要求，维持机组稳定运行。

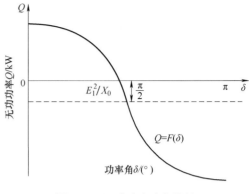

图 2-32　无功功率功角特性

2.7　本章小结

本章根据工作原理和组成部分分别对风速、风力机系统、调桨系统、液压传动系统、发电机系统及励磁系统五个方面建立数学模型，并推导出风力发电机组整体的数学模型。

参考文献

[1] 李昊. 液压型风电机组阀控液压马达变桨距控制理论与实验研究 [D]. 秦皇岛：燕山大学，2013.
[2] 艾超. 液压型风力发电机组转速控制和功率控制研究 [D]. 秦皇岛：燕山大学，2012.
[3] 张寅. 液压型风力发电机组功率平滑控制研究 [D]. 秦皇岛：燕山大学，2016.
[4] 孙春顺. 风力发电系统运行与控制方法研究 [D]. 长沙：湖南大学，2008：85-90.
[5] 孙建峰. 风电场建模和仿真研究 [D]. 北京：清华大学，2004：19-23.
[6] WELFONDER E，NEIFER R S，PANNER M. Development and experimental identification of dynamic models for wind turbines [J]. Control Engineering Practice，1997，5（1）：63-73.
[7] ALICJA L，DOROTA K，et al. Advantages of ARMA-GARCH wind speed time series modeling [C]//2010 IEEE 11th International Conference on Probabilistic Methods Applied to Power Systems，2010：83-88.
[8] 贾增周. 大型风力发电机组的智能滑模变结构控制研究 [D]. 保定：华北电力大学，2008.
[9] 杨军. 风电机组动态分析适用风速模型 [J]. 西南科技大学学报，2010，25（1）：39-44.
[10] 吴学光，张学成，印永华，等. 异步风力发电系统动态稳定性分析的数学模型及其应用 [J]. 电网技术，1998，22（6）：68-72.
[11] ANDERSON P M，ANJAN B. Stability simulation of wind turbine systems [J]. IEEE Trans Power Apparatus and Systems，1983，102（12）：3791-3795.
[12] 杨煜，何炎平，李勇刚. 基于 Simulink/MATLAB 的变速风力发电机组在低于额定风速时的仿真研究 [J]. 华东电力，2009，37（5）：816-818.
[13] 陈文婷. 液压型风力发电机组转速与功率优化控制研究 [D]. 秦皇岛：燕山大学，2015.
[14] 董彦武. 液压型风电机组低电压穿越能量调控与转矩补偿研究 [D]. 秦皇岛：燕山大学，2016.
[15] 王春行. 液压控制系统 [M]. 北京：机械工业出版社，1999.

第 3 章 液压型风力发电机组输出转速控制技术

3.1 机组液压主传动系统概述

液压型风力发电机组采用定量泵-变量马达液压调速系统配合励磁同步发电机，其中最重要的一点是省去了变流逆变装置，而变流逆变装置是传统机型中并网控制的直接调节装置。因此，传统机型并网控制方法在液压型风力发电机组上不再完全适用。液压型风力发电机组并网控制的关键是使同步发电机转动频率与电网频率相同，即保证同步发电机（变量马达）稳定于同步转速。本章在考虑各种扰动因素同时保证系统不产生流量损失的前提下，研究液压型风力发电机组的转速控制方法。

3.1.1 液压主传动系统马达恒转速控制的意义

同步发电机组并电网时，为防止过大的电流冲击和转矩冲击，发电机输出的各相端电压的瞬时值要与电网端对应相电压的瞬时值完全一致。具体条件有 5 个：波形相同、相序相同、幅值相同、频率相同、相位相同。在并网时，因发电机旋转方向不变，只要使发电机的各相绕组输出端与电网各相互相对应，就可以满足相序相同；而波形相同可由发电机设计、制造和安装保证；因此机组并网时，主要是其他 3 个条件的检测和控制，其中频率相同是必须满足的条件。

国家电网频率为 50Hz，从电能质量考虑，要求同步发电机频率与电网频率一致，其偏差不超过 ±0.2Hz（0.4%），即需控制发电机转速在 1500±6r/min。然而风能是随机性很强的一次能源，风向与风速变化无常，输入的风能也会不断变化；电力系统的负荷也不断变化，存在着周期为几秒至几十分钟的负荷波动，且不可预见。因此，如何控制发电机输出转速恒定是同步发电机组的重要研究内容，是保证发电机顺利并网发电的必备条件。

3.1.2 定量泵-变量马达闭式容积调速系统特性

对于要求变转速输入、恒速输出的传动系统，采用定量泵-变量马达闭式回路，既可发挥该回路输出功率大且稳定的优点，又避免调速范围小的缺点，液压型风电机组采用泵控马达闭式系统取代传统的齿轮箱，系统灵活性高、可靠性强，更容易通过控制马达转速进而控制发电机转速。同时液压主传动系统代替了高负载的滚动轴承，避免了传统风电机组寿命短的弱点。

变量马达的转速调节可以通过泵控马达闭式容积调速回路来实现，按照泵和马达的调速方式不同，可分为变量泵-变量马达式、变量泵-定量马达式、定量泵-变量马达式，其中，定量泵-变量马达调速系统可作为风轮与发电机间的无级调速传递系统。

图 3-1 为定量泵-变量马达回路，在此种回路中，当液压泵的转速和排量为常值，系统压力不变时，改变液压马达的排量，输出扭矩与马达排量成正比，输出转速与马达排量成反比，输出功率保持不变，系统工作于恒压源状态，如图 3-2 所示；当系统无溢流时，定量泵输出油液全部进入液压马达，系统工作于恒流源状态。定量泵-变量马达回路的特点是调速范围小，在各种转速下可保持功率不变。

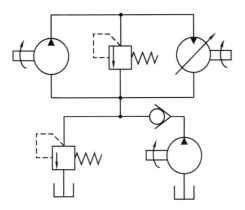

图 3-1 定量泵-变量马达式闭式调速回路

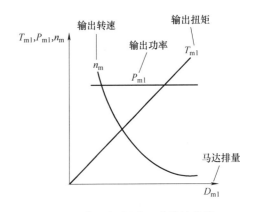

图 3-2 恒压源调速回路特性曲线

3.2 流量反馈法转速控制

流量反馈转速控制是指通过检测定量泵的转速，计算出定量泵的输出流量，且根据变量马达输出转速计算出变量马达的排量，并以此作为变量马达排量控制信号的给定值，此处定义由定量泵转速计算出的变量马达排量与其对应的马达摆角值为基准值，基于定量泵输出流量计算该值的系数 K_m 为马达摆角折算系数。恒转速给定与转速输出的偏差值作为马达排量控制信号的补偿值[1-4]，如图 3-3 所示。

给定恒转速信号为正值，输出转速信号为负反馈值，恒值给定和输出转速反馈差值取反后作为变量马达排量控制信号的补偿值。当输出转速低于给定值时，偏差信号为正值，取反后补偿给变量马达排量控制信号，减小马达排量，提高输出转速。当输出转速高于给定值时，偏差信号为负值，取反后补偿给变量马达排量控制信号，增加马达排量，降低输出转速。

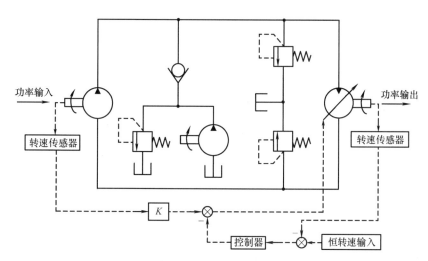

图 3-3　流量反馈定量泵-变量马达恒转速控制系统简图

采用流量反馈控制方式，基于系统流量值计算液压马达排量给定信号，并在此基础上基于转速差进行调整，使定量泵工作在恒流源状态，系统压力由负载和变量马达排量决定。控制器为积分控制器，消除系统速度误差。

3.2.1　定量泵-变量马达调速系统数学模型

采用图 3-4 所示的原理模型推导定量泵-变量马达传递函数，并做如下假设：

1）当连接管道为硬管且长度短时，可以忽略管道中的压力损失。设两根管道完全相同，液压泵和马达腔的容积为常数。

2）液压泵和马达的泄漏为层流。

3）每个腔室内的压力是均匀相等的，液体密度为常数。

4）输入信号较小，不发生饱和现象。

5）不考虑补油系统。

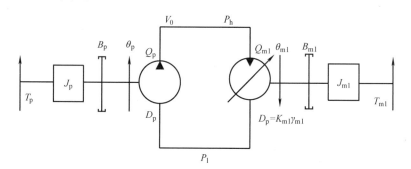

图 3-4　定量泵-变量马达闭式回路原理简图

对于变量马达相乘非线性，主要体现在马达排量 γ_{m1} 与马达转速 $\dfrac{\mathrm{d}\theta_{m1}}{\mathrm{d}t}$ 和系统压力 p_h 之间的关系上。变量 γ_{m1} 与 $\dfrac{\mathrm{d}\theta_{m1}}{\mathrm{d}t}$ 的乘积构成一个非线性方程，采用小信号线性化的方法，即采用

泰勒级数展开的方式进行线性化处理有

$$\gamma_{m1}(t)\frac{d\theta_{m1}(t)}{dt}=\left[\gamma_{m1}(0)+\Delta\gamma_1(t)\right]\left[\dot{\theta}_{m1}(0)+\Delta\dot{\theta}_{m1}(t)\right] \tag{3-1}$$

忽略二阶无穷小量，整理得

$$\gamma_{m1}(t)\frac{d\theta_{m1}(t)}{dt}=\gamma_{10}\dot{\theta}_{m10}+\Delta\gamma_1(t)\dot{\theta}_{m10}+\gamma_{10}\Delta\dot{\theta}_{m1}(t) \tag{3-2}$$

式中　γ_{10}——变量马达摆角初始值；

　　$\dot{\theta}_{m10}$——变量马达转速初始值，单位为 rad/s；

　　$\Delta\gamma_1(t)$——变量马达摆角变化值；

　　$\Delta\dot{\theta}_{m1}(t)$——变量马达转速变化值，单位为 rad/s。

变量 γ_{m1} 与 p_h 的乘积构成一个非线性方程，采用小信号线性化的方法进行线性化处理有

$$\gamma_{m1}p_h=\left[\gamma_{m1}(0)+\Delta\gamma_1(t)\right]\left[p_h(0)+\Delta p_h(t)\right] \tag{3-3}$$

忽略二阶无穷小量，整理得

$$\gamma_{m1}p_h=\gamma_{10}p_{h0}+\Delta\gamma_1(t)p_{h0}+\gamma_{10}\Delta p_h(t) \tag{3-4}$$

式中　p_{h0}——高压管路初始压力，单位为 Pa；

　　$\Delta p_h(t)$——高压管路压力变化量，单位为 Pa。

推导定量泵-变量马达数学模型[1]，得到系统压力为

$$p_h=\frac{D_p s\theta_p-K_{m1}\gamma_{m1}\dot{\theta}_{m10}-K_{m1}\gamma_{10}s\theta_{m1}}{C_t+\dfrac{V_0}{\beta_e}s} \tag{3-5}$$

定量泵转角为

$$\theta_p=\frac{D_pK_{m1}\gamma\dot{\theta}_{m10}+D_pK_{m1}\gamma_{10}s\theta_{m1}+T_p\left(C_t+\dfrac{V_0}{\beta_e}s\right)}{J_p\dfrac{V_0}{\beta_e}s^3+\left(J_pC_t+B_p\dfrac{V_0}{\beta_e}\right)s^2+\left(D_p^2+C_tB_p+G_p\dfrac{V_0}{\beta_e}\right)s+C_tG_p} \tag{3-6}$$

变量马达转角为

$$\theta_{m1}=\frac{D_pK_{m1}\gamma_{10}s\theta_p-K_{m1}^2\gamma_{10}\gamma_{m1}\dot{\theta}_{m10}-T_{m1}\left(C_t+\dfrac{V_0}{\beta_e}s\right)+K_{m1}\gamma_{m1}P_{h0}\left(C_t+\dfrac{V_0}{\beta_e}s\right)}{J_{m1}\dfrac{V_0}{\beta_e}s^3+\left(J_{m1}C_t+B_{m1}\dfrac{V_0}{\beta_e}\right)s^2+\left(K_{m1}^2\gamma_{10}^2+C_tB_{m1}+G_{m1}\dfrac{V_0}{\beta_e}\right)s+C_tG_{m1}} \tag{3-7}$$

式中　V_0——定量泵、变量马达之间高压管路总容积，单位为 m^3；

　　θ_p——变量马达转角，单位为 rad；

　　C_t——总的泄漏系数 $C_t=C_{tp}+C_{tm}$，单位为 $m^3/(s\cdot Pa)$。

定量泵-变量马达系统传递函数框图如图 3-5 所示。马达输出端和定量泵输出端刚度很大时，$G_{m1}=G_p=0$。

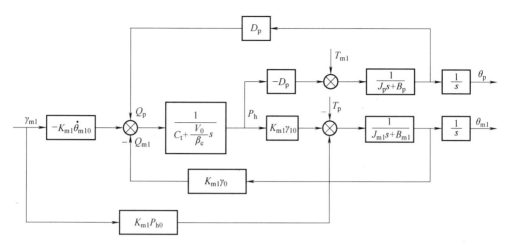

图 3-5　定量泵-变量马达闭式回路传递函数框图

3.2.2　定量泵-变量马达系统模型简化

3.2.2.1　定量泵转速控制模型简化与分析

当定量泵端刚度很大时，$G_p = 0$；$\dfrac{C_t B_p}{D_p^2} \leqslant 1$；式（3-6）可简化为

$$\theta_p = \frac{\dfrac{K_{qm0}\gamma_{m1}}{D_p} + \dfrac{D_{m10}s\theta_{m1}}{D_p} + \dfrac{C_t}{D_p^2}\left(1 + \dfrac{V_0}{\beta_e C_t}s\right)T_p}{s\left[\dfrac{J_p V_0}{\beta_e D_p^2} + \left(\dfrac{J_p C_t}{D_p^2} + \dfrac{B_p V_0}{\beta_e D_p^2}\right)s + 1\right]} \tag{3-8}$$

式中　K_{qm}——变量马达流量增益，$K_{qm} = K_m\omega_{m1}$；

K_{qm0}——变量马达初始流量增益，$K_{qm0} = K_{m0}\omega_{m10}$。

化成标准形式为

$$\theta_p = \frac{\dfrac{K_{qm0}\gamma_{m1}}{D_p} + \dfrac{Q_{m10}}{D_p} + \dfrac{C_t}{D_p^2}\left(1 + \dfrac{V_0}{\beta_e C_t}s\right)T_p}{s\left(\dfrac{s^2}{\omega_{hp}^2} + \dfrac{2\zeta_{hp}}{\omega_{hp}}s + 1\right)} \tag{3-9}$$

式中　ω_{hp}——定量泵转速控制通道液压固有频率，$\omega_{hp} = \sqrt{\dfrac{\beta_e D_p^2}{J_p V_0}}$；

ζ_{hp}——定量泵转速控制通道液压阻尼比，$\zeta_{hp} = \dfrac{C_t}{2D_p}\sqrt{\dfrac{\beta_e J_p}{V_0}} + \dfrac{B_p}{2D_p}\sqrt{\dfrac{V_0}{\beta_e J_p}}$。

定量泵转速对变量马达摆角的传递函数为

$$\frac{\omega_p}{\gamma_{m1}} = \frac{\dfrac{K_{qm0}}{D_p}}{\dfrac{s^2}{\omega_{hp}^2} + \dfrac{2\zeta_{hp}}{\omega_{hp}}s + 1} \tag{3-10}$$

该控制通道固有频率 $\omega_{hp} = \sqrt{\dfrac{\beta_e D_p^2}{J_p V_0}}$，$J_p$、$\beta_e$、$D_p$ 为定值时，V_0 越大，则固有频率越低，从系统动态响应快速性出发，希望 V_0 越小越好。

该控制通道阻尼比 $\zeta_{hp} = \dfrac{C_t}{2D_p}\sqrt{\dfrac{\beta_e J_p}{V_0}} + \dfrac{B_p}{2D_p}\sqrt{\dfrac{V_0}{\beta_e J_p}}$，当 J_p 很大时，认为 $\dfrac{B_p}{2D_p}\sqrt{\dfrac{V_0}{\beta_e J_p}} \approx 0$，$J_p$、$\beta_e$、$D_p$ 为定值，C_t 按定值处理时，V_0 越大，则阻尼比越低。当 J_p 很大，V_0 取值较小时，ζ_{hp} 相对较大，所以该控制通道响应较慢，二阶环节动态特性近似于惯性环节，所以该控制通道是稳定的，对于速度控制是有差系统。

3.2.2.2 变量马达转速控制模型简化与分析

当变量马达输出端刚度很大时，$G_{m1} = 0$，$\dfrac{C_t B_{m1}}{K_{m1}^2 \gamma_{10}^2} \leqslant 1$；式（3-7）可简化为

$$\theta_{m1} = \cfrac{\left[-\cfrac{\dot{\theta}_{m10}}{\gamma_{10}} + \cfrac{p_{h0}\left(C_t + \cfrac{V_0}{\beta_e}s\right)}{K_{m1}\gamma_{10}^2}\right]\gamma_{m1} + \cfrac{Q_p}{K_{m1}\gamma_{10}} - \cfrac{C_t}{K_{m1}^2\gamma_{10}^2}\left(1 + \cfrac{V_0}{\beta_e C_t}s\right)T_{m1}}{s\left[\cfrac{J_{m1}V_0}{\beta_e K_{m1}^2\gamma_{10}^2}s^2 + \left(\cfrac{J_{m1}C_t}{K_{m1}^2\gamma_{10}^2} + \cfrac{B_{m1}V_0}{\beta_e K_{m1}^2\gamma_0^2}\right)s + 1\right]} \tag{3-11}$$

化成标准形式

$$\theta_{m1} = \cfrac{\left[-\cfrac{\dot{\theta}_{m10}}{\gamma_{10}} + \cfrac{p_{h0}\left(C_t + \cfrac{V_0}{\beta_e}s\right)}{K_{m1}\gamma_{10}^2}\right]\gamma_{m1} + \cfrac{Q_p}{K_{m1}\gamma_0} - \cfrac{C_t}{K_{m1}^2\gamma_{10}^2}\left(1 + \cfrac{V_0}{\beta_e C_t}s\right)T_{m1}}{s\left(\cfrac{s^2}{\omega_{hm}^2} + \cfrac{2\zeta_{hm}}{\omega_{hm}}s + 1\right)} \tag{3-12}$$

式中 ω_{hm}——变量马达转速控制通道液压固有频率，$\omega_{hm} = \sqrt{\dfrac{\beta_e K_{m1}^2\gamma_{10}^2}{J_{m1}V_0}}$；

ζ_{hm}——变量马达转速控制通道液压阻尼比，$\zeta_{hm} = \dfrac{C_t}{2K_{m1}\gamma_{10}}\sqrt{\dfrac{\beta_e J_{m1}}{V_0}} + \dfrac{B_{m1}}{2K_{m1}\gamma_{10}}\sqrt{\dfrac{V_0}{\beta_e J_{m1}}}$。

变量马达转速对变量马达摆角的传递函数为

$$\cfrac{\omega_{m1}}{\gamma_{m1}} = \cfrac{-\cfrac{\dot{\theta}_{m10}}{\gamma_{10}} + \cfrac{p_{h0}\left(C_t + \cfrac{V_0}{\beta_e}s\right)}{K_{m1}\gamma_{10}^2}}{\cfrac{s^2}{\omega_{hm}^2} + \cfrac{2\zeta_{hm}}{\omega_{hm}}s + 1} \tag{3-13}$$

该控制通道固有频率 $\omega_{hm} = \sqrt{\dfrac{\beta_e K_{m1}^2\gamma_{10}^2}{J_{m1}V_0}}$，$J_{m1}$、$\beta_e$、$K_{m1}$ 为定值时，V_0 越大、γ_{10} 越小，则固有频率越低，固有频率与马达摆角成正比。从系统动态响应快速性出发，希望 V_0 越小越好，γ_{10} 越大越好。所以 γ_{m1} 应有一个最小值 γ_{0min} 使得系统具有一定的频宽，并且 ω_{hm} 随着 γ_{m1} 的增加线性增加。

阻尼比 $\zeta_{hm} = \dfrac{C_t}{2K_{m1}\gamma_{10}}\sqrt{\dfrac{\beta_e J_p}{V_0}} + \dfrac{B_p}{2K_{m1}\gamma_0}\sqrt{\dfrac{V_0}{\beta_e J_p}}$，$J_{m1}$、$\beta_e$、$K_{m1}$ 为定值，当 C_t 按定值处理时，阻尼比与马达摆角成反比。γ_{10} 很小时，ζ_{hm} 将很大，系统二阶振荡环节特性相当于一阶惯性环节，系统动态特性很差，从阻尼比角度分析也希望 γ_{m1} 有一个最小值 γ_{10min}，使系统具有足够的动态响应特性。

对于 $\zeta_{hm} = \dfrac{C_t}{2K_{m1}\gamma_{10}}\sqrt{\dfrac{\beta_e J_p}{V_0}} + \dfrac{B_p}{2K_{m1}\gamma_{10}}\sqrt{\dfrac{V_0}{\beta_e J_p}}$，当 γ_{10} 为定值，$C_t\sqrt{\dfrac{\beta_e J_{m1}}{V_0}} = B_{m1}\sqrt{\dfrac{V_0}{\beta_e J_{m1}}}$ 时，ζ_{hm} 取得最小值，此时 $V_0 = \dfrac{\beta_e C_t J_{m1}}{B_{m1}}$。对于 V_0 值的确定，希望 γ_{10} 在确定的工作区间变化时，ζ_{hm} 能够取得 $0.5 \sim 0.8$ 的数值，并且取较小的 V_0 解。

该控制通道是零型有差系统，增加积分控制器可以消除稳态误差。闭环控制框图如图 3-6 所示。

图 3-6　变量马达转速闭环控制框图

马达初始输出转速由初始斜盘摆角 γ_{10} 决定，转速偏差取反后经积分控制器给出斜盘摆角变化值 $\Delta\gamma_1$，积分寄存值 $\gamma_{10}+\Delta\gamma_1$ 作为变量马达摆角控制值。

所以该系统增加积分控制器闭环传递函数特征方程为

$$s\left(\dfrac{s^2}{\omega_{hm}^2} + \dfrac{2\zeta_{hm}}{\omega_{hm}}s + 1\right) + \dfrac{\dot{\theta}_{m10}}{\gamma_{10}} - \dfrac{p_{h0}C_t\left(1 + \dfrac{V_0}{\beta_e C_t}s\right)}{K_{m1}\gamma_{10}^2} = 0 \tag{3-14}$$

整理得

$$\dfrac{s^3}{\omega_{hm}^2} + \dfrac{2\zeta_{hm}}{\omega_{hm}}s^2 + \left(1 - \dfrac{p_{h0}V_0}{\beta_e K_{m1}\gamma_0^2}\right)s + \dfrac{\dot{\theta}_{m10}}{\gamma_{10}} - \dfrac{p_{h0}C_t}{K_{m1}\gamma_{10}^2} = 0 \tag{3-15}$$

列写劳斯算表

$$
\begin{array}{c|cc}
s^1 & \dfrac{1}{\omega_{hm}^2} & 1 - \dfrac{p_{h0}V_0}{\beta_e K_{m1}\gamma_{10}^2} \\[3mm]
s^2 & \dfrac{2\zeta_{hm}}{\omega_{hm}} & \dfrac{\theta_{m10}}{\gamma_{10}} - \dfrac{p_{h0}C_t}{K_{m1}\gamma_{10}^2} \\[3mm]
s^0 & 1 - \dfrac{p_{h0}V_0}{\beta_e K_{m1}\gamma_{10}^2} - \dfrac{1}{2\omega_{hm}\zeta_{hm}}\left(\dfrac{\theta_{m10}}{\gamma_{10}} - \dfrac{p_{h0}C_t}{K_{m1}\gamma_{10}^2}\right) & 0 \\[3mm]
s^3 & \dfrac{\theta_{m10}}{\gamma_{10}} - \dfrac{p_{h0}C_t}{K_{m1}\gamma_{10}^2} & 0
\end{array}
$$

当劳斯算表中第一列各项都为正时系统稳定，即

$$1 - \dfrac{p_{h0}V_0}{\beta_e K_{m1}\gamma_{10}^2} - \dfrac{1}{2\omega_{hm}\xi_{hm}}\left(\dfrac{\dot{\theta}_{m10}}{\gamma_{10}} - \dfrac{p_{h0}C_t}{K_{m1}\gamma_{10}^2}\right) > 0 \tag{3-16}$$

$$\frac{\dot{\theta}_{m10}}{\gamma_{10}} - \frac{P_{h0}C_t}{K_{m1}\gamma_{10}^2} > 0 \tag{3-17}$$

整理得

$$2\omega_{hm}\zeta_{hm}\beta_e K_{m1}\gamma_{10}^2 + \beta_e K_{m1}\gamma_{10}\dot{\theta}_{m10} > 2p_{h0}V_0\omega_{hm}\zeta_{hm} + \beta_e p_{h0}C_t \tag{3-18}$$

$$K_{m1}\gamma_{10}\dot{\theta}_{m10} - p_{h0}C_t > 0 \tag{3-19}$$

其中，$K_{m1}\gamma_{10}\dot{\theta}_{m10}$ 为变量马达初始流量，$p_{h0}C_t$ 为系统泄漏流量，所以第二个不等式可以满足。第一个不等式为该控制通道稳定性条件，考查各参量代入不等式可知，该系统不稳定。从控制器角度分析，变量马达摆角给定值来自积分寄存器，受系统瞬态响应过程影响较大，系统难以稳定。定量泵转动提供了系统流量，当定量泵输入转动惯量很大时，定量泵转速变化具有滞后性，变量马达摆角调整时，很容易导致系统压力超高的情况出现，比如突然减小马达摆角，系统压力会有急剧升高，超出溢流阀调定值，系统处于恒压源工作状态，系统溢流损失严重。

结合系统控制要求，即定量泵变转速输入、变量马达恒转速输出，采用定量泵转速信号折算成变量马达摆角基准值，折算系数按照马达恒转速输出计算，则不论定量泵转速如何变化，马达摆角基准值会使马达按照流量匹配的方式工作于需要的稳定转速附近，在此基础上引入积分控制器，控制器寄存器中存储的是马达摆角变化值。此种方法既可提高系统的稳定性，又能避免系统压力超出工作压力范围。控制框图如图 3-7 所示。

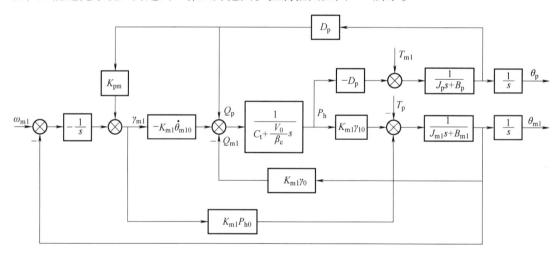

图 3-7　定量泵-变量马达传递函数流量反馈控制框图

采用流量反馈控制方式，进行定量泵-变量马达变转速输入恒转速输出控制，可使系统工作于恒流源状态，避免溢流损失，并且能够实现输出转速精确控制。

3.2.3　定量泵-变量马达系统开环辨识

该系统中马达转速对马达摆角控制通道固有频率与马达摆角成正比，阻尼比与马达摆角成反比，即

$$\omega_{hm} = \sqrt{\frac{\beta_e D_{m1}^2}{V_0 J_{m1}}} = \gamma_{10}\sqrt{\frac{\beta_e K_{m1}^2}{V_0 J_{m1}}} \tag{3-20}$$

$$\zeta_{hm} = \left(\frac{C_t}{2K_{m1}} \sqrt{\frac{\beta_e J_{m1}}{V_0}} + \frac{B_{m1}}{2K_{m1}} \sqrt{\frac{V_0}{\beta_e J_{m1}}} \right) \tag{3-21}$$

对定量泵-变量马达系统进行开环辨识，得到不同马达摆角位置时马达转速对马达摆角的传递函数，并进行软参量分析。

以 $\gamma_{m1} = 0.65$ 为例说明辨识过程和结果，马达摆角传递函数为

$$G(s) = \frac{0.03566s^6 - 286.4s^5 + 8.647\times10^5 s^4 - 1.168\times10^9 s^3 + 6.073\times10^{11} s^2 - 1.974\times10^{13} s + 1.079\times10^{15}}{s^6 - 4011s^5 + 4.052\times10^6 s^4 - 8.102\times10^7 s^3 + 3.828\times10^{10} s^2 - 9.845\times10^{10} s + 5.142\times10^{11}}$$

开环伯德图如图 3-8a 所示，根据零极点图 3-8b，可由辨识得出转速开环固有频率为 3.68rad/s，阻尼比为 0.349，由图 3-8c 可知辨识精度为 98.02%。

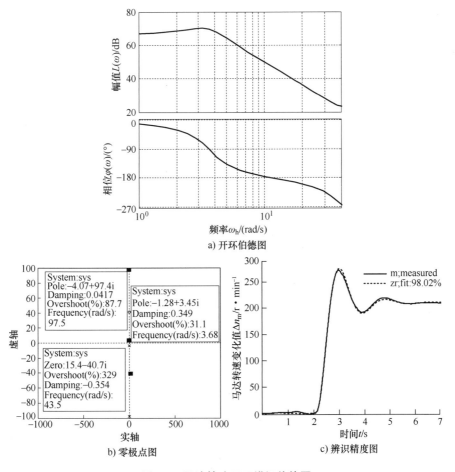

图 3-8　马达转速开环辨识伯德图

得出系统固有频率、阻尼比随马达摆角的变化规律，见表 3-1。

表 3-1　系统固有频率与阻尼比的实验值

γ_{10}	$\omega_h/\mathrm{rad\cdot s^{-1}}$	ζ
0.6509	3.7500	0.3322
0.7548	4.0435	0.2787

（续）

γ_{10}	$\omega_h/\text{rad} \cdot \text{s}^{-1}$	ζ
0.8532	4.5835	0.2579
0.9258	5.0035	0.2356

将表 3-1 做成曲线，如图 3-9 和图 3-10 所示。

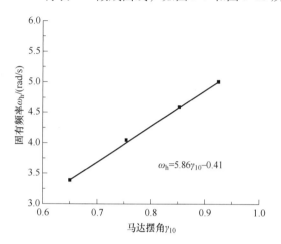

图 3-9　固有频率与马达摆角关系曲线

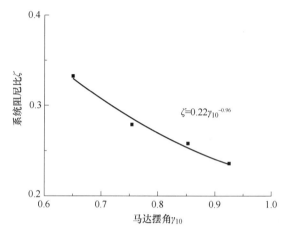

图 3-10　阻尼比 ζ 与马达摆角 γ_{10} 关系曲线

由实验数据采用线性拟合可得固有频率与马达摆角之间的线性关系为

$$\omega_h = 5.86\gamma_{10} - 0.41 \tag{3-22}$$

拟合度为 0.9994，截距不为零的原因是马达摆角位移传感器存在零偏，根据截距和斜率可求得位移零偏为 -0.07。

所以有 $\omega_{hm} = \sqrt{\dfrac{\beta_e D_{m1}^2}{V_0 J_{m1}}} = \gamma_{10}\sqrt{\dfrac{\beta_e K_{m1}^2}{V_0 J_{m1}}} = 5.86\%$

解得 $\dfrac{\beta_e}{V_0} = 0.354 \times 10^{12}\,\text{Pa/m}^3$。

等效容积由两个高压管路、定量泵排量、变量马达排量和阀块中高压容腔体积组成。

$$V_0 = \frac{1}{4}\pi(d_1^2 l_1 + d_2^2 l_2) + \frac{1}{2}D_p + \frac{1}{2}D_{m1} + V_f$$

$$= \left[\frac{1}{4}\pi(20^2 \times 2.1 + 26^2 \times 2.1) \times 10^{-6} + \frac{1}{2} \times 63 \times 10^{-6} + \frac{1}{2} \times 40 \times 10^{-6} + 3 \times 10^{-4}\right]\text{m}^3$$

$$= 2.1 \times 10^{-3}\,\text{m}^3$$

解得 $\beta_e = 743 \times 10^6\,\text{Pa}$。

如图 3-10 所示，拟合阻尼比对马达摆角曲线，有 $\zeta = 0.22\gamma_{10}^{-0.96}$

$$0.2104 = \frac{C_t}{2K_{m1}}\sqrt{\frac{\beta_e J_{m1}}{V_0}} + \frac{B_{m1}}{2K_{m1}}\sqrt{\frac{V_0}{\beta_e J_{m1}}}$$

其中，$C_t = 6.48 \times 10^{-12}\,\text{m}^3/(\text{s} \cdot \text{Pa})$；$K_{m1} = 6.366 \times 10^{-6}\,\text{m}^3/\text{rad}$；$J_{m1} = 0.45\,\text{kg} \cdot \text{m}^2$

解得 $B_{m1}=0.035\text{N}\cdot\text{m}\cdot\text{s/rad}$。

考查马达并网前，马达转速平稳在 1500r/min 时，马达与发电机主轴受力平衡

$$T_{m1}=(p_h-p_t)D_{m1}=B_{m1}\omega_{m1} \tag{3-23}$$

$$(p_h-p_t)K_{m1}\gamma_{10}=B_{m1}\omega_{m1} \tag{3-24}$$

解得 $B_{m1}=0.0345\text{N}\cdot\text{m}\cdot\text{s/rad}$。

3.2.4　仿真与实验验证

当风力发电机组检测到风速满足起动要求时，控制系统松开风力机制动器，风力机在气动转矩作用下开始加速旋转，为了降低风力机的切入风速，变量马达摆角值设定为下限值。由于风力机转动惯量很大，该过程会持续一段时间。为了避免斜盘摆角控制器中积分环节在此过程发生积分饱和，采用积分分离的控制方法。

由于转速闭环的比例增益是按照速度稳定后扰动规律进行整定的，调整的是变量马达摆角补偿值，所以在风力机转速与目标转速相差很大时，需要采用比例分离控制方法，当变量马达转速超出规定范围时，转速控制器的比例和积分环节不起作用，只有摆角折算基准起作用。比例环节投入的转速范围宽于积分环节投入的转速范围。

3.2.4.1　液压型机组实验平台介绍

液压型机组功率优化控制的实验研究依托于 48kW 液压型机组半物理仿真实验台。该实验台共由四部分组成，分别为模拟机械部分——风力机模拟系统、液压部分——定量泵-双变量马达液压主传动系统、控制采集部分——dSPACE+DELTA 双控制器和并网发电部分。该实验平台整体结构如图 3-11 所示。

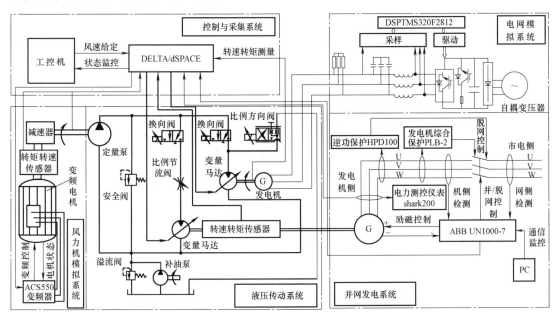

图 3-11　48kW 液压型机组原理图

由于本实验是在实验室内进行的，整个实验台是在一种无风的工况下运行的，为模拟正常风工况，基于相似原理，将风力机相应参数成比例地缩小或放大，采用变频器控制变频电

机模拟自然工况下的风力机,使系统输出相应工况下的风功率和气动转矩;液压部分——泵控马达闭环控制系统中的所有传感器主要用来实时监测并反馈系统的压力、流量、转速和转矩;对于发电部分的电压、电流、功率和电能质量依托 Shark200 进行采集与观测,同时励磁同步发电机的运行状态由 UN-7 来控制;控制和采集系统以工控机和 dSPACE+DELTA 控制器为主,以测试小车和手持式液压万用表为辅,并结合实验台上的传感器,共同对实验台的工作状态和相应参量进行采集和控制。相应的实验台实物以及各部分之间的联系分别如图 3-12 所示。

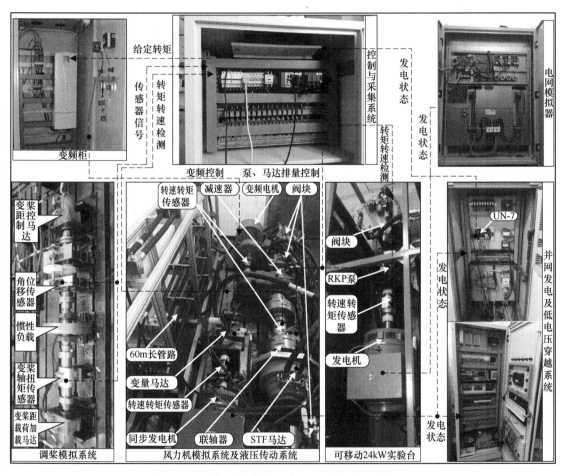

图 3-12 燕山大学液压型机组实验平台实物图

仿真及实验参数见表 3-2,表中有关参数是按照 850kW 液压型风力发电机组实际数据,根据相似理论计算出来的。

表 3-2 液压系统参数表

序号	名称	数值	单位
1	比例流量阀流量系数 K_u	1.166×10^{-4}	m^3
2	定量泵黏性阻尼系数 B_p	0.4	$N \cdot m \cdot s/rad$
3	定量泵排量 D_p	1×10^{-5}	m^3/rad

（续）

序号	名称	数值	单位
4	风轮折合到定量泵总的转动惯量 J_p	400	kg/m^3
5	变量马达排量梯度 K_{m1}	$5.366×10^{-6}$	m^3/rad
6	变量马达黏性阻尼系数 B_{m1}	0.0345	$N \cdot m \cdot s/rad$
7	变量马达与发电机总的转动惯量 J_{m1}	0.462	kg/m^3
8	油液体积弹性模量 β_e	$743×10^6$	Pa
9	系统总的泄漏系数 C_t	$6.28×10^{-12}$	$m^3/(s \cdot Pa)$
10	高压腔总容积 V_0	$2.8×10^{-3}$	m^3

3.2.4.2 阀控缸响应速度对变量马达转速输出的影响

研究阀控缸响应速度对马达转速的影响，速度闭环 PID 参数设置不变。在 $t=1s$ 时刻给定定量泵转速阶跃信号 400~410r/min，改变阀控缸位置闭环的 P 值，比较变量马达转速和系统压力变化。仿真和实验时，设定速度闭环 $P_2=0.4$、$I_2=0.2$、$D_2=0$，设定阀控缸位置闭环 $I_1=0$、$D_1=0$，比例系数 P_1 值分别设定为 0.2、0.3、0.4、0.5。马达转速、系统高压压力分别如图 3-13 和图 3-14 所示。

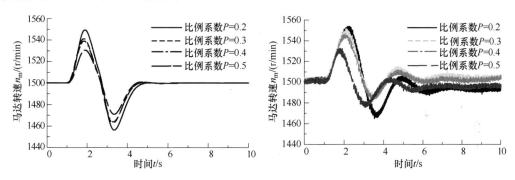

图 3-13 马达转速仿真与实验

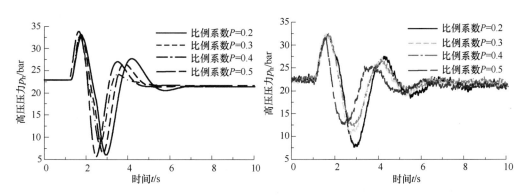

图 3-14 高压压力仿真与实验

注：$1bar=10^5Pa$，后同。

由仿真和实验曲线可知，在位置闭环控制器 P 值给定 0.2~0.5 范围内，马达转速响应速度差别很小，超调量基本一致。原因是马达摆角响应速度与马达转速响应速度相比快很多，马达摆角响应速度的变化对马达转速响应的影响不明显。

3.2.4.3　马达摆角基准折算系数对变量马达转速输出的影响

研究马达摆角基准折算系数对变量马达恒转速输出的影响，位置闭环 PID 参数和速度闭环 PID 参数设置不变。仿真和实验时，设定阀控缸位置闭环 $P_1 = 0.3$、$I_1 = 0$、$D_1 = 0$，设定速度闭环 $P_2 = 0.4$、$I_2 = 0.2$、$D_2 = 0$。马达摆角基准折算系数分别设定为 0.09、0.105。马达转速、系统高压压力分别如图 3-15 和图 3-16 所示。

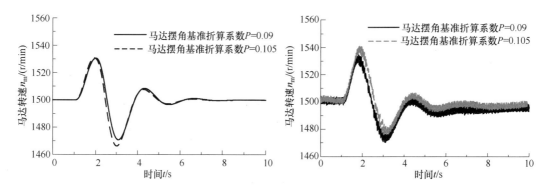

图 3-15　马达转速仿真与实验

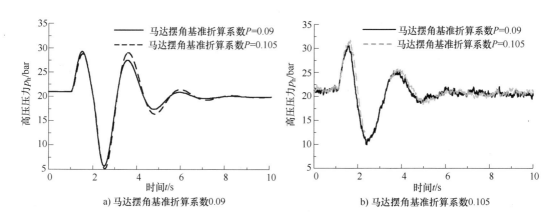

a) 马达摆角基准折算系数0.09　　　b) 马达摆角基准折算系数0.105

图 3-16　高压压力仿真与实验

由仿真和实验曲线可以看出，折算系数在 0.09~0.105 范围内基本不影响马达输出转速响应。当系统特性由于油液温度变化、摩擦、磨损等因素影响随时间变化时，转速控制性能对该系数不敏感，所以采用的转速控制方法具有鲁棒性。

3.2.4.4　不同定量泵转速阶跃输入对变量马达转速输出的影响

研究不同定量泵转速阶跃信号对变量马达转速输出的影响，位置闭环 PID 参数和速度闭环 PID 参数设置不变。仿真和实验时，设定阀控缸位置闭环 $P_1 = 0.3$、$I_1 = 0$、$D_1 = 0$，设定速度闭环 $P_2 = 0.4$、$I_2 = 0.2$、$D_2 = 0$。不同定量泵转速 400r/min、600r/min 下，在第 1s 时给定定量泵转速阶跃信号 400~410r/min、600~610r/min。马达转速、系统高压压力分别如图 3-17 和图 3-18 所示。

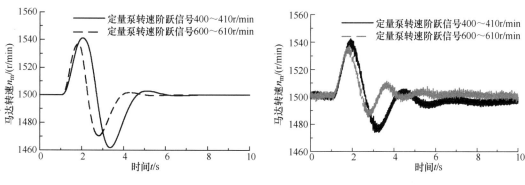

图 3-17　马达转速仿真与实验

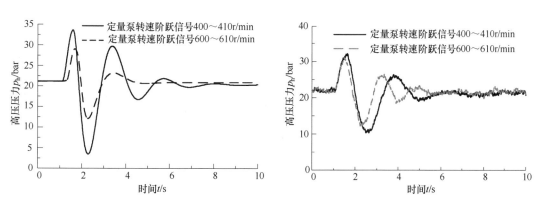

图 3-18　高压压力仿真与实验

观察仿真和实验曲线可以看出，定量泵输入转速较大时，马达转速动态响应速度相对快些，超调小一些，原因是变量马达转速对摆角传递函数固有频率与马达摆角成正比变化。

3.2.4.5　不同定量泵转速下变量马达转速阶跃信号响应

在研究不同定量泵转速条件下，变量马达转速阶跃信号响应时，位置闭环 PID 参数和速度闭环 PID 参数设置不变。实验时，设定阀控缸位置闭环 $P_1 = 0.3$、$I_1 = 0$、$D_1 = 0$，设定速度闭环 $P_2 = 0.4$、$I_2 = 0.2$、$D_2 = 0$。不同定量泵转速 400r/min、600r/min 下，在第 1s 时给定马达转速阶跃信号 1530～1500r/min。马达转速、系统高压压力分别如图 3-19 和图 3-20 所示。

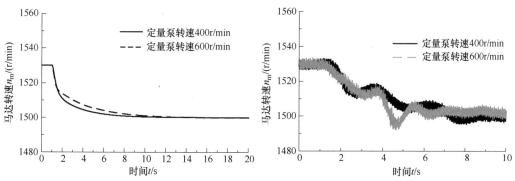

图 3-19　马达转速仿真与实验

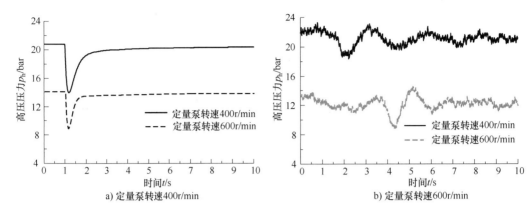

图 3-20　高压压力仿真与实验

观察仿真和实验曲线可以看出，定量泵输入转速较小时马达转速动态响应速度相对快些。由式（3-12）可得到变量马达转速对定量泵转速传递函数为

$$\frac{\theta_{m1}}{\omega_p}=\frac{\dfrac{D_p}{K_{m1}\gamma_{10}}}{\dfrac{s^2}{\omega_{hm}^2}+\dfrac{2\zeta_{hm}}{\omega_{hm}}s+1}\qquad(3-25)$$

随着定量泵转速增加，变量马达摆角也随之变大，所以该控制通道增益值随之变小，定量泵转速越小，变量马达转速响应越快。

3.2.5　液压型风力发电机组准同期并网控制

3.2.5.1　同步发电机准同期并网条件

电力系统运行中，电压瞬时值可表示为 $u=U_m\sin(\omega t+\varphi)$，其中电压幅值 U_m、电压角频率 ω 和初相角 φ 是运行电压的三个重要参数，称为电压 u 的三要素，也称为电压状态量。

设发电机电压 u 的角频率为 ω，系统电压 u_s 的角频率为 ω_s，发电机与系统间电压差为 u_d，相位差为 δ_d，发电机并网的理想条件为并网断路器两侧电压的三个状态量全部相等，可表示为：

1）$u=u_s$，待并发电机电压幅值与系统电压幅值相等。

2）$\omega=\omega_s$ 或 $f=f_s$，待并发电机频率与系统频率相等。

3）$\delta_d=0$，待并发电机电压与系统电压的相位差为零。

4）发电机相序与电网相序一致。

5）发电机电压波形与电网电压波形相同。

当发电机满足理想并网条件时，并网合闸的冲击电流为零，而且并网后发电机组与电网立即进入同步运行，不会发生任何扰动现象。

实际并网操作时，理想并网条件 4）和 5）在发电机设计制造安装过程已经得到满足。但前三个条件很难同时满足，比如当发电机电压与电网电压完全同期时，相位差将会保持在一个固定数值不再变化。如果发电机电压与电网电压十分接近同期时，相位差追赶时间会很长，这样势必延长并网时间。

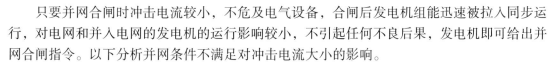

只要并网合闸时冲击电流较小，不危及电气设备，合闸后发电机组能迅速被拉入同步运行，对电网和并入电网的发电机的运行影响较小，不引起任何不良后果，发电机即可给出并网合闸指令。以下分析并网条件不满足对冲击电流大小的影响。

（1）电压差的影响

假设 $\dot{U}$ 和 $\dot{U}_s$ 同相位，且 $f=f_s$，仅是电压幅值 U 不等于 U_s，在并网时会产生冲击电流。因为发电机阻抗是电感性的，所以这时 I_j 属于无功性质的电流，其向量关系如图 3-21a 所示，有效值为

$$\dot{I}_j = \frac{\dot{U} - \dot{U}_s}{jX_d''} = \frac{\dot{U}_d}{X_d''} \tag{3-26}$$

当 $U>U_s$ 时，$\dot{I}_j$ 较 $\dot{U}$ 相位滞后 90°，此时电流对发电机起去磁作用，使 U 降低，发电机并网后要输出无功负荷；当 $U<U_s$ 时，$\dot{I}_j$ 较 $\dot{U}$ 相位超前 90°，电流对发电机起助磁作用，使 U 升高，发电机并入系统之后要立即从系统吸取无功功率。如果 U_d 很小，$\dot{I}_j$ 能起到平衡电压作用；而 $\dot{I}_j$ 过大时，将引起发电机定子绕组发热，或使绕组端部因电动力的作用而受到损坏。为此，一般要求电压差不应超过额定电压的 5% ~ 10%。

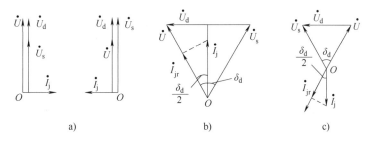

图 3-21　发电机电压与系统电压的相位关系

（2）相位差的影响

发电机并网时，若 $U=U_s$，$f=f_s$，仅是 $\dot{U}$ 和 $\dot{U}_s$ 之间相位有差值 δ_d，这时会产生具有有功性质的冲击电流。如图 3-21b 所示，由于 X_d 是电感性的，所以冲击电流 $\dot{I}_j$ 较 $\dot{U}_d$ 相位滞后 90°，当 $\dot{U}$ 较 $\dot{U}_s$ 相位超前时，$\dot{I}_j$ 的有功分量 $\dot{I}_{jr}$ 和 $\dot{U}$ 同相，发电机并入系统后将送出有功功率；当 $\dot{U}$ 滞后 $\dot{U}_s$ 时，$\dot{I}_j$ 的有功分量 $\dot{I}_{jr}$ 同 $\dot{U}$ 反相，发电机并入系统后将吸收有功功率。此有功分量电流将在发电机轴上产生冲击力矩。其冲击电流的有效值为

$$I_j = \frac{U_d}{X_d''} = \frac{2U\sin\dfrac{\delta_d}{2}}{X''} \tag{3-27}$$

为了在发电机并网时不产生过大的冲击电流，应在 δ_d 角接近零时合闸。通常并网操作时，允许合闸的相角差不应超过 5°。

（3）频率差的影响

当 $f\neq f_s$ 时，就是 $\dot{U}$ 和 $\dot{U}_s$ 的旋转速度不一样，有相对运动。如图 3-21c 所示，$\dot{U}$ 以角速度 ω 旋转，$\dot{U}_s$ 以角速度 ω_s 旋转，若把 $\dot{U}_s$ 看成是相对静止的，则 $\dot{U}$ 将以角速度之差 $\Delta\omega = \omega - \omega_s$ 旋转。此时，电压差 $\dot{U}_d$ 是变化的，形成脉动电压，产生脉动电流。发电机投入系统后，

会产生时大时小的冲击电流，引起发电机振动，导致发电机脱网。国标规定，准同步并网时的允许频差范围为额定值的 0.2% ~ 0.5%。对于额定频率为 50Hz 的系统，允许的频率偏差为 0.1 ~ 0.25Hz。

综上所述，发电机并网的实际条件允许有一定的偏差，称之为准同期条件。发电机实际并网时的准同期条件是：

1）待并发电机电压与系统电压接近相等，其电压误差不应超过额定电压的 ±（5% ~ 10%）。

2）待并发电机电压与系统电压的相角差，在断路器触头闭合瞬间应接近于零，相角差不应大于 5°。

3）待并发电机频率与系统频率接近相等，其频率误差不应超过额定频率的 ±（0.2% ~ 0.5%）。

以上三条分别是准同期并网的电压条件、相位条件和频率条件。从上面的分析可以看出，若并网前，发电机电压相位比系统电压相位稍微超前，发电机电压频率比系统电压频率略高，合闸后发电机即可带上有功负荷，产生一个制动力矩，有利于将发电机快速牵入同步。

3.2.5.2 液压型风力发电机组的并网冲击转矩[5]

合闸时的电流方程

$$
\begin{aligned}
i_{\Delta d} &= \frac{-U\sin\delta}{X''_d + X_X}\sin t + \frac{E-U\cos\delta}{X''_d + X_X}(1-\cos t) \\
&= \frac{1}{X''_d + X_X}\left[E(1-\cos t) - U\cos\delta + U\cos(\delta + t) \right]
\end{aligned}
\tag{3-28}
$$

$$
\begin{aligned}
i_{\Delta q} &= \frac{E-U\cos\delta}{X''_q + X_X}\sin t + \frac{U\sin\delta}{X''_q + X_X}(1-\cos t) \\
&= \frac{1}{X''_q + X_X}\left[E\sin t + U\sin\delta - U\sin(\delta + t) \right]
\end{aligned}
\tag{3-29}
$$

合闸时的磁链方程

$$
\begin{cases}
\psi_{\Delta d} = \psi_{d0} + \psi_d = U\cos\delta + E\cos t - U\cos(\delta + t) \\
\psi_{\Delta q} = \psi_{q0} + \psi_q = -U\sin\delta - E\sin t + U\sin(\delta + t)
\end{cases}
\tag{3-30}
$$

合闸时的电磁转矩为

$$
\begin{aligned}
T_e = i_{\Delta q}\psi_{\Delta d} - i_{\Delta d}\psi_{\Delta q} &= E^2\left[\frac{1}{X''_d + X_X}\sin t - \frac{1}{2}\left(\frac{1}{X''_d + X_X} - \frac{1}{X''_q + X_X} \right)\sin 2t \right] + \\
&\quad U^2\left(\frac{1}{X''_d + X_X} - \frac{1}{X''_q + X_X} \right)\left[\sin(t+2\delta) - \frac{1}{2}\sin 2(t+\delta) - \frac{1}{2}\sin 2\delta \right] + \\
&\quad UE\left\{ \frac{1}{X''_d + X_X}\left[\sin\delta - \sin(t+\delta) \right] - \left(\frac{1}{X''_d + X_X} - \frac{1}{X''_q + X_X} \right)\left[\sin(t+\delta) - \sin(2t+\delta) \right] \right\}
\end{aligned}
\tag{3-31}
$$

3.2.5.3 同步发电机准同期并网控制

为判断发电机并网前是否能满足准同期并网条件，发电机并网主要依靠准同期自动装置来完成，将同期点两侧电压引入同期装置，即可进行判断。两侧电压的幅值大小，可判断两侧电压大小。电压的变化频率，可判断两侧频率的大小。两侧电压相位差的大小，可通过电压差来判断，当两电压同相时，电压差最小；当两电压反相时，电压差达最大值，如图 3-22 所示。

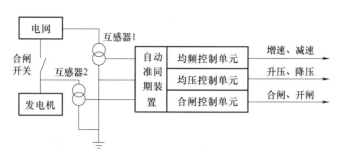

图 3-22　自动准同期基本控制原理

同步发电机并网控制方式：首先控制原动机将发电机拖动到接近同步转速，然后加入励磁电流并调节到使发电机电压和电网电压基本相等，最后调节原动机的转速使发电机和系统的频率十分接近，待发电机电压和系统电压同相位时，合闸并网。

在实际操作过程中，一般控制发电机频率稍高于系统频率，发电机电压稍高于系统电压，由于从同期装置发出合闸命令到同期点断路器合闸，需要一定时间，为保证断路器合闸时电压差为零（或最小），提前一个小相位角发出合闸命令，当断路器合闸时，两侧电压达到同相而使电压差最小，则发电机所受的冲击最小。

3.2.5.4　仿真与实验验证

（1）液压型风电发电机组准同期并网仿真

图 3-23 为同步发电机在 0.97s 时刻并网仿真曲线，此时的发电机并网参数为：转速 1502r/min，相角差 5°，电压幅值差 1.7V。可以看出并网时刻，冲击电磁转矩为 0.4pu，冲击电流为 0.52pu。（备注：pu 为标量单位）

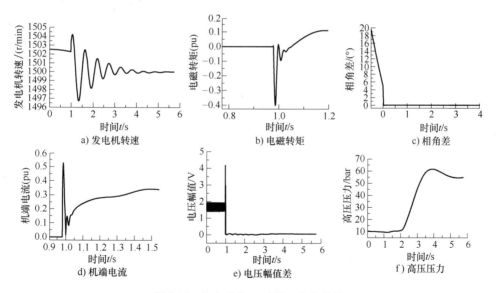

图 3-23　相角差为 5°时并网仿真结果

图 3-24 为同步发电机在 0.68s 时刻并网仿真曲线，此时的发电机并网参数为：转速 1502r/min，相角差 3°，电压幅值差 1.7V。可以看出并网时刻，冲击电磁转矩为 0.22pu，冲击电流为 0.3pu。

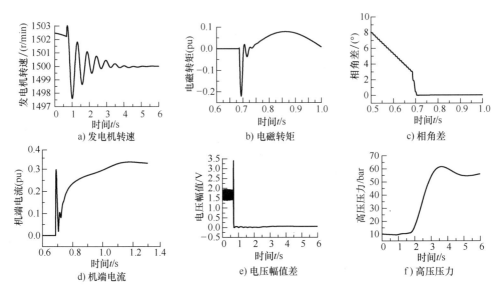

图 3-24　相角差为 3°时并网仿真结果

图 3-25 为同步发电机在 0.47s 时刻并网仿真曲线，此时的发电机并网参数为：转速 1502r/min，相角差 1°，电压幅值差 1.7V。可以看出并网时刻，冲击电磁转矩为 0.05pu，冲击电流为 0.09pu。

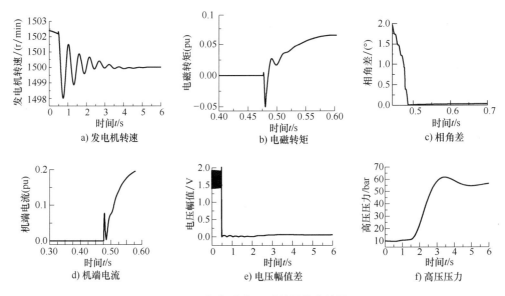

图 3-25　相角差为 1°时并网仿真结果

由图 3-23 至图 3-25 可知，并网时刻在相同转速和相同电压差条件下，不同的相角差既影响冲击转矩的大小，也影响冲击电流的大小。其规律是：相角差越小，冲击转矩越小，冲击电流越小。

图 3-26 为同步发电机在 0.13s 时刻并网仿真曲线，此时的发电机并网参数为：转速 1504r/min，相角差 5°，电压幅值差 2.2V。可以看出并网时刻，冲击电磁转矩为 0.36pu，冲

击电流为 0.48pu。

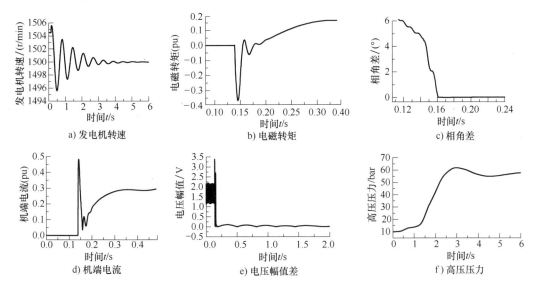

图 3-26　相角差为 5°时并网仿真结果

图 3-27 为同步发电机在 0.76s 时刻并网仿真曲线，此时的发电机并网参数为：转速 1504r/min，相角差 3°，电压幅值差 4.4V。可以看出，并网时刻冲击电磁转矩为 0.19pu，冲击电流为 0.3pu。

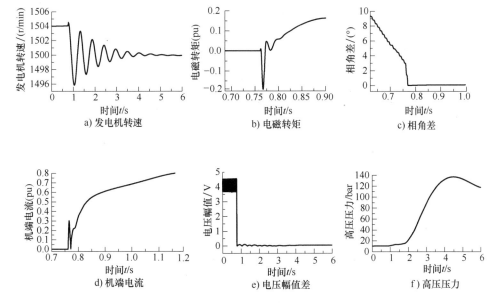

图 3-27　相角差为 3°时并网仿真结果

由图 3-26 和图 3-27 可知，并网时刻不同的转速，不同的电压差，只要在合理范围内，对并网冲击的影响远远小于相位差的影响。

（2）液压型风电机组准同期并网实验研究

为保护发电机不受损害，尽量减小同步发电机并网过程对电网的冲击，实验研究过程中，给定的并网条件比较严格，并网冲击较小。

图 3-28 为同步发电机在 0.96s 时刻并网实验曲线，此时的发电机并网参数为：转速 1502r/min，相角差 0.51°，电压幅值差 0.5V。并网冲击电流很小。

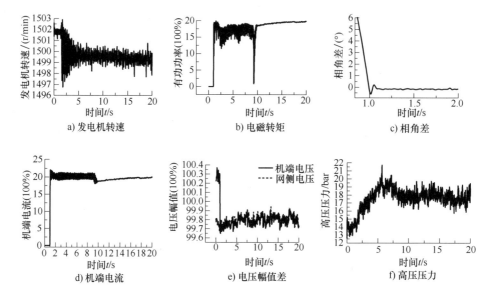

图 3-28　相角差为 0.51°时并网仿真结果

图 3-29 为同步发电机在 4.66s 时刻并网实验曲线，此时的发电机并网参数为：转速 1510r/min，相角差 1.2°，电压幅值差 0.5V，冲击电流为 6.7%。

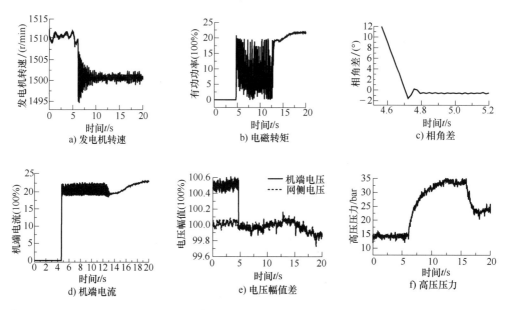

图 3-29　相角差为 1.2°时并网仿真结果

图 3-30 为同步发电机在 4.8s 时刻并网，此时的发电机并网参数为：转速 1510r/min，相角差 3°，电压幅值差 0.5V，冲击电流为 27%。

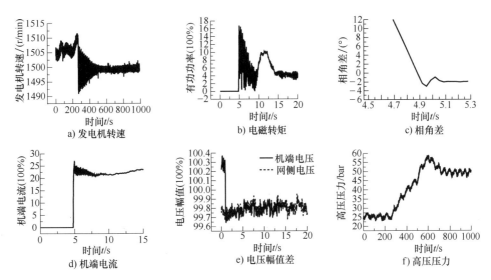

图 3-30　相角差为 3° 时并网仿真结果

由图 3-28 至图 3-30 可知，液压型风力发电机组合闸并网，并网瞬时满足同期频差闭锁设定范围；并网后，发电机转速在 1500r/min 处小幅波动后趋于稳定；且无较大的转矩冲击和电流冲击。

综上，液压型风力发电机组能够实现准同期并网控制，并且冲击电流和冲击转矩均在合理范围之内。通过合理调整控制参数可降低液压型风力发电机组的并网冲击电流和冲击转矩。

3.3　基于反馈线性化方法的转速控制

反馈线性化方法是微分几何方法的一种。微分几何方法自 20 世纪 70 年代以来在非线性系统中逐渐发挥作用，这套数学理论可以研究非线性系统的能控、能观性，也可以实现非线性系统的解耦、线性化分解等。目前此方法只适用于仿射非线性系统，这类系统在工程上占有重要比重，目前在有源滤波器、同步补偿器、光伏逆变器、传统风力发电机组上都有应用。从微分几何发展出来的线性化有精确线性化和部分线性化两种，利用此方法将非线性系统线性化后可使系统摆脱小信号线性化的局限性，实现对系统大范围的分析和综合。利用微分几何与精确线性化方法将非线性系统变为线性系统，有利于系统分析、综合和控制。结合反馈线性化方法和液压型机组模型非线性的特点，提出基于反馈线性化的转速控制方法。

3.3.1　反馈线性化方法

利用反馈线性化方法[6]求解系统控制律的流程如图 3-31 所示，图中涉及的数学概念将在下文中进行详细说明。

由图 3-31 可知，使用反馈线性化方法，首先确定系统的控制输出。在确定系统输出后，需要判断系统的相对阶，选择合适的坐标变换，根据系统需要进行零动态设计，构造伪线性系统，根据控制需要规划控制给定，得到最终的状态反馈控制律。

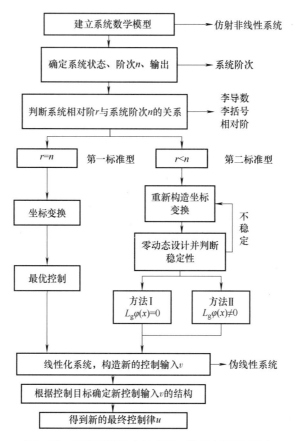

图 3-31 反馈线性化方法求解系统控制律流程图

3.3.1.1 仿射非线性系统

一种特定的非线性系统，当状态空间是 n 维欧几里得空间 $\mathbf{R}^n$，或者是一个一般流形（局部具有欧几里得空间性质的空间，是欧几里得空间中曲线、曲面等概念的推广）时，在一个局部坐标下，系统的状态空间方程可以表示成

$$\dot{\boldsymbol{x}} = \boldsymbol{f}(\boldsymbol{x}) + \sum_{i=1}^{r} \boldsymbol{g}(\boldsymbol{x}) u_i \tag{3-32}$$

由于一个仿射非线性系统可以用向量场 $\boldsymbol{f}(\boldsymbol{x})$、$\boldsymbol{g}(\boldsymbol{x})$ 来完全描述，微分几何方法对这一类系统的分析显得十分有效。而且，许多实际工程系统，如机械系统等，属于这类系统。

3.3.1.2 反馈线性化

反馈线性化方法是基于精确线性化思想所发展的一种反馈设计方法。一个非线性控制系统，若存在状态反馈，使得状态反馈作用后的闭环系统是可（局部或全局）精确线性化的，则称其为可（局部或全局）反馈线性化的。对于能反馈线性化的非线性系统，可在线性化后再按线性系统设计方法设计控制律来达到预期目的，仿射非线性控制系统可（局部）反馈线性化，且成为一个能控的线性控制系统的充分必要条件如下：

1）对于 $i=0,1,\cdots,n-1$，

$\Delta_i = \mathrm{Span}\{g_1,\cdots g_m, \mathrm{ad}_f g_1,\cdots, \mathrm{ad}_i^i g_1,\cdots \mathrm{ad}_i^i g_m\}$ 是对合分布。

2）Δ_i 在局部具有常维数。

3）$\dim\Delta_{n-1}=n$。

3.3.1.3　零动态

零动态是线性系统零点概念在非线性系统中的推广。对于系统

$$\begin{cases} \dot{x}_1=f_1(x_1,u) \\ \dot{x}_2=f_2(x_1,x_2,u) \\ y=h(x_1) \end{cases} \tag{3-33}$$

其中，$x=\begin{pmatrix} x_1 \\ x_2 \end{pmatrix}$ 是状态，u 和 y 分别是输入和输出。如果 $y\equiv0$ 和 x_1 的初态 $x_1^0=0$ 总有唯一的输入反馈 $u=u^*(x)$ 使得 $x_1(t)\equiv0$，那么 $\dot{x}_2\equiv f_2(0,x_2,u^*)$ 称为该系统的零动态（系统）。零动态是在研究高增益反馈时提出的，本斯（C. Byrnes）和伊斯朵里（A. Isidori）曾提出一个零动态算法来得到仿射非线性系统的零动态。零动态是线性系统传递零点在非线性系统中的推广，它刻画了输出等于零时，系统内部的运动情况。

3.3.1.4　微分几何方法

微分几何方法是研究非线性控制的一种方法。利用现代微分几何方法框架来研究非线性系统的性能和反馈控制律设计称为非线性控制理论的微分几何方法。主要应用的是微分流形、李群、李代数等理论，讨论对象多为仿射非线性系统。

非线性控制系统理论的微分几何方法在 20 世纪 70 年代提出，80 年代获得很大发展，逐渐形成一套新的研究非线性控制系统的方法。微分几何方法能够将线性系统几何方法的许多结论平行地推广到仿射非线性系统。目前应用微分几何方法对于线性化、干扰解耦、输入输出解耦和模型匹配等课题都取得了很好的成果。

3.3.1.5　非线性坐标变换与微分同胚

非线性坐标变换可表示为

$$z=\boldsymbol{\Phi}(x) \tag{3-34}$$

其中，z 与 x 是同维的向量；$\boldsymbol{\Phi}$ 为非线性函数向量。

式（3-34）的逆变换为

$$x=\boldsymbol{\Phi}^{-1}(z) \tag{3-35}$$

存在非线性坐标变换 $\boldsymbol{\Phi}(x)$ 必须满足以下条件：

1）单值性，即 $\boldsymbol{\Phi}(x)$ 与 $\boldsymbol{\Phi}^{-1}(z)$ 是一一对应的，亦为可逆条件。

2）可微性，即 $\boldsymbol{\Phi}(x)$ 与 $\boldsymbol{\Phi}^{-1}(z)$ 皆为光滑函数，它们的任意阶偏导数都是存在的，亦为可微条件。

如果上述两个条件是满足的，则 $z=\boldsymbol{\Phi}(x)$ 就是一个合格的坐标变换。同时，该坐标变换表达式 $\boldsymbol{\Phi}(x)$ 被称为两个坐标空间的一个微分同胚。

判断非线性映射 $z=\boldsymbol{\Phi}(x)$ 在 x_0 邻域内是不是局部微分同胚，可由下列命题进行判断。

设 $z=\boldsymbol{\Phi}(x)$ 是定义在 $\mathbf{R}^n$ 空间的某一子集 U 中的光滑函数，如果在 $x=x_0$ 点处的雅可比矩阵 $\left.\dfrac{\partial\boldsymbol{\Phi}}{\partial x}\right|_{x=x_0}$ 是非奇异的，则在包括 x_0 点在内的 U 的一个开子集 U^0 中，$\boldsymbol{\Phi}(x)$ 是一个局部微分同胚。

3.3.1.6　李导数

设 $U\subset\mathbf{R}^n$，$x\subset U$，在 U 上给出一个光滑的标量函数为 $h(x)=h(x_1,x_2,\cdots,x_n)$ 和一个向

量场

$$\boldsymbol{f}(\boldsymbol{x}) = \begin{pmatrix} f_1(x_1, x_2, \cdots, x_n) \\ f_2(x_1, x_2, \cdots, x_n) \\ \vdots \\ f_n(x_1, x_2, \cdots, x_n) \end{pmatrix}$$

根据 $h(\boldsymbol{x})$ 和 $\boldsymbol{f}(\boldsymbol{x})$ 定义一个新的标量函数，记作 $L_{\mathrm{f}}h(\boldsymbol{x})$，

$$L_{\mathrm{f}}h(\boldsymbol{x}) = \left\langle \frac{\partial h(\boldsymbol{x})}{\partial x}, \boldsymbol{f}(\boldsymbol{x}) \right\rangle = \sum_{i=1}^{n} \frac{\partial h(\boldsymbol{x})}{\partial x_i} f_i(\boldsymbol{x}) \tag{3-36}$$

其中，$\dfrac{\partial h(\boldsymbol{x})}{\partial \boldsymbol{x}} = \left(\dfrac{\partial h(\boldsymbol{x})}{\partial x_1} \quad \dfrac{\partial h(\boldsymbol{x})}{\partial x_2} \quad \cdots \quad \dfrac{\partial h(\boldsymbol{x})}{\partial x_n} \right)$。

上述定义的标量函数 $L_{\mathrm{f}}h(\boldsymbol{x})$ 表示函数 $h(\boldsymbol{x})$ 沿向量场 $\boldsymbol{f}(\boldsymbol{x})$ 的导数，称为李导数。

由于李导数 $L_{\mathrm{f}}h(\boldsymbol{x})$ 是一个标量函数，可再次沿向量场 $\boldsymbol{f}(\boldsymbol{x})$ 求李导数，由此类推直至 k 阶李导数，即

$$\begin{cases} L_{\mathrm{f}}(L_{\mathrm{f}}h(\boldsymbol{x})) = L_{\mathrm{f}}^2 h(\boldsymbol{x}) = \dfrac{\partial(L_{\mathrm{f}}h(\boldsymbol{x}))}{\partial x} \boldsymbol{f}(\boldsymbol{x}) \\ \qquad\qquad\qquad \vdots \\ L_{\mathrm{f}}^k h(\boldsymbol{x}) = \dfrac{\partial(L_{\mathrm{f}}^{k-1}h(\boldsymbol{x}))}{\partial \boldsymbol{x}} \boldsymbol{f}(\boldsymbol{x}) \end{cases} \tag{3-37}$$

李导数 $L_{\mathrm{f}}h(\boldsymbol{x})$ 可以沿着另一个向量场 $\boldsymbol{g}(\boldsymbol{x})$ 求李导数，即

$$L_{\mathrm{g}}L_{\mathrm{f}}h(\boldsymbol{x}) = \frac{\partial(L_{\mathrm{f}}h(\boldsymbol{x}))}{\partial \boldsymbol{x}} \boldsymbol{g}(\boldsymbol{x}) \tag{3-38}$$

k 阶李导数 $L_{\mathrm{f}}^k h(\boldsymbol{x})$ 也可以沿着另一个向量场 $\boldsymbol{g}(\boldsymbol{x})$ 求李导数，即

$$L_{\mathrm{g}}L_{\mathrm{f}}^k h(\boldsymbol{x}) = \frac{\partial(L_{\mathrm{f}}^k h(\boldsymbol{x}))}{\partial \boldsymbol{x}} \boldsymbol{g}(\boldsymbol{x}) \tag{3-39}$$

3. 3. 1. 7 李括号

（1）李括号的定义

设有两个同维空间的向量场 $\boldsymbol{f}(\boldsymbol{x}) = \begin{pmatrix} f_1(x_1, x_2, \cdots, x_n) \\ f_2(x_1, x_2, \cdots, x_n) \\ \vdots \\ f_n(x_1, x_2, \cdots, x_n) \end{pmatrix}$ 和 $\boldsymbol{g}(\boldsymbol{x}) = \begin{pmatrix} g_1(x_1, x_2, \cdots, x_n) \\ g_2(x_1, x_2, \cdots, x_n) \\ \vdots \\ g_n(x_1, x_2, \cdots, x_n) \end{pmatrix}$，定

义一个新的向量场，记作 $[\boldsymbol{f}(\boldsymbol{x}), \boldsymbol{g}(\boldsymbol{x})]$（简写为 $[\boldsymbol{f}, \boldsymbol{g}]$ 或 $\mathrm{ad}_{\boldsymbol{f}}\boldsymbol{g}$）

$$[\boldsymbol{f}, \boldsymbol{g}] = \begin{pmatrix} \dfrac{\partial g_1}{\partial x_1} & \dfrac{\partial g_1}{\partial x_2} & \cdots & \dfrac{\partial g_1}{\partial x_n} \\ \dfrac{\partial g_2}{\partial x_1} & \dfrac{\partial g_2}{\partial x_2} & \cdots & \dfrac{\partial g_2}{\partial x_n} \\ \vdots & \vdots & & \vdots \\ \dfrac{\partial g_n}{\partial x_1} & \dfrac{\partial g_n}{\partial x_2} & \cdots & \dfrac{\partial g_n}{\partial x_n} \end{pmatrix} \begin{pmatrix} f_1 \\ f_2 \\ \vdots \\ f_n \end{pmatrix} - \begin{pmatrix} \dfrac{\partial f_1}{\partial x_1} & \dfrac{\partial f_1}{\partial x_2} & \cdots & \dfrac{\partial f_1}{\partial x_n} \\ \dfrac{\partial f_2}{\partial x_1} & \dfrac{\partial f_2}{\partial x_2} & \cdots & \dfrac{\partial f_2}{\partial x_n} \\ \vdots & \vdots & & \vdots \\ \dfrac{\partial f_n}{\partial x_1} & \dfrac{\partial f_n}{\partial x_2} & \cdots & \dfrac{\partial f_n}{\partial x_n} \end{pmatrix} \begin{pmatrix} g_1 \\ g_2 \\ \vdots \\ g_n \end{pmatrix} \tag{3-40}$$

将式（3-40）简写成下列形式：

$$[f,g] = \frac{\partial g}{\partial x}f - \frac{\partial f}{\partial x}g \tag{3-41}$$

式中 $\dfrac{\partial g}{\partial x}$ 及 $\dfrac{\partial f}{\partial x}$ 是对应向量场的雅可比矩阵。

上述定义新的向量场 $[f,g]$，表示向量场 $g(x)$ 沿着向量场 $f(x)$ 方向的导数（变化率），称此导数为李括号。

由于 $[f,g]$ 是一个新的向量场，可再次沿着向量场 $f(x)$ 方向求李括号运算，由此类推，直至 k 阶李括号，即

$$\begin{cases} \mathrm{ad}_f^2 g = [f,[f,g]] \\ \quad\quad\quad \vdots \\ \mathrm{ad}_f^k g = [f,[f,\mathrm{ad}_f^{k-1}g]] \end{cases} \tag{3-42}$$

（2）李括号的运算法则

1）向量场 f 对 g 的李括号等于 g 对 f 的李括号的反号（反对称性），即

$$[f,g] = -[g,f] \tag{3-43}$$

这一法则可由定义证得。

2）若 c_1 和 c_2 是实数（双线性），则

$$[f,c_1g_1+c_2g_2] = c_1[f,g_1]+c_2[f,g_2] \tag{3-44}$$

3）若 p 是除 f 和 g 以外的第三个向量场（雅可比恒等式），则

$$[f,[g,p]]+[p,[f,g]]+[g,[p,f]] = 0 \tag{3-45}$$

4）若 f 和 g 为向量场，$h(x)$ 为标量函数，则 $h(x)$ 对向量场 $[f,g]$ 的李导数为

$$[f,[g,p]]+[p,[f,g]]+[g,[p,f]] = 0 \tag{3-46}$$

3.3.1.8　向量场集合的对合性

如果有 k 个 n 维向量场

$$\boldsymbol{g}_1(\boldsymbol{x}) = \begin{pmatrix} g_{11}(\boldsymbol{x}) \\ g_{12}(\boldsymbol{x}) \\ \vdots \\ g_{1n}(\boldsymbol{x}) \end{pmatrix}, \boldsymbol{g}_2(\boldsymbol{x}) = \begin{pmatrix} g_{21}(\boldsymbol{x}) \\ g_{22}(\boldsymbol{x}) \\ \vdots \\ g_{2n}(\boldsymbol{x}) \end{pmatrix}, \cdots, \boldsymbol{g}_k(\boldsymbol{x}) = \begin{pmatrix} g_{k1}(\boldsymbol{x}) \\ g_{k2}(\boldsymbol{x}) \\ \vdots \\ g_{kn}(\boldsymbol{x}) \end{pmatrix}$$

若由它们组成矩阵

$$\boldsymbol{G} = \begin{pmatrix} g_{11}(\boldsymbol{x}) & g_{21}(\boldsymbol{x}) & \cdots & g_{k1}(\boldsymbol{x}) \\ g_{12}(\boldsymbol{x}) & g_{22}(\boldsymbol{x}) & \cdots & g_{k2}(\boldsymbol{x}) \\ \vdots & \vdots & & \vdots \\ g_{1n}(\boldsymbol{x}) & g_{2n}(\boldsymbol{x}) & \cdots & g_{kn}(\boldsymbol{x}) \end{pmatrix} = \begin{pmatrix} \boldsymbol{g}_1(\boldsymbol{x}) \\ \boldsymbol{g}_2(\boldsymbol{x}) \\ \vdots \\ \boldsymbol{g}_k(\boldsymbol{x}) \end{pmatrix} \tag{3-47}$$

在 $\boldsymbol{x}=\boldsymbol{x}_0$ 点处的秩为 k，又若对每一对整数 $i,j(1 \leqslant i,j \leqslant k)$ 增广矩阵

$$(\boldsymbol{g}_1(\boldsymbol{x}) \quad \boldsymbol{g}_2(\boldsymbol{x}) \quad \cdots \quad \boldsymbol{g}_k(\boldsymbol{x}) \quad (\boldsymbol{g}_i(\boldsymbol{x}) \quad \boldsymbol{g}_j(\boldsymbol{x}))) \tag{3-48}$$

在 $\boldsymbol{x}=\boldsymbol{x}_0$ 点处的秩仍为 k，则称该向量场集合

$$(\boldsymbol{g}_1(\boldsymbol{x}) \quad \boldsymbol{g}_2(\boldsymbol{x}) \quad \cdots \quad \boldsymbol{g}_k(\boldsymbol{x})) \tag{3-49}$$

是对合的，或者说它具有对合性。

另外，在几何学中通常把式（3-49）向量场的集合所张成的空间 $\text{Span}\{(g_1(x)\quad g_2(x)\quad \cdots\quad g_k(x))\}$ 称为分布，则满足上述条件的分布称为对合分布。

式（3-47）和式（3-48）所表示的矩阵具有相同的秩，其意义是在原有的 k 个向量场中任意求两个向量场的李括号（求其中之一沿另一个向量场方向的李导数）所得到的新的向量场与原 k 个向量场不是线性独立的，而是线性相关的；也就是说这个新的向量场 $[g_i(x)\quad g_j(x)]$ 仍包含在原 k 个向量场所张成的空间之内而不产生新的方向，这就是对合性的几何意义。

3.3.1.9 系统的相对阶

（1）单输入/单输出非线性系统的相对阶

对于单输入/单输出仿射（affine）非线性系统

$$\begin{cases} \dot{x}=f(x)+g(x)u \\ y=h(x) \end{cases} \tag{3-50}$$

其中，$x\in\mathbf{R}^n$，$y\in\mathbf{R}^1$，$f(x)$ 和 $g(x)$ 为向量场。

如果：①输出函数 $h(x)$ 对向量场 $f(x)$ 的 k 阶李导数对向量场 $g(x)$ 的李导数在 $x=x_0$ 的邻域内的值为 0，即 $L_gL_f^kh(x)=0$；②$h(x)$ 对 $f(x)$ 的 $r-1$ 阶李导数 $(k<r-1)$ 对 $g(x)$ 的李导数在 $x=x_0$ 的邻域内不为 0，即 $L_gL_f^{r-1}h(x)\neq0$，则定义非线性系统（3-44）在 $x=x_0$ 邻域内的相对阶（relative degree）为 r。

（2）多输入/多输出系统相对阶

考虑多输入/多输出系统

$$\begin{cases} \dot{x}=f(x)+g_1(x)u_1+g_2(x)u_2+g_3(x)u_3+\cdots+g_m(x)u_m \\ y_1(t)=h_1(x) \\ \quad\vdots \\ y_m(t)=h_m(x) \end{cases} \tag{3-51}$$

式中 x 为 n 维状态向量；$f(x)$ 及 $g_i(x)(i=1,2,\cdots,m)$ 也为 n 维状态向量；u_i 为第 i 个控制输入量；$y_i(t)$ 为第 i 个输出量；$h(x)$ 为 x 的标量函数。

对于每一个输出 $y_i(t)=h_i(x)$ 有一个相应的相对阶 r_i，所以多变量系统的相对阶 r 是一个集合，即

$$r=\{r_1,r_2,\cdots,r_m\}$$

每一个子相对阶 r_i 满足以下条件，即在 x_0 邻域内有

$$\begin{cases} L_{g_1}L_f^kh_i(x)=0, \\ L_{g_2}L_f^kh_i(x)=0, \\ \quad\vdots \\ L_{g_m}L_f^kh_i(x)=0, \end{cases} \quad k<r_i-1$$

$$\begin{cases} L_{g_1}L_f^{r_i-1}h_i(x), \\ L_{g_2}L_f^{r_i-1}h_i(x), \\ \quad\vdots \\ L_{g_m}L_f^{r_i-1}h_i(x), \end{cases} \quad i=1,2,\cdots,m \text{ 不全为零}$$

$$矩阵\ \boldsymbol{B}(\boldsymbol{x})=\begin{pmatrix} L_{g_1}L_f^{r_1-1}h_1(\boldsymbol{x}) & L_{g_2}L_f^{r_1-1}h_1(\boldsymbol{x}) & \cdots & L_{g_m}L_f^{r_1-1}h_1(\boldsymbol{x}) \\ L_{g_1}L_f^{r_2-1}h_2(\boldsymbol{x}) & L_{g_2}L_f^{r_2-1}h_2(\boldsymbol{x}) & \cdots & L_{g_m}L_f^{r_2-1}h_2(\boldsymbol{x}) \\ \vdots & \vdots & & \vdots \\ L_{g_1}L_f^{r_m-1}h_m(\boldsymbol{x}) & L_{g_2}L_f^{r_m-1}h_1(\boldsymbol{x}) & \cdots & L_{g_m}L_f^{r_m-1}h_m(\boldsymbol{x}) \end{pmatrix}$$ 在 $\boldsymbol{x}_0$ 的邻域内是非奇

异的。

综上所述，可得相对阶定义：对于如式（2-74）所示的多变量非线性系统，如果在 $\boldsymbol{x}_0$ 的邻域内有以下条件成立，即对于 $k_i < r_i - 1$ 有

$$L_{g_j}L_f^{k_i}h_i(\boldsymbol{x})=0, \quad j=1,2,\cdots,m;\ i=1,2,\cdots,m$$

且 $m\times m$ 矩阵 $\boldsymbol{B}(\boldsymbol{x})$ 是非奇异的，则 $r=\{r_1,r_2,\cdots,r_m\}$ 为系统的相对阶集合，且其中每一个子相对阶 r_i 与输出 $y_i(t)=h_i(\boldsymbol{x})$ 是相对应的。

3.3.1.10 零动态设计方法

一般来说，可以将系统的动态行为分为外部动态和内部动态两个部分，从应用角度出发，主要关心的是系统的外部状态（性能），要求外部动态不仅稳定而且有优良的品质；对于系统内部动态只要求它是稳定的即可。根据这种思想设计出的控制律有时会比较简单实用，不将系统的状态方程全部线性化，只线性化其中一部分，其余的坐标变换由自己根据需要进行选择。这种方法称为零动态（zero dynamics）设计方法，零动态设计有两种方法。

（1）零动态设计方法 I

若所选的函数

$$L_g\eta_1(\boldsymbol{x})=L_g\eta_2(\boldsymbol{x})=\cdots=L_g\eta_{n-r}(\boldsymbol{x})=0 \tag{3-52}$$

且雅可比矩阵 $\boldsymbol{J}_\Phi=\dfrac{\partial\boldsymbol{\Phi}(\boldsymbol{x})}{\partial\boldsymbol{x}}\bigg|_{x=x_0}$ 是非奇异的。为了简便，系统中前 r 个向量用 $\boldsymbol{\zeta}$ 表示，后面的 $n-r$ 个状态变量用 $\boldsymbol{\eta}$ 表示，即 $\boldsymbol{\zeta}=(z_1 \ z_2 \ \cdots \ z_r)^{\mathrm{T}}$，$\boldsymbol{\eta}=(z_{r+1} \ z_{r+2} \ \cdots \ z_n)^{\mathrm{T}}$，则式（3-52）可重写为

$$\begin{cases} \dot{z}_1=z_2 \\ \quad\vdots \\ \dot{z}_{r-1}=z_r \\ \dot{z}_r=a(\boldsymbol{\zeta},\boldsymbol{\eta})+b(\boldsymbol{\zeta},\boldsymbol{\eta})u \\ \dot{\boldsymbol{\eta}}=q(\boldsymbol{\zeta},\boldsymbol{\eta}) \end{cases} \tag{3-53}$$

其中，$\begin{cases} a(\boldsymbol{\zeta},\boldsymbol{\eta})=L_f^r h(\boldsymbol{\Phi}^{-1}(\boldsymbol{\zeta},\boldsymbol{\eta})) \\ b(\boldsymbol{\zeta},\boldsymbol{\eta})=L_g L_f^{r-1} h(\boldsymbol{\Phi}^{-1}(\boldsymbol{\zeta},\boldsymbol{\eta})) \end{cases}$，$q(\boldsymbol{\zeta},\boldsymbol{\eta})=\begin{pmatrix} L_f\eta_1(\boldsymbol{\Phi}^{-1}(\boldsymbol{\zeta},\boldsymbol{\eta})) \\ \vdots \\ L_f\eta_{n-r}(\boldsymbol{\Phi}^{-1}(\boldsymbol{\zeta},\boldsymbol{\eta})) \end{pmatrix}$。

如果系统输出 $y(t)=h(x(t))=0$，$0\leqslant t\leqslant\infty$，从该控制系统的外部状态看来，系统是具有高度稳定性的，以至于在任何干扰作用下，其输出保持不变。由于 $y(t)=z_1(t)$ 已被设置在任何时刻都等于零，由式（3-53）可知，在这种情况下有 $z_2(t)=\mathrm{d}z_1(t)/\mathrm{d}t=0$，$z_3(t)=\mathrm{d}z_2(t)/\mathrm{d}t=0$。

由此类推，z 坐标系中前面 r 个坐标对于所有的 $t\geqslant 0$ 有

$$\boldsymbol{\zeta}(t)=(z_1(t) \ z_2(t) \ \cdots \ z_r(t))=0 \tag{3-54}$$

并且有

$$\dot{z}_r(t) = 0 \tag{3-55}$$

在这样的条件下，由式（3-53）可知，控制量 u 由下式加以确定，即

$$a(\boldsymbol{\zeta}, \boldsymbol{\eta}) + b(\boldsymbol{\zeta}, \boldsymbol{\eta}) u = 0 \tag{3-56}$$

当然，此处 $b(\boldsymbol{\zeta}, \boldsymbol{\eta}) \neq 0$，这样由式（3-53）可求出状态反馈控制律

$$u = -\frac{a(z)}{b(z)}\bigg|_{z=\boldsymbol{\Phi}(x)} = \frac{-L_f^r h(\boldsymbol{x})}{L_g L_f^{r-1} h(\boldsymbol{x})} \tag{3-57}$$

同时在这种情况下，式（3-53）中的前面的 r 个方程将消失，只剩下动态方程

$$\dot{\boldsymbol{\eta}} = q(\boldsymbol{0}, \boldsymbol{\eta}) \tag{3-58}$$

将上式展开则有

$$\begin{cases} \dot{z}_{r+1} = q_{r+1}(0, \cdots 0, z_{r+1}, \cdots, z_n) \\ \quad\quad\quad \vdots \\ \dot{z}_n = q_n(0, \cdots 0, z_{r+1}, \cdots, z_n) \end{cases} \tag{3-59}$$

更具体地可表示为

$$\begin{cases} \dot{z}_{r+1} = L_f \eta_1(\boldsymbol{\Phi}^{-1}(\boldsymbol{0}, \boldsymbol{\eta})) \\ \quad\quad\quad \vdots \\ \dot{z}_n = L_f \eta_{n-r}(\boldsymbol{\Phi}^{-1}(\boldsymbol{0}, \boldsymbol{\eta})) \end{cases} \tag{3-60}$$

由逻辑推理不难理解，既然在这种条件下，系统的外部动态已在式（3-57）所示的控制律的作用下恒等于零，式（3-58）这组微分方程所描述的正是系统的内部动态行为。这组决定系统内部动态行为的方程组（3-58）就称为原系统的零动态方程组，常简称"零动态"。如果系统的零动态是稳定的，则在式（3-57）所给出的控制规律作用下，整个系统必然是稳定的，且输出量 $y(t)$ 在任何扰动下都保持不变。

（2）零动态设计方法 II

上个设计方法需要解偏微分方程

$$L_g \eta_i(\boldsymbol{x}) = 0, r+1 \leqslant i \leqslant n-r \tag{3-61}$$

以求出 $z_{r+1} = \eta_1(\boldsymbol{x}), \cdots, z_n = \eta_{n-r}(\boldsymbol{x})$。如欲避免解式（3-52）的偏微分方程组，只是根据 $\dfrac{\partial \boldsymbol{\Phi}(\boldsymbol{x}_0)}{\partial \boldsymbol{x}}$ 为非奇异这个条件来选择 $\eta_1, \cdots, \eta_{n-r}$，则有

$$\begin{cases} \dot{z}_{r+1} = q_{r+1}(z) + p_{r+1}(z) u \\ \quad\quad\quad \vdots \\ \quad \dot{z}_n = q_n(z) + p_n(z) u \end{cases} \tag{3-62}$$

此处的 $q_{r+1}, \cdots, q_n, p_{r+1}, \cdots, p_n$ 为

$$\begin{cases} q_{r+1}(z) = L_f \varphi_{r+1}(\boldsymbol{\Phi}^{-1}(z)) \\ \quad\quad\quad \vdots \\ q_n(z) = L_f \varphi_n(\boldsymbol{\Phi}^{-1}(z)) \end{cases} \tag{3-63}$$

$$\begin{cases} p_{r+1}(z) = L_g \varphi_{r+1}(\boldsymbol{\Phi}^{-1}(z)) \\ \quad\quad\quad \vdots \\ p_n(z) = L_g \varphi_n(\boldsymbol{\Phi}^{-1}(z)) \end{cases}$$

则可得到一新的坐标系 z 表示的动态方程

$$
\begin{cases}
\dot{z}_1 = z_2 \\
\quad\vdots \\
\dot{z}_{r-1} = z_r \\
\dot{z}_r = a(z) + b(z)u \\
\dot{z}_{r+1} = q_{r+1}(z) + p_{r+1}(z)u \\
\quad\vdots \\
\dot{z}_n = q_n(z) + p_n(z)u
\end{cases}
\tag{3-64}
$$

为了得到完全的如式（3-53）所示的标准型，就需求解式（3-52）中的偏微分方程组。如果不这样做，所选的坐标变换 η_1，…，η_{n-r} 一般不能保证 p_{r+1}，…，p_n 等于零，故只能得到如式（3-65）所示的不完全标准型

$$
\begin{cases}
\dot{z}_1 = z_2 \\
\quad\vdots \\
\dot{z}_{r-1} = z_r \\
\dot{z}_r = a(z) + b(z)u \\
\dot{z}_{r+1} = L_f^r h(\boldsymbol{\Phi}^{-1}(z)) + L_g L_f^{r-1} h(\boldsymbol{\Phi}^{-1}(z))u \\
\dot{\boldsymbol{\eta}} = \boldsymbol{q}(\boldsymbol{\zeta},\boldsymbol{\eta}) + \boldsymbol{p}(\boldsymbol{\zeta},\boldsymbol{\eta})u
\end{cases}
\tag{3-65}
$$

此处

$$
\boldsymbol{q}(\boldsymbol{\zeta},\boldsymbol{\eta}) = \begin{pmatrix} q_{r+1}(z) \\ \vdots \\ q_n(z) \end{pmatrix} = \begin{pmatrix} L_f \eta_1(\boldsymbol{\Phi}^{-1}(\boldsymbol{\zeta},\boldsymbol{\eta})) \\ \vdots \\ L_f \eta_{n-r}(\boldsymbol{\Phi}^{-1}(\boldsymbol{\zeta},\boldsymbol{\eta})) \end{pmatrix}
$$

$$
\boldsymbol{p}(\boldsymbol{\zeta},\boldsymbol{\eta}) = \begin{pmatrix} p_{r+1}(z) \\ \vdots \\ p_n(z) \end{pmatrix} = \begin{pmatrix} L_g \eta_1(\boldsymbol{\Phi}^{-1}(\boldsymbol{\zeta},\boldsymbol{\eta})) \\ \vdots \\ L_g \eta_{n-r}(\boldsymbol{\Phi}^{-1}(\boldsymbol{\zeta},\boldsymbol{\eta})) \end{pmatrix}
$$

为求得系统的零动态，使得输出 $y(t)=h(\boldsymbol{x}(t))=0$，$(0\leqslant t\leqslant\infty)$ 的控制律，在式（3-65）中令 $\boldsymbol{\zeta}(t)=0$ 以及 $\dot{z}_r=0$，即可求得状态反馈为

$$
u = \frac{-L_f^r h(\boldsymbol{x})}{L_g L_f^{r-1} h(\boldsymbol{x})}
\tag{3-66}
$$

求出系统的零动态方程为

$$
\dot{\boldsymbol{\eta}} = \boldsymbol{q}(\boldsymbol{0},\boldsymbol{\eta}) - \boldsymbol{p}(\boldsymbol{0},\boldsymbol{\eta}) \frac{L_f^r h(\boldsymbol{\Phi}^{-1}(\boldsymbol{0},\boldsymbol{\eta}))}{L_g L_f^{r-1} h(\boldsymbol{\Phi}^{-1}(\boldsymbol{0},\boldsymbol{\eta}))}
\tag{3-67}
$$

令 $a(\boldsymbol{\zeta},\boldsymbol{\eta})=L_f^r h(\boldsymbol{\Phi}^{-1}(\boldsymbol{\zeta},\boldsymbol{\eta}))$，$b(\boldsymbol{\zeta},\boldsymbol{\eta})=L_g L_f^{r-1} h(\boldsymbol{\Phi}^{-1}(\boldsymbol{\zeta},\boldsymbol{\eta}))$，则式（3-61）可写成

$$
\dot{\boldsymbol{\eta}} = \boldsymbol{q}(\boldsymbol{0},\boldsymbol{\eta}) - \boldsymbol{p}(\boldsymbol{0},\boldsymbol{\eta}) \frac{a(\boldsymbol{0},\boldsymbol{\eta})}{b(\boldsymbol{0},\boldsymbol{\eta})}
\tag{3-68}
$$

如果 $\dot{\boldsymbol{\eta}}=\boldsymbol{q}(\boldsymbol{0},\boldsymbol{\eta})$ 的原点是渐近稳定的，则系统的原点也是渐近稳定的。如果系统 $\dot{\boldsymbol{\eta}}=\boldsymbol{q}(\boldsymbol{\zeta},\boldsymbol{\eta})$ 是输入状态稳定的，则系统的原点是全局状态稳定的。

3.3.2 控制律求解

3.3.2.1 系统输出选择与确定

在主传动系统定量泵-变量马达之间加入比例流量阀，用于减少风波动对马达并网转速控制造成的影响，引入比例流量阀对于系统而言相当于增加一个可控变量，这就需要对比例流量阀和变量马达摆角同时进行控制。系统的控制目标是在风速波动下使风轮转速尽可能稳定，同时保证变量马达的精确转速控制。在对系统模型进行深入分析后发现系统的相乘非线性问题可由反馈线性化方法得到解决。当系统引入比例流量阀后，系统相当于比例流量阀和变量马达摆角双变量联合控制，基本控制目标是风轮转速与变量马达转速，即系统此时是双输入-双输出系统，需要进行多输入-多输出（MIMO）反馈线性化控制，实现风力机转速与变量马达转速两个期望输出，与比例流量阀和变量马达摆角两个控制输出之间的线性对应关系。

系统并网之前的状态变量为定量泵的转速、定量泵到比例流量阀之间高压腔油液的压力、比例流量阀到变量马达之间高压腔油液的压力、变量马达的转速，定义 $x_1 = \omega_p$，$x_2 = p_{h1}$，$x_3 = p_{h2}$，$x_4 = \omega_{m1}$，此时系统的控制输入量有两个，分别为 $u_1 = U_E$，$u_2 = \gamma$，代入到式（3-32），因此液压型风力发电机组并网之前系统的状态空间模型可表示为[7]

$$
\begin{cases}
\dot{x}_1 = -\dfrac{B_p}{J_p}x_1 - \dfrac{D_p}{\eta_{pm}J_p}x_2 + \dfrac{1}{J_p}T_w(x_1,v) \\[2mm]
\dot{x}_2 = \dfrac{D_p\beta_e}{V_{01}}x_1 - \dfrac{C_{t1}\beta_e}{V_{01}}x_2 - \dfrac{K_u\beta_e}{V_{01}}u_1 \\[2mm]
\dot{x}_3 = \dfrac{K_u\beta_e}{V_{02}}u_1 - \dfrac{C_{t2}\beta_e}{V_{02}}x_3 - \dfrac{K_{m1}\beta_e}{V_{02}}x_4u_2 \\[2mm]
\dot{x}_4 = \dfrac{\eta_{mm1}K_{m1}}{J_{m1}}x_3u_2 - \dfrac{B_{m1}}{J_{m1}}x_4 - \dfrac{1}{J_{m1}}T_L
\end{cases}
\tag{3-69}
$$

将系统整理成仿射非线性 $\dot{X} = f(x) + g(x)u$ 形式可得

$$
f(x) =
\begin{cases}
-\dfrac{B_p}{J_p}x_1 - \dfrac{D_p}{J_p}x_2 + \dfrac{1}{J_p}T_w(x_1,v) \\[2mm]
\dfrac{D_p\beta_e}{V_{01}}x_1 - \dfrac{C_{t1}\beta_e}{V_{01}}x_2 \\[2mm]
-\dfrac{C_{t2}\beta_e}{V_{02}}x_3 \\[2mm]
-\dfrac{B_{m1}}{J_{m1}}x_3 - \dfrac{1}{J_{m1}}T_L
\end{cases}
\tag{3-70}
$$

$$
g_1(x) = \begin{pmatrix} 0 & -\dfrac{K_u\beta_e}{V_{01}} & \dfrac{K_u\beta_e}{V_{02}} & 0 \end{pmatrix}^{\mathrm{T}}, \quad
g_2(x) = \begin{pmatrix} 0 & 0 & -\dfrac{K_{m1}\beta_e x_4}{V_{02}} & \dfrac{K_{m1}x_3}{J_{m1}} \end{pmatrix}^{\mathrm{T}}
\tag{3-71}
$$

选择系统输出直观的想法是风轮转速（定量泵转速）与变量马达转速，但是理论推导过程中发现风轮转速与变量马达转速同时作为输出时，系统控制不易稳定。系统不易稳定的原因可以从物理意义进行解释，在随机风速下，当系统风轮转速与马达转速唯一确定时，由于控制律中不考虑定量泵与比例流量阀之间和比例流量阀与变量马达之间的高压腔压力，所以在稳速过程中由于风速波动，在力平衡条件下压力会产生较大的波动，从而对稳速控制造成扰动。

系统的输出选择不局限在以控制目标为输出，可以考虑通过控制其他的状态或状态间的组合，对输出目标做适当的规划从而达到最终控制目的，本节考虑如下几种输出方案并做相应理论推导：

1）定量泵转速与变量马达转速。

2）定量泵转速与变量马达入口高压压力。

3）定量泵转速与变量马达输出功率。

4）定量泵输出功率与变量马达转速。

5）定量泵输出功率与变量马达入口压力。

在每种输出下对系统进行控制律设计后发现，以定量泵输出功率与变量马达入口压力作为系统输出时，控制比较稳定，系统在随机风速下有较好的动静态特性。主要原因是当以定量泵输出功率与马达入口压力作为控制目标进行控制时，可以控制风机吸收的风功率，在比例流量阀处消耗部分功率，其余功率送入变量马达端保证在工频转速处消耗的功率，此时风机处于功率平衡状态且比较稳定，马达端在工频转速工作于力矩平衡状态，实现在任意风速下马达转速的精确控制，能够保证风力发电机顺利并网。

由上述可知，系统选择的输出为定量泵输出功率与变量马达入口压力，数学表达式为

$$y = \begin{cases} h_1(x) = D_p \omega_p p_{h1} = D_p x_1 x_2 \\ h_2(x) = p_{h2} = x_3 \end{cases} \tag{3-72}$$

3.3.2.2　系统相对阶

在进行相对阶确定时，系统相对阶定义为：①输出函数 $h(x)$ 对向量场 $f(x)$ 的 k 阶李导数对向量场 $g(x)$ 的李导数在 $x = x_0$ 的邻域内的值为 0，即 $L_g L_f^k h(x) = 0$；②$h(x)$ 对 $f(x)$ 的 $r-1$ 阶李导数（$k<r-1$）对 $g(x)$ 的李导数在 $x = x_0$ 的邻域内不为 0，即 $L_g L_f^{r-1} h(x) \neq 0$。

据此对系统进行相对阶求解，由式（3-70）、式（3-71），利用李导数相关定义可知 $L_{g_1} L_f^0 h_1(x) = -K_u \dfrac{\beta_e}{V_{01}} D_p x_1$，$L_{g_2} L_f^0 h_2(x) = -\dfrac{K_{m1} \beta_e \omega_{m1}}{V_{02}}$。

由计算可知系统的相对阶为 $r = \{1,1\}$，相对阶 $r<4$，系统不能完全状态线性化，因此采用输入-输出线性化，采用零动态设计方法求解系统的控制律，根据需要选择两个内部动态，验证零动态稳定性。

3.3.2.3　零动态设计

不能全部线性化的状态变换可以自由选择，结合两个可线性化的状态进行坐标变换，本章选择的两个零动态分别为 $\eta_3(x) = x_1$，$\eta_4(x) = x_4$，由于 $L_g \eta_4(x) \neq 0$，需要利用零动态方法 Ⅱ 进行后续设计。选择定量泵转速与变量马达转速为系统的内部动态，我们希望在两个外部动态稳定的情况下，这两个状态也可以稳定。状态确定后对系统进行坐标变换，则在 z 坐标系下，系统为

$$\begin{cases} z_1 = \varphi_1(x) = h_1(x) = D_p x_1 x_2 \\ z_2 = \varphi_2(x) = h_2(x) = x_3 \\ z_3 = \eta_3(x) = x_1 \\ z_4 = \eta_4(x) = x_4 \end{cases} \qquad (3\text{-}73)$$

（1）验证坐标变换是否合格

选择坐标变换后需要验证所选择的坐标变换是否合格，具体方法是验证向量函数 $\boldsymbol{\Phi}(x) = (z_1(x) \quad z_2(x) \quad z_3(x) \quad z_4(x))^{\mathrm{T}} = (\varphi_1(x) \quad \varphi_2(x) \quad \eta_1(x) \quad \eta_2(x))^{\mathrm{T}}$，在 $\boldsymbol{x} = \boldsymbol{x}_0$ 处的雅可比矩阵是否是非奇异的。结合式（3-73），可得雅可比矩阵为

$$\frac{\partial \boldsymbol{\Phi}}{\partial \boldsymbol{x}} = \begin{pmatrix} \dfrac{\partial \varphi_1}{\partial x_1} & \dfrac{\partial \varphi_2}{\partial x_1} & \dfrac{\partial \varphi_3}{\partial x_1} & \dfrac{\partial \eta_1}{\partial x_1} \\[2mm] \dfrac{\partial \varphi_1}{\partial x_2} & \dfrac{\partial \varphi_2}{\partial x_2} & \dfrac{\partial \varphi_3}{\partial x_2} & \dfrac{\partial \eta_2}{\partial x_2} \\[2mm] \dfrac{\partial \varphi_1}{\partial x_3} & \dfrac{\partial \varphi_2}{\partial x_3} & \dfrac{\partial \varphi_3}{\partial x_3} & \dfrac{\partial \eta_3}{\partial x_3} \\[2mm] \dfrac{\partial \varphi_1}{\partial x_4} & \dfrac{\partial \varphi_2}{\partial x_4} & \dfrac{\partial \varphi_3}{\partial x_4} & \dfrac{\partial \eta_4}{\partial x_4} \end{pmatrix}^{\mathrm{T}} = \begin{pmatrix} D_p x_2 & D_p x_1 & 0 & 0 \\ 0 & 0 & 1 & 0 \\ 1 & 0 & 0 & 0 \\ 0 & 0 & 0 & 1 \end{pmatrix}^{\mathrm{T}} \qquad (3\text{-}74)$$

由式（3-74）可知，雅可比矩阵在 $\boldsymbol{x} = \boldsymbol{x}_0$ 处非奇异，所以选择的坐标变换合格。

（2）坐标变换

由零动态设计方法 II 可知，在新的 $\boldsymbol{z}$ 坐标系下，系统可表达为

$$\begin{cases} \dot{z}_1 = L_f^1 h_1(\boldsymbol{\Phi}^{-1}(z)) + L_{g1} L_f^0 h_1(\boldsymbol{\Phi}^{-1}(z)) u_1 + L_{g2} L_f^0 h_1(\boldsymbol{\Phi}^{-1}(z)) u_2 \\ \dot{z}_2 = L_f^1 h_2(\boldsymbol{\Phi}^{-1}(z)) + L_{g1} L_f^0 h_2(\boldsymbol{\Phi}^{-1}(z)) u_1 + L_{g2} L_f^0 h_2(\boldsymbol{\Phi}^{-1}(z)) u_2 \\ \dot{z}_3 = L_f \eta_3(\boldsymbol{\Phi}^{-1}(z)) + L_{g1} \eta_3(\boldsymbol{\Phi}^{-1}(z)) u_1 + L_{g2} \eta_3(\boldsymbol{\Phi}^{-1}(z)) u_2 \\ \dot{z}_4 = L_f \eta_4(\boldsymbol{\Phi}^{-1}(z)) + L_{g1} \eta_4(\boldsymbol{\Phi}^{-1}(z)) u_1 + L_{g2} \eta_4(\boldsymbol{\Phi}^{-1}(z)) u_2 \end{cases} \qquad (3\text{-}75)$$

由式（3-73）可确定系统由 $\boldsymbol{z}$ 坐标系到 $\boldsymbol{x}$ 坐标系下的逆映射 $\boldsymbol{x} = \boldsymbol{\Phi}^{-1}(z)$

$$\begin{cases} x_1 = z_3 \\ x_2 = \dfrac{z_1}{D_p z_3} \\ x_3 = z_2 \\ x_4 = z_4 \end{cases} \qquad (3\text{-}76)$$

求解式（3-75）的具体表达式时，先在 $\boldsymbol{x}$ 坐标系下求解，再将式（3-76）代入即可。最后系统在 $\boldsymbol{z}$ 坐标系下变为

$$\begin{cases} \dot{z}_1 = D_p \dfrac{z_1}{D_p z_3}\left(-\dfrac{B_p}{J_p} z_3 - \dfrac{D_p}{J_p}\dfrac{z_1}{D_p z_3} + \dfrac{1}{J_p} T_w(z_3, v)\right) + D_p z_3\left(\dfrac{D_p \beta_e}{V_{01}} z_3 - \dfrac{C_{t1}\beta_e}{V_{01}}\dfrac{z_1}{D_p z_3}\right) - \dfrac{K_u \beta_e D_p z_3}{V_{01}} u_1 \\[3mm] \dot{z}_2 = \dfrac{K_u \beta_e}{V_{02}} u_1 - \dfrac{C_{t2}\beta_e}{V_{02}} z_2 - \dfrac{K_{m1}\beta_e}{V_{02}} z_4 u_2 \\[3mm] \dot{z}_3 = -\dfrac{B_p}{J_p} z_3 - \dfrac{D_p}{J_p}\dfrac{z_1}{D_p z_3} + \dfrac{1}{J_p} T_w(z_3, v) \\[3mm] \dot{z}_4 = -\dfrac{B_{m1}}{J_{m1}} z_4 + \dfrac{K_{m1} z_2}{J_{m1}} u_2 - \dfrac{1}{J_{m1}} T_L \end{cases} \qquad (3\text{-}77)$$

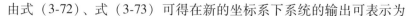

由式（3-72）、式（3-73）可得在新的坐标系下系统的输出可表示为

$$y = \begin{cases} h_1(x) = z_1 \\ h_2(x) = z_2 \end{cases} \tag{3-78}$$

（3）零动态稳定性验证

令式（3-77）中此时的外部状态定量泵出口功率和马达入口压力都为零，且处于稳定状态，功率和压力的变化率都为零，即 $z_1 = z_2 = 0$，$\dot{z}_1 = \dot{z}_2 = 0$，此时 $u_1 = D_p z_3 / K_u$，$u_2 = K_u u_1 / K_{m1} z_4$，验证内部动态定量泵转速与变量马达转速 z_3、z_4 是否稳定。此时式（3-77）变为

$$\begin{cases} \dot{z}_3 = -\dfrac{B_p}{J_p} z_3 + \dfrac{1}{J_p} T_w(z_3, v) \\ \dot{z}_4 = -\dfrac{B_{m1}}{J_{m1}} z_4 - \dfrac{1}{J_{m1}} T_L \end{cases} \tag{3-79}$$

由式（3-79）可得，当外部状态为零时，系统内部状态稳定性与液压系统定量泵侧、变量马达侧的外负载相关，与控制量 u_1、u_2 无关，但都是渐近稳定，因此系统零动态稳定，可以进行控制律求解。

（4）构造伪线性系统

对系统进行坐标变换并进行零动态设计之后可以进行反馈控制律设计，具体方法为在 z 坐标系下线性化系统，构造一个伪线性系统，在伪线性系统下，系统的输出和控制是线性相关的。

令式（3-77）中前两个式子分别为 v_{11} 和 v_{22}，与输出相关的状态变为

$$\begin{cases} \dot{z}_1 = v_{11} \\ \dot{z}_2 = v_{22} \end{cases} \tag{3-80}$$

由式（3-78）、式（3-80）可知此时系统的输出和人为构造的两个输入 v_{11}、v_{22} 是线性相关的。此时系统的控制输入在 $\boldsymbol{x}$ 坐标系下可表示为

$$u_1 = \frac{V_1}{K_u \beta_e D_p x_1}\left[D_p x_2\left(-\frac{B_p}{J_p} x_1 - \frac{D_p}{J_p} x_2 + \frac{1}{J_p} T_w(x_1, v)\right) + D_p x_1\left(\frac{D_p \beta_e}{V_{01}} x_1 - \frac{C_{t1}\beta_e}{V_{01}} x_2\right) - v_{11} \right]$$

$$u_2 = \frac{K_u u_1 - C_{t2} x_3 - \dfrac{V_{02}}{\beta_e} v_{22}}{K_{m1} x_4} \tag{3-81}$$

3.3.2.4　输出参考设计

由式（3-78）、式（3-81）可知系统的输出和人为构造的输入是线性相关的。此时需要做的工作是将输出给定进行规划，达到对风轮转速和变量马达转速进行控制的目的。具体方法是找到泵输出功率与变量马达入口压力和定量泵转速与变量马达转速之间的关系。

（1）泵参考输出功率规划

做泵输出功率规划的目的是在任意风速以及风速变化情况下使风轮转速较为平稳，通过控制定量泵输出功率使定量泵（风轮）在任意风速下达到最佳转速。希望系统进行跟踪控制，参考值的给定为

$$y_{1d} = K_P \omega_p^3 = K_P x_1^3 \tag{3-82}$$

（2）马达入口压力参考值设计

做马达入口压力轨迹规划的目的是控制压力到达参考压力值时保证马达转速是工频转速而且较为稳定。具体方法是构造变量马达的动能函数，压力参考值由李雅普诺夫能量函数稳定性确定。

变量马达的动能函数为

$$E = \frac{1}{2} J_{m1} \omega_{m1}^2 \tag{3-83}$$

李雅普诺夫能量函数为

$$\dot{E} = \omega_{m1} \dot{\omega}_{m1} = -B_{m1} \omega_{m1}^2 + p_{h2} D_{m1} \omega_{m1} - T_L \omega_{m1} \tag{3-84}$$

设计变量马达转速参考值为

$$y_{2d} = p_{h2d} = \frac{B_{m1} \omega_{md} + T_L}{D_{m1}} \tag{3-85}$$

其中，$\omega_{md} = 1500 \text{r/min}$ 为工频转速，当压力参考值为此值时，控制系统有如下特性：

当马达转速 $\omega_{m1} < \omega_{md}$ 时，此时系统压力 $p_{h2} > \dfrac{B_{m1} \omega_{m1} + T_L}{D_{m1}}$，即变量马达动能导数 $\dot{E} > 0$，变量马达加速，加速到 $\omega_{m1} = \omega_{md}$ 时，系统压力 $p_{h2} = \dfrac{B_{m1} \omega_{m1} + T_L}{D_{m1}}$，动能导数 $\dot{E} = 0$，即变量马达停止加速，稳定于工频转速。同理，当前转速 $\omega_{m1} > \omega_{md}$ 时，系统压力 $p_{h2} < \dfrac{B_{m1} \omega_{m1} + T_L}{D_{m1}}$，动能导数 $\dot{E} < 0$，变量马达减速。系统按照此种马达压力参考值进行控制时，系统在工频转速处大范围渐近稳定。

3.3.2.5 控制律设计

在根据控制需要规划好参考输出后，在做并网转速控制时主要是控制系统输出跟踪给定参考值，从而达到最终的控制目标。尽管系统被精确反馈线性化，在实际工程中，由于参数的变化也会存在跟踪误差。为消除跟踪误差，在反馈控制中增加积分控制。

定义跟踪误差为

$$e = y_d - y \tag{3-86}$$

新的控制输入为

$$v_1 = \dot{y}_{1d} + k_{11} e_1 + k_{12} \int e_1 \mathrm{d}t$$
$$v_2 = \dot{y}_{2d} + k_{21} e_2 + k_{22} \int e_2 \mathrm{d}t \tag{3-87}$$

式（3-87）中 k_{11}、k_{12}、k_{21}、k_{22} 的值是按系统的控制要求，将系统的极点配置到左半平面以内。联合式（3-81）与式（3-86）可得系统最终的控制律，用物理符号表示为[8]

$$U_E = \frac{D_p \omega_p - C_{t1} p_{h1} + \dfrac{V_{01}}{\beta_e D_p \omega_p}(D_p p_{h1} \dot{\omega}_p - v_1)}{K_u} \tag{3-88}$$

$$\gamma_{m1} = \frac{K_u U_E - C_{t2} p_{h2} - \dfrac{V_{02}}{\beta_e} v_2}{K_{m1} \omega_{m1}}$$

由式（3-88）可知，最终比例流量阀和变量马达摆角的控制信号是由系统当前状态和新构造的控制输入线性组合而得，具体到实验系统中是利用传感器得到所需要的各个状态，不能用传感器得到的状态可用状态观测器人为构造。然后送入控制器中，经过计算得出控制信号最终值送入控制系统实现跟踪控制，最终达到随机风速下对变量马达转速的精确控制。

分析变量马达摆角组成可发现，在跟踪给定压力参考值的情况下，系统所达到的状态是比例流量阀到变量马达之间流量平衡状态下的力矩平衡状态。在下一节将用仿真验证在任意风速下马达恒转速控制，只要保证任何风速变化下马达转速都在$(1500\pm6)\,\text{r/min}$范围内，即可保证在任意风速下系统都能顺利并网，说明控制律可行。

3.3.3　仿真验证

如图 3-32 所示，控制律推导完成后在 MATLAB/Simulink 中建立数学仿真模型验证系统模型正确性与控制律可行性。仿真模型主要包括风轮模型、系统非线性模型、控制器，控制器主要由重构的控制输入与系统真实控制输入组成。风力发电机组在并网之前，给定不同的风速信号和变量马达端负载扰动进行仿真验证，验证马达转速是否能够恒稳定在$(1500\pm6)\,\text{r/min}$范围内。

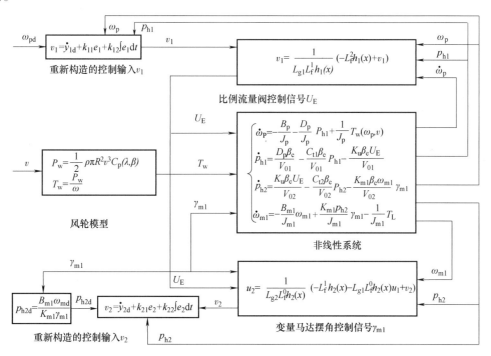

图 3-32　并网转速控制数学仿真模型

当变量马达端无负载扰动，风速给定 8~9m/s 的阶跃风速下，系统各状态的响应如图 3-33 所示。

当变量马达端负载扰动为 1~4N·m，风速给定 8~9m/s 的阶跃风速下，系统各状态的响应如图 3-34 所示。

分析图 3-33 和图 3-34 可知，引入比例流量阀进行并网转速控制后，阶跃风速对马达转速控制有一定影响，风速阶跃 1m/s 时，马达转速调整±1r/min。马达端负载扰动与风速阶

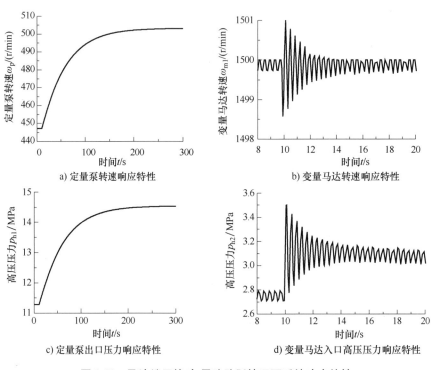

a) 定量泵转速响应特性

b) 变量马达转速响应特性

c) 定量泵出口压力响应特性

d) 变量马达入口高压压力响应特性

图 3-33　马达端无扰动-风速阶跃情况下系统响应特性

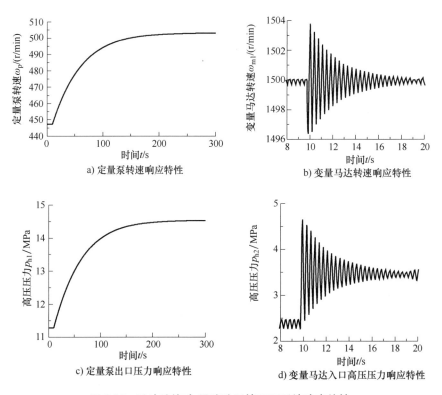

a) 定量泵转速响应特性

b) 变量马达转速响应特性

c) 定量泵出口压力响应特性

d) 变量马达入口高压压力响应特性

图 3-34　马达端扰动-风速阶跃情况下系统响应特性

跃同时发生时，马达转速调整±4r/min。在控制过程中，风轮转速跟踪到给定值，同时风轮到比例流量阀之间的压力和比例流量阀到马达之间的高压压力会有上升，即风速升高后风轮吸收的能量存储在风轮转动、液压系统高压腔压力中，比例流量阀阀口会消耗部分能量，系统处于能量平衡的稳定状态。仿真验证了搭建的系统数学模型与控制律的准确性。证明所讨论的控制策略在风速阶跃和负载扰动情况下可保证风力发电机组顺利并网。

当变量马达端无负载扰动，在$(8\pm0.5)\,\text{m/s}$至$(9\pm0.5)\,\text{m/s}$的随机风速影响下，系统各状态的响应如图 3-35 所示。当给定风速在$(8\pm0.5)\,\text{m/s}$至$(9\pm0.5)\,\text{m/s}$的随机风速影响下，同时对系统变量马达端加入负载扰动 1~4N·m，系统各状态的响应曲线如图 3-36 所示。

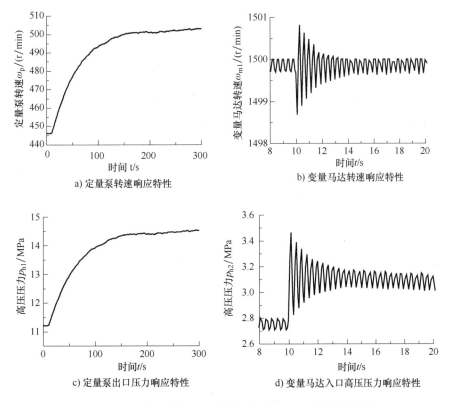

图 3-35　马达端无扰动-风速随机阶跃情况下系统响应特性

对比图 3-33 与图 3-35 可知，风速小范围扰动不会对马达转速稳定性造成影响，由图 3-34 与图 3-36 对比可得相同结论。即风速变化中的阶跃变化量对马达转速控制有一定影响。此过程中观察马达转速变化可知，在风速阶跃瞬间和负载有扰动时马达转速会有在$(1500\pm4)\,\text{r/min}$的转速波动，调整时间为 2s，之后达到稳定状态，最终会一直存在 0.5r/min 的波动。存在波动的原因是，式（3-85）给定参考中会引入马达当前排量，即引入了马达摆角当前值造成马达转速小幅波动，但不管是风速稳定状态下的波动，还是风速阶跃下转速 2r/min 的波动，都不会影响系统顺利并网。比例流量阀的压力补偿阀会自动补偿载荷控制风力机转速，保证液压型风力发电机组在风速阶跃变化情况下可以完成同步发电机顺利并网。

图 3-37 为系统在给定风速$(8\pm0.5)\,\text{m/s}$下，变量马达端给定负载扰动 1~4N·m 时系统各状态的响应曲线。

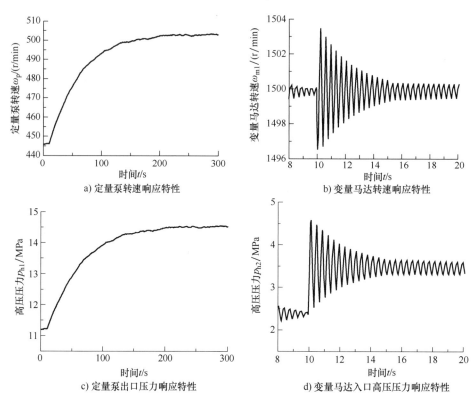

图 3-36　马达端负载扰动-风速随机阶跃情况下系统响应特性

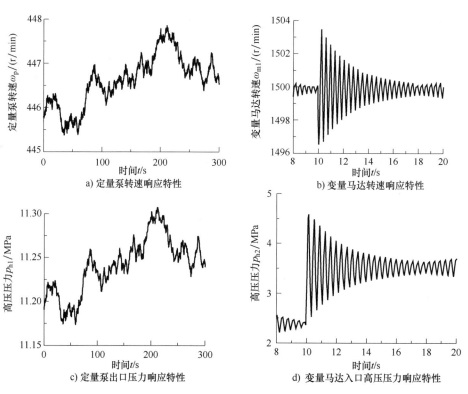

图 3-37　系统随机风速下响应特性曲线

对比图 3-36 与图 3-37 可知风速变化对变量马达转速控制的影响很小，说明比例流量阀确实起到了隔离风速波动对马达调速影响的作用，当比例流量阀中的压力补偿阀响应足够快时可以做到完全隔离。马达端负载扰动在真实风机上，主要表现在系统空载状态下调节马达转速时加励磁的瞬态响应，仿真表明在本章研究的控制律作用下，系统对变量马达端负载扰动具有一定的鲁棒性。

由图 3-33 和图 3-37 可知，液压型风力发电机组在本章规划的控制给定与控制律作用下可以保证系统在不同工况下顺利并网。而且当同步发电机具备所有并网条件顺利并网被电网拖住后，可以通过改变比例流量阀到变量马达腔高压压力给定值，使其跟踪定量泵到比例流量阀腔高压压力，当两腔高压压力接近后，比例流量阀退出控制系统，变量马达摆角切换至功率追踪模式。

3.4　基于动态面控制的变量马达转速控制

3.4.1　控制律求解

通过控制变量马达摆角调整液压系统输出转速，液压系统在发电机脉振转矩作用下稳速输出，保证机组并网运行。本节采用动态面控制的方法对变量马达摆角控制律给定进行规划[9]。

动态面控制方法[10-11]基于传统反步法的设计思想，为相应子系统设计一个 Lyapunov 函数以及对应的虚拟控制器，直至完成系统控制输入的规划设计。该方法在虚拟控制过程中引入一阶滤波器，从而获得了另一个控制变量，有效地避免了后推法在设计过程中的"微分项爆炸"现象[12]。具体设计步骤如下：

由于变量马达摆角控制输出是变量马达的转速 ω_{m1}，因此，可根据变量马达的转速及其参考输入定义第一个动态面为

$$S_1 = \omega_{m1} - \omega_{md} \tag{3-89}$$

式中　ω_{md}——变量马达的参考转速，单位为 rad/s。

求导可得：

$$\dot{S}_1 = \frac{1}{J_{m1}}(K_{m1}\gamma_{m1}p_{h2}\eta_{mm1} - B_{m1}\omega_{m1} - T_e) - \dot{\omega}_{md} \tag{3-90}$$

选择动态面 S_1 的 Lyapunov 函数为 $V_1 = S_{12}/2$，当 $\dot{S}_1 = -k_1 S_1 (k_1>0)$ 时，动态面 S_1 收敛。其中 k_1 为动态面 S_1 的收敛系数。

动态面函数 S_1 实质是跟踪期望轨迹 ω_{md} 的误差，于是可取节流后系统压力为虚拟控制信号，使得 $S_1 \to 0$。由式（3-90）可知，虚拟控制信号为

$$\bar{p}_{h2} = \frac{(-k_1 S_1 + \dot{\omega}_{md})J_{m1} + B_{m1}\omega_{m1} + T_e}{K_{m1}\gamma_{m1}\eta_{mm1}} \tag{3-91}$$

为了避免虚拟控制在连续求导中产生大量的微分项，对 $\bar{p}_{h2}$ 进行一阶低通滤波，可以得到系统节流后压力的参考信号为

$$\tau_1 \dot{p}_{h2d} + p_{h2d} = \bar{p}_{h2} \tag{3-92}$$

式中　τ_1——系统节流后压力参考信号滤波时间常数，单位为 s。

然后，根据系统节流后压力及其参考信号定义第二个动态面为

$$S_2 = p_{h2} - p_{h2d} \tag{3-93}$$

求导可得：

$$\dot{S}_2 = \frac{\beta_e}{V_{02}}(D_p\omega_p - C_{tp}p_{h1} - K_{m1}\gamma_{m1}\omega_{m1} - C_{tm1}p_{h2}) - \dot{p}_{h2d} \tag{3-94}$$

选择动态面 S_2 的 Lyapunov 函数为 $V_2 = S_2^2/2$，当 $\dot{S}_2 = -k_2S_2$（$k_2 > 0$）时，动态面 S_2 收敛。其中 k_2 为动态面 S_2 的收敛系数。

由式（3-94）可以得到系统的控制输入为

$$\gamma_{m1} = \frac{D_p\omega_p - C_{tp}p_{h1} - (-k_2S_2 + \dot{p}_{h2d})\dfrac{V_{02}}{\beta_e}}{K_m\omega_m} \tag{3-95}$$

$$= \frac{D_p\omega_p}{K_{m1}\omega_{m1}} - \frac{C_{tp}p_{h1}}{K_{m1}\omega_{m1}} - \frac{(-k_2S_2 + \dot{p}_{h2d})V_{02}}{K_{m1}\omega_{m1}\beta_e}$$

因此，液压系统的动态面控制器由式（3-89）和式（3-93）的动态面、式（3-91）的虚拟控制信号、式（3-92）的低通滤波器以及式（3-95）得到的系统输入的控制律组成。其中，动态面中的 ω_{m1}、p_{h2} 可通过液压系统的传感器进行测量获得；ω_{m1d} 为外部输入；$\bar{p}_{h2}$ 为控制器计算的中间结果；p_{h2d} 由虚拟控制信号经一阶低通滤波得到。

由式（3-95）可知，变量马达摆角控制律由三部分组成，分别为定量泵输出流量折算得到的变量马达摆角基准值、系统泄漏对应变量马达摆角的补偿值和系统压力瞬态调整对应变量马达摆角的补偿值。对该控制律各个部分组成具体说明如下[13]：

3.4.1.1 控制律基准值数学模型

考虑到比例节流控制过程中系统无溢流现象，则定量泵输出流量除泄漏与油液压缩部分全部流入到变量马达中。因此，可以从定量泵到变量马达的流量平衡角度对变量马达摆角基准值进行设定。由式（3-95）可知，变量马达摆角基准值的数学模型为

$$\gamma_0 = \frac{D_p\omega_p}{\omega_{m1}K_{m1}} \tag{3-96}$$

3.4.1.2 控制律系统泄漏补偿数学模型

考虑到在发电机负载波动作用下，定量泵等会产生一定的泄漏，导致其输出流量存在一定误差，所以需要监控系统压力，对变量马达摆角进行适当补偿，从而实现液压系统稳速输出。由式（3-95）可知，变量马达摆角系统泄漏补偿的数学模型为

$$\gamma_1 = -\frac{C_p p_{h1}}{K_{m1}\omega_{m1}} \tag{3-97}$$

3.4.1.3 控制律系统压力瞬态调整补偿数学模型

由于液压油的可压缩性，系统压力瞬态调整直接引起液压油体积相应变化，从而引起变量马达转速变化。由式（3-95）可知，变量马达摆角压力瞬态调整补偿的数学模型为

$$\gamma_2 = -\frac{(-k_2S_2 + \dot{p}_{h2d})V_{02}}{K_{m1}\omega_{m1}\beta_e} \tag{3-98}$$

3.4.1.4 控制律模型参数误差补偿数学模型

由上述补偿分析可知，上述补偿控制多采用模型参数，因此存在一定误差。在模型参数

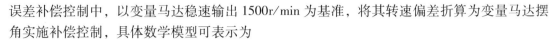

误差补偿控制中，以变量马达稳速输出 1500r/min 为基准，将其转速偏差折算为变量马达摆角实施补偿控制，具体数学模型可表示为

$$\gamma_3 = \frac{D_{m1}\Delta\omega_{m1}}{K_{m1}} \tag{3-99}$$

综上所述，机组通过变量马达摆角控制液压系统输出转速以实现液压系统稳速输出，其控制律数学模型为

$$\begin{aligned}
\gamma_{m1} &= \gamma_0 + \gamma_1 + \gamma_2 + \gamma_3 \\
&= \frac{D_p\omega_p}{\omega_{m1}K_{m1}} - \frac{C_p p_{h1}}{K_{m1}\omega_{m1}} - \frac{(-k_2 S_2 + \dot{p}_{h2d})V_{02}}{K_{m1}\omega_{m1}\beta_e} + \frac{D_{m1}\Delta\omega_{m1}}{K_{m1}}
\end{aligned} \tag{3-100}$$

上式（3-100）中，变量马达摆角控制律由四部分组成：第一项为由定量泵（风力机）转速折算得到的变量马达摆角基准值，第二项为系统泄漏对变量马达摆角的补偿值，第三项为系统压力瞬态对变量马达摆角的补偿值，第四项为模型参数误差对变量马达摆角的补偿值。

3.4.2　仿真验证

由图 3-38 可知，采用相似模拟原理，通过变频器控制变频电机对风力机特性进行模拟，可得到波动转速下的风力机转速特性曲线，风力机的波动转速输入是机组稳速控制的关键影响因素。采用基于动态面控制的稳速输出控制方法对机组稳速输出进行仿真和实验研究，其结果如图 3-39 和图 3-40 所示。由图可知，采用该方法在风力机时变扰动输入下，变量马达转速可以快速稳定于同步转速 1500r/min，其稳态误差小于 ±1r/min，同时系统压力具有较快的响应速度，最终保持于稳定压力。

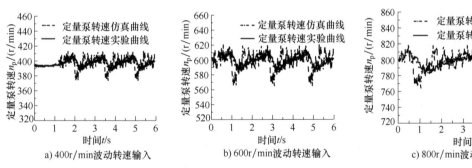
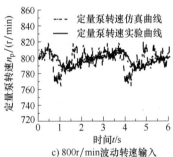

图 3-38　风力机（定量泵）转速曲线

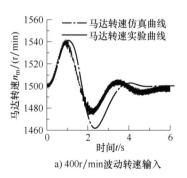
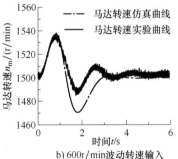
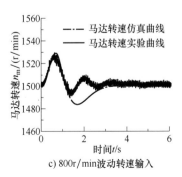

图 3-39　变量马达转速仿真与实验结果

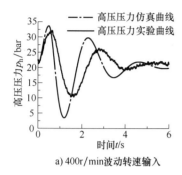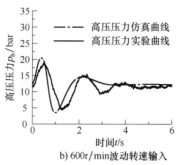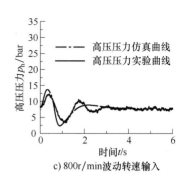

a) 400r/min波动转速输入　　　　b) 600r/min波动转速输入　　　　c) 800r/min波动转速输入

图 3-40　高压压力仿真与实验结果

3.5　本章小结

转速控制是液压型风力发电最基础的环节，它决定了电能是否能顺利并网。本章从三个方面阐述了转速的控制：

1）流量反馈是最基础的方法，采用流量反馈控制方式，进行定量泵-变量马达变转速输入恒转速输出控制，可使系统工作于恒流源状态，避免溢流损失，并且能够实现输出转速精确控制。

2）反馈线性化是实现双变量协调控制风力发电机组转速，保证风力发电机组在风速变化条件下顺利并网的控制方法。

3）动态面控制变量马达摆角控制转速，此方法是为相应子系统设计一个 Lyapunov 函数以及对应的虚拟控制器，直至完成系统控制输入的规划设计。

本章所提出的转速控制方法有效地实现了液压型风力发电机组的变转速输入恒转速输出的控制目标。

参考文献

［1］艾超. 液压型风力发电机组转速控制和功率控制研究［D］. 秦皇岛：燕山大学，2012.

［2］艾超，孔祥东，陈文婷，等. 液压型风力发电机组主传动系统稳速控制研究［J］. 太阳能学报，2014，35（9）：1757-1763.

［3］艾超，闫桂山，孔祥东，等. 液压型风力发电机组恒转速输出补偿控制［J］. 中国机械工程，2015，26（9）：1189-1193.

［4］孔祥东，宋豫，艾超. 变转速输入定量泵-恒转速变量马达系统恒转速控制方法研究［J］. 机械工程学报，2016，52（8）：179-191.

［5］孔祥东，艾超，娄霄翔. 液压型风力发电机组并网冲击仿真研究［J］. 系统仿真学报，2012，24（9）：2012-2018.

［6］王久和. 先进非线性控制理论及其应用［M］. 北京：北京科学出版社：2012.

［7］陈文婷. 液压型风力发电机组转速与功率优化控制研究［D］. 秦皇岛：燕山大学，2015.

［8］艾超，刘艳娇，孔祥东，等. 液压型风力发电机组并网转速双变量控制研究［J］. 太阳能学报，2016，37（1）：208-215.

［9］闫桂山. 液压型风力发电机组低电压穿越控制研究［D］. 秦皇岛：燕山大学，2015.

［10］吴忠强，夏青，彭艳，等. 高阶非线性液压辊缝系统的 Backstepping 动态面控制［J］. 仪器仪表学报，2012，33（4）：949-954.

［11］王允建，刘贺平，王玲. 自寻优自适应动态面控制［J］. 控制与决策，2010，25（6）：939-952.

［12］李晓林. 变转速液压泵控马达系统的恒转速控制研究［D］. 北京：北京理工大学，2014：49-56.

［13］艾超，闫桂山，孔祥东，等. 基于动态面控制的液压型风力发电机组稳速控制研究［J］. 动力工程学报，2016，36（1）：30-35.

第**4**章 液压型风力发电机组输出功率控制技术

4.1 液压型风力发电机组功率控制概述

4.1.1 液压型风力发电机组能量分配概述

图 4-1 是风力发电机组能量分配示意图，风力发电机组通过风力机吸收风能，一部分能量驱动风力机转动，转化为风力机的动能，另一部分由液压系统传送至发电机转化为电能输入电网。

在某一风速下，如果风力机没有被控制在对应的转速下，一方面风力机吸收的风能不能达到最大，另一方面风力机动能和液压系统传送的能量不能得到合理的分配。风力机动能和液压系统传递的能量可相互转化：当风力机转

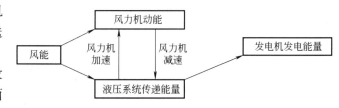

图 4-1 风力发电机组能量分配示意图

速大于最佳转速状态，即减速时，风力机动能转化为液压系统液压能进行能量传递；当风力机转速小于最佳转速状态，即加速时，风力机吸收风能增大，同时传递给液压系统的能量减小，通过控制风力机的转速（即定量泵的转速）可调节液压型风力发电机组能量分配情况，控制输入发电机组的能量，进而控制机组能量的输出。

4.1.2 液压型风力发电机组主传动功率下垂特性

液压型风力发电机组所使用的发电机为励磁同步发电机，主要有两个最基础的控制系统：调速系统和调压系统。同步发电机的调速系统控制频率、转速，从而控制发电机的有功功率。调压系统控制电压，从而控制无功功率。由前文可知并网运行的发电机组运行方式可

将电网视为无穷大的负载，几台小型发电机组的输出电压、频率等对电网的电压、频率影响微乎其微。发电机组的输出电压、频率需要一直跟随电网电压、频率的波动而变化，如果与电网电压、频率偏离太大，发电机组输出电能质量与电网标准电能不一致，电网就不能吸收发电机组电能，发电机组脱网。发电机组并网运行的关键问题是如何保证在风速变化时，控制输入电网的功率随之变化。

解决发电机组并网运行关键问题采用最普遍的方法是使发电机组都呈现负调差的特性，即发电机组的转速、频率与有功功率、有功电流呈现一定负斜率关系，这种特性称为下垂特性。

通过比较电网端与发电机端的各并网参数，达到并网条件时，采用准同步并网方式。风力发电机组在并网瞬间，希望带一点有功功率送入电网，并网成功后，再逐步通过控制发电机转速稳步提升发电机的输出功率，其过程如图 4-2 所示。

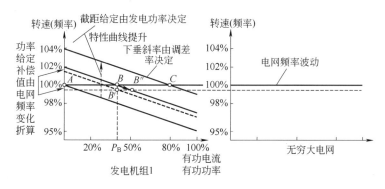

图 4-2　风力发电机组并网状态功率-转速下垂特性曲线

当风力发电机组以略高于 1500r/min 的转速略带有功功率的条件下并入电网后，电网会立刻把风力发电机组转速拉回电网频率 50Hz 所对应的 1500r/min 转速，图 4-2 中的 A 点即为风力发电机组并网切入点。按照在控制器内设置的调差率，即转速偏差与有功功率的对应关系，改变变量马达的斜盘摆角首先会影响变量马达的转速，由于电网会拖住发电机，变量马达的转速变化很小，液压系统的压力变化较大，增大变量马达斜盘摆角使液压系统的压力降低，发电功率减小。同样通过发电机组的下垂特性还可以解决当电网频率不稳定时保证发电机输出有功功率的稳定性的问题，只要发电机组随着电网频率的波动及时调节转速即可稳定输出，图 4-2 中，当电网频率波动时，发电机组的运行点由 B 变为 B'，保证输出功率稳定于 P_B。

4.1.3　液压型风力发电机组功率控制思想

风力发电机组在全风速运行时，在局部负荷区、额定负荷区以及超负荷区均需要对功率进行控制，局部负荷区需要进行最佳功率追踪控制，额定负荷区需要利用变桨距技术进行功率限制，超负荷区需要利用变桨距、制动等技术使风力机转速迅速降低以保证机组的安全。

液压型风力发电机组与传统风力发电机组最大的区别就是传动系统由定量泵-变量马达液压柔性系统替代了齿轮箱或主轴刚性传动系统。传统风力发电机组通过控制发电机励磁电流进而控制风力机转速、发电机输出功率、电压及电流等，实现发电功率控制。液压型风力发电机组整个控制系统中只有变量马达斜盘摆角是可控量，需要采用基于控制液压变量马达斜盘摆角来控制系统传输功率的方法。在并网状态下,通过改变变量马达斜盘摆角实现液压型风力发电机组功率控制,其主要控制框图如图4-3所示。

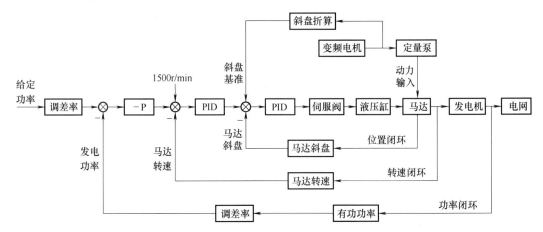

图 4-3 液压型风力发电机组功率控制思想框图

液压型风力发电机组的功率控制思想主要分为三个控制环:变量马达斜盘位置控制闭环、变量马达转速控制闭环和功率控制闭环。

变量马达斜盘位置控制闭环为伺服阀控液压缸系统,利用转矩转速传感器检测定量泵转速并根据定量泵与变量马达排量、转速关系折算出变量马达斜盘摆角基准值,通过变量马达自带的斜盘摆角位置传感器检测变量马达斜盘摆角的实际位置,将斜盘摆角的基准给定值与斜盘摆角的实际值进行比较,形成位置偏差,经过位置闭环控制器 给出斜盘摆角的调整值,转换为电信号送入到伺服阀放大器,伺服阀控制液压缸快速、准确地到达指定的位置。

由于液压型风力发电机组采用同步发电机并网,并网前同步发电机转速需稳定于1500r/min±6r/min,变量马达转速控制闭环目的是使变量马达转速稳定于满足并网条件的转速范围内。变量马达转速闭环以1500r/min作为目标转速给定值,利用变量马达自带的转速传感器检测变量马达的实际转速,与转速给定值进行比较形成转速偏差,转速偏差经过折算改变为斜盘摆角偏差值,经过转速闭环的整定后叠加到斜盘摆角给定值中。当变量马达实际转速小于给定转速时,叠加到斜盘摆角的给定值为负数,斜盘摆角变小,变量马达转速增大;当变量马达实际转速大于给定转速时,叠加到斜盘摆角的给定值为正数,斜盘摆角变大,变量马达转速减小。

液压型风力发电机组并网状态中,同步发电机的转速会被电网拖住稳定于1500r/min±6r/min,转速控制闭环的给定值与变量马达转速实际反馈值始终相近或相等,此时变量马达转速控制闭环成为功率控制闭环。将发电机输出的有功功率采集回控制器,阶跃给定功率作为功率闭环的给定值,与采集的发电机组实际有功功率进行比较,形成功率偏差值,经过一个增益P将偏差值放大,发电机的有功功率乘以负调差率得出转速偏差,进而再折算到斜盘摆角的偏差值送入到伺服阀放大器调整斜盘位置。当发电功率小于给定功率时,叠加到斜盘给定值为负值,斜盘摆角变小,变量马达转速不变,液压系统压力升高,发电功率增大;当发电功率大于给定功率时,叠加到斜盘摆角给定值为正数,斜盘摆角变大,变量马达转速不变,液压系统压力降低,发电功率减小。

通过上述分析可以看出，定量泵-变量马达系统运行于恒流源时，通过控制变量马达的斜盘摆角，可以实现变量马达的转速、系统的功率控制。斜盘摆角的位置由三部分决定：第一部分是由定量泵转速折算的斜盘摆角基准值，为斜盘摆角位置的决定因素，起主要调整作用；第二部分是由变量马达转速控制闭环的转速偏差折算的斜盘摆角偏差值，为较小的扰动值；第三部分是由功率控制闭环的功率偏差折算的斜盘摆角偏差值，为较小的扰动值。三个控制闭环合理配合，控制各个闭环的偏差输出时间，避免多闭环相互超调失稳，保证发电功率能够快速、稳定和准确地得到控制。

4.1.4　液压型风力发电机组功率控制研究意义

由于风能具有很强的随机性和间歇性，从而导致风力发电机输出的发电功率也具有这种不可预期的波动性。这种功率波动会对电网的电能质量产生严重的影响，特别是在孤岛发电、局域网发电、电网薄弱段并网发电的条件下，如电压波动、电压偏差、闪变和谐波等，这种影响甚至会造成风机脱网、电网功率失衡，导致电网崩溃。因此风力发电机组输出功率控制技术开始成为国内外科研人员的关注热点[1-4]。

文献[5-7]对定量泵-变量马达作为主传动系统的风力发电机进行功率控制探索，模型主要利用小信号线性化方法。文献[5]进行功率控制初步分析，研究中发现系统不同工作状态下功率响应不一致，采用不同工作点处选择不同 PID 进行控制。文献[6]中利用可变增益 PID，将功率偏差折算到马达转速环，利用发电机下垂特性进行功率控制，解决了功率响应一致性问题。

由于液压型风力发电机组作为一种新的机型，针对该机型功率控制及其相关优化控制的研究较少，因此很有必要针对液压型风力发电机的运行特性、系统特性和功率控制策略进行研究，通过对液压风力发电机组功率的有效控制来平抑有功功率波动而且不增加其他辅助硬件设备，在理论研究上具有重要的研究价值，而且在工程实践的推广当中具有重大的意义。

4.2　液压主传动系统功率传输机理分析

风能经过风力机转换成机械能，再经过液压传动系统，把能量先后转换成液压能、发电机旋转的动能，之后再经过同步发电机，使能量变成电能输出到电网。液压传动系统是系统能量传递的重要环节，液压系统特性对系统功率传输具有重要的影响作用。本节从液压系统特性的角度分析影响系统功率传输的规律。

定量泵、管路、变量马达是组成闭式容积系统最重要的三个元件，也是液压系统产生功率波动的主要来源；定量泵以及变量马达的流量脉动会引起系统传输压力的波动，进而会影响输出功率；管路属于分布参数系统，将在许多频率点处引起系统的压力波动，油液密度、油液运动黏度、油液体积弹性模量等油液特性也会随着工况的变化而变化，进而影响输出功率特性。

4.2.1　管道特性的功率传输机理分析

4.2.1.1　管道分布参数特性

在整个液压传动系统中，由于高压管道内波的传递以及管道分布参数效应，将会出现压力信号的延时、信号幅值放大与衰减和波形畸变等现象，高压管路效应对功率输出特性有着重要的影响。因此需要对考虑系统中的管路效应、建立管路数学模型进行重点研究。一般管道单纯地被当作液阻或者容腔来处理，但是此种方法在很多场合不适用，尤其是在管路较长的工况条件下。常见的管道动态模型是从元件的观点出发，同时考虑集中液阻、液容和液感的集中参数法以及以数值计算为主的特征线法。管道模型实质上属于分布参数系统，通常采用二阶偏微分方程可进行准确描述。分布参数模型综合了管道的热传递效应和黏性损失，可以较好地描述管道的动态响应。

具有恒定管径和轴向层流流动的流体传输管道，其工作特性与电路特性相似。因此可用相关电路理论知识来描述。将长管道分解为无数个子单元，各个子单元均包含液阻、液容、液导和液感等，如图 4-4 所示管道分布参数模型简图。其中 R、C、L、G 分别代表每单位长度的液阻、液容、液感和液导。

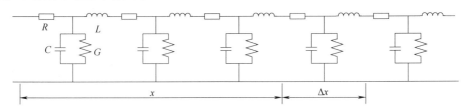

图 4-4　管道分布参数模型简图

假设 $q(x,t)$ 和 $p(x,t)$ 分别为管道上任意一点的瞬时流量和压力，根据基尔霍夫定律，有

$$\begin{cases} p(x,t)-p(x+\Delta x,t)=R\Delta xq(x,t)+L\Delta x\dfrac{\partial q(x,t)}{\partial t} \\ q(x,t)-q(x+\Delta x,t)=G\Delta xp(x,t)+C\Delta x\dfrac{\partial q(x,t)}{\partial t} \end{cases} \tag{4-1}$$

上式两端分别除以 Δx，并令 $\Delta x\rightarrow 0$，得到偏微分方程

$$\begin{cases} -\dfrac{\partial p(x,t)}{\partial x}=Rq(x,t)+L\dfrac{\partial q(x,t)}{\partial t} \\ -\dfrac{\partial q(x,t)}{\partial x}=Gp(x,t)+C\dfrac{\partial p(x,t)}{\partial t} \end{cases} \tag{4-2}$$

对式 (4-2) 进行拉普拉斯变换，设初始值为零，得

$$\begin{cases} -\dfrac{\partial P(x,s)}{\partial x}=(R+Ls)Q(x,s)=Z(s)Q(x,s) \\ -\dfrac{\partial Q(x,s)}{\partial x}=(G+Cs)P(x,s)=Y(s)P(x,s) \end{cases} \tag{4-3}$$

式中　$Z(s)$——串联阻抗，$Z(s)=R+Ls$；

　　　$Y(s)$——并联导纳，$Y(s)=G+Cs$；

　　　$P(x,s)$——$p(x,t)$ 的拉普拉斯变换；

　　　$Q(x,s)$——$q(x,t)$ 的拉普拉斯变换。

对 x 取偏导数，得

$$\begin{cases} \dfrac{\partial^2 P(x,s)}{\partial x^2} = -Z(s)\dfrac{\partial Q(x,s)}{\partial x} = Z(s)Y(s)P(x,s) \\[3mm] \dfrac{\partial^2 Q(x,s)}{\partial x^2} = -Y(s)\dfrac{\partial P(x,s)}{\partial x} = Z(s)Y(s)Q(x,s) \end{cases} \tag{4-4}$$

式（4-4）称为波动方程，可看出该式为二阶偏微分方程的一般表达式。

边界条件为：$x=0$，$P(x,s)=P_1(s)$，$Q(x,s)=Q_1(s)$；$x=1$，$P(x,s)=P_2(s)$，$Q(x,s)=Q_2(s)$；解得

$$\begin{pmatrix} P_1(s) \\ Q_1(s) \end{pmatrix} = \begin{pmatrix} \mathrm{ch}\Gamma(s) & Z_c(s)\,\mathrm{sh}\Gamma(s) \\[3mm] \dfrac{1}{Z_c(s)}\,\mathrm{sh}\Gamma(s) & \mathrm{ch}\Gamma(s) \end{pmatrix} \begin{pmatrix} P_2(s) \\ Q_2(s) \end{pmatrix} \tag{4-5}$$

式中　$\Gamma(s)$——传播算子，$\Gamma(s)=\chi(s)l$；

$\quad\ Z_c(s)$——特征阻抗，$Z_c(s)=\sqrt{Z(s)/Y(s)}$；

$\quad\ \chi(s)$——传播常数，$\chi(s)=\sqrt{Z(s)Y(s)}$；

$\quad\ l$——管路长度，单位为 m/s。

式（4-5）就是流体传输管道动态特性的基本方程。可根据矩阵的运算，演化出各种不同的表达形式。串联阻抗和并联导纳取决于管道及流体的几何参数，共同决定了管道的频率特性。通过建立管内流体运动状态的方程并对其进行求解，即可得到串联阻抗和并联导纳数学模型。

根据是否考虑热传递效应和流体黏性，针对串联阻抗和并联导纳，国内外相关学者提出了无损模型、线性摩擦模型和耗散模型。其中，无损模型忽略了流体黏性作用和热传递效应，是一种较为简单的模型；线性摩擦模型（即层流假设模型）不考虑热传递效应，在无损模型的基础上增加黏性摩擦损失项；耗散模型（即分布摩擦模型），充分考虑热传递效应和流体黏性作用，是一种较精确的模型。

无损模型为

$$Z(s) = \left(\dfrac{\rho}{A}\right)s ；\ Y(s) = \left(\dfrac{A}{\rho a^2}\right)s \tag{4-6}$$

线性摩擦模型为

$$Z(s) = \dfrac{\rho}{A}\left(s + \dfrac{8\pi\mu}{\rho A}\right) ；\ Y(s) = \left(\dfrac{A}{\rho a^2}\right)s \tag{4-7}$$

耗散模型为

$$Z(s) = \dfrac{\rho}{A}s\left[1 - \dfrac{2J_1(\mathrm{j}r\sqrt{s/v})}{\mathrm{j}r\sqrt{s/v}\,J_0(\mathrm{j}r\sqrt{s/v})}\right]^{-1} ；\ Y(s) = \left(\dfrac{A}{\rho a^2}\right)s \tag{4-8}$$

式中　ρ——流体密度，单位为 kg/m³；

$\quad\ v$——运动黏度，单位为 m²/s；

$\quad\ A$——管道横截面积，单位为 m²；

$\quad\ J_i$——第一类第 i 阶贝赛尔函数；

$\quad\ a$——压力波传播速度，单位为 m/s；

$\quad\ \mu$——动力黏度，单位为 N·s/m²；

r——管道内径，单位为 m。

耗散模型虽然是很精确的管道数学模型，但表达式中存在贝塞尔函数，不利于理论分析和工程应用。所以，在进行理论分析时，可考虑采用无损模型和线性摩擦模型。液压型风力发电机组，在设计时要保证圆管中流体做层流运动，故可采用线性摩擦模型，对长管路进行建模分析研究。

4.2.1.2 管道线性摩擦理论模型

描述管道特征的方程由连续性方程、动量方程、能量方程和状态方程构成。四者描述了管道的动态特性。

连续性方程

$$\frac{\partial \rho}{\partial t} + \rho(\nabla \cdot u) = 0 \tag{4-9}$$

动量方程

$$\frac{\mathrm{d}u}{\mathrm{d}t} + \frac{1}{\rho}\nabla p = v\nabla^2 u + \nabla(\nabla u) \tag{4-10}$$

能量方程

$$\rho\frac{\mathrm{d}e}{\mathrm{d}t} = \frac{p}{\rho}\frac{\mathrm{d}\rho}{\mathrm{d}t} + k\nabla^2 T \tag{4-11}$$

液体状态方程

$$\mathrm{d}p = \beta_e\frac{\mathrm{d}\rho}{\rho} \tag{4-12}$$

式中 u——流体速度，单位为 m/s；

∇——哈密尔顿算子；

∇^2——拉普拉斯算子；

p——压力，单位为 MPa；

e——内能，单位为 J；

T——热力学温度，单位为 K；

k——热导率，单位为 W/(m·K)；

β_e——弹性模量，单位为 MPa。

假设系统为理想条件，基本方程可简化为

$$\begin{cases} \dfrac{\partial \rho}{\partial t} + \rho\dfrac{\partial u}{\partial t} = 0 \\[2mm] \dfrac{\partial u}{\partial t} + \dfrac{1}{\rho}\dfrac{\partial \rho}{\partial x} = v\left[\dfrac{1}{r}\dfrac{\partial}{\partial r}\left(r\dfrac{\partial u}{\partial r}\right)\right] \\[2mm] \dfrac{\partial T}{\partial t} = \dfrac{T(\gamma-1)}{\rho}\dfrac{\partial \rho}{\partial t} + \dfrac{v\gamma}{\sigma}\left[\dfrac{1}{r}\dfrac{\partial}{\partial r}\left(r\dfrac{\partial T}{\partial r}\right)\right] \end{cases} \tag{4-13}$$

对于线性摩擦模型，不考虑热传递，$\dfrac{\partial T}{\partial r} = 0$。

动量方程沿管路径向积分得到

$$\frac{\partial p}{\partial x} = -\frac{\rho}{A}\frac{\partial q}{\partial t} + \frac{2\pi\mu\gamma_0}{A}\left(\frac{\partial u_x}{\partial r}\right)_{r=r_0} \tag{4-14}$$

根据圆管中的层流运动规律

$$\left(\frac{\partial u_x}{\partial r}\right)_{r=r_0} = -\frac{4\overline{\mu}}{r_0} \tag{4-15}$$

代入式（4-14）可得

$$\frac{\partial p}{\partial x} = -\frac{\rho}{A}\frac{\partial q}{\partial t} + \frac{8\pi\mu q}{A^2} = -\frac{\rho}{A}\left(\frac{\partial q}{\partial t} + \frac{8\pi\mu}{\rho A}q\right) \tag{4-16}$$

取其拉普拉斯变换

$$\frac{\partial P}{\partial x} = -\frac{\rho}{A}\left(s + \frac{8\pi\mu}{\rho A}\right)Q \tag{4-17}$$

由连续性方程和状态方程可得

$$\frac{1}{\rho}\frac{\partial \rho}{\partial t} + \frac{1}{A}\frac{\partial q}{\partial x} = 0 \tag{4-18}$$

$$\frac{\mathrm{d}p}{\rho} = \frac{\mathrm{d}p}{\beta_e} \tag{4-19}$$

于是

$$\frac{\partial \rho}{\rho}\frac{1}{\partial t} + \frac{\partial q}{\partial x}\frac{1}{A} = \frac{\mathrm{d}p}{\beta_e}\frac{1}{\partial t} + \frac{\partial q}{\partial x}\frac{1}{A} = 0 \tag{4-20}$$

进行拉普拉斯变换得

$$\frac{\partial Q(x,s)}{\partial x} = -\left(\frac{A}{\rho a^2}\right)sP(x,s) \tag{4-21}$$

因此对于管道的线性摩擦模型

$$\begin{cases} \dfrac{\partial P(x,s)}{\partial x} = -\dfrac{\rho}{A}\left(s + \dfrac{8\pi\mu}{\rho A}\right)Q(x,s) \\ \dfrac{\partial Q(x,s)}{\partial x} = -\left(\dfrac{A}{\rho a^2}\right)sP(x,s) \end{cases} \tag{4-22}$$

对比式（4-3），可得

$$Z(s) = \frac{\rho}{A}\left(s + \frac{8\pi\mu}{\rho A}\right) \tag{4-23}$$

$$Y(s) = \left(\frac{A}{\rho a^2}\right)s \tag{4-24}$$

传播常数

$$\gamma(s) = \sqrt{Z(s)Y(s)} = \sqrt{\frac{\rho}{A}\left(s + \frac{8\pi\mu}{\rho A}\right)\left(\frac{A}{\rho a^2}\right)s} = \frac{s}{a}\sqrt{1 + \frac{8\pi\mu}{\rho As}} \tag{4-25}$$

$$\chi(\mathrm{j}\omega) = \frac{\mathrm{j}\omega}{a}\sqrt{1 + \frac{8\pi\mu}{\rho A\mathrm{j}\omega}} = \frac{\omega}{a}\sqrt{\mathrm{j}^2\left(1 + \frac{8\pi\mu}{\rho A\mathrm{j}\omega}\right)} = \frac{\omega}{a}\sqrt{-\frac{8\pi\mu}{\rho A\omega}\mathrm{j} - 1} \tag{4-26}$$

将式（4-26）表示成 $\chi(\mathrm{j}\omega) = \alpha + \mathrm{j}\beta$ 形式，可得

$$\alpha = \frac{\omega}{a}\left[1 + \left(\frac{8\pi\mu}{\rho A\omega}\right)^2\right]^{\frac{1}{4}}\sin\left[\frac{1}{2}\left(\arctan\frac{8\pi\mu}{\rho A\omega}\right)\right] \tag{4-27}$$

$$\beta = \frac{\omega}{a} \left[1 + \left(\frac{8\pi\mu}{\rho A\omega} \right)^2 \right]^{\frac{1}{4}} \cos \left[\frac{1}{2} \left(\arctan \frac{8\pi\mu}{\rho A\omega} \right) \right] \tag{4-28}$$

管路的特征阻抗

$$Z_c(s) = \sqrt{Z(s)/Y(s)} = \frac{\sqrt{Z(s)Y(s)}}{Y(s)} = \frac{\chi(s)}{\left(\frac{A}{\rho a^2} \right) s} \tag{4-29}$$

可见，在流体管道的线性摩擦模型中，特征阻抗是频率相关的。

4.2.2 泵侧输入端功率传输机理分析

4.2.2.1 液压泵自身特性对功率的影响

本书设计的液压型风力发电机组，采用的是径向柱塞泵作为动力元件，驱动液压油，进行功率传递。由于液压泵流量脉动导致泵出口和管路的压力脉动，进而产生流体振动，其必将会影响功率特性。

针对本系统液压型风力发电机组采用的径向柱塞泵，其输出的脉动频率为

$$\omega_{bp} = 2\pi n_{柱塞} n_p \tag{4-30}$$

式中 ω_{bp}——柱塞泵输出脉动频率，单位为 Hz；

$n_{柱塞}$——柱塞泵内柱塞数量；

n_p——柱塞泵的转速，单位为 r/min。

风力机额定转速为 45r/min，假设柱塞个数为 7，那么脉动频率 $f = n_{柱塞}n_p/60 = 5.25$Hz 附近。由于管道的分布参数特性，此脉动频率可能会经过管道而放大，对系统的功率产生显著影响。

4.2.2.2 泵输入端对功率的影响

由于风力机与泵直连，风力机的旋转带动泵的工作。因此风轮作为外部激励，其输入端的扭矩波动会引起泵出口压力的波动，引起功率的变化。

由前文可知，相对风速为

$$W_1 = \sqrt{[(1-a)v]^2 + [(1+b)u]^2}$$

设叶片弦长为l，桨距角为 β，入射角为 α。假设风力机始终正对风向，风吹过风力机的轴向风速为 v，在半径为 r 处的风力机线速度 $u = \omega_r$，ω 为风力机转动的角速度，风相对于叶片的速度为 w，则有

$$w = v - u$$

将定量泵转矩平衡方程进行拉普拉斯变换

$$T_r - D_p P_1 = J_p s\omega_p + B_p \omega_p$$

流量方程

$$Q_p(s) = D_p \omega_p(s) - C_{tp} p_{h1}(s) - \frac{V_p}{\beta_e} s p_{h1}(s)$$

联立以上方程得到

$$Q_\mathrm{p}=Q_1=D_\mathrm{p}\frac{T_\mathrm{r}(s)-D_\mathrm{p}P_1(s)}{J_\mathrm{p}s+B_\mathrm{p}}-C_\mathrm{tp}P_1(s)-\frac{V_\mathrm{p}}{\beta_\mathrm{e}}sP_1(s) \tag{4-31}$$

由流体管道动态特性基本方程改写可得

$$\begin{pmatrix}Q_1(s)\\Q_2(s)\end{pmatrix}=\begin{pmatrix}\dfrac{\mathrm{ch}\Gamma(s)}{Z_\mathrm{c}(s)\mathrm{sh}\Gamma(s)}&-\dfrac{\mathrm{ch}\Gamma(s)^2}{Z_\mathrm{c}(s)\mathrm{sh}\Gamma(s)}+\dfrac{\mathrm{sh}\Gamma(s)}{Z_\mathrm{c}(s)}\\\dfrac{1}{Z_\mathrm{c}(s)\mathrm{sh}\Gamma(s)}&\dfrac{\mathrm{ch}\Gamma(s)}{Z_\mathrm{c}(s)\mathrm{sh}\Gamma(s)}\end{pmatrix}\begin{pmatrix}P_1(s)\\P_2(s)\end{pmatrix} \tag{4-32}$$

由式（4-31）和式（4-32）可知

$$Q_1(s)=\frac{\mathrm{ch}\Gamma(s)}{Z_\mathrm{c}(s)\mathrm{sh}\Gamma(s)}P_1(s)+\left(\frac{\mathrm{ch}\Gamma(s)}{Z_\mathrm{c}(s)}-\frac{\mathrm{ch}\Gamma(s)^2}{Z_\mathrm{c}(s)\mathrm{sh}\Gamma(s)}\right)P_2(s) \tag{4-33}$$

将式（4-31）代入式（4-33）中，可得

$$\frac{D_\mathrm{p}T_\mathrm{r}(s)}{J_\mathrm{p}s+B_\mathrm{p}}+\left(\frac{\mathrm{ch}\Gamma(s)^2}{Z_\mathrm{c}(s)\mathrm{sh}\Gamma(s)}-\frac{\mathrm{ch}\Gamma(s)}{Z_\mathrm{c}(s)}\right)P_2(s)=\left(\frac{D_\mathrm{p}^2}{J_\mathrm{p}s+B_\mathrm{p}}+C_\mathrm{tp}+\frac{V_\mathrm{p}}{\beta_\mathrm{e}}s+\frac{\mathrm{ch}\Gamma(s)}{Z_\mathrm{c}(s)\mathrm{sh}\Gamma(s)}\right)P_1(s)$$

从上式中可以看出，管道入口端压力 P_1 与泵转矩输入（风轮转矩）T_p 有关。管道入口端压力 P_1 对泵转矩输入的传递函数为

$$\frac{P_1(s)}{T_\mathrm{r}(s)}=\frac{\dfrac{D_\mathrm{p}}{J_\mathrm{p}s+B_\mathrm{p}}}{\dfrac{D_\mathrm{p}^2}{J_\mathrm{p}s+B_\mathrm{p}}+C_\mathrm{tp}+\dfrac{V_\mathrm{p}}{\beta_\mathrm{e}}s+\dfrac{\mathrm{ch}\Gamma(s)}{Z_\mathrm{c}(s)\mathrm{sh}\Gamma(s)}} \tag{4-34}$$

可以看出定量泵出口端的压力与定量泵端的转动惯量、管路参数、油液体积弹性模量、泄漏系数等有关系。

4.2.3 变量马达侧输出端功率传输机理分析

4.2.3.1 变量马达自身特性对功率的影响

本书设计的液压型风力发电机组，采用的是变量柱塞变量马达作为和发电机连接的能量输出元件，通过发电机并网发电，把压力能转化成电能进行功率传递。

针对本系统液压型风力发电机组采用的变量马达，其输出的脉动频率为

$$\omega_\mathrm{bm}=2\pi n_\text{柱塞}n_\mathrm{m} \tag{4-35}$$

式中 ω_bm——柱塞变量马达输出脉动频率，单位为 Hz；

n_m——柱塞变量马达的转速，单位为 r/min。

变量马达元件实际输出转速较大，基本在 1500r/min 附近（正常条件下，变化幅度不会很大），假设柱塞个数为 7，此时变量马达引起的流量脉动频率为 175Hz，由于频率点较高，虽然在波动的风速谱中包含此频率点，会引起系统的谐振而引起的功率波动，但是远大于系统的固有频率，而且高频风引起的振荡很可能已经被风轮效应过滤掉，少部分会引起系统的小幅高频振荡，也会对系统带来不利影响，但作用不大。

4.2.3.2 变量马达输出端对功率的影响

根据式(2-59)~式(2-62)，进行拉普拉斯变换，其中 $G_\mathrm{m}=0$（负载恒定，增量的拉普拉斯变换为 0），可得

$$Q_2(s) = Q_m(s) = K_m\gamma(s)\omega_{m0} + K_m\gamma_0\frac{K_m\gamma(s)p_{h20} + K_m\gamma_0 p_{h2}(s) - T_e(s)}{J_m s + B_m} + C_{tm}p_{h2}(s) + \frac{V_m}{\beta_e}sp_{h2}(s)$$

$$= \left(K_m\omega_{m0} + \frac{K_m^2\gamma_0 p_{h20}}{J_m s + B_m}\right)\gamma(s) + \left(\frac{K_m^2\gamma_0^2}{J_m s + B_m} + C_{tm} + \frac{V_m}{\beta_e}s\right)p_{h2}(s) - \frac{K_m\gamma_0}{J_m s + B_m}T_e(s)$$

$$(4\text{-}36)$$

式（4-36）右端第一项$\left(K_m\omega_{m0} + \frac{K_m^2\gamma_0 p_{h20}}{J_m s + B_m}\right)\gamma(s)$为变量马达摆角变化所引起管路末端的流量变化值，其中$K_m\gamma(s)\omega_{m0}$为变量马达摆角变化所引起管路末端流量基准值的变化值，$\frac{K_m^2\gamma_0 p_{h20}}{J_m s + B_m}\gamma(s)$为变量马达摆角变化所引起变量马达转速变化对应管路末端流量的变化值；右端第二项$\left(\frac{K_m^2\gamma_0^2}{J_m s + B_m} + C_{tm} + \frac{V_m}{\beta_e}s\right)p_{h2}(s)$为管末端高压压力变化所引起管路末端的流量变化值，其中$\frac{K_m^2\gamma_0^2}{J_m s + B_m}p_{h2}(s)$为管末端高压压力变化所引起变量马达转速变化对应管路末端流量的变化值，$C_{tm}p_{h2}(s)$为管末端高压压力变化所引起变量马达泄漏流量变化对应管路末端流量的变化值，$\frac{V_m}{\beta_e}sp_{h2}(s)$为管末端高压压力变化所引起变量马达高压腔容积变化对应管路末端流量的变化值；右端第三项$-\frac{K_m\gamma_0}{J_m s + B_m}T_e(s)$为负载端力矩变化引起的管路末端流量变化值。

由式（4-32）得到

$$Q_2(s) = \frac{1}{Z_c(s)\mathrm{sh}\Gamma(s)}P_1(s) - \frac{\mathrm{ch}\Gamma(s)}{Z_c(s)\mathrm{sh}\Gamma(s)}P_2(s) \tag{4-37}$$

联立式（4-36）、式（4-37），其中$p_{h2} = P_2(s)$，得到

$$\frac{1}{Z_c(s)\mathrm{sh}\Gamma(s)}P_1(s) - \frac{\mathrm{ch}\Gamma(s)}{Z_c(s)\mathrm{sh}\Gamma(s)}P_2(s) = \left(K_m\omega_{m0} + \frac{K_m^2\gamma_0 p_{h20}}{J_m s + B_m}\right)\gamma(s)$$

$$+ \left(\frac{K_m^2\gamma_0^2}{J_m s + B_m} + C_{tm} + \frac{V_m}{\beta_e}s\right)p_{h2}(s) - \frac{K_m\gamma_0}{J_m s + B_m}T_m(s)$$

$$(4\text{-}38)$$

$$\frac{1}{Z_c(s)\mathrm{sh}\Gamma(s)}P_1(s) + \frac{K_m\gamma_0}{J_m s + B_m}T_e - \left(K_m\omega_{m0} + \frac{K_m^2\gamma_0 p_{h20}}{J_m s + B_m}\right)\gamma(s)$$

$$= \left(\frac{K_m^2\gamma_0^2}{J_m s + B_m} + C_{tm} + \frac{V_m}{\beta_e}s + \frac{\mathrm{ch}\Gamma(s)}{Z_c(s)\mathrm{sh}\Gamma(s)}\right)p_2(s)$$

$$(4\text{-}39)$$

由上式可以看出，影响管道出口端压力P_2的参量有管道入口端压力P_1、变量马达摆角γ、负载端扭矩T_L，分别求得它们与压力P_2的关系式如下：

$P_2(s)$对变量马达摆角$\gamma(s)$的传递函数为

$$\frac{P_2(s)}{\gamma(s)} = \frac{K_m\omega_{m0} + \dfrac{K_m^2\gamma_0 p_{h20}}{J_m s + B_m}}{\dfrac{K_m^2\gamma_0^2}{J_m s + B_m} + C_{tm} + \dfrac{V_m}{\beta_e}s + \dfrac{\mathrm{ch}\Gamma(s)}{Z_c(s)\mathrm{sh}\Gamma(s)}} \tag{4-40}$$

发电功率

$$P_{\mathrm{G}} = K_{\mathrm{m}}\omega_{\mathrm{m}}(\gamma_0 p_{20} + \gamma_0 p_2) \tag{4-41}$$

$$P_{\mathrm{G}} = K_{\mathrm{m}}\omega_{\mathrm{m}}\left(p_{20} + \gamma_0 \cfrac{K_{\mathrm{m}}\omega_{\mathrm{m}0} + \cfrac{K_{\mathrm{m}}^2\gamma_0 p_{\mathrm{h}20}}{J_{\mathrm{m}}s + B_{\mathrm{m}}}}{\cfrac{K_{\mathrm{m}}^2\gamma_0^2}{J_{\mathrm{m}}s + B_{\mathrm{m}}} + C_{\mathrm{tm}} + \cfrac{V_{\mathrm{m}}}{\beta_{\mathrm{e}}}s + \cfrac{\mathrm{ch}\Gamma(s)}{Z_{\mathrm{c}}(s)\,\mathrm{sh}\Gamma(s)}} \right)\gamma$$

$$= K_{\mathrm{m}}\omega_{\mathrm{m}}\left(p_{20} + \cfrac{K_{\mathrm{m}}\gamma_0\omega_{\mathrm{m}0} + \cfrac{K_{\mathrm{m}}^2\gamma_0^2 p_{\mathrm{h}20}}{J_{\mathrm{m}}s + B_{\mathrm{m}}}}{\cfrac{K_{\mathrm{m}}^2\gamma_0^2}{J_{\mathrm{m}}s + B_{\mathrm{m}}} + C_{\mathrm{tm}} + \cfrac{V_{\mathrm{m}}}{\beta_{\mathrm{e}}}s + \cfrac{\mathrm{ch}\Gamma(s)}{Z_{\mathrm{c}}(s)\,\mathrm{sh}\Gamma(s)}} \right)\gamma \tag{4-42}$$

那么

$$\frac{P_{\mathrm{G}}}{\gamma} = K_{\mathrm{m}}\omega_{\mathrm{m}}\left(p_{20} + \cfrac{K_{\mathrm{m}}\gamma_0\omega_{\mathrm{m}0} + \cfrac{K_{\mathrm{m}}^2\gamma_0^2 p_{\mathrm{h}20}}{J_{\mathrm{m}}s + B_{\mathrm{m}}}}{\cfrac{K_{\mathrm{m}}^2\gamma_0^2}{J_{\mathrm{m}}s + B_{\mathrm{m}}} + C_{\mathrm{tm}} + \cfrac{V_{\mathrm{m}}}{\beta_{\mathrm{e}}}s + \cfrac{\mathrm{ch}\Gamma(s)}{Z_{\mathrm{c}}(s)\,\mathrm{sh}\Gamma(s)}} \right) \tag{4-43}$$

从式（4-43）可以看出，发电机功率对变量马达摆角的传递函数与变量马达摆角初始位置、变量马达排量梯度、系统初始压力、变量马达转速、变量马达端等效转动惯量以及管路参数等有关。

4.2.4　液压系统特性对输出功率影响仿真

在 AMESim 仿真平台上搭建 30kV·A 液压型风力发电机组仿真模型。AMESim 仿真平台自带管路模型和油液特性函数。通过给系统加载给定可变阶跃信号和真实风速信号，针对不同液压系统参数，对功率传输机理进行分析。风速信号如图 4-5 所示。

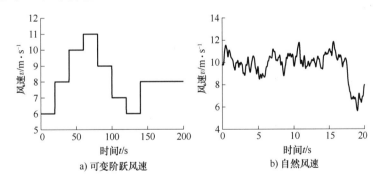

a) 可变阶跃风速　　　　　　　b) 自然风速

图 4-5　风速曲线

4.2.4.1　管长对系统输出功率的影响

为了分析液压管路长度对功率输出的影响，在保持其他参数不变的情况下，分别设定管长 L 为 2m、10m、20m，分别给定可变阶跃风速和自然风速，得到系统功率响应曲线如图 4-6 所示。

从图 4-6a、b 中可以看出：随着管长的增加，系统功率响应会有所滞后，超调量增加。

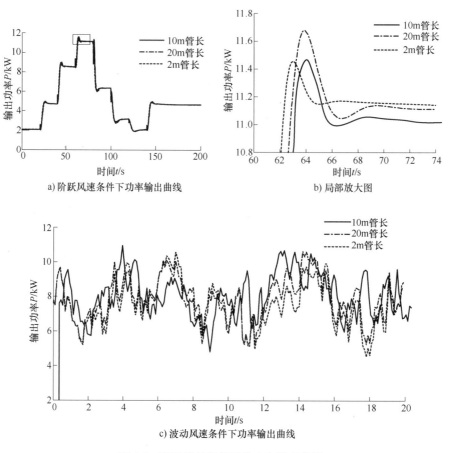

a) 阶跃风速条件下功率输出曲线   b) 局部放大图

c) 波动风速条件下功率输出曲线

图 4-6 不同管长条件下的功率输出曲线

从图 4-6c 可知，2m 管长条件下系统响应更快，能更好地跟踪风速的变化，但是系统功率波动也较大。20m 管长条件下系统响应相对平滑。由数据分析可知，2m 管长条件下平均输出发电功率为 8.018433kW，10m 管长条件下为 7.842923kW，20m 管长条件下为 7.565284kW。可见，随着管道增长，虽然功率平滑，但是功率输出也有所下降。这主要是由于管道在液压系统中有高频滤波器的作用，管道增长则系统响应变慢，功率输出相对平滑，但是液阻同时加大，能量耗散有所增加，导致功率损失。

4.2.4.2 管径对系统输出功率的影响

在保持其他参数不变的情况下，设定（高压）管径 d 分别为 10mm、25mm、50mm，得到系统功率响应曲线如图 4-7 所示。

从图 4-7a、b 中可以看出：随着管径的增加，系统功率响应会有所变慢，同时系统的超调量增加。

从图 4-7c 可知，随着管径的增加，由系统功率输出数据分析可知，管径 10mm 条件下平均功率为 8.356534kW，管径 25mm 条件下平均功率为 8.366648kW，管径 50mm 条件下平均功率为 8.380082kW。这主要是由于管径增加系统波动衰减会变慢，流体在管道内运动时与管壁碰撞的次数减小。但是从数据结果中发现功率变化微乎其微，控制在几十瓦范围内。

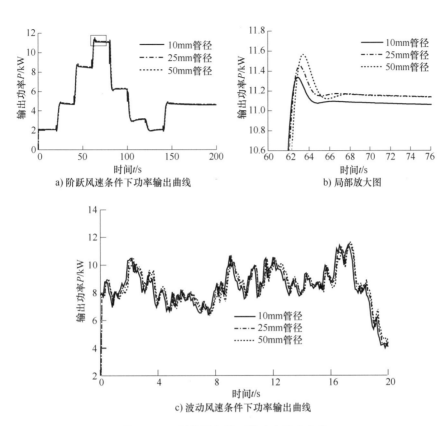

a) 阶跃风速条件下功率输出曲线 b) 局部放大图

c) 波动风速条件下功率输出曲线

图 4-7　不同管径条件下的功率输出曲线

4.2.4.3　油液密度对系统输出功率的影响

在保持其他参数不变的情况下，设定油液密度为 $850\mathrm{kg/m^3}$ 的 0.8 倍、0.9 倍、1 倍进行仿真分析，得到系统功率响应曲线如图 4-8 所示。

从图 4-8 中可以看出：输出功率随着油液密度的变化基本相同。由图 4-8b 可知，唯有在 $9\sim11\mathrm{m/s}$ 阶跃风速条件下略显不同，体现出油液密度增加，系统输出功率增加，超调增大的现象。造成该现象是因为随着风速增加，系统压力增大，油液密度不同造成油液刚度和泄漏不同引起。

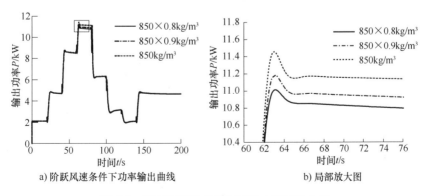

a) 阶跃风速条件下功率输出曲线 b) 局部放大图

图 4-8　不同油液密度条件下的功率输出曲线

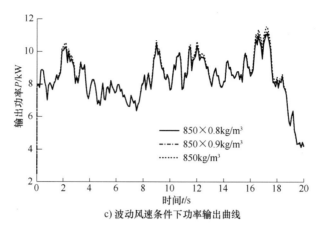

c) 波动风速条件下功率输出曲线

图 4-8　不同油液密度条件下的功率输出曲线（续）

从图 4-8c 中可知，在不同风速条件下，不同油液密度条件下的功率输出基本一致。数据分析可知油液密度在 $850 \times 0.8 \text{kg/m}^3$ 条件下平均功率为 8.284577kW，油液密度在 $850 \times 0.9 \text{kg/m}^3$ 条件下平均功率为 8.30315kW，油液密度在 $850 \times 0.9 \text{kg/m}^3$ 条件下平均功率为 8.366648kW。油液密度的变化对功率输出基本没什么影响。

4.2.4.4　油液运动黏度对系统输出功率的影响

液压油黏度大小受到温度和压力的影响。液压油黏度随温度的升高而下降，随压力的升高而上升。进一步讲，在通常压力范围内（20～60MPa），液压油黏度变化较小，当压力变化范围大于 20MPa 和在超高压（大于 60MPa）工况下，液体黏度变化较为明显。液压油黏度的变化将直接影响液压油液的使用和系统的工作性能。

液压油黏度在一定温度范围内（20～80℃）可用如下公式表示

$$u_1 = u_0 \mathrm{e}^{-\lambda(t-t_0)} \tag{4-44}$$

液压油的黏度随压力变化可用下式表示

$$u_\mathrm{p} = u_0 \mathrm{e}^{\alpha p} \tag{4-45}$$

综合以上两个公式，温度和压力对黏度的影响可写成

$$u_\mathrm{p} = u_0 \mathrm{e}^{\alpha p - \lambda(t-t_0)} \tag{4-46}$$

式中　u_p——压力为 p、温度为 t 时的液压油黏度，单位为 m^2/s；

　　　u_0——压力为大气压、温度为 0 时的液压油黏度，单位为 m^2/s；

　　　α——液压油黏压系数，单位为 MPa^{-1}；

　　　λ——液压油黏温系数，单位为 ℃^{-1}。

从式中可以看出温度和压力对黏度影响相反。一般，对于非超高压系统，即使温度和压力对黏度有影响，但是变化不大。

在保持其他参数不变的情况下，分别设定油液运动黏度 ν 为 $30 \text{mm}^2/\text{s}$、$46 \text{mm}^2/\text{s}$ 和 $56 \text{mm}^2/\text{s}$，得到系统功率响应曲线如图 4-9 所示。

从图 4-9a、b、c 中可以看出：随着油液黏度的增加，系统功率输出并不是单调增加或者减少，而是不规律变化的。因为如理论描述，油液黏度随着压力和温度不是单调变化。模型中同时考虑了压力变化对油液黏度的影响以及油液黏度变化对系统泄漏的影响，三者之间的非线性关系导致了功率不是单调变化现象的出现。

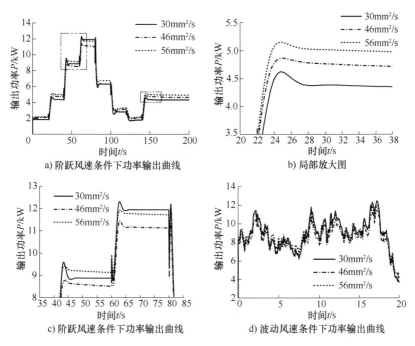

a) 阶跃风速条件下功率输出曲线　　　b) 局部放大图

c) 阶跃风速条件下功率输出曲线　　　d) 波动风速条件下功率输出曲线

图 4-9　不同油液运动黏度条件下的功率输出曲线

从图 4-9d 可知，油液运动黏度为 $46\text{mm}^2/\text{s}$ 的功率输出曲线相对平滑，波动较小。由系统功率输出数据分析可知，油液运动黏度为 $30\text{mm}^2/\text{s}$ 条件下平均功率为 8.828691kW，油液运动黏度为 $46\text{mm}^2/\text{s}$ 条件下为 8.366648kW，油液运动黏度为 $56\text{mm}^2/\text{s}$ 条件下为 8.968633kW。从数据中再次可以看出，功率的输出并不是随着油液运动黏度的增加单调地上升或者下降的。因为在不考虑其他参数情况条件下，运动黏度和泄漏影响了系统的功率输出。二者的非线性耦合关系共同决定了系统的功率输出情况。从仿真中可以看出，选择合适黏度的油液有利于系统的功率平滑输出。

4.2.4.5　油液体积弹性模量对系统输出功率的影响

液体具有可压缩性，液体体积在压力作用下逐步变小。液体压力-体积曲线如图 4-10 所示。

由曲线分析可知，液体体积 V 与外部施加的压力 p、液体可压缩性 k 及液体初始体积 V_0 有关，液体体积函数可表示为

$$V = f(p, V_0, k) \tag{4-47}$$

式中　V_0——初始体积，单位为 m^3；

　　　k——体积压缩系数。

弹性模量表征液体抗压缩的能力，具有两种定义方法。

正切弹性模量 B_T 是特定压力下液体体积与该点液体压力对体积的导数（正切斜率）的乘积。

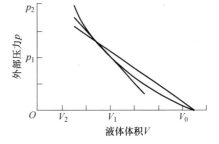

图 4-10　液体压力-体积曲线

液压型风力发电机组控制技术

$$B_T = -V\left(\frac{\mathrm{d}p}{\mathrm{d}V}\right) \tag{4-48}$$

正割弹性模量 B_S 是初始液体体积与初始点至指定点连线斜率（正割斜率）的乘积。

$$B_S = -\frac{V_0}{V-V_0}(p-p_0) \tag{4-49}$$

对纯油液有

$$\frac{\mathrm{d}p}{\mathrm{d}V_f} = -\frac{B}{V_f} \tag{4-50}$$

式中　V_f——纯油液的体积，单位为 m^3。

$$V_f = V_{f0}\mathrm{e}^{-(p-p_0)/B} \tag{4-51}$$

式中　V_{f0}——大气压力作用下纯油液的体积，单位为 m^3。

若将液压系统压缩看作绝热过程，油液中掺杂气体的状态方程为

$$\frac{p}{p_0} = \left(\frac{V_{a0}-V'_a}{V_a}\right)^{\lambda'} \tag{4-52}$$

式中　V'_a——压力由 p_0 变为 p 过程中溶解的气体体积，单位为 m^3；

　　　V_{a0}——大气压下的气泡总体积，单位为 m^3；

　　　V_a——压力为 p 时的气泡总体积，单位为 m^3；

　　　p_0——大气压力，单位为 MPa；

　　　λ'——绝热指数。

压力为 p 时混气油液的总体积

$$V = V_a+V_f = (V_{a0}-V'_a)\left(\frac{p_0}{p}\right)^{1/\lambda'}+V_{f0}\mathrm{e}^{-(p-p_0)/B} \tag{4-53}$$

对混气油液有正切弹性模量

$$B_{eT} = -V\frac{\mathrm{d}p}{\mathrm{d}V} = \frac{(V_{a0}-V'_a)\left(\frac{p_0}{p}\right)^{1/\lambda'}+V_{f0}\mathrm{e}^{-(p-p_0)/B}}{\dfrac{(V_{a0}-V'_a)}{\lambda}\left(\dfrac{p_0}{p}\right)^{1/\lambda'}+\dfrac{V_{f0}}{B}\mathrm{e}^{-(p-p_0)/B}} \tag{4-54}$$

在纯油液中，弹性模量 B 远大于 $p-p_0$，则有 $\mathrm{e}^{-(p-p_0)/B} \approx 1$，将式（4-54）简化可得

$$B_{eT} = \frac{1+\left(\dfrac{V_{a0}-V'_a}{V_{f0}}\right)\left(\dfrac{p_0}{p}\right)^{1/\lambda'}}{1+\left(\dfrac{B}{\lambda p}\right)\left(\dfrac{V_{a0}-V'_a}{V_{f0}}\right)\left(\dfrac{p_0}{p}\right)^{1/\lambda'}}B \tag{4-55}$$

混气油液正割弹性模量为

$$B_{eS} = -\frac{V_0}{V-V_0}(p-p_0) = -\frac{V_{a0}+V_{f0}}{V_a+V_f-V_{a0}-V_{a0}}(p-p_0)$$

$$= -\frac{V_{a0}+V_{f0}}{(V_{a0}-V'_a)\left(\dfrac{p_0}{p}\right)^{1/\lambda'}+V_{f0}\mathrm{e}^{-(p-p_0)/B}-V_{a0}-V_{a0}}(p-p_0)$$

$$= \frac{1+\dfrac{V_{a0}}{V_{f0}}}{1+\dfrac{V_{a0}}{V_{f0}}-\dfrac{V_{a0}-V'_a}{V_{f0}}\left(\dfrac{p_0}{p}\right)^{1/\lambda'}-e^{-(p-p_0)/B}}(p-p_0) \tag{4-56}$$

在纯油液中，弹性模量 B 远大于 $P-P_0$，则有 $e^{-(p-p_0)/B}\approx1$，将式（4-56）简化可得

$$B_{eS}=\frac{1+\dfrac{V_{a0}}{V_{f0}}}{1+\dfrac{V_{a0}}{V_{f0}}-\dfrac{V_{a0}-V'_a}{V_{f0}}\left(\dfrac{p_0}{p}\right)^{1/\lambda'}}(p-p_0) \tag{4-57}$$

压力对混气油液弹性模量具有较大的影响，尤其表现在中、低压部分。具体原因分为两个方面：一是压力变化导致油液中气泡体积变化；二是压力变化引起油液中空气溶解量变化。

在保持其他参数不变的情况下，分别设定油液体积弹性模量 β_e 为 8000bar、10500bar、13000bar。得到系统传输功率响应曲线如图 4-11 所示。

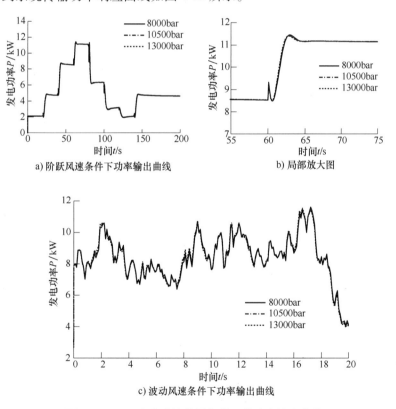

a) 阶跃风速条件下功率输出曲线　　b) 局部放大图

c) 波动风速条件下功率输出曲线

图 4-11　不同油液弹性模量条件下的功率输出曲线

从图 4-11a、b 中可以看出，随着风速的增加，风力机吸收功率也会增加，这会使得系统高压压力随之变大，当压力越大系统超调量也越大。随着油液体积弹性模量的减小，系统功率响应波动略有增大。

从图 4-11c 中可以看出，弹性模量变化对系统功率的影响不大，三条曲线基本保持一

致。但是从图中还是可以看出较小的弹性模量曲线功率波动略大。液压油的体积弹性模量随着油液的含气量的增加，会有很大的变化，所以在实际系统中，我们要采取有效措施，保证油液的品质，以保证系统特性的稳定。

4.3 液压型风力发电机组并网运行功率控制方法

4.3.1 液压型风力发电机组有功功率控制方法

4.3.1.1 液压型风力发电机组有功功率控制要求

液压型风力发电机组有功功率从风力机端吸收风功率，经定量泵变量马达液压传动系统，输送给励磁同步发电机，风力机特性曲线、液压主传动系统和励磁同步发电机并网运行已经在前文进行了分析。

液压型风力发电机组与大型水力、火力发电机组相比，一方面，装机功率小，并网发电的风力机只起到补充母线电能的作用，单台风力机发电功率变化对电网影响可忽略，电网负载变化时，需依靠调整大型水力、火力发电机组发电功率来平衡负载变化，保持电网频率稳定、电压稳定；另一方面，由于风力机发电功率来源是随机变化的风能，不能保证随时提高发电功率，所以并入电网的风力机在部分负荷区，以最大利用风能为目标工作状态，在额定负荷区，以保证机组安全、可靠工作，向电网输送机组额定发电功率为目标工作状态。

风力发电机组并网运行，其运行状态受风速变化、电网频率波动和电网电压波动影响，液压型风力发电机组并网运行对液压主传动控制系统提出了如下功能要求：

1）风速一定时，风力发电机组可在给定功率点稳定发电运行，即主动控制机组发电功率。

2）风速变化时，在部分负荷区，风力发电机组可适应风速变化，机组可追踪最佳功率点，即主动控制风力机转速。

3）风力发电机组可适应电网频率波动，在稳定状态之间变化、运行。

4）保证发电机发电频率在 $50\times(1\pm0.1\%)\mathrm{Hz}$ 范围变化。

风力发电机组发电功率给定值由主控制系统根据当前风速、风力机运行状态、电网状态计算得出。当风速变化、电网用电负载（频率）波动、风力机运行状态变化时，需主动改变风力机发电功率给定值，使风力机稳定工作在目标状态。

4.3.1.2 发电机有功功率与传动系统转速调差特性

发电机并入电网后工作于同步转速，调整目标转速的结果为发电机转速保持同步转速，发电机发出的有功功率随之变化。并网发电机在使用调速系统控制有功功率的过程中，需要建立有功功率与调整目标转速之间定量的线性化关系。将发出的有功功率折算成对应转速变化，反馈给目标转速，实现转速偏差归零，目标转速即为同步转速。这样便实现了发电功率变化量与转速差的线性化对应关系，如图 4-12 所示。调差特性控制框图如图 4-13 所示。

其中目标转速由两部分相加而成，一部分是同步转速 1500r/min 对应 100%，转速截距偏差给定范围是 0~75r/min 对应 0%~5%。此时调差率为 5%，发电机额定有功功率对应 5% 的截距偏差，即 75r/min。

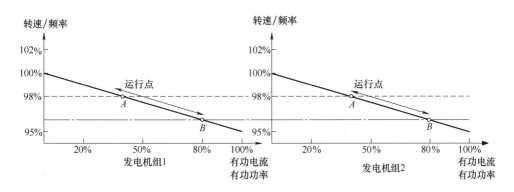

图 4-12 有功功率的分配

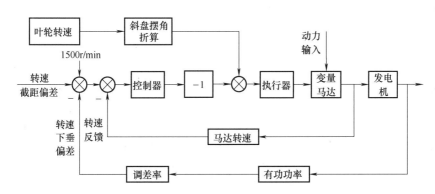

图 4-13 调差特性控制框图

4.3.1.3 有功功率给定控制

上述有功功率和转速调差特性控制方法实现了转速差到功率变化的线性对应关系，使有功功率动态调整过程实现稳、快、准的控制目标。在此基础上增加功率给定与时间积分限幅环节，实现功率调整值的给定[6]，如图 4-14 所示。

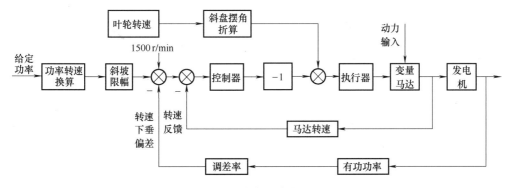

图 4-14 发电机功率给定

其中功率转速换算将目标功率值换算成转速截距偏差，斜坡限幅环节将阶跃给定功率转换成斜坡给定，并限制斜坡上限值，避免功率给定太快造成转速控制环节冲击过大，避免失稳现象。时间积分限幅环节时间响应曲线如图 4-15 所示。

斜坡限幅控制器初始输入为零、输出为零，t_1 时刻输入值为 y_1，输出值按照一定的斜率斜坡输出，t_2 时刻达到控制器限幅值 y_2，则控制器达到输出饱和值。该控制器不仅限定了有功功率的提升速度，还限定了有功功率的变化幅值。该方法不仅避免了转速环节给定值的突变，也避免了由于功率响应不及时转速环节积分控制器积累出较大的偏差使系统失稳。

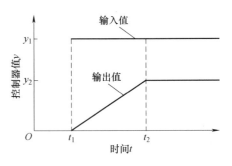

图 4-15　斜坡限幅

下面结合风力机并网工作点变化规律分析上述功率控制环节工作过程。

如前文图 4-2 所示，电网频率不变，风力发电机组并入电网后，转速给定值为 100%，此时发电机组只是和电网同步运转，并不输出有功功率。随着功率给定值的提高，折算成的转速截距偏差变大，发电机与电网一直保持同步转速，所以发电机实际转速未变，并且开始逐步输出有功功率，运行点从 A 过渡到 B，然后过渡到 C。功率给定值（转速给定值）达到 5% 时，发电机输出额定有功功率。

上述过程中，为保证发电机稳定工作，励磁系统会根据发电机给定功率因数值调整励磁电流，使无功功率跟随有功功率变化，保证发电机功角在稳定域变化。

对于实际工程上常将转速给定略高于 100%，希望发电机带一些有功并入电网，也就是准同期并网时给定一个较小的有功功率值，使发电机转速略高于同步转速。

在不同定量泵转速下，调定位置闭环 $P = 0.3$，$I = 0.1$，给定功率阶跃信号 1kW，实验曲线如图 4-16 所示。

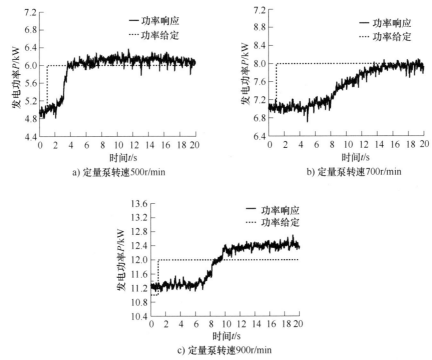

a) 定量泵转速500r/min

b) 定量泵转速700r/min

c) 定量泵转速900r/min

图 4-16　功率响应曲线

采用功率对转速下垂特性方法，可以实现功率控制。定量泵-变量马达系统模型具有相乘非线性特性，因此系统固有特性随变量马达摆角和系统压力变化而变化，所以功率调整过程会有功率响应不一致的问题，该问题在后文会给出详细分析。

4.3.1.4　电网波动自动补偿方法

当发电机有功功率给定值不变，电网频率出现小范围波动时，发电机组输出的有功功率将随着电网频率的增大（减小）而减小（增大），并且发电机组仍然可以保持稳定运行。如图 4-2 所示，当电网频率降低时，发电机会由工作点 B 移动到 B''，发电机转速降低，发电功率升高。

由于通过控制风力机有功功率调整电网频率很难，对于特定风速，希望风力机有功功率为定值，所以在电网频率降低时，希望风力机运行在 B' 点，也就是说需要将有功转速下垂特性曲线跟随电网频率下移，如图 4-17 所示。

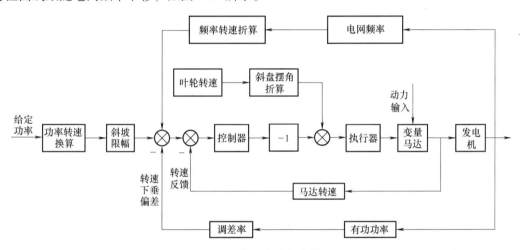

图 4-17　电网波动自动补偿

检测电网频率折算成发电机转速作为转速基准，当电网频率波动时，将电网即时频率值对应的转速作为 100% 参考点，实现有功转速下垂特性曲线跟随电网频率上下移动，将有功功率稳定在目标值。

4.3.2　液压系统功率传输特性

4.3.2.1　液压系统功率传输数学模型

液压系统传的功率为系统压力与流量的乘积

$$P_h = p_h Q = p_h K_m \omega_{m0} \gamma = K_m \omega_{m0} p_h \gamma \tag{4-58}$$

其中，定义功率对摆角和压力乘积响应增益 $K_p = K_m \omega_{m0}$。

发电机并入电网后变量马达转速 ω_{m0} 按同步转速处理，认为是定值，变量马达输出功率由系统压力和变量马达摆角两个变量决定。

将式（4-58）在工作点（p_{h0}，γ_0）处线性展开，取增量并忽略高阶无穷小量有

$$P_h = K_m \omega_{m0} (p_{h0} \gamma + p_h \gamma_0) \tag{4-59}$$

依据定量泵-变量马达数学模型，得到系统压力为

$$p_h = \frac{D_p \omega_p - K_m \gamma \omega_{m0} - K_m \gamma_0 \omega_m}{C_t + \dfrac{V_0}{\beta_e}s} \tag{4-60}$$

将式（4-60）代入式（4-59）有

$$P_h = K_m \omega_{m0} \left(p_{h0} \gamma + \frac{D_p \omega_p - K_m \gamma \omega_{m0} - K_m \gamma_0 \omega_m}{C_t + \dfrac{V_0}{\beta_e}s} \gamma_0 \right) \tag{4-61}$$

整理有

$$P_h = K_m \omega_{m0} p_{h0} \gamma + \frac{\omega_p D_p K_m \omega_{m0} \gamma_0}{C_t + \dfrac{V_0}{\beta_e}s} - \frac{K_m^2 \omega_{m0}^2 \gamma}{C_t + \dfrac{V_0}{\beta_e}s} \gamma_0 - \frac{K_m^2 \omega_m \omega_{m0} \gamma_0^2}{C_t + \dfrac{V_0}{\beta_e}s} \tag{4-62}$$

上式第一项为变量马达斜盘位置变化量引起变量马达流量变化对应系统初始压力的功率变化值，第二项为定量泵转速变化引起系统压力变化对应变量马达初始摆角的功率变化值，第三项为变量马达斜盘位置变化量引起系统压力变化对应变量马达初始摆角的功率变化值，第四项为变量马达转速变化引起系统压力变化对应变量马达初始摆角的功率变化值。

由于风力机转动惯量很大，风力机转速变化较慢，并且转速控制环节以定量泵转速为基准计算变量马达摆角基准值，随着定量泵转速变化，变量马达摆角随之调整，所以分析液压系统瞬态压力响应时可以认为定量泵流量为定值，对应增量值为零，发电机并网后可认为变量马达转速为定值，对应增量值为零，化简式（4-62）有

$$P_h = K_m \omega_{m0} p_{h0} \gamma - \frac{K_m^2 \omega_{m0}^2 \gamma}{C_t + \dfrac{V_0}{\beta_e}s} \gamma_0 \tag{4-63}$$

整理有

$$\frac{P_h}{\gamma} = K_m \omega_{m0} \left(p_{h0} - \frac{K_m \omega_m / C_t}{1 + \dfrac{V_0}{\beta_e C_t}s} \gamma_0 \right) \tag{4-64}$$

由式（4-64）可知，系统传输功率对变量马达摆角传递函数由两部分组成：第一部分为比例环节，与系统初始压力成正比，比例系数为 $K_{m0} \omega_m$；第二部分为比例环节和惯性环节，与变量马达初始摆角成正比，比例系数为 $-K_m \omega_m / C_t$，惯性时间常数为 $V_0 / \beta_e C_t$。

定义功率对摆角比例增益 $K_{P\gamma} = K_m^2 \omega_m^2 / C_t$。

4.3.2.2 功率控制系统压力响应特性

（1）系统压力对变量马达摆角传递函数

有功功率控制系统内环控制量为变量马达摆角，欲分析液压系统传输功率对变量马达摆角传递函数，需首先分析作为中间变量的系统压力对变量马达摆角的传递函数。

按照定量泵流量增量值为零，变量马达转速增量值为零，则可将式（4-60）化简为

$$p_h = -\frac{K_m \omega_{m0} \gamma}{C_t + \dfrac{V_0}{\beta_e}s} \tag{4-65}$$

整理得

$$\frac{P_{\mathrm{h}}}{\gamma}=\frac{K_{\mathrm{m}}\omega_{\mathrm{m}}/C_{\mathrm{t}}}{1+\dfrac{V_0}{\beta_{\mathrm{e}}C_{\mathrm{t}}}s}$$ (4-66)

定义压力对变量马达摆角增益 $K_{\mathrm{p\gamma}}=K_{\mathrm{m}}\omega_{\mathrm{m0}}/C_{\mathrm{t}}$。

由式（4-66）可知，系统压力对变量马达摆角传递函数是一个典型的惯性环节，该环节的惯性时间常数 $T=V_0/(C_{\mathrm{t}}\beta_{\mathrm{e}})$，液压系统初始容积越大、总泄漏系数越小、油液综合弹性模量越小则系统惯性时间常数越大；反之亦成立。系统总泄漏系数与油液温度有关，油液综合弹性模量一般认为是定值。所以该惯性环节响应特性主要受系统初始容积影响，为了提高系统压力动态响应特性，希望系统的初始容积越小越好。

简化整理定量泵变量马达传递框图，得到液压系统高压压力对变量马达摆角框图如图 4-18所示。

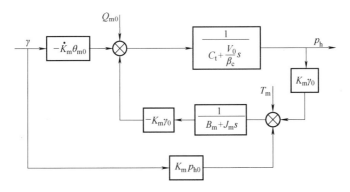

图 4-18　液压系统压力控制框图

当发电机并入电网后，由于电网与发电机的相互作用，变量马达负载转矩 T_{m} 可实时跟随液压系统压力变化，也就是说，当系统压力改变时，发电机电磁转矩可实时跟随液压系统压力变化。不考虑容积效率，系统流量平衡时，定量泵的流量与变量马达的流量平衡相等，由于控制框图是由增量表达式推导出来的，所以 $Q_{\mathrm{p}}=Q_{\mathrm{m0}}=0$，则可简化系统压力控制框图，如图 4-19 所示。

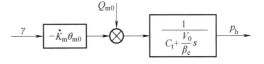

图 4-19　系统压力控制简化框图

由简化框图也可得系统压力对变量马达摆角传递函数为式（4-66）。

由式（4-66）可知，系统压力是系统功率响应的中间变量，欲提高发电功率，首先要提高系统压力，系统压力与斜盘位置成正比并有一个惯性环节，比例系数为 $-K_{\mathrm{m}}\omega_{\mathrm{m0}}/C_{\mathrm{t}}$，惯性时间常数为 $V_0/(C_{\mathrm{t}}\beta_{\mathrm{e}})$。并且系统压力变化量只与斜盘位置变化量有关，与系统初始压力和摆角初始位置无关。

其中泄漏系数随温度变化而变化，此处取值为 $0.8\times10^{-11}\mathrm{m}^3/(\mathrm{s}\cdot\mathrm{Pa})$，各参量取值见表 4-1。

表 4-1　实验系统参量取值

序号	名称	符号	数值	单位
1		K_m	6.3662×10^{-6}	m^3/rad
2	马达转速	ω_{m0}	157	rad/s
3	马达摆角	γ	$0 \sim 1$	100%
4	泄漏系数	C_t	0.8×10^{-11}	$m^3/(s \cdot Pa)$
5	弹性模量	β_e	7×10^8	Pa
6	初始容积	V_0	2.8	L
7	惯性时间常数	T	0.5	s
8	压力对变量马达摆角增益	$K_{p\gamma} = K_m \omega_{m0}/C_t$	125.6×10^6	Pa
9	功率对摆角和压力乘积的比例增益	$K_P = K_m \omega_{m0}$	1000×10^{-6}	m^3/s
10	功率对摆角比例增益	$K_{P\gamma} = K_{p\gamma} \times K_P = \dfrac{K_m^2 \omega_m^2}{C_t}$	125.6×10^3	$m^3 \cdot Pa/s$

由于系统压力取值只与斜盘位置变化值有关，与摆角初始值无关。基于流量反馈的控制方法，变量马达摆角给定值由两部分组成：一部分是变量马达摆角基准值，由定量泵转速折算而来；另一部分是变量马达摆角补偿值，由系统压力决定，随着系统压力的升高，系统泄漏量逐渐增大，所以需要变量马达摆角补偿值随着系统压力升高而变化，提供泄漏流量稳定系统工作压力。变量马达摆角补偿值与系统压力关系为

$$p_h = -K_{p\gamma}\gamma \tag{4-67}$$

（2）系统压力对变量马达摆角变化实验分析

不同定量泵转速下给定变量马达摆角补偿值，系统压力对变量马达摆角变化响应实验曲线如图 4-20 所示，斜盘位置给定范围是 $(0,1)$。

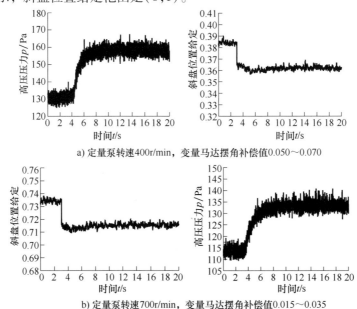

a) 定量泵转速400r/min，变量马达摆角补偿值0.050～0.070

b) 定量泵转速700r/min，变量马达摆角补偿值0.015～0.035

图 4-20　系统压力对变量马达摆角变化响应实验曲线

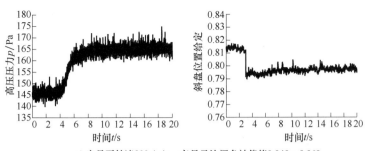

c) 定量泵转速800r/min，变量马达摆角补偿值0.040～0.060

图 4-20　系统压力对变量马达摆角变化响应实验曲线（续）

采用最小二乘法辨识系统压力对变量马达摆角传递函数为

$$\frac{p_{\mathrm{h}}}{\gamma} = -\frac{1549.77}{1+1.22s} \tag{4-68}$$

式中　p_{h}——系统压力，单位为 bar；

　　　γ——变量马达摆角，$\gamma = 0 \sim 1$。

伯德图如图 4-21a 所示，辨识精度如图 4-21b 所示，由系统零极点图 4-21c 可知系统阻尼频率为 0.819rad/s，阻尼比为 1。

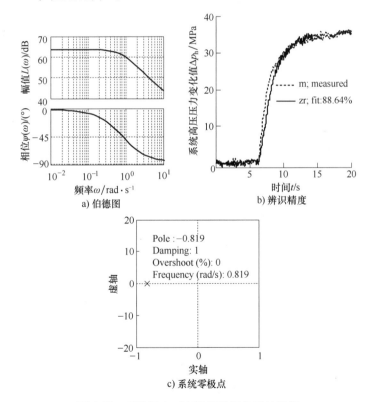

a) 伯德图

b) 辨识精度

Pole：-0.819
Damping: 1
Overshoot (%): 0
Frequency (rad/s): 0.819

c) 系统零极点

图 4-21　系统压力对变量马达摆角系统辨识

由于惯性时间常数为 $V_0/(C_t\beta_{\mathrm{e}})$，比例系数为 $-K_{\mathrm{m}}\omega_{\mathrm{m0}}/C_t$，所以有等式

$$V_0/(C_t\beta_{\mathrm{e}}) = 1.22s \quad \frac{K_{\mathrm{m}}\omega_{\mathrm{m0}}}{C_t} = 1550 \times 10^5 \mathrm{Pa}$$

可求出系统此时的总泄漏系数为 $6.48 \times 10^{-12} \mathrm{m^3/(s \cdot Pa)}$。经辨识方法求得的油液弹性模量、泄漏系数为该系统采集实验数据时的对应值，系统在运行过程中会发生变化，比如油液弹性模量会随着油液中混入的空气量的变化而变化，泄漏系数会随着油液温度的变化而变化。

采用辨识方法，得到系统压力对变量马达摆角给定值辨识传递函数为传递函数：

$$\frac{p_{\mathrm{h}}}{\gamma_{\mathrm{s}}} = \frac{1584.49}{1 + 1.93s} \tag{4-69}$$

系统伯德图如图 4-22a 所示，辨识精度如图 4-22b 所示，由系统零极点图 4-22c 可知系统阻尼频率为 0.519rad/s，阻尼比为 1。

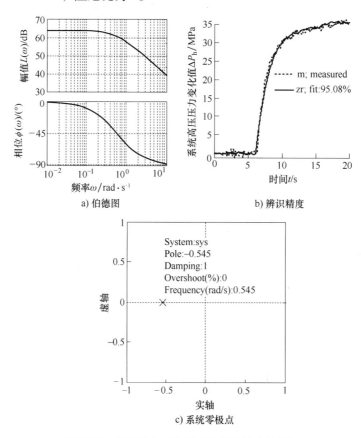

a) 伯德图　　　　　　　　　b) 辨识精度

c) 系统零极点

图 4-22　系统压力对变量马达摆角给定值辨识

系统压力对变量马达摆角给定值传递函数由阀控缸传递函数和压力对摆角传递函数串联组成。

变量马达斜盘调整是通过伺服阀控制液压缸位移实现的，其伺服缸位移为

$$X_{\mathrm{p}} = \cfrac{\cfrac{K_{\mathrm{q}}}{A_{\mathrm{p}}}X_{\mathrm{V}} - \cfrac{K_{\mathrm{ce}}}{A_{\mathrm{p}}^2}\left(1 + \cfrac{V_{\mathrm{t}}}{4\beta_{\mathrm{e}}K_{\mathrm{ce}}}s\right)F_{\mathrm{L}}}{\cfrac{m_{\mathrm{t}}V_{\mathrm{t}}}{4\beta_{\mathrm{e}}A_{\mathrm{p}}^2}s^3 + \left(\cfrac{m_{\mathrm{t}}K_{\mathrm{ce}}}{A_{\mathrm{p}}^2} + \cfrac{B_{\mathrm{p}}V_{\mathrm{t}}}{4\beta_{\mathrm{e}}A_{\mathrm{p}}^2}\right)s^2 + \left(1 + \cfrac{B_{\mathrm{p}}K_{\mathrm{ce}}}{A_{\mathrm{p}}^2} + \cfrac{KV_{\mathrm{t}}}{4\beta_{\mathrm{e}}A_{\mathrm{p}}^2}\right)s + \cfrac{KK_{\mathrm{ce}}}{A_{\mathrm{p}}^2}} \tag{4-70}$$

式中　A_p——液压缸活塞有效面积，单位为 m^2；

　　　B_p——活塞及负载的黏性阻尼系数，单位为 m^3；

　　　K_{ce}——总流量压力系数，$K_{ce}=K_c+C_{tp}$；

　　　F_L——作用在活塞的任意外负载力，单位为 N；

　　　K——负载弹簧刚度，单位为 N/m；

　　　V_t——液压缸总压缩容积，单位为 m^3；

　　　m_t——活塞及负载折算到活塞上的总质量，单位为 m。

阀控缸系统框图如图 4-23 所示。

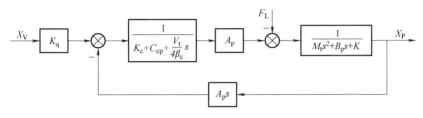

图 4-23　阀控缸系统框图

忽略黏性摩擦，认为 $K=0$，$\dfrac{B_p K_{ce}}{A_p^2} \leqslant 1$，则式（4-70）可以化简为

$$X_p = \frac{\dfrac{K_q}{A_p}X_V - \dfrac{K_{ce}}{A_p^2}\left(1+\dfrac{V_t}{4\beta_e K_{ce}}s\right)F_L}{s\left(\dfrac{s^2}{\omega_h^2}+\dfrac{2\zeta_h}{\omega_h}s+1\right)} \tag{4-71}$$

式中　ω_h——液压固有频率，$\omega_h=\sqrt{\dfrac{4\beta_e A_p^2}{V_t m_t}}$，单位为 Hz；

　　　ζ_h——液压阻尼比，$\zeta_h=\dfrac{K_{ce}}{A_p^2}\sqrt{\dfrac{\beta_e m_t}{V_t}}+\dfrac{B_p}{4A_p}\sqrt{\dfrac{V_t}{\beta_e m_t}}$。

由式（4-71）分析可知，可将阀控缸系统简化成惯性环节，对阀控缸系统辨识结果如下。传递函数为

$$\frac{\gamma}{\gamma_s}=\frac{1.03}{1+1.03s} \tag{4-72}$$

伯德图如图 4-24a 所示，辨识精度如图 4-24b 所示，由系统零极点图 4-24c 可知系统阻尼频率为 0.957rad/s，阻尼比为 1。

分析辨识结果可知，由于伺服阀在实验过程中受到了一定程度的污染，虽然不影响系统转速控制和功率控制的响应速度，但是使阀控缸系统响应速度大为下降，尤其在变量马达摆角小幅度动作时。

由系统压力对变量马达摆角的传递函数可知，发电机并网后改变变量马达摆角，系统压力响应为惯性环节，这与理论分析结果相一致，但是由于变频器和发电机响应需要时间，所以系统压力对变量马达摆角惯性时间常数实验数值比理论数据大一些。

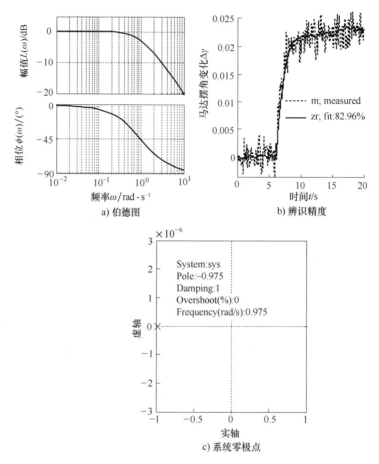

a) 伯德图　　　b) 辨识精度

c) 系统零极点

图 4-24　阀控缸辨识

4.3.2.3　功率控制系统功率响应特性

（1）功率控制器控制参数分析

由式（4-58）可知，系统传输的功率是系统压力和变量马达摆角的函数，由式（4-67）可知，系统压力是变量马达摆角的函数，综合两个式子将已知参数代入，可作出系统功率三维工作区间图，如图 4-25 所示。

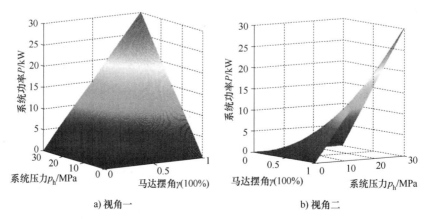

a) 视角一　　　b) 视角二

图 4-25　系统功率三维工作区间图

分析图 4-25 可知，系统传输功率对变量马达摆角和系统压力求偏导数得到功率摆角增益和功率压力增益，两个增益系数随着摆角和压力的变化而变化，所以该系统功率控制增益需要根据变量马达摆角和系统压力值实时调整，分析过程如下。

系统传输功率为式（4-58），对应系统功率增加 P，按照系统初始压力、变量马达初始摆角和功率调整值计算对应功率调整值的变量马达摆角调整值计算公式为

$$K_P \gamma_0 p_{h0} + P = K_P (\gamma_0 - \Delta\gamma)(p_{h0} + \Delta p_h) \tag{4-73}$$

由功率控制框图 4-18 所示，功率采用闭环方式控制，功率调整值是以增量形式给出的，即系统稳定工作于一个状态，传输一定功率，系统压力、变量马达摆角、变量马达摆角补偿值都取得稳定值。在一种稳定状态下，调整发电功率给定值，变量马达摆角、系统压力、发电功率随之变化，由式（4-73）可知，当系统压力不为零时，将 $\Delta p_h = -K_{p\gamma}(-\Delta\gamma)$ 代入

$$K_P \gamma_0 p_{h0} + P = K_P (\gamma_0 - \Delta\gamma)(p_{h0} + K_{p\gamma}\Delta\gamma) \tag{4-74}$$

整理有

$$K_P \gamma_0 p_{h0} + P = K_P \gamma_0 p_{h0} + K_P K_{p\gamma}\Delta\gamma\gamma_0 - K_P \Delta\gamma p_{h0} - K_P K_{p\gamma}\Delta\gamma^2$$
$$K_P K_{p\gamma}\Delta\gamma^2 + K_P (p_{h0} - K_{p\gamma}\gamma_0)\Delta\gamma + P = 0 \tag{4-75}$$

可求出

$$\Delta\gamma = \frac{K_P(p_{h0} - K_{p\gamma}\gamma_0) \pm \sqrt{K_P^2(p_{h0} - K_{p\gamma}\gamma_0)^2 - 4PK_P K_{p\gamma}}}{2K_P K_{p\gamma}} \tag{4-76}$$

则对应 1kW 功率调整值，即当 $P = 1$kW 时，不同系统初始压力和不同变量马达斜盘位置，对应的变量马达摆角变化值见表 4-2。

表 4-2　变量马达摆角补偿值 $\Delta\gamma$(100%)

系统压力 p_{h0}/MPa	变量马达摆角补偿值 $\Delta\gamma$(100%)							
	变量马达摆角初始值 γ_0(100%)							
	$\gamma_0 = 0.3$	$\gamma_0 = 0.4$	$\gamma_0 = 0.5$	$\gamma_0 = 0.6$	$\gamma_0 = 0.7$	$\gamma_0 = 0.8$	$\gamma_0 = 0.9$	$\gamma_0 = 1.0$
4	0.034	0.023	0.018	0.014	0.012	0.011	0.009	0.008
6	0.037	0.024	0.018	0.015	0.012	0.011	0.009	0.008
8	0.041	0.026	0.019	0.015	0.013	0.011	0.010	0.009
10	0.046	0.027	0.020	0.016	0.013	0.011	0.010	0.009
12	0.052	0.029	0.021	0.016	0.013	0.012	0.010	0.009
14	0.064	0.031	0.022	0.017	0.014	0.012	0.010	0.009
16		0.033	0.023	0.017	0.014	0.012	0.010	0.009
18		0.036	0.024	0.018	0.015	0.012	0.011	0.009
20		0.040	0.025	0.019	0.015	0.013	0.011	0.010
22		0.044	0.027	0.020	0.016	0.013	0.011	0.010
24		0.050	0.028	0.020	0.016	0.013	0.011	0.010
26		0.060	0.030	0.021	0.017	0.014	0.012	0.010
28			0.033	0.022	0.017	0.014	0.012	0.010
30			0.035	0.024	0.018	0.015	0.012	0.011

表 4-2 中变量马达初始摆角值指的是对应系统压力变量马达摆角已经补偿变化后的变量马达摆角值，也就是说对应不同压力，相同变量马达初始摆角值，对应不同的初始补偿值。系统在不同稳定状态调整功率时，总可以从调整之前的稳定状态参数中求解出变量马达初始摆角和初始补偿值，由于求根公式有实数解和系统最高压力限制，因此系统从一个稳定状态调整功率值时总有一个上限值限制。

见表 4-2，当变量马达摆角为 0.3，系统压力为 16MPa 时，虽然系统压力远小于溢流压力，但是对应功率提高 1kW，变量马达摆角补偿值是无解的，此时继续减小变量马达摆角，系统压力升高，系统传输功率会减小，也就是有两个摆角值对应同一个传输功率，不同摆角值对应不同系统压力，显然我们希望系统工作于摆角补偿值较小的状态，这样系统压力低，容积效率高。

当采用图 4-3 所示功率控制方法时，系统工作于不同初始摆角和初始压力时，初始传输的功率不同，在该初始传输功率基础上调整 1kW 功率对应的摆角调整值也不同，所以为了实现系统功率调整响应的一致性，应结合系统初始压力和变量马达初始摆角，确定功率控制环节的增益值，使相同功率调整值对应不同的变量马达摆角调整值。

（2）功率控制器控制参数整定

在线优化功率控制器参数功率控制框图如图 4-26 所示。

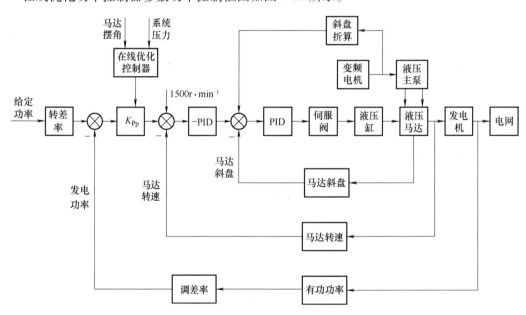

图 4-26　实验系统在线优化功率控制器参数功率控制框图

功率增益在线计算功率变化值单位取成 kW，调整值定为 1kW，系统额定发电功率为 24kW，系统泄漏系数取值为 $8 \times 10^{-12} \mathrm{m}^3/(\mathrm{s} \cdot \mathrm{Pa})$，有

$$\Delta P \times \frac{1}{24} \times 5\% \times K_{\mathrm{Pp}} \times K_{\omega_{\mathrm{mP}}} = \Delta \gamma \tag{4-77}$$

式中　K_{Pp}——功率控制器比例增益；

　　　$K_{\omega_{\mathrm{mP}}}$——转速控制器比例增益。

由式（4-76）可知，按照求根公式可求

$$\Delta\gamma = \frac{125.6\gamma_0 - p_{h0} - \sqrt{(125.6\gamma_0 - p_{h0})^2 - 4 \times 125.6}}{2 \times 125.6} \qquad (4-78)$$

功率控制器比例增益为

$$K_{Pp} = \frac{\Delta\gamma}{\Delta P \times \frac{1}{24} \times 5\% \times K_{\omega p}} \qquad (4-79)$$

其中 ΔP 取为 1kW，$K_{\omega p}$ 在转速控制环节得到优化取 0.4，即可求得系统初始压力和变量马达初始摆角对应的功率增益值 K_{Pp}，见表 4-3。

表 4-3 功率增益值 K_{Pp}

系统压力 p_{h0}/MPa	功率增益值 K_{Pp}							
	变量马达摆角初始值 γ_0(100%)							
	$\gamma_0 = 0.3$	$\gamma_0 = 0.4$	$\gamma_0 = 0.5$	$\gamma_0 = 0.6$	$\gamma_0 = 0.7$	$\gamma_0 = 0.8$	$\gamma_0 = 0.9$	$\gamma_0 = 1.0$
4	40.804	27.687	21.209	17.253	14.564	12.610	11.124	9.954
6	44.389	29.133	22.020	17.778	14.933	12.885	11.336	10.123
8	48.845	30.752	22.899	18.337	15.322	13.172	11.557	10.298
10	54.643	32.582	23.855	18.934	15.733	13.473	11.787	10.480
12	62.807	34.671	24.899	19.572	16.166	13.787	12.026	10.668
14	76.633	37.085	26.045	20.257	16.625	14.117	12.276	10.863
16		39.918	27.309	20.993	17.111	14.464	12.536	11.066
18		43.311	28.712	21.787	17.628	14.828	12.807	11.276
20		47.488	30.280	22.646	18.177	15.211	13.090	11.495
22		52.842	32.046	23.579	18.763	15.616	13.387	11.722
24		60.176	34.057	24.597	19.389	16.043	13.698	11.958
26		71.708	36.371	25.713	20.060	16.494	14.023	12.205
28			39.075	26.942	20.781	16.972	14.365	12.462
30			42.293	28.304	21.558	17.480	14.724	12.730

上述求解方法即为功率控制器增益控制算法，此算法需要系统工作在能解出实数 $\Delta\gamma$ 的范围，也就是要求求根公式大于零。

上述方法给出了功率控制环节增益的在线计算方法，系统总是从一个稳定状态向另一个稳定状态运动的，功率增益计算的就是在给定 1kW 功率调整值，对应系统初始压力和变量马达初始摆角，需要得到的变量马达摆角调整值。由于阀控变量马达摆角调整机构响应很快，所以在给出功率调整命令后，变量马达随即响应到对应调整值，当系统压力按照惯性时间常数升高后，系统输出的功率开始响应，此时功率偏差在减小，当功率响应到调整值时，功率偏差为零。由于变量马达摆角调整值是按照功率调整值计算的，所以当功率响应到给定值时，要求变量马达调整值要稳定地保持在计算调整值处，该功能由转速控制器积分时间常数 $K_{\omega i}$ 确定，功率偏差经积分环节累加出需要的变量马达摆角调整值，根据功率响应纯滞后和惯性环节响应时间和变量马达摆角调整值可计算出转速控制器积分时间常数 $K_{\omega i}$。

$$K_{\omega i} = \frac{\Delta \gamma}{\Delta t \times e_p} \qquad (4\text{-}80)$$

变量马达摆角调整值由两部分组成

$$\Delta \gamma = \Delta \gamma_p + \Delta \gamma_i \qquad (4\text{-}81)$$

其中，对应比例增益的变量马达摆角变化值 $\Delta \gamma_p$ 为

$$e_p \times \frac{1}{24} \times 5\% \times K_{Pp} \times K_{\omega p} = \Delta \gamma_p \qquad (4\text{-}82)$$

对应积分增益的变量马达摆角变化值 $\Delta \gamma_i$ 为

$$e_p \times \frac{1}{24} \times 5\% \times K_{Pp} \times \frac{K_{\omega i}}{s} = \Delta \gamma_i \qquad (4\text{-}83)$$

由于 e_p 随功率响应逐渐减小，所以比例环节给出的变量马达斜盘调整值随之减小，由积分环节给出的变量马达摆角调整值逐渐增加，可以考察系统功率响应时间，使变量马达摆角调整值保持在由系统状态和给定功率调整值计算出的变量马达摆角调整值处。

能够实现积分增益值 $K_{\omega i}$ 按照上述方法确定的原因如下：第一，系统压力对变量马达摆角响应为比例和惯性环节，对于不同的变量马达摆角，具有相同的响应时间；第二，对于相同的时间、相同的积分时间常数，对不同的功率偏差，可以得到对应的变量马达摆角调整值，如图 4-27 所示。

上述方法取得了较好的控制效果，在不同定量泵转速下，调定位置闭环 $P = 0.4$，$I = 0.05$，给定功率阶跃信号 1kW 条件下，系统功率响应实验曲线如图 4-28 所示。

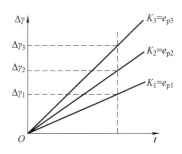

图 4-27 变量马达摆角积分响应

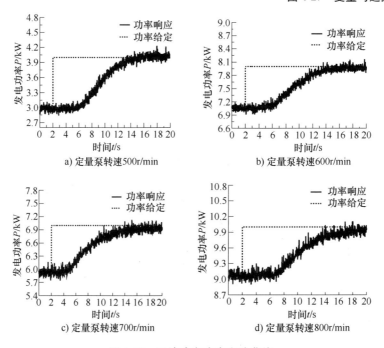

图 4-28 系统功率响应实验曲线

对比上述实验曲线可知，不同变量马达摆角、不同发电功率时采用在线优化功率控制器参数的方法，可使功率调整具有相应一致性，为最优功率追踪控制奠定了良好的基础。

（3）系统功率传输范围分析

考虑摆角补偿值的绝对控制，即系统从初始压力 $p_{h0}=0$ 开始算起，γ_0 为定量泵流量折算基准值。则对应一定 γ_0 时，可以解得变量马达摆角补偿值 $\Delta\gamma$，使系统工作于 P，式（4-73）可简化为

$$P=K_P(\gamma_0-\Delta\gamma)\Delta p_h \tag{4-84}$$

由式（4-67）可知，系统压力与变量马达摆角补偿值具有对应关系，$\Delta p_h=K_{p\gamma}(-\Delta\gamma)$，代入式（4-84）可得

$$P=K_P(\gamma_0-\Delta\gamma)K_{p\gamma}\Delta\gamma \tag{4-85}$$

整理得

$$P=K_PK_{p\gamma}(\gamma_0-\Delta\gamma)\Delta\gamma=K_{p\gamma}(\gamma_0-\Delta\gamma)\Delta\gamma \tag{4-86}$$

其中，$K_{p\gamma}=K_PK_{p\gamma}=K_m^2\omega_m^2/C_t$。

整理式（4-86）有

$$K_{p\gamma}\Delta\gamma^2-K_{p\gamma}\gamma_0\Delta\gamma+P=0 \tag{4-87}$$

根据求根公式有

$$\Delta\gamma=\frac{K_{p\gamma}\gamma_0\pm\sqrt{(K_{p\gamma}\gamma_0)^2-4\times K_{p\gamma}\times P}}{2K_{p\gamma}} \tag{4-88}$$

$\Delta\gamma$ 有解要求求根公式大于等于零，即

$$(K_{p\gamma}\gamma_0)^2-4\times K_{p\gamma}\times P\geqslant 0 \tag{4-89}$$

整理得

$$P\leqslant 0.25K_{p\gamma}\gamma_0^2 \tag{4-90}$$

当对应 γ_0 系统功率取得最大值 $P=0.25K_{p\gamma}\gamma_0^2$ 时，$\Delta\gamma$ 取得最大值 $\Delta\gamma=\gamma_0/2$，系统工作压力为该工况最高值。

$$p_h=K_{p\gamma}\times\Delta\gamma=K_{p\gamma}\times\frac{\gamma_0}{2}=0.5K_{p\gamma}\gamma_0 \tag{4-91}$$

当系统溢流压力设定为 p_{max} 时，对应 $\Delta\gamma=p_{max}/K_{p\gamma}$，所以当 $\gamma_0>2p_{max}/K_{p\gamma}$ 时，$\Delta\gamma$ 取不到 $\gamma_0/2$，则系统功率取不到最大值 $0.25K_{p\gamma}\gamma_0^2$。此时系统功率为

$$P=K_Pp_{max}(\gamma_0-p_{max}/K_{p\gamma}) \tag{4-92}$$

所以，系统可传输最大功率为

$$P_{max}=\begin{cases}0.25K_{p\gamma}\gamma_0^2, & \gamma_0\leqslant 2p_{max}/K_{p\gamma}\\ K_Pp_{max}(\gamma_0-p_{max}/K_{p\gamma}), & \gamma_0>2p_{max}/K_{p\gamma}\end{cases} \tag{4-93}$$

系统总泄漏系数取为 $0.8\times10^{-11}\mathrm{m}^3/(\mathrm{s}\cdot\mathrm{Pa})$，发电功率 P 单位取成 kW，系统溢流压力设为 30MPa，并将各系数取得数值代入数据整理有

$$P=(\gamma_0-\Delta\gamma)\times125.6\Delta\gamma$$

$$125.6\Delta\gamma^2-125.6\gamma_0\Delta\gamma+P=0 \tag{4-94}$$

根据求根公式有

$$\Delta\gamma = \frac{125.6\gamma_0 \pm \sqrt{(125.6\gamma_0)^2 - 4\times125.6\times P}}{2\times125.6} \tag{4-95}$$

$\Delta\gamma$ 有解要求求根公式大于等于零，即

$$(125.6\gamma_0)^2 - 4\times125.6\times P \geqslant 0 \tag{4-96}$$

整理有

$$P \leqslant 31.4\gamma_0^2 \tag{4-97}$$

当对应 γ_0 系统功率取得最大值 $P = 31.4\gamma_0^2$ 时，$\Delta\gamma$ 取得最大值 $\Delta\gamma = \gamma_0/2$，系统工作压力为该工况最高值

$$p_{max} = 125.6\times\Delta\gamma = 125.6\times\frac{\gamma_0}{2} = 62.8\gamma_0 \tag{4-98}$$

由于系统溢流压力设为 30MPa，所以 $\Delta\gamma$ 最大取得 0.239，所以对应大于 0.478 的 γ_0，$\Delta\gamma$ 取不到 $\gamma_0/2$，则系统功率取不到最大值 $31.4\gamma_0^2$。

此时系统功率为

$$P = 30\times(\gamma_0 - 0.239) \tag{4-99}$$

$$P_{max} = \begin{cases} 31.4\gamma_0^2, & \gamma_0 \leqslant 0.478 \\ 30\times(\gamma_0 - 0.239), & \gamma_0 > 0.478 \end{cases} \tag{4-100}$$

如图 4-29 所示，抛物线和直线相切于 A 点，功率可达区域为 A 点以上部分直线以下的区域和 A 点以下部分抛物线以下的区域。

由于有求根公式有实数解和系统最高工作压力限制，对应不同初始变量马达摆角值，系统传输功率值都有一个上限，对应的变量马达摆角绝对补偿值需在两个条件限制之下求解。

按照式（4-94）求解变量马达摆角补偿值，取实数解，根号前符号取负。

$$\Delta\gamma = \frac{125.6\gamma_0 - \sqrt{(125.6\gamma_0)^2 - 4\times125.6\times P}}{2\times125.6} \tag{4-101}$$

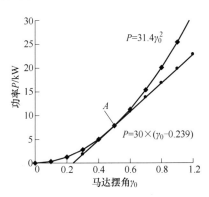

图 4-29 功率可达区域

变量马达初始摆角、目标发电功率对应的变量马达摆角绝对补偿值见表 4-4。

表 4-4 变量马达摆角绝对补偿值 $\Delta\gamma$（100%）

目标功率 P/kW	变量马达摆角绝对补偿值 $\Delta\gamma$（100%）							
	变量马达初始摆角值 γ_0（100%）							
	$\gamma_0 = 0.3$	$\gamma_0 = 0.4$	$\gamma_0 = 0.5$	$\gamma_0 = 0.6$	$\gamma_0 = 0.7$	$\gamma_0 = 0.8$	$\gamma_0 = 0.9$	$\gamma_0 = 1$
2	0.069	0.045	0.034	0.028	0.024	0.020	0.018	0.016
3		0.073	0.053	0.043	0.036	0.031	0.027	0.024
4		0.110	0.075	0.059	0.049	0.042	0.037	0.033
5		0.186	0.099	0.076	0.062	0.053	0.047	0.042
6			0.129	0.095	0.077	0.065	0.057	0.050

（续）

目标功率 P/kW	变量马达摆角绝对补偿值 $\Delta\gamma(100\%)$							
	变量马达摆角初始值 $\gamma_0(100\%)$							
	$\gamma_0=0.3$	$\gamma_0=0.4$	$\gamma_0=0.5$	$\gamma_0=0.6$	$\gamma_0=0.7$	$\gamma_0=0.8$	$\gamma_0=0.9$	$\gamma_0=1$
7				0.115	0.092	0.077	0.067	0.059
8				0.138	0.108	0.090	0.077	0.068
9				0.165	0.125	0.103	0.088	0.078
10				0.198	0.143	0.116	0.099	0.087
11					0.163	0.131	0.111	0.097
12					0.186	0.146	0.123	0.107
13					0.212	0.162	0.135	0.117
14						0.180	0.148	0.128
15						0.199	0.162	0.139
16						0.219	0.176	0.150
17							0.191	0.161
18							0.207	0.173
19							0.224	0.186
20								0.199
21								0.212
22								0.226
22.83								0.239

表 4-4 中给出的变量马达初始摆角值对应的是系统并网之前变量马达的摆角值，也就是发电功率为零时的变量马达摆角值。

由表中对应变量马达初始摆角和可达目标功率可以看出，对于定量泵-变量马达变转速输入、稳速输出功率传输系统，为了能够传递一定的功率，变量马达不能工作于太小的排量状态，也就是要求定量泵输出的油液流量不能太小，这是该系统应用于风力发电机组主传动系统时，风力机选取两叶片形式、高转速工作的原因之一。

由于实验选用的泵、变量马达排量的限制，在变量马达初始摆角为 1 时，系统可传输的最高功率为 22.83kW，此时变量马达摆角补偿值为 0.239，变量马达实际摆角为 0.761，所以此时增加定量泵的转速，对应变量马达初始值会超过 1，但是由于有补偿值存在，变量马达摆角实际值不会超过 1，系统可传输的功率还可提高，达到发电机的额定功率 24kW。

（4）一种有功功率直接控制方法

上述在线优化功率控制器控制参数方法的本质是，按照功率调整值计算变量马达摆角变化量，从而求取控制器参数值。接下来考虑采用直接控制摆角补偿值法，控制系统传输功率。也就是说，当发电机并网发电后，取消功率控制环节和转速控制环节，直接控制变量马达摆角值，变量马达摆角变化后，系统压力随之响应，系统功率也随之变化。

变量马达摆角基准值可由流量反馈折算获得，当发电机并网后，变量马达旋转在同步转速，变量马达摆角补偿值决定系统压力，进而影响传输功率。系统压力与变量马达摆角对应关系如下：

$$\frac{p_{\mathrm{h}}}{\gamma} = -\frac{K_{\mathrm{m}}\omega_{\mathrm{m}}/C_{\mathrm{t}}}{1+\dfrac{V_0}{\beta_{\mathrm{e}}C_{\mathrm{t}}}s} \tag{4-102}$$

按照上述方法，可以实现功率的开环控制，在此基础上，增加功率闭环，采用功率偏差，经积分环节，微调斜盘补偿值，实现功率的控制精度。控制框图如图 4-30 所示。

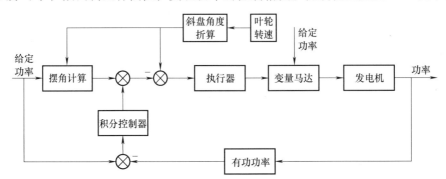

图 4-30 摆角直接给定功率控制框图

摆角计算方法为摆角计算器采用的方法，积分控制器用于提高功率控制精度。该方法中，变量马达摆角补偿值由给定功率和变量马达折算基准计算得出，提高了系统的稳定性。积分控制器微调变量马达摆角补偿值，提高功率控制精度。

系统功率对变量马达摆角变化响应实验曲线如图 4-31 所示。不同定量泵转速下，给定变量马达斜盘位置阶跃信号。

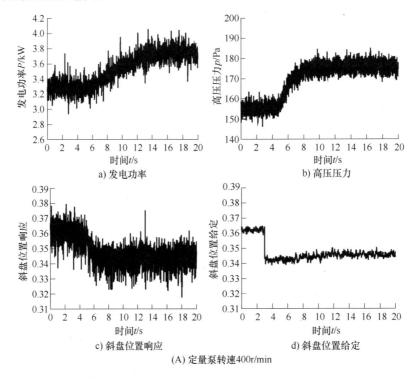

图 4-31 系统功率对变量马达摆角变化响应曲线

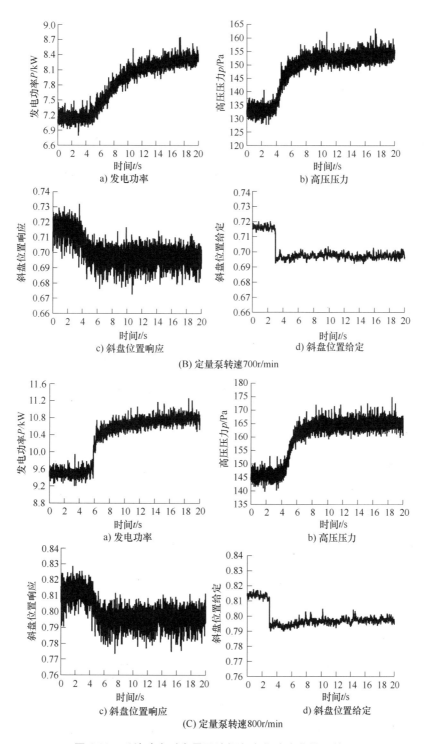

图 4-31　系统功率对变量马达摆角变化响应曲线（续）

　　由实验曲线可知，可以采用直接摆角给定值方法控制系统传输功率，但是系统功率响应一致性有些欠缺。

（5）功率响应特性分析

如图 4-32 所示，系统给定功率调整值后，功率响应曲线由三个阶段组成：第一阶段为传输功率滞后响应，滞后时间为 t_1；第二阶段为功率快速响应阶段，响应时间为 t_2；第三阶段为功率慢速调整阶段，逐渐接近功率给定值，响应时间为 t_3。

如图 4-33 所示，功率响应分三个阶段：

第一阶段，给定功率阶跃增加信号后，变量马达摆角减小，液压系统压力按照惯性环节进行响应，变量马达转速不变，变量马达输出功率瞬时减小，实验曲线中功率瞬时减小不明显，原因为该阶段变量马达与发电机主轴动能瞬间释放，补偿到发电机输入端，发电功率基本不变。

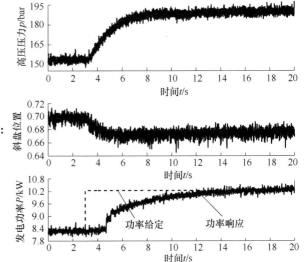

图 4-32　功率滞后曲线

第二阶段，液压系统压力逐渐增加，此时液压系统提高的传输功率部分，存储于变量马达与发电机主轴动能之中，发电功率基本保持不变。

第三阶段，液压系统压力继续增加，系统传输的功率继续提高，存储于变量马达与发电机主轴之中的动能再次释放，发电功率迅速提升。

所以，发电功率响应纯滞后时间由两部分组成：第一部分是摆角变化，变量马达降低输出功率时，变量马达与发电机主轴释放动能，保持发电机发电功率不变；第二部分是系统压力升高时，变量马达与发电机主轴存储动能，发电机发电功率保持不变。

存在上述现象的本质原因是：发电机控制器并不要求发电机必须严格转动在同步转速下，而是只要发电机转速精度高于电网工频波动对发电机转速要求范围即可，也就为变量马达与发电机转轴转速变化、存储释放动能提供了可能。

发电机转子缠有绕组，发电机冷却风扇与转子相连，所以发电机主轴转动惯量要远远大于变量马达主轴转动惯量。

首先进行变量马达与发电机总转动惯量测试，定量泵转速曲线如图 4-33 所示。

给定变量马达一定摆角，按照恒加速的给定方式控制定量泵的转速，采集系统压力、变量马达转速、变量马达摆角等数值，转动惯量按照如下公式计算。

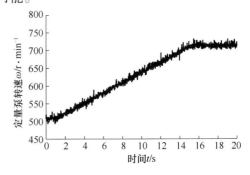

图 4-33　定量泵转速

$$T = J\alpha \tag{4-103}$$

式中　α——角加速度，单位为 rad/s^2。

变量马达摆角给定 0.9，给定定量泵加速度 $15r/(min \cdot s^{-1})$，实测定量泵加速度为 $14.7r/(min \cdot s^{-1})$，从 $500r/min$ 增加到 $700r/min$。测得变量马达加速度为 $28.275r/(min \cdot s^{-1})$，

则 $\alpha = 2.916\mathrm{rad/s^2}$。由于发电机空载运转系统高低压存在一定压力差克服摩擦和阻尼力矩，并且由于阻尼力矩的影响，变量马达在匀加速过程中，系统压力差随变量马达转速增加而增大，所以考察系统驱动匀加速运动的压力差值时应将摩擦和阻尼力矩引起的系统压力差去掉，采用考察系统加速阶段与匀速阶段压力差变化量的方法，即可实现上述要求，得到驱动系统匀加速的压力差 $\Delta p = 0.2625\mathrm{MPa}$。

由于变量马达位移传感器存在零偏，所以在计算变量马达驱动力矩时需要首先计算变量马达摆角实际值，方法如下。

$$\omega_p = \omega_m \frac{D_m}{D_p} \tag{4-104}$$

对时间求导数，则有

$$\alpha_p = \alpha_m \frac{K_m \gamma_t}{D_p} \tag{4-105}$$

则

$$\gamma_0 = \frac{\alpha_p D_p}{\alpha_m K_m} = \frac{14.7 \times 63}{28.275 \times 40} = 0.819 \tag{4-106}$$

此时，变量马达摆角设定值为 0.9，所以变量马达摆角零位偏差为 -0.081。检测系统压力 $\Delta p = 0.2625\mathrm{MPa}$，所以变量马达转矩为

$$T = \Delta p K_m \gamma_0 = 0.2625 \times 10^6 \times 6.366 \times 10^{-6} \times 0.819\mathrm{N \cdot m} = 1.369\mathrm{N \cdot m} \tag{4-107}$$

所以

$$J_t = \frac{T}{\alpha} = \frac{1.369}{2.961}\mathrm{kg \cdot m^2} = 0.462\mathrm{kg \cdot m^2}$$

其次进行主轴动能存储释放分析，主轴在单位时间释放动能功率计算方法为

$$E = \frac{\frac{1}{2}J\omega_2^2 - \frac{1}{2}J\omega_1^2}{\Delta t} \tag{4-108}$$

$$E = \frac{\frac{1}{2}J(\omega_2 - \omega_1)(\omega_2 + \omega_1)}{\Delta t}$$

由于 ω_1 与 ω_2 非常接近，所以 $\omega_1 = \omega_2 = \omega$

$$E = \frac{J\omega\Delta\omega}{\Delta t} \tag{4-109}$$

其中，$E = 50\mathrm{W}$，$\Delta t = 0.5\mathrm{s}$，$J = 0.462\mathrm{kg/m^2}$，$\omega = 1500\mathrm{r/min}$，即 $157\mathrm{rad/s}$ 时，$\Delta\omega = 0.345\mathrm{rad/s}$，即 $3.29\mathrm{r/min}$，该转速波动范围为 0.2%，对应频率变化为 $0.066\mathrm{Hz}$。这说明，系统功率响应纯滞后主要原因为：发电机转速小幅波动，带来变量马达与发电机主轴动能存储与释放过程。

4.4　高风速条件下的变桨距功率平滑控制策略研究

当风速在额定风速以上、切出风速以下时，风力发电机通过变桨距来控制发电机的输出功率。变桨距的稳定性和快速性对于发电功率的波动有着重要的影响，如果调桨速度过快，

不但会引起功率的超调振荡，而且会对桨叶及驱动轴承和变量马达造成冲击，降低使用寿命；如果调桨速度过慢，则调桨变化跟不上风速的变化，降低风能利用系数，影响整机效率。

通常的调桨系统采用电动伺服调桨系统或者阀控缸调桨系统。本书主要阐述的是阀控变量马达调桨系统，采用高频响比例阀来控制变量马达的速度和位置，其原理简图如图 4-34 所示。

在调桨系统当中，通过高频响电液比例阀控制变桨变量马达，将输入电液比例阀的控制信号转化为变量马达输出轴上的位置信号。要实现风力发电机变桨距功率平滑稳定控制，就要求调桨系统有较好的动态特性与稳态特性。即系统的动态指标中，上升时间、延迟时间、超调量要尽可能小，动态响应过程要平稳、平滑，减小自身振荡带来的系统功率波动。

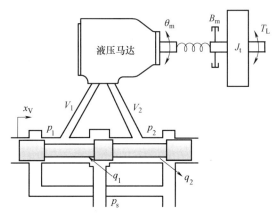

图 4-34 阀控变量马达原理简图

在液压变桨距系统中，根据风速信号的变化建立对应的桨距角位置给定输入信号，通过阀控变量马达变桨距位置控制系统得到变桨距系统的桨距角输出，并把该输出反馈给液压主传动系统风力机输入部分，通过改变风能利用系数，改变风力机吸收风功率大小。同时在液压主传动系统中，根据风速信号的变化和桨距角的作用，计算出主传动系统给定功率，结合主传动系统位置闭环、转速闭环和功率闭环，对整个系统进行变桨距功率平滑控制[8]。系统控制框图如图 4-36 所示。

4.4.1 PI 控制变桨距系统功率波动分析

由于变桨距系统通常被看成一个大的惯性环节。通常在调桨系统中采用 PI 经典控制策略。而且调桨系统多数采用电动伺服调桨系统或者阀控缸调桨系统，采用高频响比例阀控变量马达变桨距控制系统研究几乎空白。在文献[9]中也仅仅是针对高频响比例阀控变量马达变桨距控制系统的位置控制、速度冲击和变桨距载荷模拟进行了研究，没有对变桨距控制系统对功率的影响进行分析。而且在文中以及其他文献中常用的方法都是给定典型阶跃信号对系统进行分析和研究，但是针对实际工程中对于可变风速对系统的调桨要求和功率的输出特性没有分析。

在高风速条件下调桨过程中，变桨距系统的载荷随着桨距角和风速的变化而波动。同时气动载荷的变化会造成桨叶的振颤，特别是在低幅值高频率调整桨距角的过程中，会使风力发电功率波动变大。变桨距功率平滑控制框图如图 4-35 所示。

如图 4-36 和图 4-37 所示为给定平均风速 13m/s 的可变风速，采用 PI 控制策略，模拟真实工况条件下的液压型风力发电机组的状态响应和发电功率情况。

图 4-36 为平均风速 13.5m/s 的可变风速曲线。模拟自然条件下 100s 的波动自然风。通过系统各个状态的响应曲线来说明 PI 控制器调桨作用下的控制效果。

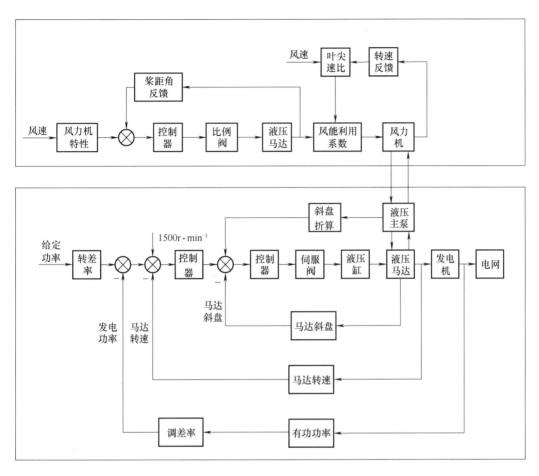

图 4-35　变桨距功率平滑控制框图

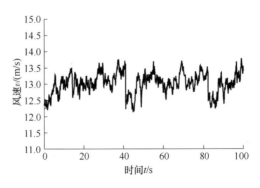

图 4-36　可变风速曲线

如图 4-37 所示，由于系统在高风速条件下，通过调桨放弃部分风能，使系统输出功率保持在额定功率。因此在给定模拟的自然风速下，风力机输出功率基本恒定，保持在系统额定最佳功率状态。风轮转速，通过变桨控制，基本稳定在最佳转速附近小范围波动，系统压力平稳上升，而且稳定以后保持基本恒定。由于有了变桨的介入，因此斜盘倾角在经过了最初的动态调整后最终保持相对平稳的状态。为了保证最佳额定功率，桨距角随风速变化，且

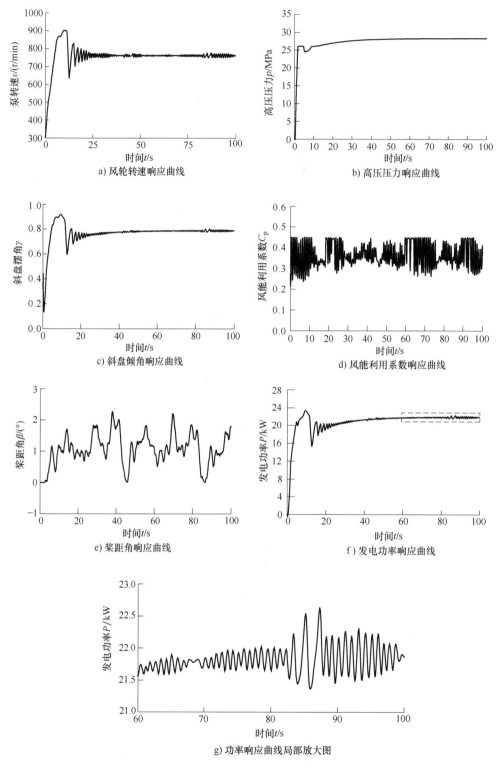

a) 风轮转速响应曲线

b) 高压压力响应曲线

c) 斜盘倾角响应曲线

d) 风能利用系数响应曲线

e) 桨距角响应曲线

f) 发电功率响应曲线

g) 功率响应曲线局部放大图

图4-37 PI调桨控制下的系统响应曲线

成正比关系，趋势保持一致，风能利用系数根据风速的变化随之变化，但是最大风力利用系数不超过 0.45，与风力机理论相一致。

但是从图 4-37d 功率局部放大图中可以看出，由于采用了 PI 控制，在整个系统响应过程中控制参数并不能随着工况的变化而调整，因此只是单纯地考虑了调桨系统的自身响应问题，没有考虑风功率的平滑性，所以从放大图中可以看出风功率输出在 22kW 处波动，功率最大振荡达到 1kW。虽然能够输出电能，但此时会产生谐波，影响发电电能质量，对电网有不利影响。

4.4.2　基于模糊 PID 的变桨距功率平滑控制策略

通过上一节的分析，可以发现通过 PI 控制器对调桨系统进行控制，发出的电功率波动，不是很理想，这是由于控制参数随着工作状态的变化，控制参数整定不好等因素造成的。为了解决这一问题，通过使用具备参数在线自整定能力的智能控制方法对调桨系统进行控制。考虑到模糊控制不依赖于被控对象的精确数学模型，而且具有响应快、鲁棒性能好等优点，因此采用模糊控制与 PID 控制相结合的方法，实现 PID 参数在线自整定，从而达到理想的控制效果[8-9]。

模糊 PID 控制器能够针对偏差量 e 和偏差量变化率 ec，建立起 k_p、k_i、k_d 和 e、ec 之间的一一对应关系。依据不同的 e 和 ec 整定出与之对应的 k_p、k_i、k_d 值，如图 4-38 所示。这种方法能够减小系统振荡，保证控制系统稳定性。

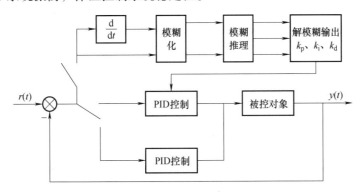

图 4-38　模糊参数自整定 PID 控制原理图

（1）模糊控制器结构的确定

模糊控制器结构的选择，就是根据被控对象和对系统的性能指标要求来确定模糊控制器的输入输出变量。针对本章调桨系统功率平滑控制系统，需要确定的是调桨系统的 k_p、k_i、k_d 三个参数的值，因此，应合理地采用三输出结构。对于调桨系统来说，将变量马达输出轴上的位置偏差以及位置偏差变化率作为输入变量。这样，模糊控制器结构构造呈两输入三输出的形式。但是由于控制器控制规则的设计会导致这样的结构计算量巨大，控制复杂，而双输入单输出的结构控制规则要比两输入三输出结构简单很多，因此，我们将原设计的两输入三输出的结构转化成三个双输入单输出的结构。

（2）模糊语言变量的确定

对于调桨控制系统，选择变量马达输出轴上的转角位置 e 及转角位置 ec 的语言变量 E

与 EC 作为模糊 PID 控制器输入语言变量，输出语言变量为 k_p、k_i、k_d。语言变量划分得越细致，表述得就越准确。这样一方面可以提高调桨系统的稳定精度，但另一方面又会对系统稳定性和快速性产生不利的影响。本书初步确定，利用 {负大，负中，负小，零，正小，正中，正大} = {NL, NM, NS, ZE, PS, PM, PL} 七个模糊状态描述变量 E、EC、k_p、k_i、k_d。

变量的变化范围定义为基本论域，本书设变量马达输出轴上的转角位置 e 的基本论域为 $[-|e_{max}|,|e_{max}|]$，转角位置 ec 的基本论域为 $[-|ec_{max}|,|ec_{max}|]$，k_p、k_i、k_d 的变化范围依次是 $[k_{pmin},k_{pmax}]$、$[k_{imin},k_{imax}]$、$[k_{dmin},k_{dmax}]$。设变量马达输出轴上的转角位置 e 的模糊论域为 $E=\{-p,-(p-1),\cdots,0,\cdots,p\}$，变量马达输出轴上的转角位置 ec 的模糊论域为 $EC=\{-q,-(q-1),\cdots,0,\cdots,q\}$，$k_p$、$k_i$、$k_d$ 的模糊论域依次为 $k_p=\{-a,-(a-1),\cdots,0,\cdots,a\}$、$k_i=\{-b,-(b-1),\cdots,0,\cdots,b\}$、$k_d=\{-c,-(c-1),\cdots,0,\cdots,c\}$，如果用 a_E、a_{EC}、a_{kp}、a_{ki}、a_{kd} 分别表示偏差、偏差变化率以及三个输出控制量的比例因子，则有

$$a_E = p/|e_{max}| \tag{4-110}$$

$$a_{EC} = q/|ec_{max}| \tag{4-111}$$

$$a_{kp} = 2a/|k_{pmax}-k_{pmin}| \tag{4-112}$$

$$a_{ki} = 2b/|k_{imax}-|k_{imin}|| \tag{4-113}$$

$$a_{kd} = 2c/|k_{dmax}-k_{dmin}| \tag{4-114}$$

此处，设变量马达输出轴上的转角位置偏差 e、转角位置偏差变化率 ec 以及 k_p、k_i、k_d 的模糊论域都为 $[-6,6]$，如果不在此区间，可以利用下式将取值在 $[a,b]$ 之间的连续转换到 $[-6,6]$ 之间。

$$y = \frac{12}{b-a}\left(x-\frac{a+b}{2}\right) \tag{4-115}$$

变量马达输出轴上转角位置偏差 e 的基本论域为 $(-15,15)$，转角位置偏差变化率 ec 的基本论域为 $(-2,2)$。据此可算出输入模糊量化因子为：$a_E=6/15=0.4$，$a_{EC}=6/2=3$。根据 Ziergler-Nichols 法整定（这部分如果需要添加可以适当补充）的 PID 参数结果，可以确定 k_p、k_i、k_d 的大致的基本论域，k_p 的基本论域为 $(1,5)$，k_i 的基本论域为 $(0,3)$，k_d 的基本论域为 $(0,3)$。据此可算出解模糊量化因子 $a_{kp}=12/4=3$，$a_{ki}=12/3=4$，$a_{kd}=12/3=4$。

（3）语言值隶属函数的确定

语言值隶属函数不仅可以是连续的函数，比如像高斯型函数，也可以是离散的数字。如果隶属函数变化不是很剧烈而是比较平顺的话，那么它所对应的控制特性也是比较平顺的，这种情况下系统会有良好的稳定性；反之，如果隶属函数形状不是平顺而是比较陡的话，那么此时分辨率就比较高，这种情况下，控制灵敏度也比较高。因此，通常在误差比较大的区域，可选取分辨率较低的隶属函数，以使系统具有较好的鲁棒性。而在误差为零的附近区域，选取分辨率较高的隶属函数。三角形隶属函数凭借其自身的优势：无烦琐运算，所占内存空间不大，而广泛运用于模糊控制中。对于本书的高频响阀控变量马达变桨距系统，选取三角形隶属函数。

实际上，对于控制效果影响较大的不是语言值隶属函数形状，无论是三角形、正态分布还是梯形，影响较大的是每一个模糊子集在整个论域覆盖范围内所占比例的大小。一般来说，模糊子集的宽度为 4 时，控制效果是比较好的，如果宽度增大，那么规则相互重叠的比

例增加，这样会使得规则间相互影响加大，最终导致响应变慢；反之，若宽度变小，则部分区域没有规则与之相适应，收敛性能差。为此，下面以离散形式给出高频响电液比例阀控变量马达变桨距控制系统变量 E、EC 的隶属度，它们采用相同的隶属函数；而 k_p、k_i、k_d 三个变量则采用相同的隶属函数，见表 4-5 和表 4-6。

表 4-5　变量马达输出轴转角位置偏差 E 和转角位置偏差变化率 EC 隶属度的赋值表

	-6	-5	-4	-3	-2	-1	0	1	2	3	4	5	6
NL	1	0.5	0	0	0	0	0	0	0	0	0	0	0
NM	0	0.4	0.7	0.6	0	0	0	0	0	0	0	0	0
NS	0	0	0	0.4	0.8	0.5	0	0	0	0	0	0	0
ZE	0	0	0	0	0	0.4	0.8	0.6	0	0	0	0	0
PS	0	0	0	0	0	0	0	0.4	0.8	0.6	0	0	0
PM	0	0	0	0	0	0	0	0	0	0.4	0.7	0.8	0
PL	0	0	0	0	0	0	0	0	0	0	0	0.5	1

表 4-6　k_p、k_i、k_d 隶属度的赋值表

	-6	-5	-4	-3	-2	-1	0	1	2	3	4	5	6
NL	1	0.5	0	0	0	0	0	0	0	0	0	0	0
NM	0	0.5	1	0.5	0	0	0	0	0	0	0	0	0
NS	0	0	0	0.5	1	0.5	0	0	0	0	0	0	0
ZE	0	0	0	0	0	0.5	1	0.5	0	0	0	0	0
PS	0	0	0	0	0	0	0	0.5	1	0.5	0	0	0
PM	0	0	0	0	0	0	0	0	0	0.5	1	0.5	0
PL	0	0	0	0	0	0	0	0	0	0	0	0.5	1

（4）模糊控制规则和模糊推理

模糊控制规则在模糊控制器中的作用相当重要，它的好坏直接关系到控制器的性能。模糊控制器的规则一方面可以通过手动操作经验获得，另一方面也可以通过专家知识来获得，它是若干模糊条件语句的集成体。对于两输入三输出结构的控制系统可归纳出以下形式的模糊控制规则：$R_i : \mathrm{if}\,(\,X_1\,\mathrm{is}\,A_i^1\,\mathrm{and}\,X_2\,\mathrm{is}\,A_i^2\,)\,\mathrm{then}\,(\,Y_1\,\mathrm{is}\,B_i^1\,\mathrm{and}\,Y_2\,\mathrm{is}\,B_i^2\,\mathrm{and}\,Y_3\,\mathrm{is}\,B_i^3\,)$。对于高频响电液比例阀控变量马达调桨控制系统，在不同的变量马达输出轴转角位置偏差 e 和转角位置偏差变化率 ec 的情况下，k_p、k_i、k_d 的自整定要求是：

1）刚给比例阀施加控制电信号的时候，变量马达输出轴上的位置转角偏差 e 比较大，此时，应当选取比较大的 k_p 值，较小的 k_d 值，k_i 取为 0。k_p 较大是因为要提高系统响应速度；k_d 较小是因为要防止开始时偏差 e 的瞬时变大所引起的微分过饱和而使控制作用超出许可范围，系统不受控；k_i 取为 0 是因为要防止变量马达输出轴上的转角位置出现较大的超调。

2）变量马达输出轴上转角位置偏差 e 和转角位置偏差变化率 ec 处于中等大小时，为了

保证转角位置无超调，选取较小的 k_p 值，选取适中的 k_i 值，为了保证系统的响应速度比较快，选取适中的 k_d 值。

3）当变量马达输出轴上转角位置偏差 e 较小时，为了保证高频响电液比例阀控变量马达调桨控制系统稳定且性能较好，应当适当增大 k_p 和 k_i，此时，k_d 值的选取非常重要，它将会影响系统的抗干扰性能和振荡。当位置转角偏差变化率 ec 较大时，k_d 值适当取小一些；相反，当 ec 较小时，k_d 值适当取大一些。

综合以上分析，整合出 k_p、k_i、k_d 的自整定规律，见表 4-7~表 4-9。

模糊推理的方法种类很多，如 CRI 和 FFSI 等方法，采用不同的推理方法所得到的结果略有不同，但是区别不大，本书运用 Mamdani 法进行推理。

表 4-7 k_p 模糊推理规则

k_p : e / ec	NL	NM	NS	ZE	PS	PM	PL
NL	PL	PL	PL	PL	PS	PS	ZE
NM	PL	PL	PL	PL	PS	PS	ZE
NS	PL	PM	PS	PS	ZE	NM	NL
ZE	PS	PS	PS	ZE	NS	NM	NL
PS	PS	PS	ZE	NS	NS	NM	NL
PM	ZE	ZE	NS	NS	NM	NM	NL
PL	ZE	NS	NS	NS	NL	NL	NL

表 4-8 k_i 模糊推理规则

k_i : e / ec	NL	NM	NS	ZE	PS	PM	PL
NL	NL	NL	NL	NL	NL	NM	ZE
NM	NL	NM	NM	NM	NM	NM	ZE
NS	NL	NM	NS	NS	ZE	ZE	PS
ZE	NS	NS	NS	ZE	PS	PS	PS
PS	NS	NS	ZE	PS	PS	PM	PL
PM	ZE	ZE	ZE	PS	PM	PM	PL
PL	ZE	ZE	PS	PS	PL	PL	PL

表 4-9 k_d 模糊推理规则

k_d : e / ec	NL	NM	NS	ZE	PS	PM	PL
NL	PS	PS	ZE	ZE	ZE	ZE	PS
NM	PS	PM	NM	NM	ZE	ZE	PS

（续）

e / k_d / ec	NL	NM	NS	ZE	PS	PM	PL
NS	NL	NM	NL	NS	ZE	ZE	PS
ZE	NL	NM	NL	NS	ZE	ZE	PS
PS	NL	NM	NS	NS	ZE	ZE	PS
PM	PS	PM	NM	NM	ZE	ZE	PS
PL	PS	PS	ZE	ZE	ZE	ZE	PS

（5）清晰化

确定量能够作为控制量，但是推理完成的结果并不是确定量，需要转换来求得清晰的控制量输出。清晰化方法种类比较多，采用哪种方法应该根据具体的实际情况具体分析。例如，中位数法优点在于动态性能好，但是不足之处在于静态性能稍差，根据高频率响应电液比例阀控变量马达调桨控制系统要求的实时性好、平稳的特点，采用最大准则法进行模糊决策。模糊推理的方法种类很多，如 CRI 和 FFSI 等方法，将采用不用的推理方法所得 $k_p(k)$、$k_i(k)$、$k_d(k)$ 经过清晰化后转换成相应的确定量，列表以供查询。系统运行时查表得到的确定输出量经过公式（4-115）进行反变换，即可得到 k_p、k_i、k_d。见表 4-10，给出 k_p 查询表，k_i 和 k_d 模糊控制表与 k_p 计算方法一样。

表 4-10　k_p 查询表

	-6	-5	-4	-3	-2	-1	0	1	2	3	4	5	6
-6	5.4	5.29	5.37	5.36	5.38	5.32	5.38	3.35	2.11	2.03	1.82	1.13	0.16
-5	5.28	5.28	5.28	5.28	5.28	5.28	5.28	3.21	2.15	2.03	1.78	1.03	0.17
-4	5.38	5.29	5.37	5.36	5.38	5.32	5.38	3.35	2.11	2.03	1.82	1.13	0.16
-3	5.28	4.32	4.37	3.41	3.31	3.31	3.31	2.23	1.26	-0.38	-0.56	-0.79	-1.45
-2	5.36	4.32	3.98	3.2	2.12	2.03	2.02	1.2	-1.51		-3.95		-5.16
-1	3.33	3.34	3.16	3.14	2.14	1.18	1.18	0.29	-0.67	-1.57	-3.95	-4.25	-5.06
0	2.15	2.2	2.15	2.15	2.12	1.18	0.19	-0.63	-1.71	-2.61	-3.95	-4.22	-5.16
1	2.03	2.03	2.03	1.16	1.04	0.235	-0.89	-0.92	-1.89	-2.77	-3.95	-4.26	-5.05
2	2.01	2.01	2.01	1.21	0.15	-0.77	-1.97	-2.03	-2.02	-2.76	-3.95		-5.16
3	0.95	0.96	0.95	0.071	-0.90	-1.02	-1.97	-2.89	-3.06	-3.06	-3.96	-4.26	-5.02
4	0.05	-0.22	-0.15	-0.72	-1.89	-2.01	-2	-2.83	-3.86	-3.96	-3.95	-4.22	-5.18
5	0.02	-0.82	-0.99	-0.99	-1.87	-2.01	-2.01	-3.13	-4.2	-4.3	-4.3	-4.3	-5.03
6	0.05	-0.82	-1.98	-2	-2	-2.01	-2	-2.97	-4.97	-5.19	-5.24	-5.24	-5.29

4.4.3　基于模糊 PID 变桨距功率平滑控制仿真验证

根据上一节的分析，设定输入输出的语言变量。确定模糊变量 e、ec 及 k_p、k_i、k_d 的论域并建立其隶属度函数。隶属度函数要求在 0 附近区域模糊变量 e、ec 的三角隶属度函数较密集及陡峭，以达到增加其分辨率的目的，最终增加模糊控制的精细程度。隶属度函数如图 4-39 所示。

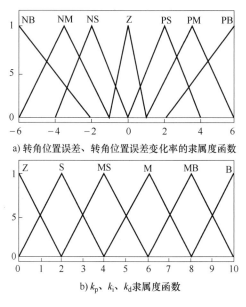

a) 转角位置误差、转角位置误差变化率的隶属度函数

b) k_p、k_i、k_d 隶属度函数

图 4-39 隶属度函数图

阀控变量马达调桨控制系统采用 AMESim 和 MATLAB 联合仿真，AMESim 模型如图 4-40 所示。

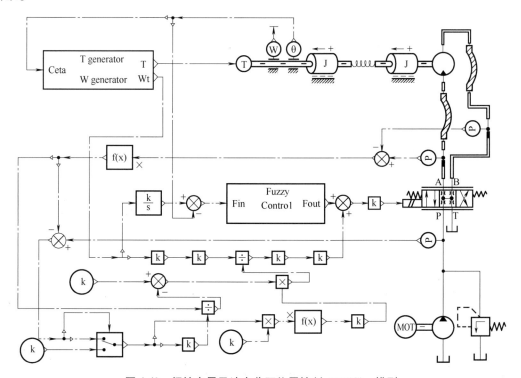

图 4-40 阀控变量马达变桨距位置控制 AMESim 模型

模糊 PID 控制器如图 4-41 所示。

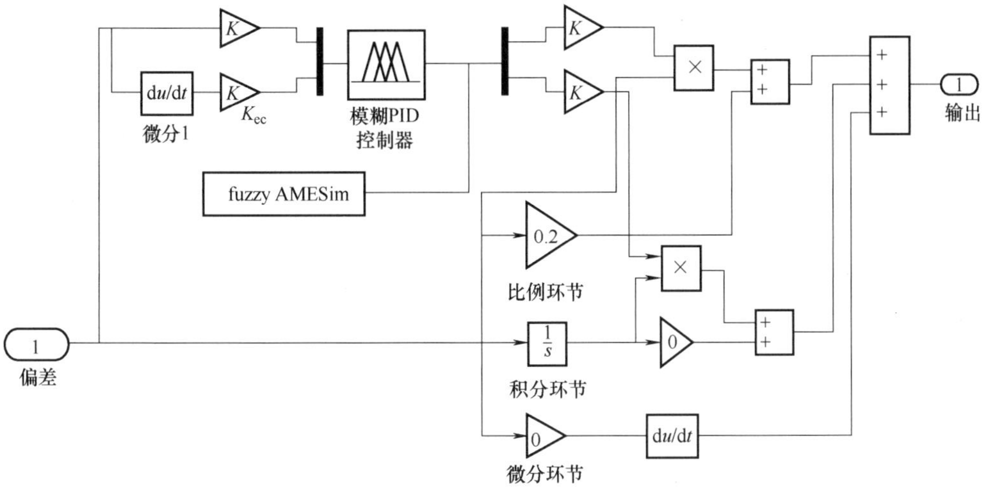

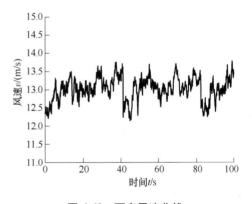

图 4-41　阀控变量马达变桨距位置控制模糊控制器

将高风速条件下的高频响阀控变量马达调桨仿真系统和液压风力发电机主传动系统相结合，把风速数据对应建立起来的桨距角作为给定输入进调桨系统，根据调桨系统特性和模糊 PID 控制算法，得到调桨系统的转角位置响应，返回给液压风力发电机主传动系统，来模拟仿真高风速条件下的变桨距功率平滑控制。

图 4-42 为模拟自然条件下的可变风速。平均风速为 13.5m/s。在与 PI 调桨控制系统同样的风速和系统参数条件下，系统响应曲线如图 4-43 所示。高风速条件下，系统通过调桨控制使泵转速维持在最佳转速 760r/min 左右，基本恒定，系统高压压力基本保持平稳 285bar，斜盘倾角随着风功率的变化动态调整。但是由于调桨会部分弃风的原因，因此，斜盘基本稳定在 0.79 左右小幅动态调整。风能利用系数在低于 13m/s 风速时可以达到最大风能利用系数 0.45，当风速大于 13m/s 调桨介入时，风能利用系数会根据风速增大而相应减小。

图 4-42　可变风速曲线

从图 4-43e 和图 4-43f 可知，经过模糊 PID 调桨控制系统的桨距角响应相比 PI 控制的桨距角振荡小，曲线平滑、稳定。从图 4-43g 和图 4-44h 可以看出，经过模糊 PID 调桨控制的液压型风力发电机组功率输出虽然比 PI 控制器功率输出有所减少，但是功率输出更稳定，振荡小。最大偏差量为 0.5kW，相比于传统的 PI 控制器减小了一半。很小的功率损失换来更高质量的电能对电网来说是非常值得的。这是因为模糊 PID 控制系统相对于 PI 控制系统来说，具有很强的自适应能力。PI 控制系统中的控制参数需要预先进行整定，并且在整个控制过程中一直不变，而实际控制系统在工作过程中为了达到较好的控制效果，控制参数需随时进行调整。由于 PI 控制系统在控制过程中不能实现对控制参数的实时调节，所以控制系统很容易出现超调，发生振荡，达不到理想的控制效果。而模糊 PID 控制系统在控制过程中可以对 PI 控制参数进行在线整定，克服了 PI 控制系统不能在线实时整定控制参数的缺陷，从而能够更好地对调桨系统进行参数调节。通过提高调桨系统的性能来达到系统在高风速条件下通过变桨控制达到功率平滑控制的目的，减小了系统输出的功率波动，减少了谐波分量，提高了电能质量。

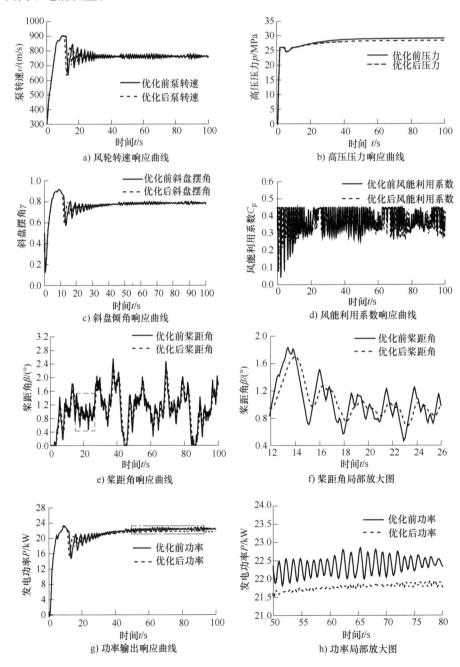

图 4-43　基于模糊 PID 调桨控制下的系统响应曲线

4.5　本章小结

　　本章从能量分配的角度定性定量分析了液压型风力发电机组功率控制的必要性，简要介绍了液压型风力发电机组的功率控制思想和功率控制策略研究现状。从液压系统特性角度出发，分析了液压系统功率波动的主要来源，建立了管道模型和系统传递函数，利用 AMESim 仿真平台分析了系统主要参数对传输功率的影响，主要介绍了管长、管径、油液密度、油液运动黏度、油液体积弹性模量对系统传输功率的影响特性。进而，根据同步发电机功角特性，分析了液压型风力发电机组有功功率的控制方法和液压系统的功率传输特性，给出了系统压力对变量马达摆角传递函数和系统功率对变量马达摆角传递函数。为了实现功率响应的一致性控制，从系统相乘非线性出发，分析并给出了功率传输系统稳定调整传输功率的工作区域和功率响应纯滞后现象的原因，介绍了基于系统压力和变量马达摆角的功率增益在线调整方法。最后，针对高风速条件下的变桨功率平滑控制，分析了工程中常用的 PI 调桨控制策略，说明 PI 控制器虽然能够满足额定工况的风力发电机功率输出，但是 PI 参数固定，其功率波动会影响发电电能质量。介绍了基于模糊 PID 的高频响阀控变量马达调桨控制系统的功率平滑控制策略，通过仿真验证了所用方法的有效性。

参考文献

[1] 乌建中，赵媛. 液压传动风力发电机并网转速控制研究 [J]. 流体传动与控制，2013（1）：7-10.

[2] CHOWDHURY M A, HOSSEINZADEH N, SHEN W X. Smoothing wind power fluctuations by fuzzy logic pitch angle controller [J]. Renewable Energy，2012（38）：224-233.

[3] TAKAHASHI R, KINOSHITA H, MURATA T, et al. Output Power Smoothing and Hydrogen Production by Using Variable Speed Wind Generators [J]. IEEE Transactions On Industrial Electronics，2010，57（2）：485-493.

[4] ABEDINI A, NASIRI A. Power Output Power Smoothing for Wind Turbine Permanent Magnet Synchronous Generators Using Rotor Inertia [J]. Electric Power Components and Systems，2009，37：1-19.

[5] 张刚. 液压型风力发电机组主传动系统功率控制研究 [D]. 秦皇岛：燕山大学，2012：23-25.

[6] 艾超. 液压型风力发电机组转速控制和功率控制研究 [D]. 秦皇岛：燕山大学，2012.

[7] 廖利辉. 液压型风力发电机组最佳功率追踪控制方法研究 [D]. 秦皇岛：燕山大学，2014.

[8] 张寅. 液压型风力发电机组功率平滑控制研究 [D]. 秦皇岛：燕山大学，2016.

[9] 李昊. 液压型风力发电机组阀控变量马达变桨距控制理论与实验研究 [D]. 秦皇岛：燕山大学，2013.

第**5**章 液压型风力发电机组最佳功率 追踪控制技术

5.1 液压型风力发电机组最佳功率追踪概述

通过对风力机输出特性分析可知，在某一风速下，风力机有一个吸收功率最大点，称之为最佳功率点。风力机最佳功率追踪（MPPT）的目的就是使风力机在最短的时间内追踪调整到最大功率点并稳定在该点工作，从而最大量捕获风能，使风力发电机组尽可能多地产生电能。

5.1.1 液压型风力发电机组能量传递方式

风力发电机组最佳功率追踪过程与能量的转换过程紧密相关。风力机吸收风能，将风能转换为风力机动能，液压系统将风力机的动能转换成液压能，再将液压能转换成机械能送给发电机，发电机最终将机械能转换成电能，图 5-1 给出了该过程中能量传递和转化的过程。风力发电机组在运行时，有图 5-2 所示的三种能量传递关系。

图 5-2a 中，表示风力机捕获的能量全部传递给液压系统，同时风力机动能的一部分也传递给液压系统，此时发电机产生的电能高于风力机捕获的能量，风力机处于减速状态；图 5-2b 表示风力机捕获的能量一部分传递给液压系统，另一部分传递给风力机转换成风力机的动能，此时发电机产生的电能低于风力机捕获的能量，风力机处于加速状态；图 5-2c 表示风力机捕获的能量全部传递给液压系统，风力机的动能保持不变，此时发电机产生的电能等于风力机捕获的能量，风力机处于匀速旋转状态。

根据图 5-2 所示的能量传递关系可知，当风速变化时，要控制风力机快速运行到最大功率点实现最佳功率追踪，就是要控制风力机的转速快速运行到最佳转速，追踪最佳叶尖速比，因此风力机最佳功率追踪的本质是控制风力机达到最佳转速。

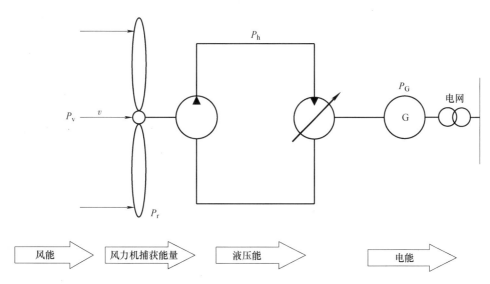

图 5-1　风力发电机组能量传递与转换过程

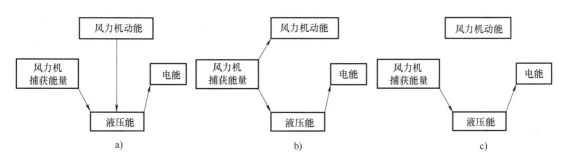

图 5-2　风力发电机组能量传递关系

5.1.2　液压型风力发电机组最佳功率追踪方法研究意义

目前最佳功率追踪方法主要有叶尖速比法（TSR）、功率信号反馈法（PSF）和爬坡搜索法（HCS）等常规方法[1-3]，但常规的最佳功率追踪方法一般都是结合变流器和逆变器来实现的，而本章研究的液压型风力发电机组的液压传动系统具有减速比可调的柔性传动特性，并且在这种传动方式下不使用其他类型的风力发电机组所必须使用的变流器和逆变器，因此传统的最佳功率追踪方法与液压型风力发电机组不再完全匹配。为实现液压型风力发电机组的高风能利用率的控制目标，实现液压型机组的广泛应用，因此本章旨在结合液压型风力发电机组的传动特点，寻求一种新的适用于液压型风力发电机组的最佳功率追踪方法。

5.2　基于古典控制理论的最佳功率追踪方法

5.2.1　变步长的最佳功率追踪控制方法

5.2.1.1　风力机转速控制特点

最佳功率追踪问题实质是风力机转速控制问题。液压型风力发电机组工作时，风力机受力如图 5-3 所示。

风力机的角加速度可表示为

$$\dot{\omega}_r = \alpha = \frac{T_r - T_p}{J} \qquad (5\text{-}1)$$

式中　α——风力机角加速度，单位为 $\mathrm{rad/s^2}$。

由于风力机转动惯量很大，所以对风力机转速控制的核心是在特定风速、风力机气动转矩条件下，控制定量泵的转矩，使风力机具有合理的角加速度，从而实现风力机转速的控制。

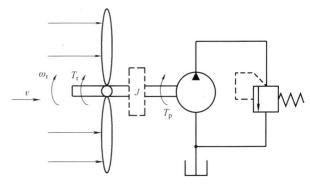

图 5-3　风力机受力分析

由于机组在进行最佳功率追踪过程期间，定量泵-变量马达液压系统只有变量马达排量一个可调参量，如图 5-4 所示。

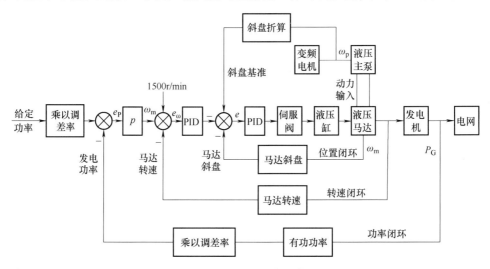

图 5-4　仿真和实验系统功率控制框图

由图 5-4 可知，发电机有功功率控制作为外环，发电机转速控制作为中间环，变量马达摆角控制作为内环，所以风力机的转速控制也需要通过变量马达排量调整来实现[4]。

风力机转速通过控制发电功率间接控制，也就是通过检测风速、风力机转速和发电功率，根据目标转速计算功率给定值，风力机转速控制框图如图 5-5 所示。

风力机转速控制从传输功率上分析是控制发电功率与风力机吸收的风功率之间的大小关系，从受力角度分析是控制气动转矩与负载转矩之间的关系。由风力机受力分析可知，对风力机转速控制，本质是对风力机角加速度的实时控制。

在一定风速下，风力机有 7 个可能的运行工作点，如图 5-6 所示，其中 B、D、F 可以稳定工作，A、G 两点为风力机加速旋转状态，C、E 两点为风力机减速旋转状态。

图 5-7 描述的是发电机在工作点 A 并网后，风力机最佳功率追踪的一种目标轨迹。风速由 v_1 变到 v_3，然后变到 v_2，最后变回 v_1 的过程，风力机工作点为 $A \to B$，$B \to 1$，$1 \to C$，$C \to 3$，$3 \to D$，$D \to 2$，$2 \to E$，$E \to 1$，这样就实现了最佳功率追踪。

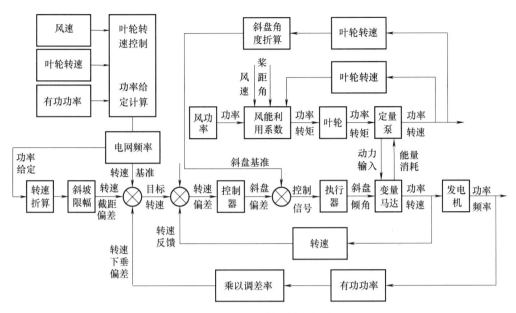

图 5-5　风力机转速控制框图

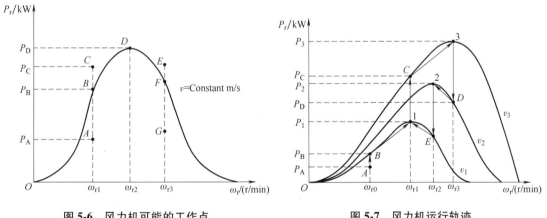

图 5-6　风力机可能的工作点　　　　图 5-7　风力机运行轨迹

5.2.1.2　控制思想阐述

液压型风力发电机组在工作时，是利用转速功率下垂特性，实现发电机发电功率控制的。可通过比较风力机功率与发电功率、风力机转速与最佳转速，并判断风力机的工作状态，给出合理的功率给定值，实现最佳功率追踪的功能。针对液压型风力发电机组的特性，下面提出了一种适用于液压型风力发电机组的最佳功率控制方法。

风力机转速记为 ω_r，一定风速 v 对应的风力机最佳转速记为 ω_r^*，风力机转速与最佳值的差值记为 $\Delta\omega_r = \omega_r^* - \omega_r$，风力机转速的加速度记为 $d\omega_r/dt$，则风力机可工作于 A、B、C、D 以功率最高点为圆心、δ_0 为半径的圆中，共五个工作区域，如图 5-8 所示。当 $|\Delta\omega_r| > \delta_0$ 时，风力机处于快速调整阶段，风力机快速接近最佳功率点，基本控制思想如下：

当风力机运行于 A 点时，根据平均风速、风力机角加速度大小和方向，计算功率给定值，使风力机加速旋转，并控制角加速度在合理范围内。

液压型风力发电机组控制技术

当风力机运行于 B 点时，根据平均风速、风力机角加速度大小和方向，计算功率给定值，使风力机减速旋转，并控制角加速度在合理范围内。

当风力机运行于 C 点时，根据平均风速、风力机角加速度大小和方向，计算功率给定值，使风力机减速旋转，并控制角加速度在合理范围内。

当风力机运行于 D 点时，根据平均风速、风力机角加速度大小和方向，计算功率给定值，使风力机加速旋转，并控制角加速度在合理范围内。

风力机工况轨迹如图 5-9 所示。为了保证风力机能够快速运行到最佳功率点附近，当风力机运行于图 5-8 中 A、B、C、D 四个区域时，首先以功率调整的方式，近似垂直地进入风力机倾斜功率快速调整运行区和水平功率快速调整运行区。当在倾斜功率调整运行区时，风力机以合理加速度运行到慢速调整工作区（δ_0 邻域）边缘；而当在水平功率调整区时，控制发电功率稍低于理论最佳功率，使风力机逐渐减速接近慢速调整工作区边缘，这一过程风力机加速度随着接近最佳功率点而逐渐变小。

风力机快速调整运行区中心线是通过检测风速和风力机转速理论计算得来的，并根据风力机的角加速度在线修正。当 $|\Delta\omega_r|<\delta_0$ 时，风力机处于慢速调整阶段，慢速接近最佳功率点，精确逼近最佳功率点阶段。

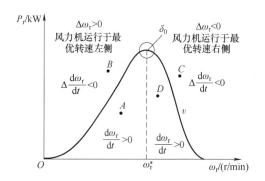

图 5-8　风力机工作区域图

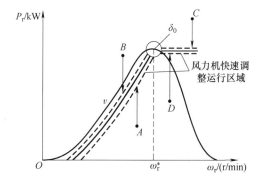

图 5-9　风力机运行工况轨迹图

由于风速检测难于准确、风力机特性难于实现理论精确计算、液压系统长时间工作时工作点偏移等因素的影响，风力机最佳功率点难于准确计算，所以设定一个 δ_0 邻域，当风力机进入该区域后进行精确追踪最佳功率控制。

如图 5-10 所示，将风力机慢速调整运行区分为 1、2、3、4 四个区域和一条曲线，针对每个区域和曲线的运行工况，判断给出风力机发电功率的调整值，实现最佳功率追踪功能，下面分别进行运行工况讨论。当风力机运行于第 1 区域时，风力机加速旋转，发电功率和风力机转速可同时提高；当风力机运行于第 2 区域时，风力机减速旋转，当发电功率不变时，风

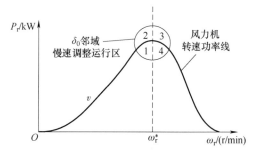

图 5-10　风力机慢速调整运行区

140

力机旋转减速度增加；当风力机运行于第 3 区域时，风力机减速旋转，当发电功率不变时，风力机旋转减速度降低；当风力机运行于第 4 区域时，风力机加速旋转，当发电功率不变时，风力机旋转加速度降低；当风力机运行于转速功率曲线上时，风力机转速不变，当发电功率不变时，风力机旋转加速度为零。

图 5-11 给出了功率调整值符号判断方法，当功率给定值不变时，观察风力机的转速变化方向和加速度绝对值变化大小，当风力机转速变大，旋转加速度也变大时，风力机运行于符号判断坐标系第一象限，对应于风力机慢速运行区域 1，此时风力机加速旋转，不调整发电功率，调整值为零，风力机向第 4 工作区运动。第二象限对应于风力机慢速运行区域 2，此时风力机减速旋转，应降低发电功率，给定调整值为负值，使风力机向第 1 工作区运动。第三象限对应区域 3，此时风力机减速运行，不调整发电功率，调整值为零，风力机向第 2 工作区运动。第四象限对应区域 4，此时风力机减速运行，增加发电功率，给定调整值为正值，风力机向第 2 工作区运动。原点对应转速功率曲线，此时风力机转速不变，加速度为零，应提高发电功率，给定调值为正值。

由于转速功率曲线在以最佳转速为中心的一个小邻域内时，发电功率变化缓慢，所以可以将最佳功率转速为中心的一个小区域认为是最佳功率区，如图 5-12 所示。

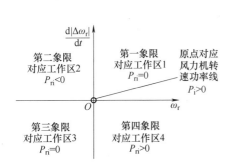

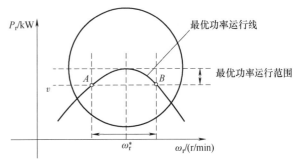

图 5-11　风力机慢速调整功率给定符号判断方法　　　　**图 5-12　最佳功率运行范围**

风力机稳定运行时，是一种平衡状态，所以稳定时风力机应工作于最佳功率曲线 AB 之间的一点上，当风力机进入最佳功率运行范围，并稳定工作于最佳功率运行曲线上时，最佳功率追踪即完成。慢速调整过程中，功率给定步长是与最佳功率运行范围有关的，功率调整时间间隔是与风力机转动惯量和液压系统响应特性有关的。

图 5-13 是风力机工作在慢速调整区追踪最佳功率的四种典型过程。图 5-13a、b、c、d 分别为风力机运行于区域 1、2、3、4 时，追踪最佳功率的过程。

由于风力机运行于最佳功率点附近时，发电功率与转速功率特性曲线距离较近，所以风力机加速度绝对值较小，在风力机调整发电功率值时，理论上可认为风力机转速没有变化，实际工况中，风力机转速虽有变化，但不影响最佳功率追踪的快速性、稳定性和准确性。

分析风力机缓慢调整区域典型最佳功率追踪轨迹可知，只要风力机连续两次进入区域 4，风力机即可到达最佳功率点附近区域，可以认为已经完成最佳功率追踪，风力机工作在最佳功率运行线上。

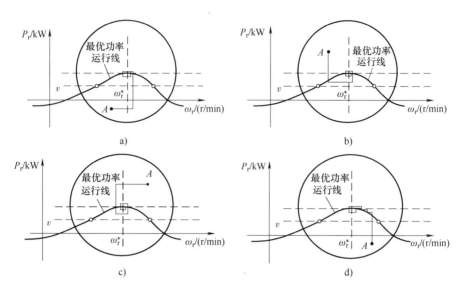

图 5-13 风力机缓慢调整区域典型最佳功率追踪轨迹

5.2.1.3 仿真与实验验证

最佳功率追踪控制仿真过程是通过在主控制器中加入功率追踪控制算法来完成的，该算法的主要功能是计算风力机目标运行轨迹，给出控制目标值，并检测风力机运行工作点，判断风力机处于何种工作状态，从而给出正确的控制目标调整值。实验采用图 5-14 所示流程控制实现最佳功率追踪。

该最佳功率追踪控制算法选用 MATLAB/Simulink 中的 S-Function Builder 模块建立控制程序，用 C 语言编写程序实现控制算法。

依托 48kW 液压型风力发电机仿真模拟实验平台，根据流程图 5-14（CMT1000-5.0 参数设置界面）建立实验控制程序，选用 MATLAB/Simulink 中的 S-Function Builder 模块建立控制程序，用 C 语言编写程序实现控制算法，进行实验研究。

风速从 7m/s 变化到 8m/s 时，仿真和实验曲线分别如图 5-15 和图 5-16 所示。风速从 8m/s 变化到 7m/s 时，仿真和实验曲线分别如图 5-17 和图 5-18 所示。

当风速从 7m/s 变化到 8m/s 最佳功率追踪完成时，系统的压力达到平衡，系统发电功率稳定在 6.5kW 左右，与模拟风力机在 8m/s 风速时的最大功率相等，如图 5-19（模拟风力机输出功率特性曲线）上侧虚线交点所示。同理，当风速从 8m/s 变化到 7m/s 最佳功率追踪完成时，系统的压力达到平衡，系统发电功率稳定在 4.2kW 左右，与模拟风力机在 7m/s 风速时的最大功率相等，如图 5-19 下侧虚线交点所示。

实验结果说明，提出的最佳功率追踪控制方法能够实现最佳功率追踪功能。

5.2.2 直接发电功率控制的最佳功率追踪方法

5.2.2.1 控制思想

风力发电机组最佳功率追踪的实质既可以看成是对风力机转速的主动控制问题，也可以看成是对机组发电功率的主动控制问题，因此，可以尝试通过直接控制机组的发电功率来实现最佳功率追踪控制。在直接发电功率控制的最佳功率追踪方法中，以发电功率为控制目

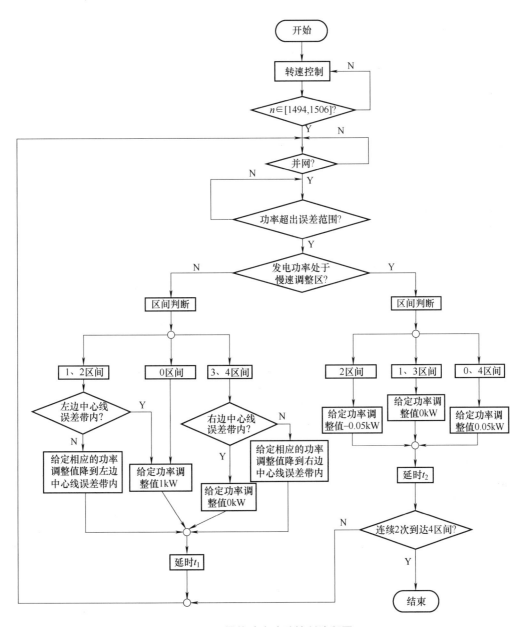

图 5-14　最佳功率追踪控制流程图

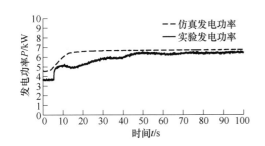

图 5-15　功率追踪过程发电功率变化曲线

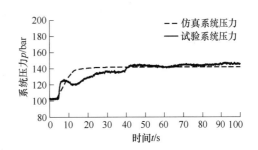

图 5-16　功率追踪过程系统压力变化曲线

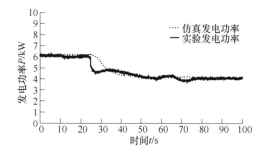

图 5-17　功率追踪过程发电功率变化曲线

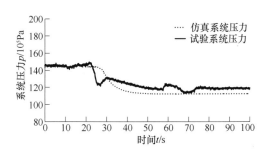

图 5-18　功率追踪过程系统压力变化曲线

标，在功率调整的过程中通过系统的压力
改变作用在定量泵主轴上的负载力矩，从
而间接控制定量泵（风力机）的转速[5]。

　　在直接发电功率控制的最佳功率追踪
方法中，系统主要包括三个控制环，即斜
盘的位置基准控制环、马达的转速控制环
和发电功率控制环。三个控制环中，斜盘
的位置基准控制环是由检测的泵的转速根
据"流量匹配"的原理计算得出的，其作
用是初步控制马达工作在同步转速附近；
马达的转速控制环是由 1500r/min 的同步
转速与马达的实际转速比较后的偏差经控

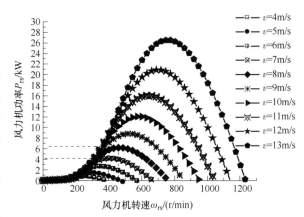

图 5-19　模拟风力机输出功率特性曲线

制器调整形成的马达斜盘微调量，其作用是控制变量马达精确工作在同步转速，实现准同期并
网[4,6]；而发电功率控制环则是由检测的泵转速 ω 根据最佳叶尖速比 λ_{opt} 和最大风能利用系数
C_{pmax} 计算出的最佳发电功率 P_{Gmax} 作为参考值，并与检测的实际发电功率 P_G 进行比较，形成偏
差并经控制器调整形成斜盘位置的补偿量，对发电功率进行控制，其控制框图如图 5-20 所示。

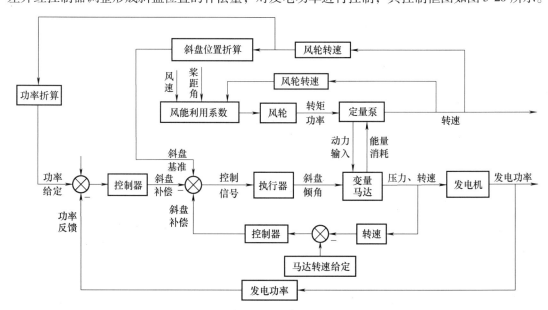

图 5-20　发电功率控制的最佳功率追踪方法控制框图

其中，参考功率即最佳发电功率给定值是根据风力机的转速计算出的，具体计算方法如下：

在某一特定风速 v 下，风力机吸收的最大风功率为

$$P_{rmax} = \frac{1}{2}\rho\pi R^2 v^3 C_{pmax} \tag{5-2}$$

风力机的转速 ω_r 与风速 v 有如下关系

$$\omega_r = \frac{v\lambda_{opt}}{R} \tag{5-3}$$

联立式（5-2）和式（5-3）可得风力机吸收的最大风功率与风力机转速（定量泵转速）的关系

$$P_{rmax} = \frac{\rho\pi R^5 C_{pmax}}{2\lambda_{opt}^3}\omega^3 = K_P\omega_r^3 \tag{5-4}$$

其中，$K_P = \dfrac{\rho\pi R^5 C_{pmax}}{2\lambda_{opt}^3}$ 定义为最佳功率系数。

由于该表达式的值是风力机在每一转速下的最佳功率点，因此，在风力机的输出功率特性 P_r-ω_r 曲线中，该表达式即描述了最佳功率 P_{rmax}-ω_r 曲线，风力发电机组在最佳功率追踪过程中，若控制发电功率按照该最佳功率曲线变化即可快速完成最佳功率追踪过程，并使风力发电机组最终稳定在对应风速下的最佳功率点运行。

5.2.2.2　控制原理

直接发电功率控制的最佳功率追踪方法原理如图 5-21 所示，其追踪过程如下：

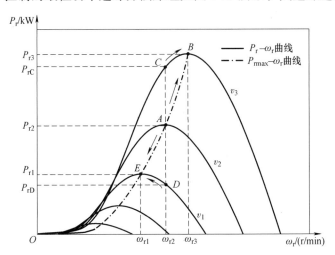

图 5-21　直接发电功率控制的最佳功率追踪方法示意图

假设风速 $v_1 < v_2 < v_3$，E、A、B 三点分别为三种风速下的最佳功率点，风速初始时为 v_2，风力发电机组初始时稳定工作在 v_2 风速时的最佳功率点 A 点。

当风速由 v_2 增大为 v_3 时，由于风力机转速不可能突变，故此时风力机输入功率为 C 点对应功率 P_{rC}，而发电功率给定值为 A 点对应的功率 P_{r2}；由于在 B 点之前风力机输入功率始终大于发电功率给定值，因此风力机将加速，且随着风力机转速的增加，风力机输入功率沿

着 v_3 风速时的 P_r-ω_r 曲线由 C 点运动到最佳功率点 B 点，而实际发电功率则沿着发电功率给定值（P_{rmax}-ω_r 曲线）由 A 点运动到最佳功率点 B 点，并且在 B 点风力机输入功率等于发电功率给定值，系统重新达到平衡，此时即完成了风速由 v_2 增大为 v_3 时的最佳功率追踪过程。

同理，当风速由 v_2 减小为 v_1 时，由于风力机转速不可能突变，故此时风力机输入功率为 D 点对应功率 P_{rD}，而发电功率给定值为 A 点对应的功率 P_{r2}；由于在 E 点之前风力机输入功率始终小于发电功率给定值，因此风力机将减速，且随着风力机转速的减小，风力机输入功率沿着 v_1 风速时的 P_r-ω_r 曲线由 D 点运动到最佳功率点 E 点，而实际发电功率则沿着发电功率给定值（P_{rmax}-ω_r 曲线）由 A 点运动到最佳功率点 E 点，并且在 E 点风力机输入功率等于发电功率给定值，系统重新达到平衡，此时即完成了风速由 v_2 减小为 v_1 时的最佳功率追踪过程。

通过上面的原理分析可知，直接发电功率控制的最佳功率追踪方法能够使风力发电机组自动地追踪最佳功率点，当忽略风力发电机组效率的影响时，理论上是一种较好的最佳功率追踪方法。

上述直接发电功率控制的最佳功率追踪方法理论上虽然可行，但该方法在分析时没有考虑到效率的影响，即认为风力发电机组把风力机吸收的风能 100% 地转化为电能，这显然分析得不够全面，因此有必要分析效率对该最佳功率追踪方法的影响。

图 5-22 所示的液压型风力发电机组能量流动图表示了液压型风力发电机组中吸收的风能最终转化为电能的整个能量流动过程，从图中可以看出，在能量流动转化的过程中有两种主要能量损失，即液压传动系统损失的能量和发电机损失的能量，其中液压传动系统损失的能量主要包括容积损失和油液发热损失，而发电机损失的能量主要包括机械损失和电磁损失。正是由于存在这些不可避免的能量损失，风力机吸收的风能不可能完全转化为电能，也即存在风电转化效率问题。

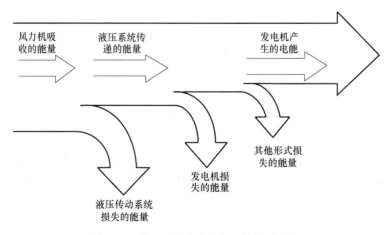

图 5-22 液压型风力发电机组能量流动图

当考虑到效率的影响时，上述介绍的直接发电功率控制的最佳功率追踪方法虽然也能进行功率追踪，但追踪到的最终稳定点不再是最佳功率点，而是向左稍偏离了最佳功率点，也即功率追踪的准确性受到效率的影响，其追踪方法示意图如图 5-23 所示，具体追踪过程如下：

假设风力机吸收的风能用 P_r 表示，风力机输入的可利用功率用 P_a 表示，风力发电机组的总效率用 η 表示，由于 $0<\eta<1$，则有

$$P_a = P_r\eta < P_r \tag{5-5}$$

上式说明由于效率的影响，风力机输入的可利用功率 P_a 低于风力机吸收的风能 P_r，如图 5-23 中的虚线所示。

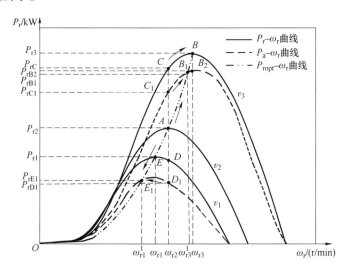

图 5-23　考虑效率时直接发电功率控制的最佳功率追踪方法示意图

由于直接发电功率控制的最佳功率追踪方法中，发电功率给定值是 P_{ropt}-ω 曲线上对应于风力机每一转速下的功率值，因此当风速变化时，风力发电机组进行功率追踪时，最终的稳定点将由图 5-23 中原来的 P_r-ω_r 曲线和 P_{ropt}-ω_r 曲线的交点变为 P_a-ω_r 曲线和 P_{ropt}-ω_r 曲线的交点，即两曲线在达到最佳功率点之前就相交了，从而使得直接发电功率控制的最佳功率追踪方法的准确性受到影响。

考虑效率时，直接发电功率控制的最佳功率追踪方法追踪过程如下：

假设风速 $v_1<v_2<v_3$，图 5-23 中的 E_1、A、B_1 三点分别为 P_r-ω_r 曲线与 P_{ropt}-ω_r 曲线的交点，风速初始时为 v_2，风力发电机组初始时稳定在 v_2 风速时的最佳功率点 A 点。

当风速由 v_2 增大为 v_3 时，由于风力机转速不能突变，故此时风力机输入的可利用功率为 C_1 点对应功率 P_{rC1}，而发电功率给定值为 A 点对应的功率 P_{r2}；由于在 B_1 点之前风力机输入的可利用功率始终大于发电功率给定值，因此风力机将加速，且随着风力机转速的增加，风力机输入的可利用功率沿着 v_3 风速时的 P_a-ω_r 曲线由 C_1 点运动到 B_1 点，而实际发电功率则沿着发电功率给定值（P_{ropt}-ω_r 曲线）由 A 点运动到 B_1 点，并且在 B_1 点风力机输入的可利用功率等于发电功率给定值，系统重新达到平衡，此时即完成了风速由 v_2 增大为 v_3 时的最佳功率追踪过程。

同理，当风速由 v_2 减小为 v_1 时，由于风力机转速不能突变，故此时风力机输入的可利用功率为 D_1 点对应功率 P_{rD1}，而发电功率给定值为 A 点对应的功率 P_{r2}；由于在 E_1 点之前

风力机输入的可利用功率始终小于发电功率给定值，因此风力机将减速，且随着风力机转速的减小，这种给定方法将使系统由 A 点沿着 P_a-ω_r 曲线运动到 E_1 点，并且在 E_1 点等于发电功率给定值，系统重新达到平衡，此时即完成了风速由 v_2 减小为 v_1 时的最佳功率追踪过程。

结合上述分析，从图 5-23 可以明显地看出，当考虑效率的影响时，直接发电功率控制的最佳功率追踪过程完成时，系统最终追踪到的功率点不是风力机最佳转速对应的最佳功率点，而是稍向左偏离了最佳功率点，因此在实际应用中，若采用直接发电功率控制的最佳功率追踪方法，其追踪的准确性将受到机组效率的影响。

5.2.2.3　仿真与实验验证

依托 48kW 液压型风力发电机组实验平台和图 5-20 所示的仿真平台，采用直接发电功率控制的最佳功率追踪方法，在阶跃风速作用下进行实验研究，所得结果如图 5-24 所示。

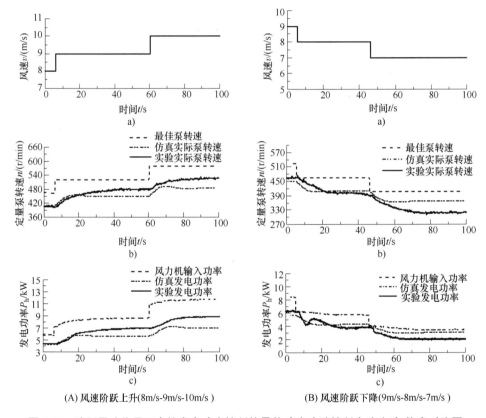

图 5-24　阶跃风速作用下直接发电功率控制的最佳功率追踪控制方法实验-仿真对比图

从上述实验和仿真结果的对比图中可以看出，实验曲线与仿真曲线具有相同的变化趋势，即随着风速的变化，无论是泵转速还是发电功率都能跟随风速变化，说明系统在控制作用下能够进行最佳功率追踪，但追踪过程完成时，系统最终的稳定点偏离了风力机最佳转速点，也即偏离了最佳功率点，这一结果主要是由于机组的整机效率的影响使得给定功率曲线与风力机输入的可利用功率曲线提前相交所致。因此，在工程实际中，若采用直接发电功率控制的最佳功率追踪控制方法进行功率追踪，系统效率的影响较大，最佳功率追踪效果较差。

5.2.3 发电功率和风力机转速联合控制的最佳功率追踪方法

5.2.3.1 控制思想

由上述 5.2.1.2 节的分析可知，采用直接发电功率控制的最佳功率追踪方法，系统最终追踪到的功率点向左偏离了最佳功率点，也即风力机最终不是稳定在最佳转速上。

$$P = K_m \omega_m (\gamma p_{h0} + p_h \gamma_0) = K_m \omega_m p_{h0} \gamma - \frac{K_m^2 \omega_m^2 \gamma_0}{C_t + \frac{V_0}{\beta_e} s} \gamma + \frac{K_m \omega_m D_p \gamma_0}{C_t + \frac{V_0}{\beta_e} s} \omega_p$$

机组并网运行时，斜盘位置的变化和定量泵转速的变化都会引起发电功率的变化，因此可考虑在直接发电功率控制的基础上加上风力机转速控制闭环，使风力发电机组在功率追踪的过程中，发电功率和风力机转速都得以控制，最终使风力发电机组最佳功率追踪完成时稳定在最佳转速对应的风力机输入的最大可利用功率点，也即最佳发电功率点。

基于上述分析，本节提出了发电功率和风力机转速联合控制的最佳功率追踪方法，该方法同时兼顾了风力机转速（定量泵转速）和发电功率的控制[5]。

在这种最佳功率追踪方法中，风力发电机组主要包括四个控制环，即斜盘的位置基准控制环、马达的转速控制环、风力机的转速控制环和发电功率控制环，其控制框图如图 5-25 所示。在四个控制环中，斜盘的位置控制环、马达的转速控制环和发电功率控制环的构成及作用与 5.2.1.2 节中介绍的相同，而泵转速控制环则是由检测的风速 v 根据最佳叶尖速比 λ_{opt} 计算的最佳泵转速 ω_{popt} 作为参考值，并与检测的实际泵转速进行比较，形成偏差并经风力机转速控制器调整形成斜盘位置的补偿量，对泵转速进行控制，其作用是根据风速的变化实时控制风力机工作在最佳转速。采用这种方法，同时对风力机转速和发电功率进行控制，既能精确地控制风力机的转速，又能快速地完成最佳功率追踪过程，从而避免了 5.2.1.2 节中直接发电功率控制的最佳功率追踪方法的不足之处。

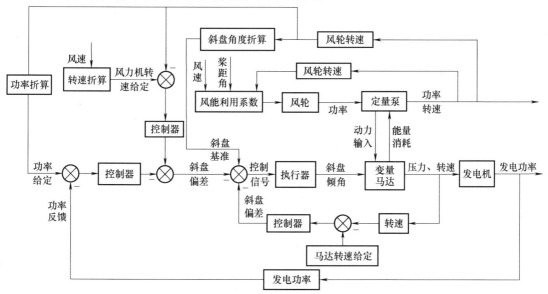

图 5-25 发电功率和风力机转速联合控制的最佳功率追踪方法控制框图

该最佳功率追踪方法在并网之前，也是先通过斜盘位置基准控制环和马达转速环控制马达转速实现发电机的准同期并网；并网完成后，即可投入定量泵转速控制环和功率控制环，共同进行最佳功率追踪控制。

该方法具体的追踪过程与 5.2.1.2 节介绍的直接发电功率控制的最佳功率追踪方法大体相同，只是在最佳功率追踪完成时，风力发电机组稳定在最佳转速对应的实际可达最大发电功率点，克服了直接发电功率控制的最佳功率追踪方法的不足之处。这种最佳功率追踪方法在实现时为了避免风力机转速控制环和发电功率控制环互调失稳，两控制环的 PID 参数设置应注意，为了精确控制风力机的转速，风力机转速控制环的参数中应有积分环节，而发电功率控制环的参数中则不能用积分环节。正是由于风力机转速控制环中积分环节的作用，风力发电机组在完成最佳功率追踪时能够精确地稳定在最佳转速上，而发电功率给定值此时必然大于实际发电功率值，若设最终风速为 v_3，则功率追踪过程完成后，系统最终将稳定在如图 5-23 中的 B_2 点，即此时风力机转速为最佳转速 ω_{r3}，发电功率为 B_2 点对应的功率值 P_{rB2}，与功率给定值 P_{r3} 之间存在一定的偏差，因此，这种最佳功率追踪方法对功率是有差控制，对转速是无差控制。

从上述发电功率和风力机转速联合控制的最佳功率追踪方法的分析可知，该方法功率追踪结束时不仅使风力机运行在最佳转速点以尽量多地吸收风能，同时还使发电机尽可能多地发出电能，因此克服了直接发电功率控制的最佳功率追踪方法的不足。

5.2.3.2 仿真与实验验证

依托 24kW 液压型风力发电机组实验平台和图 5-25 所示的控制框图，采用发电功率和风力机转速联合控制的最佳功率追踪方法，在阶跃风速与波动风速作用下分别进行实验和仿真研究。

在阶跃风速作用下，采用发电功率和风力机转速联合控制的最佳功率追踪控制方法进行功率追踪，仿真和实验所得结果如图 5-26 所示。

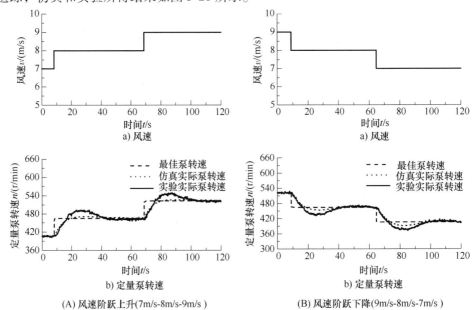

图 5-26　阶跃风速作用下发电功率和风力机转速联合控制的最佳功率追踪控制方法实验-仿真对比结果

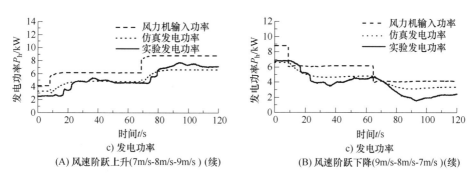

图 5-26 阶跃风速作用下发电功率和风力机转速联合控制的最佳功率追踪控制方法实验-仿真对比结果（续）

在波动风速作用下，采用发电功率和风力机转速联合控制的最佳功率追踪控制方法进行功率追踪，实验所得结果如图 5-27 所示。

分析上述三组实验-仿真对比结果可知，采用发电功率和风力机转速联合控制的最佳功率追踪控制方法进行功率追踪时，随着风速的变化，系统能够准确地跟随风速变化进行最佳功率追踪，即追踪过程完成时，系统最终的稳定点与风力机最佳转速点重合，但实际发电功率曲线低于风力机输入功率曲线，分析其原因可知，产生这一结果主要是由于系统整机效率的影响使得风力机输入的功率损失了一部分而无法全部转化为电能所致。

将该方法的实验结果图 5-26 与直接发电功率控制的最佳功率追踪方法的实验结果图 5-24 进行比较，得到不同风速下最佳功率追踪过程结束时的发电功率如图 5-28 所示，由图可知，采用该方法进行最佳功

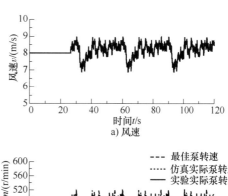

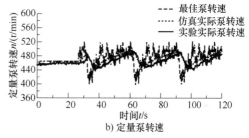

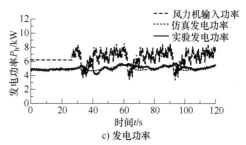

图 5-27 波动风速作用下发电功率和风力机转速联合控制的最佳功率追踪控制方法实验-仿真对比曲线

率追踪的效果较直接发电功率控制的最佳功率追踪方法的追踪效果确实有较大的改善，发电功率得到了显著的提高。

因此，在工程实际中，若采用发电功率和风力机转速联合控制的最佳功率追踪控制方法进行功率追踪，系统能够精确地追踪到最佳功率点，追踪效果较好。

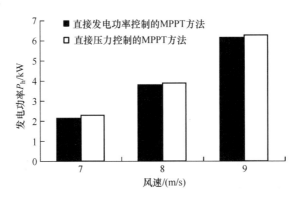

图 5-28　直接发电功率控制的最佳功率追踪方法的实验结果与风力机转速和
发电功率联合控制的最佳功率追踪方法的实验结果比较图

5.2.4　直接压力控制的最佳功率追踪方法

5.2.4.1　控制思想

由于液压型风力发电机组工作时液压主传动系统中只有变量马达斜盘位置是可控量，故所有的最佳功率追踪方法最终都是通过控制斜盘位置来实现的，而斜盘的位置变化引起系统的压力变化，又由前面的分析可知，系统的压力既是功率响应的中间变量，又是风力机转速（泵转速）调节的直接作用量，因此，也可以通过直接控制系统的压力来进行最佳功率追踪控制[5]。

由 5.2.1.1 节对风力机进行受力分析可知，当风力发电机组未追踪到最佳功率点时，若能通过控制系统压力使风力机主轴两端的力矩不平衡而使风力机加速或减速，直到追踪到最佳功率点，使风力机主轴两端的力矩达到平衡而保持最佳转速运行，从而也能实现最佳功率控制。

从上面的分析可进一步得知，只要准确地控制液压系统对风力机的负载力矩 T_h，使得风力机最终稳定在最佳转速，也可实现最佳功率追踪；由于负载力矩直接由系统的压力产生，故也可从系统的压力控制的角度实现最佳功率追踪。

基于上述分析，本节提出了一种直接压力控制的液压型风力发电机组最佳功率追踪方法。该方法的实质是通过控制液压主传动系统的压力间接控制风力机主轴的负载力矩的大小，使风力机的驱动力矩在风力机转速调整的过程中自动地趋向动态平衡，从而控制风力机的转速稳定在最佳转速，实现机组的最佳功率追踪。

这种直接压力控制的最佳功率追踪方法与直接发电功率控制的最佳功率追踪方法类似，只是利用的是风力机输出特性曲线中的转矩曲线。在这种最佳功率追踪方法中，也主要包括三个控制环，即斜盘的位置控制环、马达的转速控制环和系统的压力控制环。在三个控制环中，斜盘的位置控制环和马达的转速控制环的组成及原理也与 5.2.1.2 节中介绍的相同，而系统的压力控制环则是根据检测的风力机转速（定量泵转速）计算系统的最佳压力给定值 p_{hopt}，与检测的实际压力值进行比较，形成偏差并经控制器调整形成斜盘位置的微调量，从而精确地控制系统的压力，快速地实现最佳功率追踪控制，其控制框图如图 5-29 所示。

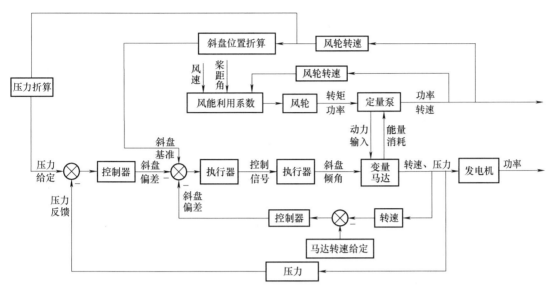

图 5-29　直接压力控制的最佳功率追踪方法控制框图

在上述直接压力控制的最佳功率追踪方法中，最佳压力给定值 p_{hopt} 的计算方法如下：

由风力机输入给液压主传动系统的功率可表示为

$$P = T_h \omega_p = p_h D_p \omega_p \tag{5-6}$$

其中，风力机转速与定量泵转速相等，即 $\omega_r = \omega_p$。

联立式（5-4）和式（5-6）可计算出最佳压力给定值 p_{hopt} 为

$$p_{hopt} = \frac{\rho \pi R^5 C_{pmax}}{2\lambda_{opt}^3 D_p} \omega_p^2 = K_p \omega_p^2 \tag{5-7}$$

其中，定义系数 $K_p = \dfrac{\rho \pi R^5 C_{pmax}}{2\lambda_{opt}^3 D_p}$ 为最佳压力系数。

5.2.4.2　最佳压力追踪原理

由式（5-7）可以看出，最佳压力给定值 p_{hopt} 的大小只与风力机转速有关，且关于风力机转速的二次方成正比。

由式（5-6）可知，最佳转矩值 T_{hopt} 可由最佳压力 p_{hopt} 与定量泵排量 D_p 表示为

$$T_{ropt} = T_{hopt} = p_{hopt} D_p \tag{5-8}$$

由于定量泵排量 D_p 为常值，因此，在风力机的输出转矩特性曲线中，最佳转矩值即对应着最佳压力值，风力机不同转速时的最佳转矩曲线即对应着液压传动系统的最佳压力曲线，也即负载转矩与系统压力是同步变化的，因此，对液压传动系统的压力控制相当于直接控制风力机主轴的负载力矩的大小。如图 5-30 所示为风力机输出转矩特性曲线（T_r-ω_r 曲线），其中双点画线表示的 *EAB* 曲线代表最佳转矩曲线（T_{ropt}-ω_r 曲线）。

从图 5-30 中可以看出，最佳转速对应的转矩并非转矩的最大点；与风力机输出转矩曲线对应的系统压力特性曲线（p_h-ω_p 曲线）如图 5-31 所示，其中双点画线表示的 *EAB* 曲线代表液压传动系统的最佳压力特性曲线（p_{hopt}-ω_p 曲线），也即最佳压力给定曲线。

直接压力控制的最佳功率追踪方法中，风力发电机组在最佳功率追踪过程中，液压传动

液压型风力发电机组控制技术

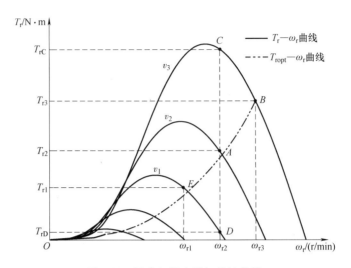

图 5-30　风力机输出转矩特性曲线

系统的压力按照图 5-31 中的 $p_{hopt}-\omega_p$ 曲线变化，而液压传动系统对风力机的负载力矩将按照图 5-30 中的 $T_{hopt}-\omega_p$ 曲线变化。

下面以图来介绍直接压力控制的最佳功率追踪方法的追踪过程：

假设风速 $v_1<v_2<v_3$，E、A、B 三点分别为三种风速下液压传动系统的最佳压力点 p_{hopt}，风速初始时为 v_2，风力发电机组初始时稳定在 v_2 风速时的最佳压力点 A 工作。

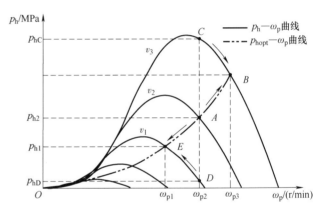

图 5-31　直接压力控制的最佳功率追踪方法示意图

当风速由 v_2 增大为 v_3 时，由于风力机转速不能突变，故此时 $p_h-\omega_p$ 曲线对应的压力为 C 点的压力 p_{hC}，而系统压力给定值为 $p_{hopt}-\omega_p$ 曲线上 A 点对应的压力 p_{h2}；由于在 B 点之前 $p_{hC}>p_{h2}$，因此风力机将加速，且随着风力机转速的增加，p_h 将沿着 v_3 风速时的 $p_h-\omega_p$ 曲线由 C 点运动到最佳压力点 B，而液压系统的实际压力则沿着 $p_{hopt}-\omega_p$ 曲线由 A 点运动到 v_3 风速时的最佳压力点 B，并且在 B 点 p_h 等于系统压力给定值 p_{hopt}，系统重新达到平衡，此时即完成了风速由 v_2 增大为 v_3 时的最佳功率追踪过程。

同理，当风速由 v_2 减小为 v_1 时，由于风力机转速不可能突变，故此时 $p_h-\omega_p$ 曲线对应的压力为 D 点对应的压力 p_{hD}，而系统的压力给定值为 $p_{hopt}-\omega_p$ 曲线上 A 点对应的压力 p_{h2}；由于在 E 点之前 $p_{hD}<p_{h2}$，因此风力机将减速，且随着风力机转速的减小，p_h 将沿着 v_1 风速时的 $p_h-\omega_p$ 曲线由 D 点运动到最佳压力点 E，而液压系统的实际压力则沿着 $p_{hopt}-\omega_p$ 曲线由 A 点运动到 v_1 风速时的最佳压力点 E，并且在 E 点 p_h 等于系统压力给定值 p_{hopt}，系统重新达到平衡，此时即完成了风速由 v_2 减小为 v_1 时的最佳功率追踪过程。

通过上面的原理分析可知，直接压力控制的最佳功率追踪方法如同直接发电功率控制的最佳功率追踪方法，当不考虑系统的容积效率的影响时，理论上能够使风电机组快速地追踪到最佳功率点。但与 5.2.1.2 节的分析类似，上述直接压力控制的最佳功率追踪方法分析时没有考虑液压传动系统容积效率的影响，而实际系统必然受到效率的影响，故其实际追踪效果将与理论分析的有区别，功率追踪结束时系统最终不是稳定在图中对应风速时的最佳转速点。

考虑效率的影响时，直接压力控制的最佳功率追踪结果与直接功率控制的最佳功率追踪结果不同，主要表现在功率追踪结束时，直接压力控制的最佳功率追踪方法中风力机将稳定在最佳转速的右侧运行，即 p_h-ω_p 曲线和 p_{hopt}-ω_p 曲线在超过最佳风力机转速之后才相交，而直接功率控制的最佳功率追踪方法则是稳定在最佳转速的左侧运行，即最佳功率曲线 P_{ropt}-ω_r 曲线与风力机输入的可利用功率曲线 P_a-ω_r 曲线在达到最佳风力机转速之前就相交了。具体分析如图 5-32 所示。

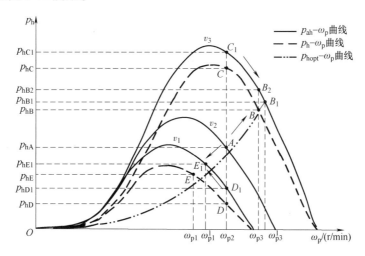

图 5-32　考虑效率时的直接压力控制的最佳功率追踪方法示意图

图 5-32 中对应于风速 v_1 和 v_3 的两条虚线表示不考虑效率影响时的压力特性曲线（p_h-ω_p 曲线），两条实线则表示考虑效率时的压力特性曲线（p_{ah}-ω_p 曲线），E_1 和 B_1 分别表示 p_{hopt}-ω_p 曲线与 p_{ah}-ω_p 曲线的交点，对应的风力机转速则分别为 ω_{p1}^1 和 ω_{p3}^1。

设定量泵的容积效率为 η_{pv}，考虑效率时功率追踪结束时的压力为 p_{ah}，则直接压力控制的最佳功率追踪过程结束时风力机主轴受力平衡，即

$$T_r - T_h = 0 \tag{5-9}$$

考虑效率的影响时，液压系统对风力机的负载力矩 T_h 为

$$T_h = p_{ah} D_p \eta_{pv} \tag{5-10}$$

由于容积效率 $\eta_{pv} < 1$，而风对风力机的驱动力矩 T_r 与系统效率无关，因此对于相同的驱动力矩 T_r，考虑效率影响时

$$p_{ah} = \frac{T_r}{D_p \eta_{pv}} > \frac{T_r}{D_p} = p_h \tag{5-11}$$

即考虑效率时功率追踪结束时系统的压力 p_{ah} 高于不考虑效率时功率追踪结束时的系统压力 p_h，对于同一风速，在压力特性曲线图中则表现为 p_{ah}-ω_p 曲线高于 p_h-ω_p 曲线，如图 5-32 中的 v_1 和 v_3 风速时的实线高于虚线。

通过上述效率对直接压力控制的最佳功率追踪过程的影响的分析可知，实际系统若采用直接压力控制的方法进行功率追踪，受效率的影响系统实际压力特性曲线将升高，致使功率追踪结束时系统不再稳定在对应风速时的最佳转速点，如图 5-32 中的 B 点或 E 点，而是稍向右偏离了最佳转速点，如图 5-32 中的 B_1 点或 E_1 点。正是由于功率追踪结束时风力机转速偏离了最佳转速点，最终将导致发电功率低于对应风速下发电机组所能产生的最大电能，即直接压力控制的最佳功率追踪方法的准确性将受到系统容积效率的影响。

5.2.4.3　仿真与实验验证

利用 48kW 液压型风力发电机组实验平台和图 5-29 所示的仿真平台，在阶跃风速作用下，采用直接压力控制的最佳功率追踪控制方法进行实验研究，实验结果如图 5-33 所示。

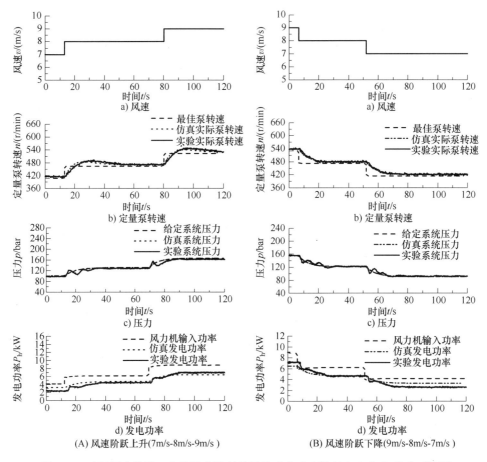

图 5-33　阶跃风速作用下直接压力控制的最佳功率追踪控制方法实验-仿真对比图

分析图 5-33 两组实验-仿真对比结果可知，采用直接压力控制的最佳功率追踪控制方法进行功率追踪，当风速变化时，系统压力能够精确地跟随给定的压力变化，即压力得到了精确控制；而在压力控制的过程中，系统发电功率也能够跟随风速变化而变化，但最终的稳定点与风力机最佳转速点不重合，即采用该方法进行最佳功率追踪时系统也会偏离最佳功率点，结合 5.2.1.2 节的理论分析可知，这一结果主要是由于系统容积效率的影响使得给定压力曲线和系统实际压力曲线在超过最佳风力机转速之后相交造成的。

将该方法的实验结果图 5-33 与直接发电功率控制的最佳功率追踪控制方法实验结果图 5-24 进行比较，得到不同风速下最佳功率追踪过程结束时的发电功率的直方图，如图 5-34 所示。

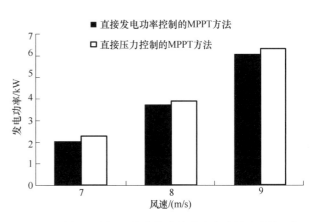

图 5-34　直接压力控制的最佳功率追踪方法的实验结果与直接发电功率控制的最佳功率追踪方法的实验结果比较图

从图 5-34 中可知，该方法的追踪效果较直接发电功率控制的最佳功率追踪控制方法的追踪效果有一定程度的改善，即最佳功率追踪过程结束时，系统最终的稳定点偏离风力机最佳转速点的量减小，实际发电功率偏离风力机输入功率的量也减小。

因此，在工程实际中，若采用直接压力控制的最佳功率追踪控制方法进行功率追踪，系统的容积效率对功率追踪的效果虽有一定程度的影响，但相对于直接发电功率控制的最佳功率追踪方法有较大的改善，在要求不是很严格的情况下可以采用该方法进行最佳功率追踪控制，且工程实际中也较容易实现。

5.2.5　系统压力和风力机转速联合控制的最佳功率追踪方法

5.2.5.1　控制思想

由上述 5.2.1.4 节的分析可知，采用直接压力控制的最佳功率追踪方法，其准确性受到液压传动系统容积效率的影响，系统最终追踪到的功率点向右偏离了最佳功率点，也即风力机最终不是稳定在最佳转速上。

$$p_{\mathrm{h}} = \frac{D_{\mathrm{p}}\omega_{\mathrm{p}} - K_{\mathrm{m}}\gamma\omega_{\mathrm{m}0} - K_{\mathrm{m}}\gamma_{0}\omega_{\mathrm{m}}}{C_{\mathrm{t}} + \dfrac{V_{0}}{\beta_{\mathrm{e}}}s}$$

可知，系统运行时变量马达斜盘位置的变化和定量泵转速的变化都会引起压力的变化，因此类似于 5.2.1.3 节的思想，也可考虑在直接压力控制的基础上联合风力机转速的控制，使风电机组在功率追踪的过程中，风力机转速和系统压力都得到控制，最终使风电机组在完成最佳功率追踪时稳定在最佳转速，并尽量多地产生电能。

基于上述分析，本节提出了系统压力和风力机转速联合控制的最佳功率追踪方法，该方法能够克服直接压力控制的最佳功率追踪方法的不足之处，同时兼顾了风力机转速（定量泵转速）和系统压力的控制[5]。

在这种最佳功率追踪方法中，主要包括四个控制环，即斜盘的位置控制环、马达的转速控制环、泵转速控制环和系统的压力控制环。在四个控制环中，斜盘的位置控制环、马达的转速控制环和泵转速控制环的构成及原理与 5.2.3 节中介绍的相同，而系统的压力控制环的构成及原理则与 5.2.4 节中介绍的相同。采用这种最佳功率追踪方法，同时对风力机转速和系统压力进行控制，既能精确地控制风力机的转速，又能快速地实现最佳功率追踪，因此避免了 5.2.4 节中直接压力控制的最佳功率追踪方法的不足之处，其控制框图如图 5-35 所示。

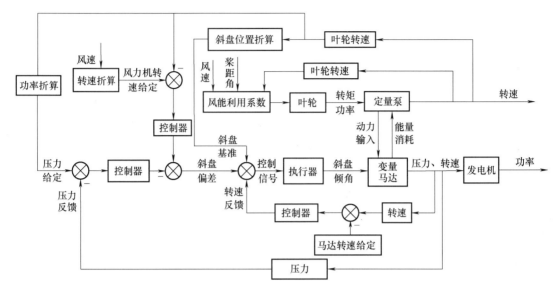

图 5-35　系统压力和风力机转速联合控制的最佳功率追踪方法控制框图

　　该最佳功率追踪方法在并网之前，也是先通过斜盘位置基准控制环和马达转速环控制马达转速实现同步发电机的准同期并网；并网完成后，即可投入泵转速控制环和压力控制环，共同进行最佳功率追踪控制。

　　该方法具体的追踪过程与 5.2.4 节介绍的直接压力控制的最佳功率追踪方法基本相同，只是在最佳功率追踪完成时，风电机组稳定在最佳转速对应的实际可达最大发电功率点，从而克服了直接压力控制的最佳功率追踪方法的不足。但实际控制过程中为了避免风力机转速控制环和系统压力控制环互调失稳，两控制环的 PID 参数设置类似于 5.2.1.3 节的设置，即应注意风力机转速控制环的参数中应有积分环节，从而精确控制风力机的转速，而系统压力控制环的参数中则不能用积分环节。正是由于风力机转速控制环中的积分环节的作用，在最佳功率追踪完成时风力机能精确地稳定在最佳转速上，而系统实际的压力值此时必然大于压力值给定值（参考值），即二者之间存在一定的偏差，若设最终风速为 v_3，则该方法功率追踪完成后，系统最终将稳定在如图 5-32 中的 B_2 点，即此时风力机转速为 v_3 风速时的最佳转速 ω_{r3}，系统压力为 B_2 点对应的压力值 p_{hB2}，与压力给定值 p_{hB} 有一定的偏差，即这种最佳功率追踪方法对系统压力是有差控制，而对转速是无差控制。

　　从上述系统压力和风力机转速联合控制的最佳功率追踪方法的分析中可知，该方法功率追踪结束时风力机将运行在最佳转速点最大量地吸收风能，同时发电机也能尽可能多地发出电能，因此克服了直接压力控制的最佳功率追踪方法的不足。

5.2.5.2　仿真与实验验证

　　利用 24kW 液压型风力发电机组实验平台和图 5-35 所示的仿真平台，采用系统压力和风力机转速联合控制的最佳功率追踪方法，在阶跃风速和波动风速作用下分别进行实验研究，实验和仿真结果如下。

　　在阶跃风速作用下，采用系统压力和风力机转速联合控制的最佳功率追踪控制方法进行功率追踪，实验所得结果如图 5-36 所示。

158

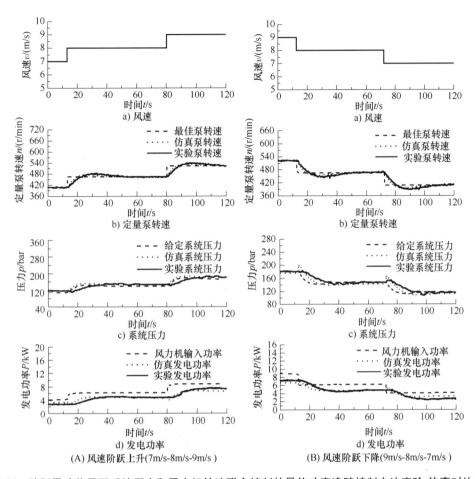

(A) 风速阶跃上升(7m/s-8m/s-9m/s)　　(B) 风速阶跃下降(9m/s-8m/s-7m/s)

图 5-36　阶跃风速作用下系统压力和风力机转速联合控制的最佳功率追踪控制方法实验-仿真对比结果

在波动风速作用下，采用直接压力和风力机转速联合控制的最佳功率追踪控制方法进行功率追踪，实验所得结果如图 5-37 所示。

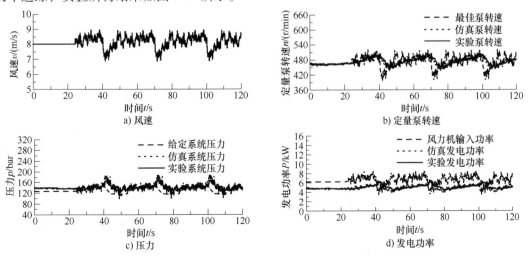

图 5-37　波动风速作用下直接压力和风力机转速联合控制的最佳功率追踪控制方法实验-仿真对比结果

分析上述三组实验-仿真对比结果可知，采用直接压力和风力机转速联合控制的最佳功率追踪控制方法进行功率追踪，当风速变化时，系统也能够精确地跟随风速变化进行最佳功率追踪，即追踪过程完成时，系统最终的稳定点与风力机最佳转速点重合；但系统实际压力曲线高于给定的压力曲线，而实际发电功率曲线低于风力机输入功率曲线，结合5.2.4节和5.2.5节的理论分析可知，前者主要是由于液压系统中定量泵容积效率的影响使得在最佳功率点系统实际压力必须高于给定压力才能使风力机达到平衡所致，而后者主要是由于整机效率的影响使得风力机输入的功率有一部分损失了而无法全部转化为电能所致。

将该方法的实验结果图5-36与直接压力控制的最佳功率追踪方法的结果图5-33进行比较，得到不同风速下最佳功率追踪过程结束时的发电功率直方图，如图5-38所示。

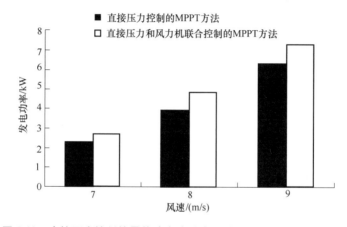

图5-38　直接压力控制的最佳功率追踪方法的实验结果与直接压力和风力机转速控制的最佳功率追踪方法的实验结果对比图

从图5-38中可知，该方法的追踪效果较直接压力控制的最佳功率追踪方法的追踪效果有一定程度的改善，即追踪过程完成时，系统最终的稳定点与风力机最佳转速点完全重合，实际发电功率较直接压力控制的最佳功率追踪方法有所提高。

因此，实际工程中，若采用直接压力和风力机转速联合控制的最佳功率追踪控制方法进行功率追踪，系统能够精确地追踪到最佳功率点，追踪效果较好。

5.3　基于现代控制理论的最佳功率追踪方法

风力发电机具有非线性、强时变、强耦合等特点，采用传统数学模型和控制方法很难兼顾各状态，有效解决多输入-多输出控制问题，而现代控制理论着眼于系统各状态，能够高效解决非线性、大规模、复杂和不确定性系统的参数辨识以及控制器设计问题，对于提高电力系统运行的稳定性具有十分重要的作用。

5.3.1　以风力机转速为输出的最佳功率追踪控制

5.3.1.1　控制律的求解

基于第3章图3-31所示的利用反馈线性化方法求解系统控制律的流程图，以风轮转速为输出的最佳功率追踪控制策略时，系统的控制输出确定为风轮转速，因为风轮与定量泵同轴相连，即对定量泵的转速进行控制，而且系统需要跟踪的轨迹已经确定，即按式 $\omega_{\text{opt}} = \dfrac{\lambda_{\text{opt}}}{R}v$ 进行

跟踪控制，利用反馈线性化方法求出了系统的控制律[7]。

（1）选择系统输出

由上文可知，在以风力机转速为输出的控制策略下系统的输出为

$$y = h(x) = x_1 \tag{5-12}$$

（2）判断系统相对阶

根据相对阶的定义，求解式（5-12）所示的输出系统的相对阶。

$$L_g L_f^0 h(x) = L_g h(x) = \frac{\partial h(x)}{\partial x} g(x) = \begin{bmatrix} 1 & 0 \end{bmatrix} \begin{pmatrix} 0 \\ -\dfrac{K\beta_e}{V} \end{pmatrix} = 0 \tag{5-13}$$

$$L_g L_f^1 h(x) = L_g \left(\frac{\partial h(x)}{\partial x} f(x) \right) = L_g f(x) = \frac{\partial f(x)}{\partial x} g(x) = \frac{D_p K \beta_e}{J_p V}$$

由式（5-13）计算可知，系统的相对阶为 $\gamma = 2$，并网后系统的阶次 $n = 2$，因此当以风轮转速为输出进行控制时系统可以完全状态反馈线性化。

（3）系统坐标变换

由反馈线性化相关算法可知，若系统的相对阶为 $\gamma = n$，则系统可以完全线性化后，此时由 x 坐标系到 z 坐标系下坐标变换为

$$z_1 = h(x) \tag{5-14}$$

在 z 坐标系下系统可由下式表示

$$\begin{cases} \dot{z}_1 = z_2 \\ \dot{z}_2 = z_3 \\ \quad \vdots \\ \dot{z}_{n-1} = z_n \\ \dot{z}_n = L_f^n h(x) + L_g L_f^{n-1} h(x) u \end{cases} \tag{5-15}$$

联合式（5-12）~式（5-15）可完成并网后系统在 z 坐标系下系统的状态方程为

$$\begin{cases} \dot{z}_1 = z_2 \\ \dot{z}_2 = \left[\left(-\dfrac{D_p^2 \beta_e}{J_p V} - \dfrac{C_t B_p \beta_e}{J_p V} \right) z_1 + \left(-\dfrac{B_p}{J_p} + \dfrac{1}{J_p} \dfrac{\partial T_r}{\partial z_1} - \dfrac{C_t \beta_e}{V} \right) z_2 + \dfrac{C_t \beta_e}{J_p V} T_r(z_1, v) \right] + \dfrac{D_p K \beta_e}{J_p V} u \end{cases} \tag{5-16}$$

式（5-16）中 $z_1 = x_1$，在 z 坐标系下系统的输出为

$$y = z_1 \tag{5-17}$$

（4）构造伪线性系统

令式（5-16）中最后一个方程线性化，即令

$$u = \frac{1}{L_g L_f^1 h(x)} (-L_f^2 h(x) + v') \tag{5-18}$$

此时式（5-16）变为

$$\begin{cases} \dot{z}_1 = z_2 \\ \dot{z}_2 = v' \end{cases} \tag{5-19}$$

式（5-19）所示的伪线性系统的系数矩阵为 $\boldsymbol{A}=\begin{pmatrix} 0 & 1 \\ 0 & 0 \end{pmatrix}$，$\boldsymbol{B}=\begin{pmatrix} 0 \\ 1 \end{pmatrix}$，由线性系统相关能观能控性判断条件可知，此时系统完全可观可控。

（5）最优控制律

式（5-19）所示的伪线性系统包含的状态是定量泵转速与定量泵的加速度，可以对线性系统进行最优二次型跟踪控制律设计。

最佳功率追踪控制为控制风力机转速到达最佳转速，因此系统参考输出为

$$y_\mathrm{d} = \omega_\mathrm{opt} \tag{5-20}$$

此时系统误差定义为

$$e = y_\mathrm{d} - y \tag{5-21}$$

定义此时系统的寻优函数为

$$\boldsymbol{J}(v') = \frac{1}{2}\boldsymbol{e}^\mathrm{T}(t_\mathrm{f})Fe(t_\mathrm{f}) + \frac{1}{2}\int_{t_0}^{t_\mathrm{f}}[\boldsymbol{e}^\mathrm{T}(t)\boldsymbol{Q}(t)\boldsymbol{e}(t) + \boldsymbol{v}'^\mathrm{T}(t)\boldsymbol{R}(t)\boldsymbol{v}'(t)]\mathrm{d}t \tag{5-22}$$

寻优函数的物理意义是以较小的控制能量为代价，使误差保持在零值附近。使系统在控制过程中的动态误差与能量消耗以及控制结束时的系统稳态误差综合最优。在本节中即是跟踪最佳转速时系统消耗的能量、动态误差和稳态误差综合最优。

性能指标的物理含义：

$\boldsymbol{\varphi}(t_\mathrm{f}) = \frac{1}{2}\boldsymbol{e}(t_\mathrm{f})^\mathrm{T}Fe(t_\mathrm{f}) \geqslant 0$——终端代价函数（衡量终点误差），用它来限制终端误差 $\boldsymbol{e}(t_\mathrm{f})$，以保证终端状态 $\boldsymbol{x}(t_\mathrm{f})$ 具有适当的准确性。

$\boldsymbol{L}_\mathrm{e} = \frac{1}{2}\boldsymbol{e}(t)^\mathrm{T}\boldsymbol{Q}(t)\boldsymbol{e}(t) \geqslant 0$——状态转移过程中衡量 $\boldsymbol{e}(t)$ 大小的代价函数，用它来限制控制过程的误差 $\boldsymbol{e}(t)$，以保证系统响应具有适当的快速性。

$\boldsymbol{L}_\mathrm{u} = \frac{1}{2}\boldsymbol{v}'(t)^\mathrm{T}\boldsymbol{R}(t)\boldsymbol{v}'(t) > 0$——状态转移过程中衡量 $u(t)$ 大小的代价函数，用它来限制控制 $u(t)$ 的幅值及平滑性，以保证系统安全运行。同时，它对限制控制过程的能源消耗也能起到重要的作用，从而保证系统具有适当的节能性。

本节做的研究，不考虑终端代价函数，且控制时间 $t(f) \to \infty$，则寻优函数可简化为

$$\boldsymbol{J}(v) = \frac{1}{2}\int_{t_0}^{\infty}[\boldsymbol{e}^\mathrm{T}(t)\boldsymbol{Q}(t)\boldsymbol{e}(t) + \boldsymbol{v}'^\mathrm{T}(t)\boldsymbol{R}(t)\boldsymbol{v}'(t)]\mathrm{d}t \tag{5-23}$$

定义式（5-23）中 $Q = q > 0$，$R = r > 0$，由最优二次型的最优控制律相关算法[8]可知，此时系统的最优控制律可由下式表示：

$$\boldsymbol{v}'^*(t) = -\boldsymbol{R}^{-1}\boldsymbol{B}^\mathrm{T}[\boldsymbol{P}(t)\boldsymbol{z}(t) - \boldsymbol{g}(t)] \tag{5-24}$$

其中，$\boldsymbol{P}(t)$ 可由 $\boldsymbol{A}^\mathrm{T}\boldsymbol{P} + \boldsymbol{P}\boldsymbol{A} - \boldsymbol{P}\boldsymbol{B}\boldsymbol{R}^{-1}\boldsymbol{B}^\mathrm{T}\boldsymbol{P} + \boldsymbol{Q} = 0$ 求得。则有

$$\begin{pmatrix} 0 & 0 \\ 1 & 0 \end{pmatrix}\boldsymbol{P} + \boldsymbol{P}\begin{pmatrix} 0 & 1 \\ 0 & 0 \end{pmatrix} - \boldsymbol{P}\begin{pmatrix} 0 \\ 1 \end{pmatrix}1(0 \quad 1)\boldsymbol{P} + \begin{pmatrix} 1 & 0 \\ 0 & 1 \end{pmatrix} = 0 \tag{5-25}$$

其中，$\boldsymbol{P} = \begin{pmatrix} p_{11} & p_{12} \\ p_{21} & p_{22} \end{pmatrix}$，为正定矩阵，整理式（5-25）可得

$$\begin{pmatrix} \dfrac{1}{r}p_{12}p_{21}-q & \dfrac{1}{r}p_{12}p_{22}-p_{11} \\ -0-p_{11}+\dfrac{1}{r}p_{21}p_{22} & -p_{21}-p_{12}+\dfrac{1}{r}p_{22}^{2} \end{pmatrix}=0 \tag{5-26}$$

解式（5-26）所示方程可得到 $p_{12}=\pm\sqrt{rq}$　$p_{22}=\pm\sqrt{2rp_{12}}$　$p_{11}=\dfrac{1}{r}p_{12}p_{22}$

利用矩阵 $\boldsymbol{P}$ 正定的性质 $\left.\begin{array}{l}p_{11}>0\\[4pt]p_{11}p_{22}-p_{12}^{2}>0\end{array}\right\}\Rightarrow p_{22}>0,\ p_{12}>0$

最终可得

$$\boldsymbol{P}=\begin{pmatrix} \dfrac{1}{r}\sqrt{rq}\sqrt{2r\sqrt{rq}} & \sqrt{rq} \\[8pt] \sqrt{rq} & \sqrt{2r\sqrt{rq}} \end{pmatrix} \tag{5-27}$$

由 $\boldsymbol{g}\approx\left[\boldsymbol{PBR}^{-1}\boldsymbol{B}^{\mathrm{T}}-\boldsymbol{A}^{\mathrm{T}}\right]^{-1}\boldsymbol{C}^{\mathrm{T}}\boldsymbol{Q}y_{\mathrm{d}}$ 可得

$$\boldsymbol{g}=qy_{\mathrm{d}}\left(\dfrac{p_{22}}{p_{12}}\quad\dfrac{r}{p_{12}}\right)^{\mathrm{T}} \tag{5-28}$$

则系统最优控制律为

$$v'^{*}(t)=-\dfrac{\sqrt{rq}}{r}z_{1}-\dfrac{\sqrt{2rp_{12}}}{r}z_{2}+\dfrac{q}{\sqrt{rq}}y_{\mathrm{d}}$$

$$=-\left(\dfrac{q}{r}\right)^{\frac{1}{2}}z_{1}-2^{\frac{1}{2}}\left(\dfrac{q}{r}\right)^{\frac{1}{4}}z_{2}+\left(\dfrac{q}{r}\right)^{\frac{1}{2}}y_{\mathrm{d}} \tag{5-29}$$

即系统重新构造的最优控制律与 q/r 有关。由式（5-18）与式（5-29）可得液压型风力发电机组最终的控制律为

$$\gamma=\left(\dfrac{D_{\mathrm{p}}\omega_{\mathrm{p}}}{K_{\mathrm{m}}\omega_{\mathrm{m0}}}-\dfrac{C_{\mathrm{t}}p_{\mathrm{h}}}{K_{\mathrm{m}}\omega_{\mathrm{md}}}\right)-\dot{\omega}_{\mathrm{p}}\dfrac{\left(-B_{\mathrm{p}}+\dfrac{\partial T_{\mathrm{r}}(\omega_{\mathrm{p}},v')}{\partial\omega_{\mathrm{p}}}\right)}{\dfrac{D_{\mathrm{p}}\beta_{\mathrm{e}}K_{\mathrm{m}}\omega_{\mathrm{md}}}{V}}+\dfrac{J_{\mathrm{p}}V}{D_{\mathrm{p}}\beta_{\mathrm{e}}K_{\mathrm{m}}\omega_{\mathrm{md}}}v'^{*}(t) \tag{5-30}$$

5.3.1.2　仿真验证

在 MATLAB/Simulink 搭建仿真模型，如图 5-39 所示。

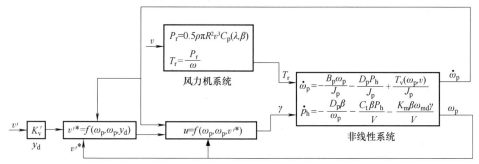

图 5-39　以最佳转速为输出的功率追踪控制仿真框图

选择不同的 q/r，在同一组风速阶跃 $7 \sim 8\mathrm{m/s}$ 下定量泵转速响应曲线、系统的压力与功率响应曲线如图 5-40 所示。

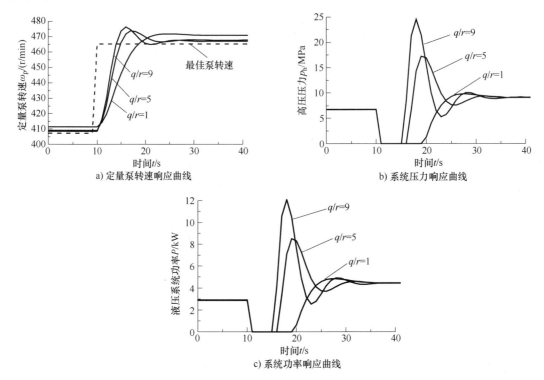

a) 定量泵转速响应曲线

b) 系统压力响应曲线

c) 系统功率响应曲线

图 5-40　阶跃风速下液压系统相应参量响应曲线

由图 5-40 可知，q/r 增大时，系统跟踪准确性升高，响应时间降低，但转速超调量增加。q/r 越大系统压力与功率波动越大，压力和功率动态特性不佳。主要原因是在泵转速开始追踪的瞬间，液压系统的压力与传输的功率降到最低值，以使风轮有较大的加速度，从而加速时间比较短，虽然此方案可以追踪到最佳转速，但是功率波动较大。

5.3.2　以发电功率为输出的最佳功率追踪控制

在功率追踪过程中，如果以风轮转速为输出，则在功率追踪过程中，系统压力波动较大，输出功率也会有较大的波动。当选择控制输出时，保证其为控制需要约束的两种状态的某种组合，即可保证控制过程中各状态的动态性能。输出量的动态性能与静态性能彼此牵制，使得系统在它们互相约束的过程中趋于稳定[9]。在液压型风力发电机组功率追踪过程中希望风轮转速到达最佳转速，同时希望系统压力有较好的动态性能，因此选择液压系统传输的最佳功率为输出[7]。

5.3.2.1　控制律的求解

（1）选择控制输出

选择系统的输出为

$$y = h(x) = D_\mathrm{p} x_1 x_2 = D_\mathrm{p} \omega_\mathrm{p} p_\mathrm{h} \tag{5-31}$$

（2）判断系统相对阶

判断以液压系统功率为输出时，系统的相对阶为

$$L_g L_f^0 h(x) = L_g h(x) = \frac{\partial h(x)}{\partial x} g(x) = -\frac{K_m \beta_e \omega_{md} D_p x_1}{V} \neq 0 \tag{5-32}$$

因此系统的相对阶为 1<2，系统不能全状态线性化，需要做零动态设计。

（3）零动态设计

由于系统不能完全线性化，需要人为选择坐标变换，在做功率追踪控制时除系统功率有较好的跟踪特性外，还希望风力机转速能够跟踪到最佳转速，因此选择定量泵转速作为系统的内部动态，选择零动态后需要进一步判断零动态稳定性后，再对系统进行坐标变换，构造伪线性系统，求解跟踪控制律。

（4）选择坐标变换

选取第二个坐标变换关系为 $\eta_2(x) = x_1$，则有 $L_g \varphi_2(x) = 0$，即我们选择的坐标变换关系为

$$\begin{cases} z_1 = \varphi_1(x) = h(x) = D_p x_1 x_2 \\ z_2 = \eta_2(x) = x_1 \end{cases} \tag{5-33}$$

选择的坐标变换是否为合格的坐标变换，需要对坐标变换的雅可比矩阵进行进一步判断。此时系统的雅可比矩阵为

$$\boldsymbol{J}_\Phi = \frac{\partial \boldsymbol{\Phi}(x)}{\partial(x)} \bigg|_{x=x_0} = \begin{pmatrix} D_p x_2 & D_p x_1 \\ 1 & 0 \end{pmatrix} \tag{5-34}$$

由式（5-34）可知雅可比矩阵是非奇异的，因此式（5-33）选取的是合格的坐标变换。则系统的最终坐标变换关系为

$$\begin{cases} z_1 = D_p x_1 x_2 \\ z_2 = x_1 \end{cases} \tag{5-35}$$

坐标变换关系确定后，需要确定在新的坐标系下的系统模型，在式（5-35）的坐标变换关系下，z 坐标系下系统可变为式（5-36）所示的系统：

$$\begin{cases} \dot{z}_1 = L_f h(x) + L_g h(x) u \bigg|_{x=\Phi^{-1}(x)} \\ \dot{z}_2 = L_f \varphi_2(x) \bigg|_{x=\Phi^{-1}(x)} \end{cases} \tag{5-36}$$

其中，z 坐标系到 x 坐标系下逆映射为

$$x = \Phi^{-1}(x) = \begin{cases} x_1 = z_2 \\ x_2 = \dfrac{z_1}{D_p z_2} \end{cases} \tag{5-37}$$

（5）判断零动态稳定性

判断零动态稳定性实质就是当系统控制输出为零时，观察选择的内部动态是否处于稳定状态，如果不稳定需要重新设计坐标变换。联合式（5-36）、式（5-37）可得系统最终可表示为

$$\begin{cases} \dot{z}_1 = D_p \dfrac{z_1}{D_p z_2} \left(-\dfrac{B_p}{J_p} z_2 - \dfrac{D_p}{J_p} \dfrac{z_1}{D_p z_2} + \dfrac{1}{J_p} T_r(z_2, v) \right) + D_p z_2 \left(\dfrac{D_p \beta_e}{V} z_2 - \dfrac{C_t \beta_e}{V} \dfrac{z_1}{D_p z_2} \right) u \\ \dot{z}_2 = -\dfrac{B_p}{J_p} z_2 - \dfrac{1}{J_p} \dfrac{z_1}{z_2} + \dfrac{1}{J_p} T_r(z_2, v) \end{cases} \tag{5-38}$$

令式（5-38）中控制输出 $z_1=\dot{z}_1=0$，可得到系统零动态表达式为

$$\dot{z}_2=-\frac{B_{\rm p}}{J_{\rm p}}z_2+\frac{1}{J_{\rm p}}T_{\rm r}(z_2,v) \tag{5-39}$$

由此可知系统的零动态是渐近稳定的，故整个系统是渐近稳定的，即在选择的坐标变换下可以进行控制律求解，而且在控制律作用下系统处于稳定状态。

（6）构造伪线性系统

令式（5-38）所示的 z 坐标系下系统第 1 个方程为

$$\dot{z}_1=v^* \tag{5-40}$$

则系统可线性化为

$$\begin{cases}\dot{z}_1=v^*\\ \dot{z}_2=-\dfrac{B_{\rm p}}{J_{\rm p}}z_2-\dfrac{1}{J_{\rm p}}\dfrac{z_1}{z_2}+\dfrac{1}{J_{\rm p}}T_{\rm r}(z_2,v)\end{cases} \tag{5-41}$$

由式（5-40）可得重新构造的控制量与系统原有控制量的关系为

$$u=-\frac{V}{K_{\rm m}\beta_{\rm e}\omega_{\rm md}D_{\rm p}x_1}\left\{v-\left[D_{\rm p}x_2\left(-\frac{B_{\rm p}}{J_{\rm p}}x_1-\frac{D_{\rm p}}{J_{\rm p}}x_2+\frac{1}{J_{\rm p}}T_{\rm r}(x_1,v^*)\right)+D_{\rm p}x_1\left(\frac{D_{\rm p}\beta_{\rm e}}{V}x_1-\frac{C_{\rm t}\beta_{\rm e}}{V}x_2\right)\right]\right\} \tag{5-42}$$

（7）跟踪控制律设计

以功率为输出进行功率追踪控制时，控制输出的参考值为

$$P_{\rm rmax}=K_{\rm p}\omega_{\rm p}^3=\frac{\rho\pi R^5C_{\rm pmax}}{2\lambda_{\rm opt}^3}\omega_{\rm p}^3 \tag{5-43}$$

定义跟踪偏差

$$e=y_{\rm d}-y \tag{5-44}$$

做功率追踪控制时，考虑工程化因素，令

$$v^*=\dot{y}_{\rm d}+k_1e+k_2\int e{\rm d}t \tag{5-45}$$

联合式（5-42）~式（5-45）可以得到系统的最终控制律为

$$\gamma=\frac{D_{\rm p}\omega_{\rm p}-C_{\rm t}p_{\rm h}}{K_{\rm m}\omega_{\rm md}}-\frac{V}{K_{\rm m}\beta_{\rm e}\omega_{\rm md}D_{\rm p}\omega_{\rm p}}(v^*-D_{\rm p}p_{\rm h}\dot{\omega}_{\rm p}) \tag{5-46}$$

5.3.2.2 仿真验证

在 MATLAB/Simulink 中建立数学仿真模型，给定阶跃风速，观察系统各状态的动静态特性，仿真模型如图 5-41 所示。图 5-42 为风速 8~9m/s 阶跃条件下，系统跟踪给定为每一转速下最佳功率进行功率追踪时的系统响应特性曲线。

如图 5-42 所示，在图 5-42a 的功率给定下，系统有较好的功率追踪特性，如图 5-42b 所示，实际功率与给定功率可以重合，观察图 5-42c 可知泵转速最终会追踪到最佳转速，图 5-42d 表示系统压力有较好的动态特性。总体来说，当以功率为输出时系统各状态的动静态响应特性较好，追踪时间较长，但追踪过程中输出功率较为平稳，易于被电网接受，因此此控制策略满足功率追踪的控制要求。

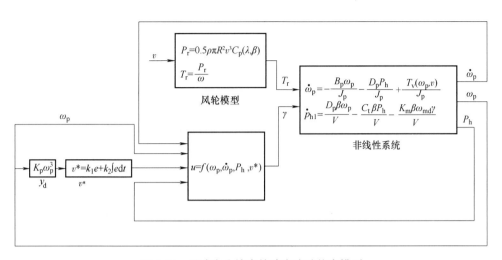

图 5-41　以功率为输出的功率追踪仿真模型

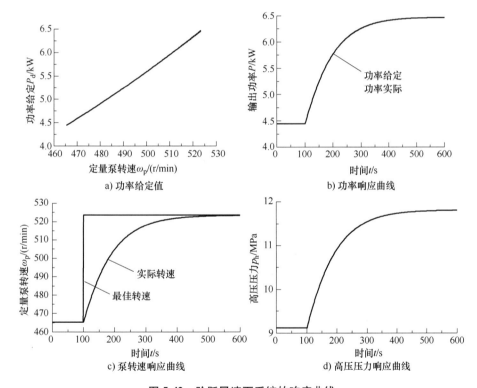

a) 功率给定值

b) 功率响应曲线

c) 泵转速响应曲线

d) 高压压力响应曲线

图 5-42　阶跃风速下系统的响应曲线

5.3.3　以高压压力为输出的最佳功率追踪控制

5.3.3.1　控制律求解

选择系统的控制输出为液压系统高压腔压力，则系统的输出为

$$y = h(x) = x_2 = p_h \tag{5-47}$$

系统的相对阶为

$$L_g L_f^0 h(x) = \frac{\partial h(x)}{\partial x} g(x) = -\frac{K_m \beta_e \omega_{md}}{V} \tag{5-48}$$

由式（5-48）可知，系统的相对阶为 1，因此当以压力为输出进行控制时，系统不能完全线性化，选取 $\varphi_2(x) = x_1$，则 $L_g \varphi_2(x) = 0$。

故雅可比矩阵为

$$J_\Phi = \frac{\partial \Phi(x)}{\partial(x)}\bigg|_{x=x_0} = \begin{pmatrix} 0 & 1 \\ 1 & 0 \end{pmatrix} \neq 0 \tag{5-49}$$

由式（5-49）可知该雅可比矩阵是非奇异的。故所选的坐标变换是一个局部微分同胚。利用式（5-49）对系统进行坐标变换。

$$\begin{cases} \dot{z}_1 = L_f h(\Phi^{-1}(z)) + L_g h(\Phi^{-1}(z)) u \\ \dot{z}_2 = L_f \varphi_2(\Phi^{-1}(z)) + L_g \varphi_2(\Phi^{-1}(z)) u \end{cases} \tag{5-50}$$

其中，z_1 和 z_2 为进行坐标变换之后的坐标。

系统输出为

$$y = z_1 \tag{5-51}$$

由式（5-50）和式（5-51）可知，系统最终可表示为

$$\begin{cases} \dot{z}_1 = \frac{D_p \beta_e}{V} z_2 - \frac{C_t \beta_e}{V} z_1 - \frac{K_m \beta_e \omega_{md}}{V} u \\ \dot{z}_2 = -\frac{B_p}{J_p} z_2 - \frac{D_p}{J_p} z_1 + \frac{1}{J_p} T_r(z_2, v) \\ y = z_1 \end{cases} \tag{5-52}$$

令 $z_1 = \dot{z}_1 = 0$，系统零动态表达式为

$$\dot{z}_2 = -\frac{B_p}{J_p} z_2 + \frac{1}{J_p} T_r(z_2, v) \tag{5-53}$$

系统零动态是渐近稳定的，故整个系统状态反馈是能镇定的[10]。即所选的坐标变换是合格的，可以做进一步的控制。

令 $\dot{z}_1 = \varepsilon$，式（5-52）中第一个式子线性化可得

$$u = \frac{D_p}{K_m \omega_{md}} z_2 - \frac{C_t}{K_m \beta_e \omega_{md}} z_1 - \frac{V}{K_m \beta_e \omega_{md}} \varepsilon \tag{5-54}$$

系统以压力为输出控制目标，输出的参考值为

$$y_d = K_p \omega_p^2 \tag{5-55}$$

利用有界跟踪原理确定跟踪偏差为

$$e = y - y_d \tag{5-56}$$

做追踪控制时，考虑工程化因素，令

$$\dot{e} = k_1 e + k_2 \int e dt \tag{5-57}$$

结合式 $\dot{z}_1 = \varepsilon$，做跟踪控制设计如下：

$$\varepsilon = \dot{y}_d + k_1 e + k_2 \int e dt \tag{5-58}$$

将式（5-54）所有的状态变量转换到原坐标系下，得系统的最终控制器为

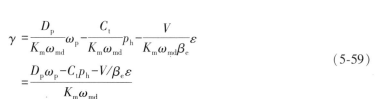

$$\gamma = \frac{D_p}{K_m \omega_{md}} \omega_p - \frac{C_t}{K_m \omega_{md}} p_h - \frac{V}{K_m \omega_{md} \beta_e} \varepsilon$$
$$= \frac{D_p \omega_p - C_t p_h - V/\beta_e \varepsilon}{K_m \omega_{md}} \tag{5-59}$$

由式（5-59）可知，理论最佳压力追踪控制器是将定量泵输出流量、系统泄漏流量和压力变化引起油液压缩产生的流量通过代数运算最终转换成马达的摆角。式（5-59）中的 ε 满足 $\varepsilon = \dot{y} = \dot{p}_h$ 等式，即对 $\dot{p}_h p_h$ 和 p_h 的变化率都进行有效控制，系统压力变化较平稳，由式（2-53）和式（2-54）可知，系统压力直接影响风力机加速度，系统压力变化平稳，风力机加速度变化就平稳，故风力机转速平稳变化[11]。

5.3.3.2　反馈线性化工程应用的理论分析

由式（5-59）可知，理论最佳压力追踪控制器中包含泄漏系数和系统黏性阻尼系数，最终系统压力的控制精度依赖于这两个参数，而系统的黏性阻尼系数是软参量不是定值，泄漏系数又与系统的工作状态相关。在实际应用中很难保证控制精度，故需要对理论控制器进行简化，使其实现工程化。下面就理论控制器的工程实现问题进行阐述。

1）实验系统并网之后，可认为系统的泄漏流量为定值。

2）将最佳压力追踪控制器中的 V/β_e 导致的流量误差折算到 PID 控制器中，实现对系统流量的精确控制。

通过以上简化分析，联立式（5-58）和式（5-59），故所示的理论控制器可简写为

$$\gamma = \frac{D_p \omega_p - C_t p_h - \left(k_{11} e + k_{12} \int e dt \right)}{K_m \omega_{md}} \tag{5-60}$$

理论控制器应用在工程中时，由于软参量在工程实际中无法实时测试，且传感器检测数据存在一定的延时，导致控制器无法对系统实现实时控制。而式（5-60）所描述的控制器第三项包含时变的软参量，将这些软参量的变化折合到 k_{11} 和 k_{12} 上，可结合 PID 控制，调节 PID 控制器的比例系数和积分系数，即通过调节 k_{11} 和 k_{12} 的值来补偿软参量的时变性对控制器控制精度的影响，进而实现由反馈线性化方法所得控制器的工程实现。

5.3.3.3　仿真和实验验证

为验证基于反馈线性化理论设计的非线性控制器的正确性和准确性，利用 MATLAB/Simulink 建立数学仿真模型，给定阶跃风速，观察系统各状态变量的动静态特性，仿真模型如图 5-43 所示。

依托 24kW 液压型风力发电机组半物理仿真实验平台和图 5-43 所示的仿真平台，进行仿真和实验验证。在 7~9m/s 的阶跃风速和 8m/s 左右的波动风速下，系统跟踪相应风速下的最佳压力时的响应特性曲线如图 5-44 所示。

通过上述三组实验-仿真结果可知，采用反馈线性化方法，以系统压力作为控制输出，当风速变化时，系统能够稳定并精确地追踪给定的压力期望值，当系统追踪到相应风速下的最佳压力时，系统也达到最佳功率点。且在追踪过程中，系统的各状态变化较为平稳。与以风力机最佳转速为控制输出和以液压系统功率为控制输出的最佳功率追踪方法[8]相比，控制系统各状态的动静态响应特性较好，并且响应时间相对以功率为控制输出的最佳功率追踪方法短一些。同时由图 5-44 可以看出，在风速变化时，系统实际的发电功率与仿真和风力

机输入功率并没有重合，主要是系统效率的影响使得风力机输入的功率有一部分损失而无法转换成电能所致。

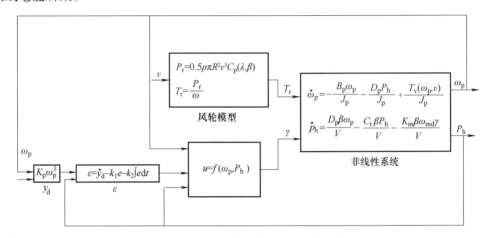

图 5-43　以压力为输出的功率追踪仿真模型

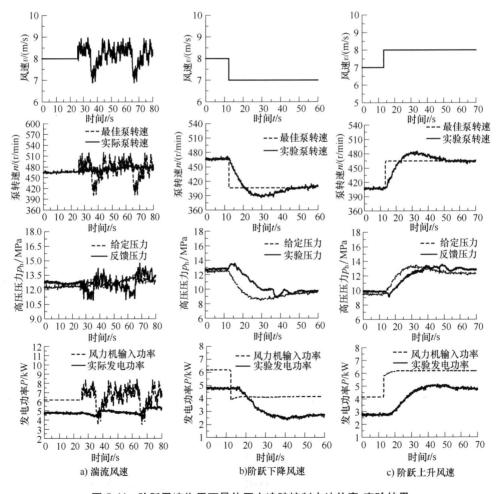

a) 湍流风速　　　　　　　　b) 阶跃下降风速　　　　　　　　c) 阶跃上升风速

图 5-44　阶跃风速作用下最佳压力追踪控制方法仿真-实验结果

5.3.4　以液压转矩为控制输出的最佳功率追踪优化控制

5.3.4.1　最优控制器设计

根据式（3-69）分析系统数学模型，可以得到系统对于 $X(t)$ 为非线性的关系，但是对于系统输入 U 却是线性关系，此系统为典型的仿射非线性系统，可用逆系统理论当中的状态反馈线性化方法求解逆系统。当状态空间是 n 维欧几里得空间 $\boldsymbol{R}^n$，或者是一个一般流形（局部具有欧几里德空间性质的空间，是欧几里得空间中曲线、曲面等概念的推广）时，在一个局部坐标下，系统的状态空间方程可以表示成

$$\dot{x} = f(x) + \sum_{i=1}^{r} g(x) u_i \tag{5-61}$$

根据非线性系统当中的仿射非线性系统的定义可知，当一个非线性系统可以如式（5-61）那样，用向量场 $f(x)$、$g(x)$ 来完全描述，那么这类系统使用微分几何方法进行分析求解是十分有效的。

逆系统理论在控制理论及其相关领域的许多问题中，都有着非常重要的作用，例如控制系统解耦、模型匹配、定型结构分析、编码、滤波、博弈等。

因此机组进行最佳功率追踪过程中的状态空间写成仿射非线性模式可得

$$f(x) = \begin{cases} -\dfrac{B_p}{J_p}x_1 - \dfrac{D_p}{J_p}x_2 + \dfrac{1}{J_p}T_r(x_1, v) \\ \dfrac{D_p \beta_e}{v}x_1 - \dfrac{C_t \beta_e}{v}x_2 \end{cases} \qquad g(x) = \begin{pmatrix} 0 \\ -\dfrac{K_m \beta_e \omega_{md}}{v} \end{pmatrix} \tag{5-62}$$

（1）基于转矩控制的液压型风力发电机组最佳功率追踪原理

液压型风力发电机并网发电以后，需要实现最佳功率追踪的功能，即控制系统在相应风速下吸收最大风功率。风力机功率特性曲线和转矩特性曲线如图 5-45 所示。从图中可知，在任一给定风速条件下，输出的功率随着风机的转速变化而变化，同样，风机的扭矩也随转速的变化而变化。当扭矩达到最佳扭矩点时，功率同样达到最佳功率点，风机输出最佳功率。因此最佳功率点与最佳转矩点是统一的[12]。

风力机输出转矩为

$$T_r = \frac{P_r}{\omega_r} \tag{5-63}$$

在某一特定风速 v 下，风力机输出最佳功率为[13]

$$P_{max} = \frac{1}{2} \rho \pi R^2 v^3 C_{pmax} \tag{5-64}$$

C_{pmax} 对应 λ_{opt}，且风力机翼型确定后，这两个值是定值。

给定任一风速 v 条件下，风速与风机最佳转速（定量泵最佳转速）ω_{ropt} 的关系表示为

$$v = \frac{R \omega_{ropt}}{\lambda_{opt}} \tag{5-65}$$

式中　λ_{opt}——最大叶尖速比；

　　　ω_{ropt}——最佳定量泵转速，单位为 rad/s。

由风力机传送到液压主传动系统的功率可表示为

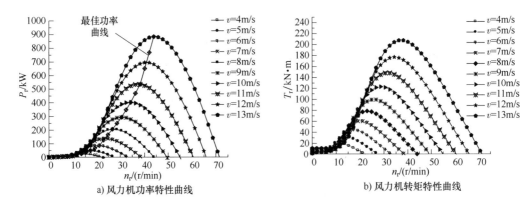

a) 风力机功率特性曲线　　　　　　　b) 风力机转矩特性曲线

图 5-45　风力机功率和转矩特性曲线

$$P = p_h D_p \omega_p \tag{5-66}$$

由式（5-63）可知，在任一风速下，风力机输送到液压系统的最大功率为

$$P_{rmax} = T_{ropt} \omega_{ropt} \tag{5-67}$$

风力机的最佳转矩的表达式为

$$T_{ropt} = \frac{P_{rmax}\eta}{\omega_{ropt}} = K_T \omega_{opt}^2 \tag{5-68}$$

其中，$K_T = \dfrac{\rho \pi C_{pmax} \eta R^5}{2\lambda_{opt}^3}$ 为最佳转矩系数。

结合式（5-68）和图 5-45 所示的风力机功率和转矩特性曲线可知，在任一风速下，风力机输出的最佳功率、液压系统的最佳转矩以及风力机的最佳转速（最佳定量泵转速）一一对应，即在任一给定风速条件下（额定风速以下），当风机达到最佳转速点时，风力机输出功率达到最大值，此时液压系统的转矩也达到最佳值。

最佳转矩追踪过程如图 5-46 所示。假设风速 $v_1 < v_2 < v_3$，E、A、B 分别为对应风速下的最佳转矩点。假设液压型风力发电机组初始状态稳定工作在风速 v_2 对应的最佳功率点 A 处。

以风速增大为例，设此时风速为 v_2，风力机稳速运行。当风速由 v_2 增大到 v_3 时，风力机的转速不会发生突变，但此时风力机输出转矩发生变化从 A 点上升至 C 点，液压系统当前转矩存在差值即 $T_{rC} - T_{r2}$，风力机加速运动。若控制液压系统转矩沿任一曲线由 A 运动到 B，风力机的输出转矩会由 C 沿 T_r-ω_r 曲线运动到 B，风力机输出转矩与液压系统转矩再次重合于 B。

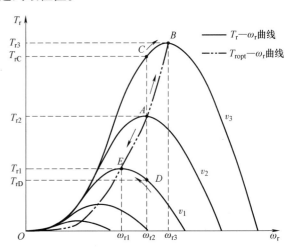

图 5-46　风力机转矩-功率特性曲线

系统重新达到平衡，系统重新处于平衡状态，即实现了风速从 v_2 增至 v_3 的最佳功率追踪。

同理，当风速由 v_2 减小至 v_1 时，风力机的转速不会发生突变，但此时风力机输入功率由 A 点下降至 D 点，液压系统当前转矩存在差值即 $T_{r2}-T_{rD}$，风力机减速运行。控制液压系统转矩沿任一曲线由 A 运动到 D，风力机的输出转矩会由 D 沿 $T_r-\omega_r$ 曲线运动到 E，风力机输出转矩与液压系统转矩再次重合于 E。系统重新达到平衡，此时即完成了风速由 v_2 减至 v_3 时的最佳功率追踪。

（2）以系统扭矩为输出的最佳功率追踪控制器

选择系统的控制输出为液压系统扭矩时有

$$y=h(x)=D_p x_2=D_p p_h \tag{5-69}$$

根据相对阶的定义，求解系统的相对阶为

$$L_g L_f^0 h(x)=\frac{\partial h(x)}{\partial x}g(x)=-\frac{D_p K_m \beta_e \omega_{md}}{V} \tag{5-70}$$

由计算可知系统的相对阶为 $r=1$，相对阶 $r<2$，因此当以转矩为输出进行控制时，系统不能完全线性化，采用零动态设计方法进行系统控制器的求解。

不能全部线性化的状态变换可以依据需求自由选择，本节选择的零动态为 $\varphi_2(x)=x_1$，由于 $L_g \varphi_2(x)=0$，故需要采用零动态方法 I 进行后续设计。选择定量泵转速作为系统的内部动态，状态确定后对系统进行坐标变换，则在 z 坐标系下，选择的坐标变换关系为

$$\begin{cases} z_1=\varphi_1(x)=D_p x_2 \\ z_2=\varphi_2(x)=x_1 \end{cases} \tag{5-71}$$

判断坐标变换能否满足要求，需要对方程（5-71）坐标变换的雅可比矩阵进行求解。根据反馈线性化流程中雅可比矩阵定义，此时系统的雅可比矩阵为

$$J_\Phi=\left.\frac{\partial \Phi(x)}{\partial(x)}\right|_{x=x_0}=\begin{pmatrix} 0 & D_p \\ 1 & 0 \end{pmatrix}\neq 0 \tag{5-72}$$

由式（5-72）可知，该雅可比矩阵是非奇异的。因此所选取的坐标变换是满足要求的，此坐标变换是一个局部微分同胚。

坐标变换关系确定后，需确定新坐标系下的系统状态空间模型，结合式（5-71），z 坐标系下系统可表示为

$$\begin{cases} \dot{z}_1=L_f h(\Phi^{-1}(z))+L_g h(\Phi^{-1}(z))u \\ \dot{z}_2=L_f \varphi_2(\Phi^{-1}(z))+L_g \varphi_2(\Phi^{-1}(z))u \end{cases} \tag{5-73}$$

在 z 坐标系下，系统输出为

$$y=z_1 \tag{5-74}$$

由式（5-73）和式（5-74）推导可以得到

$$\begin{cases} \dot{z}_1=\dfrac{D_p^2 \beta_e}{V}z_2-\dfrac{C_t \beta_e}{V}z_1-\dfrac{D_p K_m \beta_e \omega_{md}}{V}u \\ \dot{z}_2=-\dfrac{B_p}{J_p}z_2-\dfrac{D_p}{J_p}z_1+\dfrac{1}{J_p}T_r(z_2,v) \\ y=z_1 \end{cases} \tag{5-75}$$

因为系统是部分状态线性化，故需要做零动态设计，来观察选择的内部动态是否处于稳定状态，令 $z_1=\dot{z}_1=0$，可得到系统零动态表达式为

$$\dot{z}_2 = -\frac{B_p}{J_p}z_2 + \frac{1}{J_p}T_r(z_2, v) \tag{5-76}$$

系统零动态是渐近稳定的，因此整个系统状态反馈是能稳定的。即所选择的坐标变换是合格的坐标变化。可以在选择的坐标变换下进行控制律的求解，且系统可处于稳定状态。

令式（5-75）的第一个方程为

$$\dot{z}_1 = v^* \tag{5-77}$$

则系统可线性化为

$$\begin{cases} \dot{z}_1 = v^* \\ \dot{z}_2 = -\dfrac{B_p}{J_p}z_2 - \dfrac{D_p}{J_p}z_1 + \dfrac{1}{J_P}T_r(z_2, v) \\ y = z_1 \end{cases} \tag{5-78}$$

由式（5-77）可得构造的伪线性系统控制量与系统原有的控制量的关系为

$$u = \frac{D_p^2 x_1 - C_t D_p x_2 - \dfrac{V v^*}{\beta_e}}{D_p K_m \omega_{md}} \tag{5-79}$$

最佳功率追踪控制是通过控制液压系统的最佳输入扭矩，使风力机达到最佳转速。设计跟踪目标为如图 5-46 所示的 $T_{ropt} - \omega_r$ 曲线，因此系统参考输出为

$$y_d = K_p \omega_p^2 \tag{5-80}$$

利用有界跟踪原理确定跟踪偏差，此时系统误差定义为

$$e = y_d - y \tag{5-81}$$

做追踪控制时，考虑工程化因素，令

$$v^* = \dot{y}_d + k_1 e + k_2 \int e\, dt \tag{5-82}$$

由以上推导可知系统的最终控制律为

$$\gamma = \frac{D_p}{K_m \omega_{md}}\omega_p - \frac{C_t}{K_m \omega_{md}}p_h - \frac{V}{K_m \omega_{md}\beta_e}\dot{p}_h \tag{5-83}$$

（3）最优控制器

采用 5.3.1.1 节求解控制律寻优函数的方法，即使系统在控制过程中的动态误差与能量消耗以及控制结束时的系统稳态误差综合最优。在本节中即跟踪最佳转矩时同时保证系统功率波动最小。具体如下：

建立最优目标函数，使外部扰动对功率的影响最小，即

$$J_{g1} = E\left\{\int\!\!\int_0^\infty (\Delta P(t))^2 dt\right\} \to \min \tag{5-84}$$

液压系统的转矩波动最小，即

$$J_{g2} = E\left\{\int\!\!\int_0^\infty (\Delta T(t))^2 dt\right\} \to \min \tag{5-85}$$

上述两个最优的目标可表示为

$$J_{g1} = E\left\{\int\!\!\int_0^\infty x^T(t) C^T C x(t) dt\right\} \to \min \tag{5-86}$$

$$J_{g2} = E\left\{\int_0^\infty u^T(t)Nu(t)\,\mathrm{d}t\right\} \to \min \tag{5-87}$$

综合两个最优目标，在额定风速以下工况，液压系统最优控制的目标确定为

$$J = \alpha J_{g1} + J_{g2} = E\left\{\int_0^\infty x^T(t)C_\alpha^T C_\alpha x(t) + u^T(t)Nu(t)\,\mathrm{d}t\right\} \to \min \tag{5-88}$$

其中，α 为权重系数。

线性二次型最优控制策略结构如图 5-47 所示，其中输入是风速、桨距角和最佳转矩。

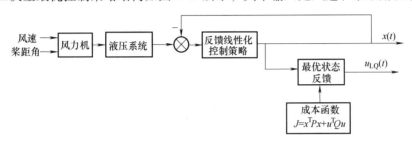

图 5-47　LQG 控制系统框图

在设计 LQG 方面，线性模型利用二次型代价函数 J 来定义控制器目标。控制变量通过二次型代价函数 J 得到的收益率矩阵 $\boldsymbol{G}$ 表示它的控制范围

$$u_{LQ}(t) = -\boldsymbol{G}x(t) \tag{5-89}$$

其中最优状态反馈矩阵 $\boldsymbol{G}$ 通过最小化 J 的期望值来获得

$$J = x^T Px + u^T Qu \tag{5-90}$$

式（5-90）中，P 是对称的半正定的加权状态，满足代数算法方程，而 Q 是对称的正定加权的控制输入。J 没有物理意义，它只是提供去权衡互相矛盾的变量的一个方法，即状态调控与控制的使用方法。

5.3.4.2　仿真验证

（1）控制模型

为验证基于逆系统理论方法设计的最优控制器的有效性，利用 MATLAB/Simulink 建立基于逆系统的最优控制器数学仿真模型。通过给系统输入不同的风速信号来得到系统各变量的动静态特性。系统控制仿真模型如图 5-48 所示。

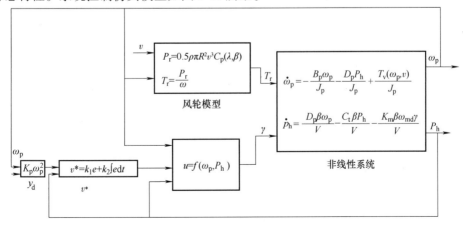

图 5-48　系统控制仿真模型

（2）仿真分析

给定阶跃可变风速如图 5-49 所示的风速信号。风力机输入功率、转矩以及在控制器作用下系统的各状态响应曲线如图 5-50 所示。

图 5-49 为阶跃变化的风速曲线，风速在 0 时刻阶跃上升变化，开始时风速为 6m/s，在 300s 时由 6m/s 阶跃变化到 7m/s，并维持 200s；在 500s 时由 7m/s 阶跃变化到 8m/s，并持续 200s；在 700s 时由 8m/s 阶跃变化到 9m/s，并持续 200s；在 900s 时由 9m/s 阶跃变化到 10m/s，并维持 200s；在 1100s 时风速开始阶跃下降，风速从 10m/s 阶跃变化到 9m/s，并持续 200s；在 1300s 时由 9m/s 阶跃变化到 8m/s，并维持 200s，一直到 2000s 结束。

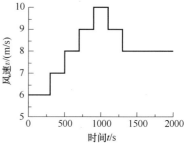

图 5-49　可变阶跃风速曲线

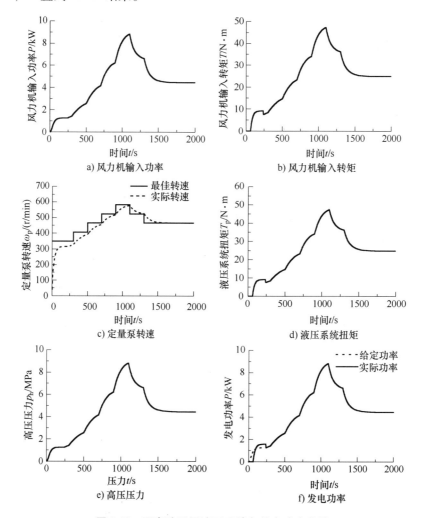

图 5-50　可变阶跃风速下系统各状态响应曲线

如图 5-50 所示，在给定可变阶跃风速条件下，风力机系统各状态量随风速变化，且变化趋势一致。风力机输入功率、输入转矩、定量泵转速、液压系统扭矩、高压压力以及发电功率随着风速的增加而增加，随着风速的减小而减小，并最终处于稳定状态。扭矩的变化从开始稍有滞后是因为风力机起动自身带来的延迟所致。从图中可以看出，发电功率和给定功率整体拟合较好。说明此控制算法能实现并网发电并实现最佳功率追踪。

给定如图 5-51 所示的重复可变风速信号，风力机输入功率、转矩以及在控制器作用下系统的各状态响应曲线如图 5-52 所示。

图 5-51 为重复可变的风速曲线，模拟自然界条件 500s 为周期的重复性自然风，来验证系统对于功率追踪和功率平滑最优控制效果。

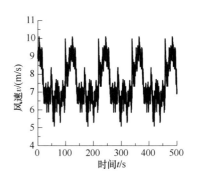

图 5-51　重复可变风速曲线

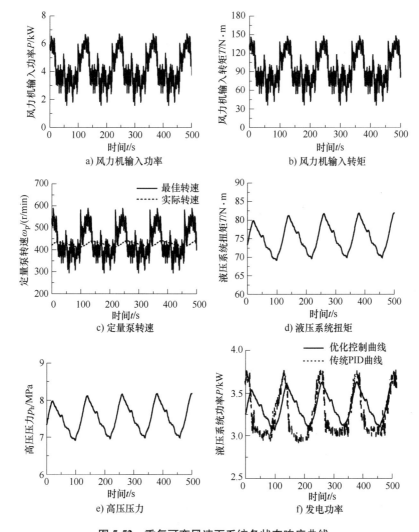

a) 风力机输入功率　　　b) 风力机输入转矩

c) 定量泵转速　　　d) 液压系统扭矩

e) 高压压力　　　f) 发电功率

图 5-52　重复可变风速下系统各状态响应曲线

如图 5-52 所示，在给定周期重复的自然风速下，风力机输入功率与输入转矩是波动的。

通过本节介绍的控制器进行控制时，定量泵转速、液压系统扭矩、系统高压压力和功率曲线平稳且平滑，变化趋势与风速一致；能够实现并网发电和最佳功率追踪。从图 f 可得经过最优控制时，功率波动均方差为 0.0608，而经过传统 PID 控制时，功率波动均方差为 0.221，且在功率追踪过程中最优控制功率输出曲线相比于传统 PID 控制的功率输出曲线毛刺少且平滑，趋势与高压压力、扭矩一致。因为当风机并网以后，转速恒定，功率和转矩保持一致。

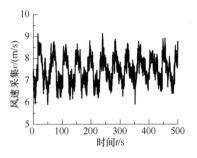

图 5-53　波动风速曲线

给定如图 5-53 所示的可变自然风速信号，风力机输入功率、转矩以及在控制器作用下系统的各状态响应曲线如图 5-54 所示。

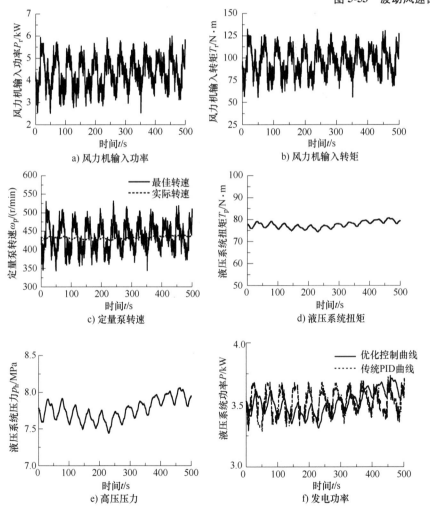

图 5-54　波动风速条件下系统各状态响应曲线

图 5-53 为真实工况的自然风速曲线，模拟自然界条件 500s 的自然风，来验证系统对于功率追踪和功率平滑最优控制效果。

由图 5-54 可知，在给定的自然风速条件下，风力机输出功率与输出转矩是波动的，且与给定风速的变化趋势保持一致。通过本节设计的控制器进行控制时，定量泵转速、液压系统的扭矩、压力和功率曲线变化平稳且平滑。通过图 5-54f 可得经过最优控制时，功率波动均方差为 0.0349，而经过传统 PID 控制时，功率波动均方差为 0.0137，且在功率追踪过程中最优控制功率输出曲线相比于传统 PID 控制的功率输出曲线毛刺少且平滑。液压系统输出功率和液压系统压力及扭矩保持一致。

通过给定系统不同的风速信号得到的系统响应曲线可以看出，本节设计的功率追踪及功率平滑最优控制器能够满足在不同风工况条件下的系统要求，保证了在功率追踪的基础上达到功率平滑的效果，优化了系统功率，提高了电能质量。

5.3.5　基于自抗扰控制的最佳功率追踪控制

液压型机组在进行最佳功率追踪时，机组为二阶系统，且系统的控制变量为变量马达摆角 γ，系统为单输入单输出系统。且由上述分析可知，可以定量泵转速为控制输出，结合反馈线性化方法和自抗扰控制方法，提出液压型机组的最佳功率追踪优化控制方法[13]。

5.3.5.1　控制律的求解

（1）选择自抗扰控制系统输出

由上节分析可知，控制系统以与风力机同轴相连的定量泵转速为输出，输出的表达形式为

$$y = h(x) = x_1 = \omega_p \tag{5-91}$$

（2）系统的相对阶

结合反馈线性化方法中的相对阶的定义，求得在上述输出下系统的相对阶求解过程如下。

$$L_g L_f^0 h(x) = L_g h(x) = \frac{\partial h(x)}{\partial x} g(x) = (1 \quad 0)\begin{pmatrix} 0 \\ -\dfrac{K\beta_e}{V} \end{pmatrix} = 0 \tag{5-92}$$

$$L_g L_f^1 h(x) = L_g\left(\frac{\partial h(x)}{\partial x} f(x)\right) = L_g f(x) = \frac{\partial f(x)}{\partial x} g(x) = \frac{D_p K\beta_e}{J_p V}$$

由式（5-92）可知，系统的相对阶为 2，系统的阶次为 2，故以定量泵转速为输出的系统是能够完全状态反馈线性化的。

（3）系统坐标变换

x 坐标系下参量与 z 坐标系下参量的坐标变换关系为

$$z_1 = h(x) = x_1 \tag{5-93}$$

在 z 坐标系下系统可由式（5-94）表示。

$$\begin{cases} \dot{z}_1 = z_2 \\ \quad \vdots \\ \dot{z}_{n-1} = z_n \\ \dot{z}_n = L_f^n h(x) + L_g L_f^{n-1} h(x) u \end{cases} \tag{5-94}$$

故系统并网之后在 z 坐标系下的状态方程为

$$\begin{cases} \dot{z}_1 = z_2 \\ \dot{z}_2 = \left[\left(-\dfrac{D_p^2 \beta_e}{J_p V} - \dfrac{C_t B_p \beta_e}{J_p V} \right) z_1 + \left(-\dfrac{B_p}{J_p} + \dfrac{1}{J_p} \dfrac{\partial T_r}{\partial z_1} - \dfrac{C_t \beta_e}{V} \right) z_2 + \dfrac{C_t \beta_e}{J_p V} T_r(z_1, v) \right] + \dfrac{D_p K \omega_{md} \beta_e}{J_p V} u \end{cases} \quad (5\text{-}95)$$

由式（5-91）和式（5-93）可知，系统在 z 坐标系下的输出可表示为

$$y = z_1 \quad (5\text{-}96)$$

所以系统的状态空间模型可改写为

$$\begin{cases} \dot{z}_1 = z_2 \\ \dot{z}_2 = \left[\left(-\dfrac{D_p^2 \beta_e}{J_p V} - \dfrac{C_t B_p \beta_e}{J_p V} \right) z_1 + \left(-\dfrac{B_p}{J_p} + \dfrac{1}{J_p} \dfrac{\partial T_r}{\partial z_1} - \dfrac{C_t \beta_e}{V} \right) z_2 + \dfrac{C_t \beta_e}{J_p V} T_r(z_1, v) \right] + \dfrac{D_p K \omega_{md} \beta_e}{J_p V} u \\ y = z_1 \end{cases} \quad (5\text{-}97)$$

二阶被控对象采用自抗扰控制的标准形式为

$$\begin{cases} \dot{x}_1 = x_2 \\ \dot{x}_2 = f(x_1, x_2, w(t)) + (b - b_0)u + b_0 u \\ y = x_1 \end{cases} \quad (5\text{-}98)$$

式中　b——控制变量的系数（未知量）；

b_0——控制变量的系数的初始值（已知量）。

为方便求解系统的状态观测器，需要把式（5-97）的第二个式子改写成由系统扰动和控制变量组成，首先确定控制变量系数的基准值 b_0。

由式（5-97）和式（5-98）联立可知，式（5-98）中的 $b = D_p K_m \omega_{md} \beta_e / J_p V$，油液的体积弹性模量是很难确定的，其值受油液的压缩性、管道和油液中所含空气的影响，油液的体积弹性模量属于系统的不确定非线性参量。

故将控制变量的系数 b 分解为

$$\begin{aligned} b &= \frac{D_p K_m \omega_{md} \beta_e}{J_p V} \\ &= \frac{D_p K_m \omega_{md} (\beta_{e0} + \Delta \beta_e)}{J_p V} \\ &= \frac{D_p K_m \omega_{md} \beta_{e0}}{J_p V} + \frac{D_p K_m \omega_{md} \Delta \beta_e}{J_p V} \\ &= b_0 + \Delta b \end{aligned} \quad (5\text{-}99)$$

其中，$b_0 = D_p K_m \omega_{md} \beta_{e0} / J_p V$；$\Delta b = D_p K_m \omega_{md} \Delta \beta_e / J_p V = b - b_0$。

故式（5-97）的第二个式子可改写成：

$$\ddot{z}_1 = \dot{z}_2 = \left[\left(-\frac{D_p^2 \beta_e}{J_p V} - \frac{C_t B_p \beta_e}{J_p V} \right) z_1 + \left(-\frac{B_p}{J_p} + \frac{1}{J_p} \frac{\partial T_r}{\partial z_1} - \frac{C_t \beta_e}{V} \right) z_2 + \frac{C_t \beta_e}{J_p V} T_r(z_1, v) \right] + (b - b_0)\gamma + b_0\gamma \quad (5\text{-}100)$$

其中，耦合的不确定项为 $f(z_2, \dot{z}_2) = \left(-\dfrac{B_p}{J_p} + \dfrac{1}{J_p} \dfrac{\partial T_r}{\partial z_1} - \dfrac{C_t \beta_e}{V} \right) z_2$；不确定外部扰动为 $w(t) = \left[(-D_p^2 \beta_e - C_t B_p \beta_e) z_1 + C_t \beta_e T_r(z_1, v) \right] / J_p V + (b - b_0)\gamma$。

故系统的状态空间模型可改写成：

$$\begin{cases} \dot{z}_1 = z_2 \\ \dot{z}_2 = \left[\left(-\dfrac{D_p^2 \beta_e}{J_p V} - \dfrac{C_t B_p \beta_e}{J_p V}\right) z_1 + \left(-\dfrac{B_p}{J_p} + \dfrac{1}{J_p}\dfrac{\partial T_r}{\partial z_1} - \dfrac{C_t \beta_e}{V}\right) z_2 + \dfrac{C_t \beta_e}{J_p V} T_r(z_1, v)\right] + (b - b_0)u + b_0 u \\ y = z_1 \end{cases} \quad (5\text{-}101)$$

（4）非线性跟踪微分器

ω_p^* 为与风力机同轴刚性相连的定量泵转速的输入给定，机组的真实输出量为 ω_p，控制量为变量马达的摆角 γ，控制目标是控制定量泵转速 ω_p 追踪到 ω_p^*。

设定二阶非线性跟踪微分器 TD 为

$$\begin{cases} \dot{\omega}_{p1} = \omega_{p2} \\ \dot{\omega}_{p2} = -\alpha \sin_{sgn}\left(\omega_{p1} - \omega_{p1}^* + \dfrac{\omega_{p2}|\omega_{p2}|}{2\alpha}, \delta'\right) \end{cases} \quad (5\text{-}102)$$

式中　ω_p^*——与风力机同轴刚性连接的定量泵转速的给定值，单位为 rad/s，$\omega_p^* = \lambda_{opt} v / R$；

ω_{p1}——与风力机同轴刚性连接的定量泵转速给定值的跟踪值，单位为 rad/s；

ω_{p2}——与风力机同轴刚性连接的定量泵转速给定值的微分值，单位为 rad/s。

由 TD 得到期望定量泵转速值的跟踪及近似微分信号 ω_{p1} 和 ω_{p2}。

非线性微分跟踪器 TD 的仿真模型如图 5-55 所示。

针对非线性微分跟踪器跟踪系统给定和输出给定信号的微分值随参数变化的响应情况，对系统输入常值信号，分别令 $a = 10$、50、100 和 1000，观察非线性微分跟踪器输出值的响应。

由图 5-56 可得，变量 x 在加速因子 α 的限制下跟踪期望的输入信号 z^*，随着 α 的增大，z 跟踪 z^* 能力提高，即在准确跟踪期望输入值的前提下，响应时间逐渐缩短，但当 α 大到一定程度的时候，微分信号 $\dot{z}$ 出现抖动现象，而且随着 α 增大，抖动现象增强，影响非

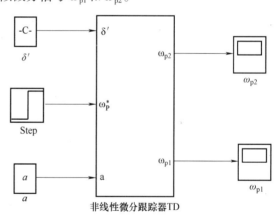

图 5-55　TD 仿真模型

线性跟踪微分器 TD 的性能。所以 α 是影响 TD 的重要参数之一，故需要对参数 α 进行整定。

（5）扩张状态观测器

由式（5-100）可知，开环系统总扰动的实时作用量作为新的状态变量 z_3，记作

$$z_3 = \left[\left(-\dfrac{D_p^2 \beta_e}{J_p V} - \dfrac{C_t B_p \beta_e}{J_p V}\right) z_1 + \left(-\dfrac{B_p}{J_p} + \dfrac{1}{J_p}\dfrac{\partial T_r}{\partial z_1} - \dfrac{C_t \beta_e}{V}\right) z_2 + \dfrac{C_t \beta_e}{J_p V} T_r(z_1, v)\right] + (b - b_0)u \quad (5\text{-}103)$$

记 $\dot{z}_3 = \alpha(t)$，则系统扩张成新的线性系统为

$$\begin{cases} \dot{z}_1 = z_2 \\ \dot{z}_2 = z_3 + b_0 u \\ \dot{z}_3 = \alpha(t) \\ y = z_1 \end{cases} \quad (5\text{-}104)$$

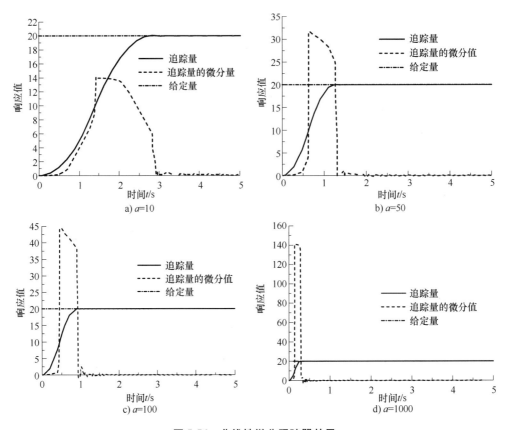

图 5-56　非线性微分跟踪器效果

构造扩张系统的状态观测器方程为

$$\begin{cases} e = m_1 - \omega_p \\ \dot{m}_1 = m_2 - \beta_{01} \mathrm{fal}(e, a_1, \delta) \\ \dot{m}_2 = m_3 - \beta_{02} \mathrm{fal}(e, a_2, \delta) + b_0 \gamma \\ \dot{m}_3 = -\beta_{03} \mathrm{fal}(e, a_3, \delta) \end{cases} \tag{5-105}$$

由式（5-103）可知，由于定量泵转速的加速度和定量泵转速度和加加速度均是有界的，故 $\alpha(t)$ 为有界函数，则构造的扩张状态观测器系统能够跟踪到原系统的扩张状态，故得到的状态估计量 m_3 能够跟踪到系统的扰动量 z_3，故控制量可以取成

$$u = u_0 - \frac{m_3}{b_0} \tag{5-106}$$

故补偿后的系统可表示为

$$\begin{cases} \dot{z}_1 = z_2 \\ \dot{z}_2 = b_0 u_0 \\ y = z_1 \end{cases} \tag{5-107}$$

基于 Simulink 软件并结合上述数学模型搭建扩张状态观测器模块，具体仿真模型如

图 5-57 所示，该仿真模块主要由 fal 非线性函数模块和相应的数学运算组成。

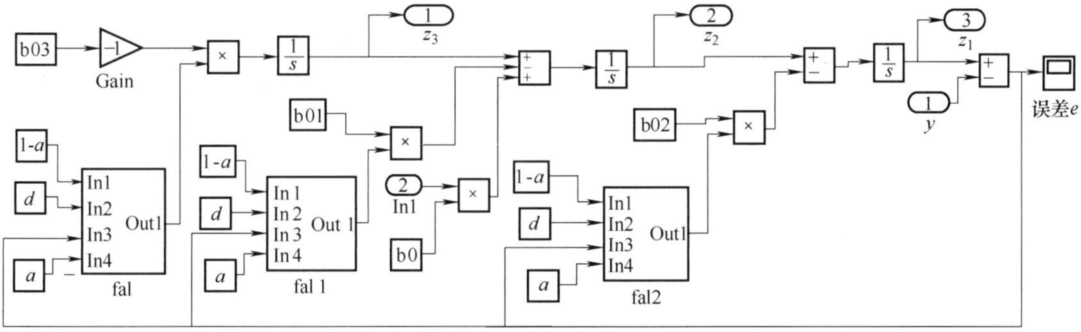

图 5-57 扩张状态观测器仿真模型

（6）非线性状态误差反馈控制律

由非线性微分跟踪器和扩张状态观测器输出值做差，并将差值和扰动值输入状态误差反馈控制器中，故非线性状态误差反馈控制器可表示为

$$
\begin{cases}
e_1 = \omega_{p1} - m_1 \\
e_2 = \omega_{p2} - m_2 \\
\gamma_0 = k_1 \mathrm{fal}(e_1, a, \delta) + k_2 \mathrm{fal}(e_2, a, \delta) \\
\gamma = \gamma_0 - \dfrac{m_3}{b_0}
\end{cases}
\tag{5-108}
$$

NLSEF 根据 TD 输出与 ESO 输出之间的误差 e_1、e_2 计算 ADRC 的控制量 γ_0，由与 z_3 跟踪的是系统的不确定干扰项，由 γ_0 和 m_3 共同决定 γ，实现对系统干扰的补偿。分析上述控制律可知，该控制律含有系统误差 e_1、系统误差的微分值 e_2 和系统的干扰值 m_3，通过调整 k_1、k_2 和 b_0 值可实现系统的自抗扰控制。

针对原有的自抗控制器，可把原控制器理解为主要由比例环节和微分环节组成，即上述控制器为 PD 控制，但由于 PD 控制器在高频阶段会引入振荡，故当波动风速波动较大时，系统很难稳定且准确性较低，故在原有控制器的基础上对非线性误差反馈控制律进行优化，引入积分环节，优化的控制律为

$$
u = k_1 \mathrm{fal}(e_0, a_0, \delta) + k_2 \mathrm{fal}(e_1, a_1, \delta) + k_3 \mathrm{fal}(e_2, a_2, \delta)
\tag{5-109}
$$

式中 e_0——误差 e_1 的积分。

相应的控制模型如图 5-58 所示。

5.3.5.2 自抗扰控制器参数整定原则

自抗扰控制器组成形式和结构确定之后，决定控制器性能的主要是控制器中的参数，但同样由于自抗扰控制器在使用过程中需要调整的参数太多，也限制了自抗扰控制器在工程上的应用和推广。本节做了大量理论和仿真研究，针对自抗扰控制器在使用过程中相关参数的整定问题进行探讨，提出以下几点原则：

1）首先自抗扰控制器的三部分是互相独立设计与构造的，在进行参数整定过程中，可考虑先独立整定，然后最终结合控制效果，对控制器中的相关参数进行微调。

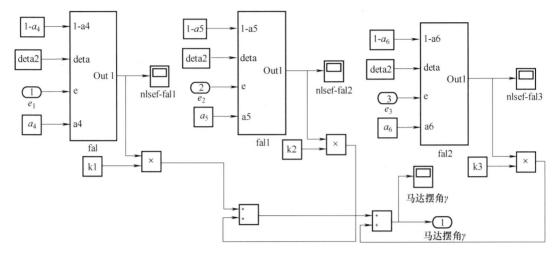

图 5-58　非线性状态误差控制律

2）非线性微分跟踪器的参数整定：首先搭建含有非线性微分跟踪器 TD 的开环系统，给系统输入常值信号，根据 a 和 δ' 在控制器中所起的作用，先调定 a，然后 δ' 按 $\delta' = 0.00005a$ 进行调整，如若效果不好，然后再微调。

3）扩张状态观测器的参数整定：由于扩张状态观测器对扰动的估计和补偿作用，在扰动幅值不很大、变化不很剧烈的情况下，完全可以实现精确补偿。所以在假设扰动为零的情况下，对控制器 β_{01} 和 β_{02} 参数进行初始值设定。根据 b_0 确定参数 β_{01} 和 β_{02} 的初始值。b_0 较大时，β_{01} 和 β_{02} 取较小的值，b_0 较小时，β_{01} 和 β_{02} 取较大的值；当 $b_0 \leqslant 100$ 时，可使 b_0 和 β_{01} 的乘积近似于 100，当 $b_0 > 100$ 时，可使 b_0 和 β_{01} 的乘积近似为 2；当 $\beta_{01} \geqslant 1$ 时，β_{01} 近似为 β_{02} 的 10 倍，当 $\beta_{01} < 1$ 时，β_{01} 近似为 β_{02} 的 1/10。当扰动值很大、变化很剧烈的情况下，扩张状态观测器不能完全实现精确补偿，需要对 β_{01} 和 β_{02} 微调，当过渡过程出现超调时，可适当增大参数 β_{02} 抑制该情况，同样适当增大 β_{01}，可加快响应速度，缩短过渡过程；同时针对扩张状态观测器中的 a_i 参数，一般取 $a_1 = 0.5$，$a_2 = 0.25$。扩张状态观测器 ESO 的跟踪和补偿精度越高，所得到的整个控制器的控制性能也越好。

4）非线性反馈控制律的参数整定：其中该子控制器的参数 k_1 作为误差的系数，对系统影响最大，应首先调整参数 k_1，然后调整 k_2，参数 k_1、k_2 具有较为明确的物理意义，k_1 主要表征的是比例环节的系数，k_2 主要表征的是微分环节的系数。可结合线性 PID 中的参数整定原则，进一步调整 k_1、k_2。

5.3.5.3　仿真验证

基于自抗扰控制理论的优势，以及液压型机组最佳功率追踪控制的目标，将自抗扰控制策略与液压型机组液压主传动系统特性相结合，实现自抗扰控制在液压型机组最佳功率追踪过程中的应用，因此依托 MATLAB 和 Simulink 软件仿真平台，进行仿真研究，所提出控制律的仿真模型如图 5-59 所示，其中控制器的相应参数见表 5-1。

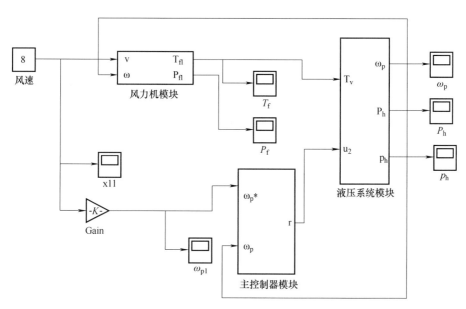

图 5-59　基于定量泵转速输出的自抗扰最佳功率追踪控制仿真模型

表 5-1　自抗扰控制参数列表

控制器	参数代号	数值
TD	a	25
	δ	0.05
ESO	a_1	0.5
	a_2	0.5
	a_3	0.75
	β_{01}	40
	β_{02}	8000
	β_{03}	6500
	δ	0.75
NLSEF	a_4	0.25
	a_5	0.5
	a_6	0.25
	k_1	3
	k_2	5
	k_3	5
	δ	0.5

（1）恒定风速下最佳功率追踪控制效果

引入恒定风速，即系统输入风速为 8m/s，仿真机组最佳功率控制效果，分别从定量泵转速、系统高压压力和系统输出功率等泵控马达液压主传动系统的相应参量出发，观察相应的仿真曲线，具体如图 5-60 所示。

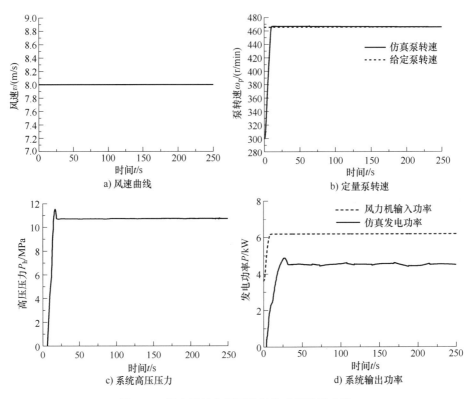

图 5-60　恒定风速作用下的最佳功率追踪曲线

由图 5-60 可知，当风速为 8m/s 时，液压型机组的液压主传动系统的定量泵转速能够跟踪上 TD 设定的目标期望转速，即由于定量泵与风力机同轴刚性连接，定量泵转速能够追踪到 8m/s 风速下的风力机转速 462r/min 左右，并最终稳定；同时液压系统的高压压力在追踪到最佳压力会有一定的波动，但是很快就恢复到该风速下的最佳压力并趋于稳定；液压系统输出的功率很快追踪到当前风速下的最佳功率，但由于液压系统效率的存在，液压系统输出功率为 4.8kW 左右。

（2）波动风速下最佳功率追踪控制效果

为使所提出的控制律具有说服力，引入波动风速，本文给定波动风速的基准值为 8m/s，波动值为 ±1m/s，观察液压系统相应参量的仿真结果，具体如图 5-61 所示。

由图 5-61 可知，风速在 8m/s 左右波动，液压型机组的液压主传动系统的定量泵转速能够跟踪上 TD 设定的定量泵转速期望值，即由于定量泵与风力机同轴刚性连接，定量泵能够追踪到 8m/s 风速下的风力机转速，并最终稳定；同时液压系统的高压压力在追踪到最佳压力会有一定程度的波动，波动程度较图 5-60 有明显增加，但是很快就回复追踪到该风速下的最佳压力并趋于不变，与风速波动趋势一致；且液压系统输出的功率很快追踪到当前风速下的最佳功率，但由于系统输出的高压压力波动量有所增加，致使系统输出的功率波动量也随之增加，波动趋势仍与风速的波动趋势一致。

（3）阶跃上升风速下最佳功率追踪控制效果

给系统输入阶跃风速，风速从 7m/s 上升到 8m/s，分别从定量泵转速、系统输出的高压压力、输出功率三个参量的角度进行分析，具体仿真效果如图 5-62 所示。

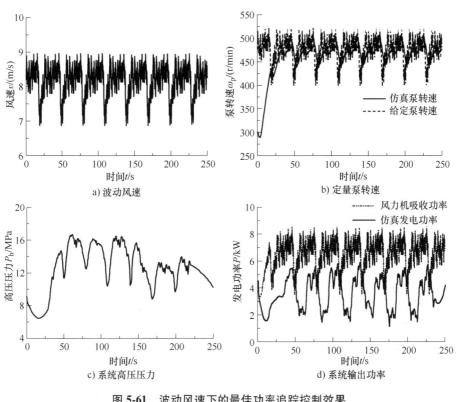

图 5-61 波动风速下的最佳功率追踪控制效果

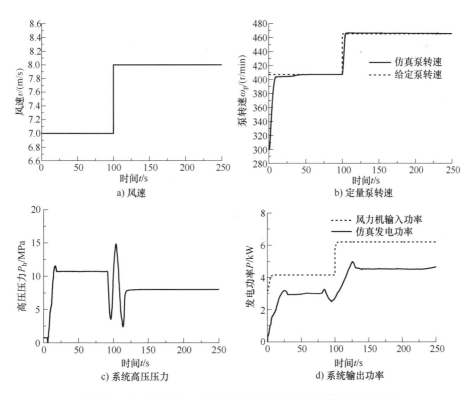

图 5-62 7m/s 增至 8m/s 风速下的系统最佳功率追踪控制效果

由图 5-62 可知，风速由 7m/s 增到 8m/s 的过程中，与风力机同轴刚性相连的定量泵转速能够快速由 410r/min 增大到 462r/min，准确地跟踪到了相应风速下定量泵转速，同时系统的高压压力和系统输出液压功率随着风速的变化而变化。但从图 5-61 可以看出在速度瞬间转变过程中，系统输出的高压压力和系统输出的功率会有一定程度的突变，这一现象主要是由于以定量泵转速为控制输出时，当风速变化时，定量泵转速不会发生突变，但风力机输出的转矩会发生突变，进而使定量泵转速产生加速度，由于风力机输出转矩的变化，最终导致液压系统输出的压力和功率都会发生突变，但突变的时间很短也相对平滑。

（4）阶跃下降风速下最佳功率追踪控制效果

给系统输入阶跃风速，风速从 8m/s 下降到 7m/s，分别从定量泵转速、系统输出的高压压力、输出功率三个参量的角度进行分析，具体仿真效果如图 5-63 所示。

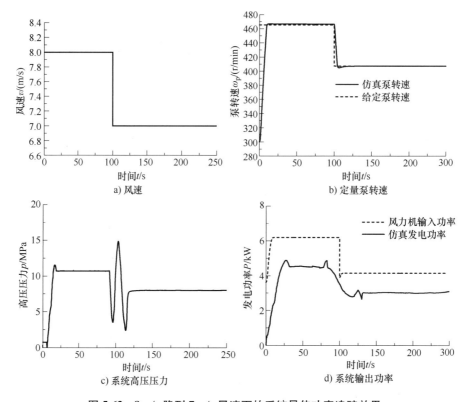

a) 风速

b) 定量泵转速

c) 系统高压压力

d) 系统输出功率

图 5-63　8m/s 降到 7m/s 风速下的系统最佳功率追踪效果

由图 5-63 分析可知，风速由 8m/s 降到 7m/s 的过程中，定量泵转速能够快速由 462r/min 降低到 410r/min，准确地跟踪到了相应风速下定量泵转速，同时系统的高压压力和系统输出液压功率仍跟随风速的变化而变化，但转速发生突变时，系统输出的高压压力和系统输出的功率会有一定突变，但同样突变的时间很短。

5.4　本章小结

本章针对液压型风力发电机组的最佳功率追踪控制问题进行了研究，首先分析了液压型机组的能量传递方式，并分析了传统的最佳功率追踪控制方法的优缺点，结合液压型机组能量传递形式与传统机型的不同之处，从古典控制理论的角度提出了适合液压型机组的最佳功率追踪控制方法，并进行了仿真和实验验证。由于液压型风力发电机组具有非线性、强时变、强耦合等特点，采用传统控制方法很难兼顾各状态、有效解决多输入-多输出控制问题，故结合现代控制理论，提出适合液压型风力发电机组最佳功率追踪控制方法，并进行了优化。本章所提出的最佳功率追踪控制方法有效地解决了液压型机组功率追踪控制问题，为液压型风力发电机组的产业化应用奠定了理论基础。

参考文献

［1］ THONGAM J S, OUHROUCHE M. MPPT Control Methods in Wind Energy Conversion Systems［M］. Quebec：University of Quebec, 2011：339.

［2］ WANG Q, CHANG L. An Intelligent Maximum Power Extraction Algorithm for Inverter-Based Variable Speed Wind Turbine Systems［J］. IEEE Transaction on Power Electron, 2004, 19（5）：1242-1249.

［3］ 陈毅东. 全功率变流器风机运行品质优化控制技术的研究［D］. 秦皇岛：燕山大学, 2011：13-34.

［4］ 艾超. 液压型风力发电机组转速控制和功率控制研究［D］. 秦皇岛：燕山大学, 2012.

［5］ 廖利辉. 液压型风力发电机组最佳功率追踪控制方法研究［D］. 秦皇岛：燕山大学, 2014.

［6］ 娄霄翔. 液压型风力发电机组低电压穿越理论与实验研究［D］. 秦皇岛：燕山大学. 2012.

［7］ 陈文婷. 液压型风力发电机组转速与功率优化控制研究［D］. 秦皇岛：燕山大学, 2015.

［8］ JAY P G, JOHAN M. Optimal Control of Wind Farm Power Extraction in Large Eddy Simulations［C］. 32nd ASME Wind Energy Symposium, 2014.

［9］ 刘辉, 李啸骢, 韦化. 基于目标全息反馈法的发电机非线性励磁控制设计［J］. 中国电机工程学报, 2007, 27（1）：14-18.

［10］ ISIDORI A. The zero dynamics of a nonlinear system：from the origin to the latest progresses of a long successful story［J］. European Journal of Control, 2013, 19（5）：369-378.

［11］ 艾超, 陈立娟, 孔祥东, 等. 反馈线性化在液压型风力发电机组功率追踪中的应用［J］. 控制理论与应用, 2016, 33（7）：915-922.

［12］ 张寅. 液压型风力发电机组功率平滑控制研究［D］. 秦皇岛：燕山大学, 2016.

［13］ 陈立娟. 液压型风力发电机组功率追踪优化控制研究［D］. 秦皇岛：燕山大学, 2017.

第6章 液压型风力发电机组低电压穿越控制技术

6.1 低电压穿越概述

6.1.1 低电压穿越的要求及关键技术

6.1.1.1 低电压穿越的要求

2011 年 8 月 5 日国家能源局发布了 18 项风电行业标准[1]，此系列标准在低电压穿越上对风力发电机组和风电场提出了明确要求，具体要求如图 6-1 所示。

具体解释如下：

1）风力发电机组应具有在并网点电压跌至 20%额定电压时，能够维持并网运行 625ms 的低电压穿越能力。

2）风电场并网点电压在发生跌落后 2s 内能够恢复到额定电压的 90%时，风力发电机组应具有不间断并网运行的能力。

3）在电网故障期间没有切出的风力发电机组，其有功功率在故障切除后应以至少 10%额定功率/秒的功率变化率恢复至故障前的状态。

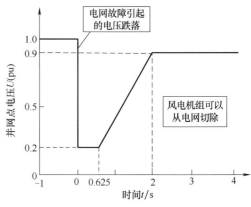

图 6-1 风力发电机组低电压穿越要求图

所以，当电网电压跌落时，液压型风力发电机组实现低电压穿越功能，保持并网运行，发出无功功率支撑电网电压，并在网侧电压恢复后，快速提升注入电网的有功功率，需满足以下要求：

1）电网电压跌落瞬间，发电机能够承受定子侧过载电流，电网电压跌落到额定值的

20%，则要求发电机能瞬时承受 5 倍额定电流。

2）主传动液压系统要求在保证发电机同步转速输出的前提下，具有功率快速响应能力，尽量减少发电机定子过载电流持续时间，减小对发电机的损伤。

3）主传动液压系统有功功率快速减小后，发电机由恒功率因数控制模式转为自动电压调节模式，发出无功功率对电网进行功率支撑。

4）发电机工作于无功支撑过程时，主传动液压系统应向电网注入少量有功功率，控制发电机转速稳定在设定转速，并且要求液压系统留有流量调整裕量。

5）电网电压恢复，故障清除后，主传动液压控制系统至少以额定功率 10%/s 的速度提升注入电网的有功功率。

6.1.1.2 低电压穿越关键问题分析

低电压穿越关键技术问题从宏观上讲，是为了确保电网故障后电力系统的稳定性，避免机组功率失衡。低电压穿越关键技术问题具体说明如下：

1）自保——快速调整机组的有功功率，抑制发电机故障电流，减小发电机损伤。

2）不脱网——在发电机负载波动条件下，保证其稳速输出，保证机组并网运行。

3）支撑——风力发电机组连续稳定输出无功功率，支撑电网电压恢复。

近年来，我国风力发电机组大面积脱网事故时有发生，这暴露了我国部分已运营风力发电机组低电压穿越能力较差的现状。因此，提高风力发电机组的低电压穿越能力，确保风力发电机组安全稳定运行是我国风力发电行业亟待解决的技术难点。

6.1.2 电网电压跌落分类及分析

低电压穿越过程中，电网电压跌落依据产生机理，可分为三类[2]：①大功率负荷加速运行造成的电压跌落；②大功率设备起动造成的电压跌落；③电网电压故障造成的电压跌落。其中，电网电压故障引起的电压跌落是引起风力发电机组低电压运行的主要原因，其故障形式及机理对低电压穿越具有重要意义。电网电压故障类型大致可分为四种：三相电压等幅跌落、两相间电压故障、两相对地短路故障和单相对地短路故障；而根据故障后三相电压是否对称，又可分为对称故障和不对称故障两种。各类电网故障类型及发生概率见表 6-1。

表 6-1 各类电网故障类型及发生概率

故障类型	故障发生概率
单相接地故障	75%~80%
两相相间短路	8%~15%
两相接地短路	4%~10%
三相短路	3%~5%

针对各种类型的电网故障，并网风力发电机组所具备的应对措施，是衡量风力发电机组低电压穿越能力强弱的重要标志。此外，低电压穿越技术是风力发电研究的一个重要方向，也是风力发电机组能正常运行的关键技术之一。

6.1.3 低电压穿越研究现状

当电网电压跌落时，需要迅速调整发电机输出的有功功率，而风力机吸收的风功率不能瞬间调整，则传动系统中就会产生剩余能量，若此时不加以控制，发电机各参数都会因达到安全设定值而导致机组脱网。因此，国内外相关学者针对风力发电机组低电压穿越技术展开了一系列研究，这对提高风力发电机组低电压运行能力具有重要的实际意义。

目前针对国内外风力发电接入电网的规范比较少，是因为每个国家的电力系统配置有区别、风电在电力系统中所占比重也不同。同时风力发电机组的装机容量保持高速增长，对接入电网的风力发电机组提出的要求也将不断更新。目前在一些风力发电占主导地位的国家，如丹麦、德国、美国[3-5]等国家已经相继制定了新的电网运行准则，定量地给出了低电压穿越运行的条件，只有当电网电压跌落超出规定值时才允许风力发电机组脱网，在低电压穿越运行状态时，发电机应向电网提供无功功率支撑。这就要求风力发电系统具有较强的低电压穿越能力，同时能方便地为电网提供无功功率支撑。

6.1.3.1 双馈异步风力发电机组的低电压穿越技术

双馈异步风力发电机组（DFIG）作为目前主流风力发电机型之一，具有可独立控制有功功率和无功功率的特点。但由于其定子绕组直接与电网相连，机组对电网故障非常敏感。在电网电压跌落过程中，定子磁链中将会出现直流分量和负序分量，转子回路中感应电动势较大，若没有过电流控制保护，将导致转子侧转换器的损坏。通常为了保护转子侧转换器，一般采用 Crowbar 保护电路。即当电网电压跌落时，Crowbar 电路将被连接以绕过转子侧转换器。但当电路被激活时，DFIG 会吸收大量的无功功率，从而会影响到电网电压的恢复[6]。总体来讲，双馈异步发电机已经实现了低电压穿越，但是仍然存在一定技术难度。

因此，双馈型风力发电机组定子侧与电网直接相连的结构特点决定了其对电网扰动尤其是电网故障的异常敏感性。双馈型风力发电机组在解决低电压穿越问题时，大多通过增加额外的硬件设施转化器来减小转子电流，其控制过程比较复杂。此外，目前针对双馈型风力发电机组低电压穿越的研究大多集中于电网对称故障情况下，而实际运行过程中，不对称电网故障更为普遍。

6.1.3.2 永磁直驱风力发电机组的低电压穿越技术

直驱型风力发电机组（PMSG）是一种传统机型，该机型具有发电机与电网完全解耦、控制灵活等优点。相比于双馈风力发电系统，PMSG 能更好地实现低电压穿越，当电网电压跌落后，发电机侧变流器可以快速调节发电机输出的有功功率，消除直流母线侧的不平衡功率并保证一个稳定的直流输出，协调控制发电机有功功率和无功功率，以此支持恢复电网电压。但是相比于液压型风力发电机组，PMSG 系统的发电机直径大、重量大，全功率变流器结构和控制复杂[7]。

虽然上述技术的可行性得到了充分的验证，但是上述方法大多增加了硬件设备，功率损耗较大，重量和成本较高，并且无法实时调整机组无功功率。

6.1.3.3 液压型风力发电机组低电压穿越技术

液压型风力发电机组采用液压调速系统实现风力机与发电机之间的能量传输。通过控制液压传动系统实现发电机转速的实时调整，使得发电机一直以同步转速工作，实现同步发电机并网发电。与传统风力发电机组一样，液压型风力发电机组同样需要具备低电压穿越能力。

目前针对液压型风力发电机组低电压穿越控制研究的文献鲜见，ChapDrive 公司通过实时监测风力机、液压系统、发电机和电网运行状态，规划桨距角、马达摆角和节流阀的控制律，实现低电压穿越，但只描述了控制设想，未描述具体方法。

综上所述，液压型风力发电机组通过控制液压传动系统解决低电压穿越问题，避免多余的硬件投入和复杂的控制问题，此外，机组配备的励磁同步发电机具有较强的低电压穿越能力。但是，低电压穿越技术作为液压型风力发电机组正常运行的关键技术之一，其理论和技术的研究尚不成熟，机理和控制方法尚不明确，开展液压型风力发电机组低电压穿越控制研究对该机型的推广和应用具有重要的意义[7-9]。

6.2　液压型风力发电机组低电压穿越特性分析

6.2.1　电网故障的暂态分析

国际电工委员会（IEC）将电网电压跌落（voltage dip）定义为电网某点的电压幅值在短时间内下降到额定值的10%～90%，并持续半个周期到1min的时间。由电网故障引起的电压跌落，其跌落时间与恢复时间均很短；由大发电机起动引起的电压跌落，其过程较长，一般需要几百毫秒甚至几秒的时间；由发电机再加速引起的电压跌落，在电压跌落瞬时，因为发电机的惯性抑制了电网电压跌落，而在电压恢复阶段，因为发电机的再加速和需要吸收一定的无功功率又阻碍了电网电压的恢复。

电网电压故障一般出现在电力传输系统中的高压输电端，当电网中出现故障引起电压跌落时，液压型风力发电机组与电网的模型如图6-2所示。

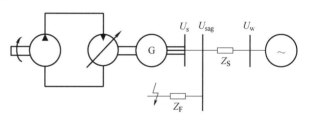

图 6-2　电压跌落时液压型风力发电机组模型

忽略负荷影响，电网电压 $U_w = 1\mathrm{pu}$，则由故障引起的同步发电机端电压跌落幅值为

$$U_{\mathrm{sag}} = \frac{Z_F}{Z_F + Z_S} \tag{6-1}$$

式中　Z_F——同步发电机端电压故障点之间的线路阻抗（Ω）；

　　　Z_S——同步发电机端电压与电源之间的系统阻抗（Ω）。

6.2.1.1　电力系统短路故障的基本概念

电力系统时常会发生故障，其中大多数是短路故障。所谓短路故障，是指电力系统正常运行情况以外的相与相之间或相与地及中性线之间连接而产生的故障。电力系统的运行经验表明，大多数电路故障都为单相短路接地。上述各种短路均是指在同一地点短路，实际上也可能是在不同地点同时发生短路，如两相在不同地点接地短路等。

电力系统产生短路故障的主要原因是电气设备载流部分的相间绝缘或相对地绝缘损坏。例如，架空输电线的绝缘子可能由于受到过电压（如由雷击引起）而发生闪络现象或由于空气的污染使绝缘子表面在正常工作电压下放电，以及其他电气设备，如发电机、变压器、电缆等的载流部分的绝缘材料在运行中损坏。此外，维修人员在线路检修后未拆除地线便加电压等误操作也会引起短路故障。

6.2.1.2 无限大功率电源供电系统的三相短路分析

如图 6-3 所示的电路，当电源外部有扰动发生时，而此时电压幅值和频率仍能保持恒值的电源，称为无限大功率电源。

1）当电源功率相对无限大时，由外电路发生短路而引起的功率改变相对于电源来说是可以忽略的。因此电源的频率和电压相对于同步发电机来说都是恒值。

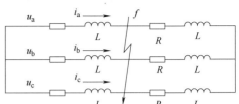

2）无限大功率电源可以认为是由无限多个有限功率电源并联而成，因此其内阻抗为零，电源电压保持恒定。

图 6-3　无限大功率电源的三相电路突然短路

实际上，真正的无限大功率电源是不存在的，它只是一个相对概念。通常以供电电源的内部阻抗与短路回路的总阻抗的相对大小来判断供电电源是否可以作为无限大功率电源。若供电电源的内部阻抗小于短路回路总阻抗的 10%，则可认为供电电源为无限大功率电源。在此情况下，外部电路发生短路故障对供电电源影响较小，可近似地认为电源电压的幅值和频率保持恒定。

图 6-3 所示的三相电路，短路发生前电路处于稳态，其 a 相的电流表达式为

$$i_a = I_{m|0|}\sin(\omega t + \alpha - \varphi_{|0|}) \tag{6-2}$$

式中

$$I_{m|0|} = \frac{U_m}{\sqrt{(R+R')^2 + \omega^2(L+L')^2}} \tag{6-3}$$

$$\varphi_{|0|} = \arctan\frac{\omega(L+L')}{(R+R')} \tag{6-4}$$

当在 f 点突然发生三相短路时，整个电路被分成两个独立的回路。左边部分的回路仍然与电源相连，而右边部分的回路则成为没有电源的回路。因此右边回路中的电流值将从短路发生瞬间不断衰减，一直衰减至磁场中储存的能量全部转换成电阻消耗的热能，最终减少至零。而在与电源相连的回路中，每相阻抗由原来的 $(R-R')+\mathrm{j}\omega(L-L')$ 减小为 $R+\mathrm{j}\omega L$，所以其稳态值将增大。

由于三相电路对称，所以得到了如下的表达式：

$$\begin{cases} i_a = I_m\sin(\omega t + \alpha - \varphi) + [I_{m|0|}\sin(\alpha - \varphi_{|0|}) - I_m\sin(\alpha - \varphi)]e^{-t/T_a} \\ i_b = I_m\sin(\omega t + \alpha - 120° - \varphi) + [I_{m|0|}\sin(\alpha - 120° - \varphi_{|0|}) - I_m\sin(\alpha - 120° - \varphi)]e^{-t/T_a} \\ i_c = I_m\sin(\omega t + \alpha + 120° - \varphi) + [I_{m|0|}\sin(\alpha + 120° - \varphi_{|0|}) - I_m\sin(\alpha + 120° - \varphi)]e^{-t/T_a} \end{cases} \tag{6-5}$$

由上式可见，当短路后达到稳态时，三相电流中的稳态短路电流为三个幅值相等、相角相差 120° 的交流电流。在这个暂态过程中，每相电流还包含有衰减的直流电流分量，它们出现的原因是电感中的电流在突然短路瞬时的前后不能突变。可以看出，三相的直流电流分量是不相等的。

6.2.1.3 电网电压故障时同步发电机的电磁暂态特性

当考虑到同步发电机阻尼绕组，在同步发电机端发生三相短路时，定子基频电流突然增大，电枢反应磁通也随之增加，励磁绕组与阻尼绕组为了保持磁链不变，感应出自由直流电

流分量，来抵消磁通的增加；转子各绕组的自由直流分量电流产生的磁通，有一部分要经过气隙与定子绕组磁链，在定子绕组中感应出基频电流的自由分量。

1. 交轴次暂态电动势与直轴次暂态电抗

为了计算具有阻尼绕组的同步发电机突然三相短路瞬时电流，必须找到短路瞬时不发生突变的电动势和相应的电抗。根据同步发电机的磁链方程中的直轴部分表达式，消去 i_f、i_0 后，可得

$$\psi_d = -x_d^n i_d + \frac{\dfrac{\psi_f}{x_{t\sigma}} + \dfrac{\psi_D}{x_{D\sigma}}}{\dfrac{1}{x_{ad}} + \dfrac{1}{x_{f\sigma}} + \dfrac{1}{x_{D\sigma}}} \tag{6-6}$$

$$= -x_d^n i_d + E_q'' $$

式中

$$\begin{cases} E_q'' = \dfrac{\dfrac{\psi_f}{x_{t\sigma}} + \dfrac{\psi_D}{x_{D\sigma}}}{\dfrac{1}{x_{ad}} + \dfrac{1}{x_{f\sigma}} + \dfrac{1}{x_{D\sigma}}} \\[4mm] x_d'' = x_d - \dfrac{(x_d + x_f - 2x_{ad})x_{ad}^2}{x_D x_f - x_{ad}^2} \end{cases} \tag{6-7}$$

即

$$E_q'' = u_q + x_d'' i_d \tag{6-8}$$

E_q'' 与励磁绕组磁链 ψ_f 和 D 阻尼绕组磁链有关，在扰动前后瞬间不变，可以用来计算短路后瞬间基频交流电流的 d 轴分量

$$I_d'' = \frac{E_{q(0)}''}{x_d''} \tag{6-9}$$

2. 直轴次暂态电动势及交轴次暂态电抗

利用交轴磁链方程式得

$$\psi_q = -x_q'' i_q + \frac{x_{aq}}{x_Q} \psi_Q \tag{6-10}$$

$$= -x_q'' i_q + E_d'' $$

式中

$$\begin{cases} E_d'' = -\dfrac{x_{aq}}{x_Q}\psi_Q \\[4mm] x_q'' = x_q - \dfrac{x_{aq}^2}{x_Q} \end{cases} \tag{6-11}$$

即

$$E_d'' = u_d - x_q'' i_q \tag{6-12}$$

E_d'' 为直轴次暂态电动势，与阻尼绕组的磁链 ψ_Q 成正比，在扰动前后瞬间不变，可用来计算短路后瞬间基频交流电流的 q 轴分量

$$I_q'' = -\frac{E_{d(0)}''}{x_q''} \tag{6-13}$$

x''_q 的相量图如图 6-4 所示。

由图中可见，$\dot{U} = \dot{U}_d + \dot{U}_q = \dot{E}''_d - jx''_q\dot{I}_q + \dot{E}''_q - jx''_d\dot{I}_d = \dot{E}'' - jx''_d\dot{I}_d - jx''_q\dot{I}_q$。若 $x''_d = x''_q$，则 $\dot{E}'' = \dot{U} + jx''_d\dot{I}$，如图中虚线所示。

对于同步发电机发生三相突然短路的暂态过程，总结如下：

1) 同步发电机发生三相突然短路后，其短路电流中分别含有基频交流分量、直流分量和倍频交流分量。而中倍频分量数值相对很小，可以忽略不计。

2) 其中基频交流分量的初始值较大，其值由次暂态电动势和次暂态电抗或暂态电动势和暂态电抗决定。

3) 基频交流分量的衰减规律与转子绕组中的直流分量衰减规律一致。而对于无阻尼绕组的发电机，只有励磁绕组中含有直流自由分量，衰减时间常数为

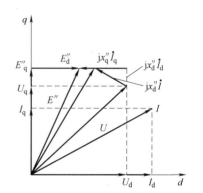

图 6-4 有阻尼绕组同步发电机的相量图

励磁绕组的时间常数 T'_d；对于计及阻尼绕组的发电机，定子交轴基频电流的衰减时间常数为交轴阻尼绕组的时间常数 T''_q，定子直轴基频电流的衰减时间常数为 T''_q 及 T'_d。

4) 发电机定子电流中的非周期分量和倍频分量则与转子电流的基频分量对应，衰减时间常数取决于定子绕组的时间常数 T_a。

而实际发电系统中对于同步发电机来说，机端发生三相突然短路，经过极短时间，发电机的主保护装置将使断路器动作以切断发电机或发变组的电路，防止危害进一步扩大。

6.2.1.4 同步发电机在电压跌落后的电磁转矩

忽略定子电阻时，同步发电机突然发生电压跌落的实际电流为

$$\begin{cases} i_d = \left[\left(\frac{1}{x''_d} - \frac{1}{x'_d}\right)e^{-\frac{t}{T''_d}} + \left(\frac{1}{x'_d} - \frac{1}{x_d}\right)e^{-\frac{t}{T'_d}}\right]U\cos\delta + \frac{1}{x_d}E - \frac{E}{x''_d}e^{-\frac{t}{T_a}}\cos(t+\delta) \\ i_q = -\left(\frac{1}{x''_q} - \frac{1}{x_q}\right)e^{-\frac{t}{T''_q}}U\sin\delta + \frac{U}{x''_q}e^{-\frac{t}{T_a}}\sin(t+\delta) \end{cases} \tag{6-14}$$

当发电机在无载时突然发生三相短路时，$\delta = 0$，$U = E$，其电流 i_d 及 i_q 具有以下的形式

$$\begin{cases} i_d = \left[\left(\frac{1}{x''_d} - \frac{1}{x'_d}\right)e^{-\frac{t}{T''_d}} + \left(\frac{1}{x'_d} - \frac{1}{x_d}\right)e^{-\frac{t}{T'_d}} + \frac{1}{x_d}\right]E - \frac{E}{x''_d}e^{-\frac{t}{T_a}}\cos t \\ i_q = -\frac{E}{x''_q}e^{-\frac{t}{T_a}}\sin t \end{cases} \tag{6-15}$$

因发电机在短路前为无载，故 a、b、c 各相的起始磁链为

$$\begin{cases} \Psi_{a0} = E\cos\gamma_0 \\ \Psi_{b0} = E\cos(\gamma_0 - 120°) \\ \Psi_{c0} = E\cos(\gamma_0 + 120°) \end{cases} \tag{6-16}$$

忽略定子电阻时，在稳态三相短路情况下，各相的磁链为

$$\Psi_{ay} = \Psi_{by} = \Psi_{cy} = 0 \tag{6-17}$$

突然短路后，定子磁链将由其起始值逐步衰减到零。前边已经求出，其衰减的时间常数

为 T_{a}，故 a、b、c 各相磁链的一般公式如下：

$$
\begin{cases}
\Psi_{\mathrm{a}} = E \mathrm{e}^{-\frac{t}{T_{\mathrm{a}}}} \cos\gamma_0 \\[4pt]
\Psi_{\mathrm{b}} = E \mathrm{e}^{-\frac{t}{T_{\mathrm{a}}}} \cos(\gamma_0 - 120°) \\[4pt]
\Psi_{\mathrm{c}} = E \mathrm{e}^{-\frac{t}{T_{\mathrm{a}}}} \cos(\gamma_0 + 120°)
\end{cases}
\tag{6-18}
$$

转换为 d、q 分量时，即得

$$
\begin{cases}
\Psi_{\mathrm{d}} = E \mathrm{e}^{-\frac{t}{T_{\mathrm{a}}}} \cos t \\[4pt]
\Psi_{\mathrm{q}} = -E \mathrm{e}^{-\frac{t}{T_{\mathrm{a}}}} \sin t
\end{cases}
\tag{6-19}
$$

故

$$
\begin{aligned}
M_{\Theta} &= i_{\mathrm{q}}\Psi_{\mathrm{d}} - i_{\mathrm{d}}\Psi_{\mathrm{q}} \\
&= \frac{E^2}{x_{\mathrm{q}}''} \mathrm{e}^{-\frac{2t}{T_{\mathrm{a}}}} \sin t \cos t - \frac{E^2}{x_{\mathrm{d}}''} \mathrm{e}^{-\frac{2t}{T_{\mathrm{a}}}} \sin t \cos t + \left[\left(\frac{1}{x_{\mathrm{d}}''} - \frac{1}{x_{\mathrm{d}}'} \right) \mathrm{e}^{-\frac{t}{T_{\mathrm{d}}''}} + \left(\frac{1}{x_{\mathrm{d}}'} - \frac{1}{x_{\mathrm{d}}} \right) \mathrm{e}^{-\frac{t}{T_{\mathrm{d}}'}} + \frac{1}{x_{\mathrm{d}}} \right] E^2 \mathrm{e}^{-\frac{t}{T_{\mathrm{a}}}} \sin t \\
&= \left[\left(\frac{1}{x_{\mathrm{d}}''} - \frac{1}{x_{\mathrm{d}}'} \right) \mathrm{e}^{-\frac{t}{T_{\mathrm{d}}''}} + \left(\frac{1}{x_{\mathrm{d}}'} - \frac{1}{x_{\mathrm{d}}} \right) \mathrm{e}^{-\frac{t}{T_{\mathrm{d}}'}} + \frac{1}{x_{\mathrm{d}}} \right] E^2 \mathrm{e}^{-\frac{t}{T_{\mathrm{a}}}} \sin t - \frac{1}{2} \left(\frac{1}{x_{\mathrm{d}}''} - \frac{1}{x_{\mathrm{q}}''} \right) E^2 \mathrm{e}^{-\frac{2t}{T_{\mathrm{a}}}} \sin 2t
\end{aligned}
\tag{6-20}
$$

由此可知，忽略掉发电机的定子及转子有效电阻时，突然三相短路后，发电机的电磁转矩仅为脉振转矩，而无平均转矩，后者将在下面加以讨论。

另外，脉振转矩具有基波及二次谐波两个分量。前者的数值很大，其起始最大值与 x_{d}'' 成反比，且衰减得较慢，后者的数值则较小，特别在汽轮发电机的条件下，其值很小；这个转矩分量的最大值与 $|x_{\mathrm{d}}'' - x_{\mathrm{q}}''|$ 的值有关，当 $x_{\mathrm{d}}'' - x_{\mathrm{q}}''$ 时，其值为零。

同步发电机在突然三相短路后具有这些电磁转矩是不难理解的，因为定子基波电流产生的磁场具有同步转速；定子非周期电流分量产生的磁场静止不动，定子二次谐波电流产生的磁场具有两倍的同步转速；转子非周期电流产生的磁场具有同步转速 ω_{s}，转子基波电流产生的磁场具有两倍同步转速 $2\omega_{\mathrm{s}}$ 及静止不动的两个分量。不难看出，这些磁场之间的相对转速为零。因为产生了基波及二次谐波脉振转矩分量，同时这些转矩分量衰减的时间常数也是相应的。所以相对转速为零的定子及转子磁场之间会产生平均电磁转矩，但由于已经忽略了定子及转子的有效电阻，相应的正负磁极轴线是重合的，因而获得了平均转矩为零的结果。

6.2.1.5　强行励磁对同步发电机三相短路的影响

以上分析是在假设同步发电机的励磁电压不变的基础上得来的。实际上，对于同步发电机均设有自动励磁调节器，强行励磁装置是自动励磁调节系统的一个组成部分。由于机端短路或其他原因使机端电压跌落时，强行励磁装置动作，迅速增大励磁电压，励磁电流相应增大以恢复机端电压，保持系统运行的稳定性。

强行励磁装置动作时，励磁电压 u_{f} 的上述规律可近似看作由初值 u_{f0} 按指数规律上升到值 u_{fm}。

$$
\begin{aligned}
u_{\mathrm{f}}(t) &= u_{\mathrm{f}(0)} + (u_{\mathrm{fm}} - u_{\mathrm{f}(0)})(1 - \mathrm{e}^{-t/T_{\mathrm{ff}}}) \\
&= u_{\mathrm{f}(0)} + \Delta u_{\mathrm{f}}(t)
\end{aligned}
\tag{6-21}
$$

式中　T_{ff}——励磁系统的时间常数；

u_{fm}——强励定制电压；

$\Delta u_f(t)$——励磁电压的强励增量。

u_{fm} 和 $u_{f(0)}$ 之比称为强励倍数，T_{ff} 的典型值为 0.57s，快速晶闸管励磁系统可达到 0.1s 左右。

在强行励磁装置的作用下，定子电流将得到相应的增量，属于定子电流的强制分量，而且在不计定子回路电阻时，可以视为基频电流的一项直轴分量。

电网电压跌落时，在强励装置的作用下，电动势 E_q 增加，发电机的端电压将逐渐恢复。若机端电压恢复到额定值，自动调节励磁装置将该电压维持在额定值。此时，励磁电流、空载电动势及定子电流的强励增量按照保持机端电压为额定值这一条件变化。如果短路点距离发电机很近，短路电流很大，在暂态过程中，强励的作用始终不能克服短路电流的去磁作用，机端电压则不能恢复到额定值。

6.2.2 电网电压跌落时同步发电机的暂态稳定

6.2.2.1 电压跌落后同步发电机的物理过程分析

正常运行时，同步发电机经过变压器向无限大系统送电。发电机可用暂态电抗 x_d' 表达，其电动势可表示为 E'，则电动势 E' 与无限大系统母线 U 之间的阻抗为

$$x_I = x_d' + x_{T_1} + \frac{x_L}{2} + x_{T_2} \tag{6-22}$$

同步发电机的电磁功率可表示为

$$P_I = \frac{E'U}{x_I}\sin\delta \tag{6-23}$$

如果电路中突然发生了不对称短路，此时发电机 E' 与无限大系统母线 U 之间的联系电抗为

$$x_{II} = (x_d' + x_{T_1}) + \left(\frac{x_L}{2} + x_{T_2}\right) + \frac{(x_d' + x_{T_1})\left(\frac{x_L}{2} + x_{T_2}\right)}{x_\Delta} \tag{6-24}$$

式中 x_Δ 为附加电抗，当故障为单相接地时，$x_\Delta = x_2 + x_0$；当故障为两相接地时，$x_\Delta = \frac{x_2 x_0}{x_2 + x_0}$；当故障为三相接地时，$x_\Delta = 0$。如果是三相短路，则 x_{II} 为无限大，即三相短路截断了发电机和系统间的联系。此时想要的发电机输出功率为

$$P_{II} = \frac{E'U}{x_{II}}\sin\delta \tag{6-25}$$

故障发生后，线路的继电保护装置迅速断开故障线路的断路器，此时发电机 E' 与无限大系统母线 U 之间的阻抗为

$$x_{III} = x_d' + x_{T_1} - x_L + x_{T_2} \tag{6-26}$$

发电机输出的功率为

$$P_{III} = \frac{E'U}{x_{III}}\sin\delta \tag{6-27}$$

一般情况下，以上三种电抗的关系为

$$x_{II} > x_I > x_{III} \tag{6-28}$$

则想要的发电机输出功率关系为

$$P_{\mathrm{I}} > P_{\mathrm{III}} > P_{\mathrm{II}} \tag{6-29}$$

稳定发电时，同步发电机向无限大系统输送的功率为 P_0，则液压系统传递的机械功率 P_T 等于 P_0。图 6-5 中 a 点即为正常运行发电机的运行点，此时功角为 δ_0。电网故障后，功率特性立即降为 P_{II}，但由于转子的惯性，转子角度不会立即变化，其相对于无限大系统母线 U 的角度 δ_0 仍然保持不变。因此发电机的运行点由 a 点突降至 b 点，输出的电磁功率减少，而液压系统传输的机械功率 P_T 如果保持不变，则转子上将产生较大的过剩功率。若电网故障越严重，P_{II} 功率曲线的幅值越低，则转子上的过剩功率越大。转子由于剩余转矩的存在将加速，其转速和功角 δ 都会逐渐增大，使运行状态由 b 点逐渐向 c 点移动。假如故障不及时排除，则转子上将一直存在过剩转矩，同步发电机将不断加速直到与电网失去同步而脱网。一般情况下，电网短路后继电保护器将迅速动作以切除故障线路。假设在 c 点时故障及时切除，则同步发电机的功率特性曲线变为 P_{II}，发电机的运行点从 c 点瞬变至 e 点。这时发电机输出的电磁功率比液压系统传输的机械功率要大，此时转子制动，转速逐渐减小。但由于此时转子的转速已经大于同步转速，所以功角 δ 还要继续增大。假设减速过程直到 f 点时转子转速才回到同步转速，则功角 δ 达到最大值。此时，因为变量马达输出转矩与同步发电机的电磁转矩仍不平衡（电磁转矩大于马达转矩），所以转子将继续减速，功角 δ 便开始减小，此时运行点沿功率特性曲线 P_{II} 由 f 点逐渐向 k 点移动。当到达运行点 k 点以前转子始终处于减速状态，其转速始终低于同步转速。到达 k 点时，虽然变量马达输出转矩与同步发电机的电磁转矩相平衡，但由于这时转子转速小于同步转速，功角 δ 将继续减小。但超过 k 点以后变量马达输出转矩将大于同步发电机的电磁转矩，转子又将加速。因而功角 δ 减小至同步转速后又开始增大。此后，发电机运行点沿着 P_{III} 又开始第二次振荡。如果振荡过程中没有任何能量的损失，则以后就一直沿着 P_{III} 持续振荡。但实际上这个振荡过程不可能没有能量的损失，同步发电机中的阻尼绕组总会产生一个阻尼作用，因此这个振荡将逐渐衰减至一个新的平衡点 k 上持续运行。k 点即为故障切除后功率特性 P_{III} 与 P_T 的交点。图 6-6 所示为计及阻尼绕组的同步发电机在上述振荡中转速和功角 δ 随时间变化的过程图。

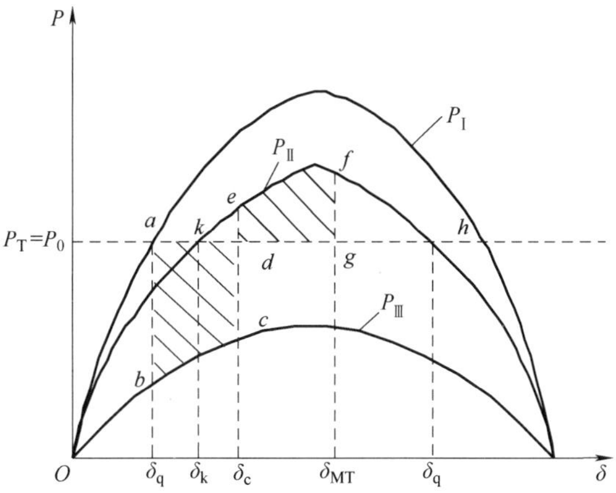

图 6-5　同步发电机电压跌落后的功率特性

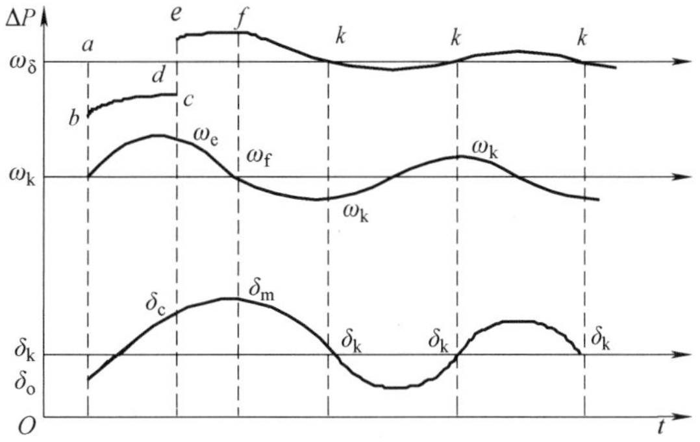

图 6-6　振荡过程

6.2.2.2 极限切除角和发电机运动转子运动方程

故障发生后，从起始角 δ_0 到故障切除瞬间所对应的角 δ_c 这段时间里，发电机转子受到过剩转矩的作用而加速。过剩转矩对相对角位移所做的功等于转子在相对运动中动能的增加，即

$$\int_{\delta_0}^{\delta_c} (P_T - P_I) \mathrm{d}\delta = \int_{\delta_c}^{\delta_m} (P_{II} - P_T) \mathrm{d}\delta \tag{6-30}$$

式中　δ_c——为角度，是 δ_c 时转子的相对角速度；

δ_0——为角度，是 δ_0 时转子的相对角速度且总为零。

为了保持系统的稳定，必须在到达 h 点（图 6-5）以前使转子恢复同步速度。极限的情况是正好达到 h 点时转子恢复同步速度，这时的切除角度称为极限切除角度 δ_{cm}。则

$$\int_{\delta_0}^{\delta_{cm}} (P_T - P_I) \mathrm{d}\delta = \int_{\delta_{cm}}^{\delta_k} (P_{III} - P_T) \mathrm{d}\delta \tag{6-31}$$

即

$$\int_{\delta_0}^{\delta_{cm}} (P_T - P_{IIM}\sin\delta) \mathrm{d}\delta = \int_{\delta_{cm}}^{\delta_k} (P_{IIIM}\sin\delta - P_T) \mathrm{d}\delta \tag{6-32}$$

可推得极限切除角为

$$\cos\delta_{cm} = \frac{P_T(\delta_h - \delta_0) - P_{IIIM}\cos\delta_h - P_{IIM}\cos\delta_0}{P_{IIIM} - P_{IIM}} \tag{6-33}$$

通过求解发电机转子运动方程可得 $\delta - t$ 和 $\omega - t$ 的关系，便可知应在多长时间内切除故障，即极限切除角对应的极限切除时间。

发生短路故障期间转子的运动方程为

$$\begin{cases} \dfrac{\mathrm{d}\delta}{\mathrm{d}t} = (\omega - 1)\omega_0 \\[3mm] \dfrac{\mathrm{d}\omega}{\mathrm{d}t} = \dfrac{1}{T_J}\left(P_T - \dfrac{E'U}{x_{II}}\sin\delta\right) \end{cases} \tag{6-34}$$

它们的起始条件是已知的，即

$$t = 0;\ \omega = 1;\ \delta = \delta_0 = \arcsin\frac{P_T}{P_{IM}}$$

求解这样两个非线性一阶微分方程的解析解是很困难的，只能用数值计算方法求其近似解，如分段计算法和改进欧拉法。

6.2.2.3 发电机组自动调节励磁系统的作用

上述讨论中，认为发电机暂态电抗 x'_d 后的电动势 E' 在整个暂态过程中保持恒定，没有考虑自动调节励磁装置的动态作用，因此可能带来错误的结论。例如电网电压跌落后同步发电机在强行励磁作用下暂态电动势提高。以下讨论计及自动调节励磁系统作用时的发电机暂态特性。

假设励磁系统的励磁电压在强行励磁装置作用下立即升到最大值。由于强行励磁的作用，发电机待求解的微分方程共有四个。

一是励磁机的微分方程，即

$$T_{ff}\frac{\mathrm{d}E_{qe}}{\mathrm{d}t} = E_{qemax} - E_{qe} \tag{6-35}$$

二是励磁绕组微分方程，即

$$T'_{do}\frac{dE'_q}{dt}=E_{qe}-E_q \tag{6-36}$$

还有两个是发电机的转子运动方程，即

$$\begin{cases} \dfrac{d\delta}{dt}=(\omega-1)\omega_0 \\ \dfrac{d\omega}{dt}=\dfrac{1}{T_J}(P_T-P_E) \end{cases} \tag{6-37}$$

这四个方程中含有六个变量：E_{qe}、E'_q、δ、ω、E_q 和 P_E。其中，

$$\begin{cases} E_q=E_Q+I_d(x_d-x_q) \\ E'_q=E_Q+I_d(x'_d-x_q) \end{cases} \tag{6-38}$$

式中　I_d——发电机电流 $\dot I$ 在 d 轴的分量。

$$\begin{aligned} I_d &= \mathrm{Re}(I)=\mathrm{Re}(E_Q Y_{11}+UY_{12}) \\ &= \mathrm{Re}(E_Q\angle 90°|Y_{11}|\angle 90°-\beta_{11})+\mathrm{Re}(U\angle 90°-\delta|Y_{12}|\angle 90°-\beta_{12}) \\ &= -E_Q|Y_{11}|\cos\beta_{11}-U|Y_{12}|\cos(\delta-\beta_{12}) \end{aligned} \tag{6-39}$$

式中 Y_{11}，…，Y_{22} 为节点导纳矩阵元素，式（6-38）可写为

$$\begin{cases} E_Q=\dfrac{E_q-(x_q-x_d)U|Y_{12}|\cos(\delta+\beta_{12})}{1+(x_q-x_d)|Y_{11}|\cos\beta_{11}} \\ E'_Q=\dfrac{E'_q-(x_q-x'_d)U|Y_{12}|\cos(\delta+\beta_{12})}{1+(x_q-x'_d)|Y_{11}|\cos\beta_{11}} \end{cases} \tag{6-40}$$

发电机的功率方程为

$$P_E=E_Q^2|Y_{11}|\sin\beta_{11}+E_Q U|Y_{12}|\sin(\delta_{12}+\beta_{12}) \tag{6-41}$$

以上变量的递推计算公式为

$$\begin{cases} E_{qe(n)}^{(0)}=E_{qe(n-1)}+\dfrac{dE_{qe}}{dt}\bigg|_{(n-1)}\Delta t \\ E_{q(n)}^{'(0)}=E'_{q(n-1)}+\dfrac{dE'_q}{dt}\bigg|_{(n-1)}\Delta t \\ \delta_{(n)}^{(0)}=\delta_{(n-1)}+\dfrac{d\delta}{dt}\bigg|_{(n-1)}\Delta t \\ \omega_{(n)}^{(0)}=\omega_{(n-1)}+\dfrac{d\omega}{dt}\bigg|_{(n-1)}\Delta t \end{cases} \tag{6-42}$$

式中

$$\begin{cases} \dfrac{dE_{qe}}{dt}\bigg|_{(n-1)}=\dfrac{1}{T_{ff}}\big[E_{qemax}-E_{qe(n-1)}\big] \\ \dfrac{dE'_q}{dt}\bigg|_{(n-1)}=\dfrac{1}{T'_{d0}}\big[E_{qe(n-1)}-E_{q(n-1)}\big] \\ \dfrac{d\delta}{dt}\bigg|_{(n-1)}=\big[\omega_{(n-1)}-1\big]\omega_0 \\ \dfrac{d\omega}{dt}\bigg|_{(n-1)}=\dfrac{1}{T_J}\big[P_T-P_{E(n-1)}\big] \end{cases} \tag{6-43}$$

6.2.2.4 同步发电机转速变化时的状态方程

如前所述，同步发电机转速变化时的转子运动方程为

$$T_J \frac{\mathrm{d}\omega}{\mathrm{d}t} = T_m - T_0 \tag{6-44}$$

其中

$$
\begin{aligned}
T_0 &= \boldsymbol{I}'\boldsymbol{GI} \\
&= (i_d, i_q, i_0, I_{fd}, I_{1d}, I_{1q})
\begin{pmatrix}
0 & x_q & 0 & 0 & 0 & -x_{aq} \\
-x_d & 0 & 0 & x_{ad} & x_{ad} & 0 \\
0 & 0 & 0 & 0 & 0 & 0 \\
0 & 0 & 0 & 0 & 0 & 0 \\
0 & 0 & 0 & 0 & 0 & 0 \\
0 & 0 & 0 & 0 & 0 & 0
\end{pmatrix}
\begin{pmatrix}
i_d \\ i_q \\ i_0 \\ I_{fd} \\ I_{1d} \\ I_{1q}
\end{pmatrix} \\
&= -(x_d - x_q)i_d i_q - x_{aq} i I_e + x_{ad} I_{fd} i_q + x_{ad} I_{1d} i_q
\end{aligned} \tag{6-45}
$$

所以

$$\frac{\mathrm{d}\omega}{\mathrm{d}t} = \frac{T_m}{T_J} - \frac{1}{T_J}\left[-(x_d - x_q)i_d i_q - x_{aq} i_d I_{1q} + x_{ad} I_{fd} i_q + x_{ad} I_{1d} i_q\right] \tag{6-46}$$

如果选 $[i_d, i_q, i_0, I_{fd}, I_{1d}, I_{1q}, \omega]$ 为状态变量时，则同步发电机转速变化时的状态方程为

$$
\begin{pmatrix}
u_d \\ u_q \\ u_0 \\ U_{fd} \\ U_{1d} \\ U_{1q} \\ \dfrac{T_m}{T_J}
\end{pmatrix}
=
\begin{pmatrix}
-x_d & 0 & 0 & x_{ad} & x_{ad} & 0 & 0 \\
0 & -x_q & 0 & 0 & 0 & x_{aq} & 0 \\
0 & 0 & -x_0 & 0 & 0 & 0 & 0 \\
-x_{ad} & 0 & 0 & X_{ffd} & X_{f1d} & 0 & 0 \\
-x_{ad} & 0 & 0 & X_{1fd} & X_{11d} & 0 & 0 \\
0 & -x_{aq} & 0 & 0 & 0 & X_{11q} & 0 \\
0 & 0 & 0 & 0 & 0 & 0 & 1
\end{pmatrix}
\begin{pmatrix}
\dot{i}_d \\ \dot{i}_q \\ \dot{i}_0 \\ \dot{I}_{fd} \\ \dot{I}_{1d} \\ \dot{I}_{1q} \\ \dot{\omega}
\end{pmatrix}
$$

$$
=
\begin{pmatrix}
-r & \omega x_q & 0 & 0 & 0 & -\omega x_{aq} & 0 \\
-\omega x_d & -r & 0 & \omega x_{ad} & \omega x_{ad} & 0 & 0 \\
0 & 0 & -r & 0 & 0 & 0 & 0 \\
0 & 0 & 0 & R_{fd} & 0 & 0 & 0 \\
0 & 0 & 0 & 0 & R_{1d} & 0 & 0 \\
0 & 0 & 0 & 0 & 0 & R_{1d} & 0 \\
\dfrac{-x_d i_q}{T_J} & \dfrac{x_q i_d}{T_J} & 0 & \dfrac{x_{ad} i_q}{T_J} & \dfrac{x_{ad} i_q}{T_J} & \dfrac{-x_{aq} i_d}{T_J} & 0
\end{pmatrix}
\begin{pmatrix}
i_d \\ i_q \\ i_0 \\ I_{fd} \\ I_{1d} \\ I_{1q} \\ \omega
\end{pmatrix} \tag{6-47}
$$

写成标准形式的状态方程时，则有

$$\dot{\boldsymbol{Y}} = \boldsymbol{AY} + \boldsymbol{BF} \tag{6-48}$$

其中

$$
Y = \begin{pmatrix} i_{\mathrm{d}} \\ i_{\mathrm{q}} \\ i_{0} \\ I_{\mathrm{fd}} \\ I_{\mathrm{1d}} \\ I_{\mathrm{1q}} \\ \omega \end{pmatrix} \qquad
F = \begin{pmatrix} u_{\mathrm{d}} \\ u_{\mathrm{q}} \\ u_{0} \\ U_{\mathrm{fd}} \\ U_{\mathrm{1d}} \\ U_{\mathrm{1q}} \\ \dfrac{T_{\mathrm{m}}}{T_{\mathrm{J}}} \end{pmatrix}
$$

$$
A = - \begin{pmatrix}
-x_{\mathrm{d}} & 0 & 0 & x_{\mathrm{ad}} & x_{\mathrm{ad}} & 0 & 0 \\
0 & -x_{\mathrm{q}} & 0 & 0 & 0 & x_{\mathrm{aq}} & 0 \\
0 & 0 & -x_{0} & 0 & 0 & 0 & 0 \\
-x_{\mathrm{ad}} & 0 & 0 & X_{\mathrm{ffd}} & X_{\mathrm{f1d}} & 0 & 0 \\
-x_{\mathrm{ad}} & 0 & 0 & X_{\mathrm{1fd}} & X_{\mathrm{11d}} & 0 & 0 \\
0 & -x_{\mathrm{aq}} & 0 & 0 & 0 & X_{\mathrm{11q}} & 0 \\
0 & 0 & 0 & 0 & 0 & 0 & 1
\end{pmatrix}^{-1}
\begin{pmatrix}
-r & \omega x_{\mathrm{aq}} & 0 & 0 & 0 & -\omega x_{\mathrm{aq}} & 0 \\
-\omega x_{\mathrm{d}} & -r & 0 & \omega x_{\mathrm{ad}} & \omega x_{\mathrm{ad}} & 0 & 0 \\
0 & 0 & -r & 0 & 0 & 0 & 0 \\
0 & 0 & 0 & R_{\mathrm{fd}} & 0 & 0 & 0 \\
0 & 0 & 0 & 0 & R_{\mathrm{1d}} & 0 & 0 \\
0 & 0 & 0 & 0 & 0 & R_{\mathrm{1d}} & 0 \\
\dfrac{-x_{\mathrm{d}} i_{\mathrm{q}}}{H} & \dfrac{x_{\mathrm{q}} i_{\mathrm{d}}}{H} & 0 & \dfrac{x_{\mathrm{ad}} i_{\mathrm{q}}}{H} & \dfrac{x_{\mathrm{ad}} i_{\mathrm{q}}}{H} & \dfrac{-x_{\mathrm{ad}} i_{\mathrm{d}}}{H} & 0
\end{pmatrix}
$$

$$
B = \begin{pmatrix}
-x_{\mathrm{d}} & 0 & 0 & x_{\mathrm{ad}} & x_{\mathrm{ad}} & 0 & 0 \\
0 & -x_{\mathrm{q}} & 0 & 0 & 0 & x_{\mathrm{aq}} & 0 \\
0 & 0 & -x_{0} & 0 & 0 & 0 & 0 \\
-x_{\mathrm{ad}} & 0 & 0 & X_{\mathrm{ffd}} & X_{\mathrm{f1d}} & 0 & 0 \\
-x_{\mathrm{ad}} & 0 & 0 & X_{\mathrm{1fd}} & X_{\mathrm{11d}} & 0 & 0 \\
0 & -x_{\mathrm{aq}} & 0 & 0 & 0 & X_{\mathrm{11q}} & 0 \\
0 & 0 & 0 & 0 & 0 & 0 & 1
\end{pmatrix}^{-1}
$$

6.2.3　液压系统瞬态特性分析

6.2.3.1　定量泵转速瞬态特性

当泵端刚度很大时，$G_{\mathrm{p}} = 0$，$\dfrac{C_{\mathrm{t}} B_{\mathrm{p}}}{D_{\mathrm{p}}^{2}} \leqslant 1$，有

$$\theta_{\mathrm{p}} = \frac{\dfrac{K_{\mathrm{qm0}}\gamma}{D_{\mathrm{p}}} + \dfrac{D_{\mathrm{m0}}s\theta_{\mathrm{m}}}{D_{\mathrm{p}}} + \dfrac{C_{\mathrm{t}}}{D_{\mathrm{p}}^2}\left(1 + \dfrac{V_0}{\beta_{\mathrm{e}}C_{\mathrm{t}}}s\right)T_{\mathrm{p}}}{s\left[\dfrac{J_{\mathrm{p}}V_0}{\beta_{\mathrm{e}}D_{\mathrm{p}}^2}s^2 + \left(\dfrac{J_{\mathrm{p}}C_{\mathrm{t}}}{D_{\mathrm{p}}^2} + \dfrac{B_{\mathrm{p}}V_0}{\beta_{\mathrm{e}}D_{\mathrm{p}}^2}\right)s + 1\right]} \tag{6-49}$$

式中　K_{qm}——变量马达流量增益，单位为 m^3/s，$K_{\mathrm{qm}} = K_{\mathrm{m}}\omega_{\mathrm{m}}$；

　　　K_{qm0}——变量马达初始流量增益，单位为 m^3/s，$K_{\mathrm{qm0}} = K_{\mathrm{m}}\omega_{\mathrm{m0}}$；

　　　D_{m0}——变量马达初始排量，单位为 $\mathrm{m}^3/\mathrm{rad}$，$D_{\mathrm{m0}} = K_{\mathrm{m}}\gamma_0$。

化成标准形式

$$\theta_{\mathrm{p}} = \frac{\dfrac{K_{\mathrm{qm0}}\gamma}{D_{\mathrm{p}}} + \dfrac{Q_{\mathrm{m0}}}{D_{\mathrm{p}}} + \dfrac{C_{\mathrm{t}}}{D_{\mathrm{p}}^2}\left(1 + \dfrac{V_0}{\beta_{\mathrm{e}}C_{\mathrm{t}}}s\right)T_{\mathrm{p}}}{s\left(\dfrac{s^2}{\omega_{\mathrm{hp}}^2} + \dfrac{2\zeta_{\mathrm{hp}}}{\omega_{\mathrm{hp}}}s + 1\right)} \tag{6-50}$$

式中　Q_{m0}——马达转速变化对应初始摆角的流量，单位为 m^3/s，$Q_{\mathrm{m0}} = D_{\mathrm{m0}}\omega_{\mathrm{m}}$；

　　　ω_{hp}——定量泵转速回路液压固有频率，单位为 Hz，$\omega_{\mathrm{hp}} = \sqrt{\dfrac{\beta_{\mathrm{e}}D_{\mathrm{p}}^2}{J_{\mathrm{p}}V_0}}$；

　　　ζ_{hp}——定量泵转速回路阻尼比，$\zeta_{\mathrm{hp}} = \dfrac{C_{\mathrm{t}}}{2D_{\mathrm{p}}}\sqrt{\dfrac{\beta_{\mathrm{e}}J_{\mathrm{p}}}{V_0}} + \dfrac{B_{\mathrm{p}}}{2D_{\mathrm{p}}}\sqrt{\dfrac{V_0}{\beta_{\mathrm{e}}J_{\mathrm{p}}}}$。

考虑发电机并网后，变量马达转速为定值，所以 $Q_{\mathrm{m0}} = 0$。

液压泵转速对变量马达摆角的传递函数为

$$\frac{\omega_{\mathrm{p}}}{\gamma} = \frac{\dfrac{K_{\mathrm{qm0}}}{D_{\mathrm{p}}}}{\dfrac{s^2}{\omega_{\mathrm{hp}}^2} + \dfrac{2\zeta_{\mathrm{hp}}}{\omega_{\mathrm{hp}}}s + 1} \tag{6-51}$$

当 J_{p} 很大，V_0 取值较小时，ζ_{hp} 相对较大，所以该控制通道响应较慢，二阶环节动态特性近似于惯性环节。所以该回路是稳定的，对于速度控制是有差系统。

6.2.3.2　变量马达摆角阀控缸系统瞬态特性

变量马达斜盘调整是通过伺服阀控制液压缸位移实现的，其伺服缸位移为

$$X_{\mathrm{p}} = \frac{\dfrac{K_{\mathrm{q}}}{A_{\mathrm{p}}}X_{\mathrm{v}} - \dfrac{K_{\mathrm{ce}}}{A_{\mathrm{p}}^2}\left(1 + \dfrac{V_{\mathrm{t}}}{4\beta_{\mathrm{e}}K_{\mathrm{ce}}}s\right)F_{\mathrm{L}}}{\dfrac{m_{\mathrm{t}}V_{\mathrm{t}}}{4\beta_{\mathrm{e}}A_{\mathrm{p}}^2}s^3 + \left(\dfrac{m_{\mathrm{t}}K_{\mathrm{ce}}}{A_{\mathrm{p}}^2} + \dfrac{B_{\mathrm{p}}V_{\mathrm{t}}}{4\beta_{\mathrm{e}}A_{\mathrm{p}}^2}\right)s^2 + \left(1 + \dfrac{B_{\mathrm{p}}K_{\mathrm{ce}}}{A_{\mathrm{p}}^2} + \dfrac{KV_{\mathrm{t}}}{4\beta_{\mathrm{e}}A_{\mathrm{p}}^2}\right)s + \dfrac{KK_{\mathrm{ce}}}{A_{\mathrm{p}}^2}} \tag{6-52}$$

式中　A_{p}——液压缸活塞有效面积，单位为 m^2；

　　　β_{e}——有效体积弹性模量，单位为 Pa；

　　　B_{p}——活塞及负载的黏性阻尼系数，单位为 $\mathrm{N}/(\mathrm{m}/\mathrm{s})$；

　　　K_{ce}——总流量压力系数，单位为 $\mathrm{m}^3/(\mathrm{s}\cdot\mathrm{Pa})$，$K_{\mathrm{ce}} = K_{\mathrm{c}} + C_{\mathrm{tp}}$；

　　　F_{L}——作用在活塞的任意外负载力，单位为 N；

K——负载弹簧刚度，单位为 N/m；

V_t——液压缸总压缩容积，单位为 m^3；

m_t——活塞及负载折算到活塞上的总质量，单位为 kg。

阀控缸系统框图如图 6-7 所示。

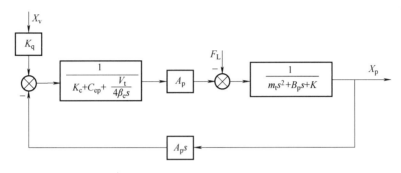

图 6-7 阀控缸系统框图

忽略黏性摩擦，认为 $K=0$，$\dfrac{B_p K_{ce}}{A_p^2} \leqslant 1$，则式（6-52）可以化简为

$$X_p = \frac{\dfrac{K_q}{A_p} X_v - \dfrac{K_{ce}}{A_p^2}\left(1 + \dfrac{V_t}{4\beta_e K_{ce}}s\right) F_L}{s\left(\dfrac{s^2}{\omega_h^2} + \dfrac{2\zeta_h}{\omega_h}s + 1\right)} \tag{6-53}$$

式中 ω_h——液压固有频率，$\omega_h = \sqrt{\dfrac{4\beta_e A_p^2}{V_t m_t}}$；

ζ_h——液压阻尼比，$\zeta_h = \dfrac{K_{ce}}{A_p}\sqrt{\dfrac{\beta_e m_t}{V_t}} + \dfrac{B_p}{4A_p}\sqrt{\dfrac{V_t}{\beta_e m_t}}$。

液压缸位移对伺服阀位移传递函数为

$$\frac{X_p}{X_v} = \frac{\dfrac{K_q}{A_p}}{s\left(\dfrac{s^2}{\omega_h^2} + \dfrac{2\zeta_h}{\omega_h}s + 1\right)} \tag{6-54}$$

液压缸位移对外负载力传递函数为

$$\frac{X_p}{F_L} = \frac{-\dfrac{K_{ce}}{A_p^2}\left(1 + \dfrac{V_t}{4\beta_e K_{ce}}s\right)}{s\left(\dfrac{s^2}{\omega_h^2} + \dfrac{2\zeta_h}{\omega_h}s + 1\right)} \tag{6-55}$$

6.2.3.3 变量马达转速瞬态特性

当马达输出端刚度很大时，$G_m = 0$，$\dfrac{C_t B_m}{K_m^2 \gamma_0^2} \leqslant 1$，可得

$$\theta_{m} = \cfrac{\left[-\cfrac{\dot{\theta}_{m0}}{\gamma_0} + \cfrac{p_{h0}\left(C_t + \cfrac{V_0}{\beta_e}s\right)}{K_m \gamma_0^2}\right]\gamma + \cfrac{Q_p}{K_m \gamma_0} - \cfrac{C_t}{K_m^2 \gamma_0^2}\left(1 + \cfrac{V_0}{\beta_e C_t}s\right)T_m}{s\left[\cfrac{J_m V_0}{\beta_e K_m^2 \gamma_0^2}s^2 + \left(\cfrac{J_m C_t}{K_m^2 \gamma_0^2} + \cfrac{B_m V_0}{\beta_e K_m^2 \gamma_0^2}\right)s + 1\right]} \qquad (6\text{-}56)$$

化成标准形式

$$\theta_{m} = \cfrac{\left[-\cfrac{\dot{\theta}_{m0}}{\gamma_0} + \cfrac{p_{h0}\left(C_t + \cfrac{V_0}{\beta_e}s\right)}{K_m \gamma_0^2}\right]\gamma + \cfrac{Q_p}{K_m \gamma_0} - \cfrac{C_t}{K_m^2 \gamma_0^2}\left(1 + \cfrac{V_0}{\beta_e C_t}s\right)T_m}{s\left(\cfrac{s^2}{\omega_{hm}^2} + \cfrac{2\zeta_{hm}}{\omega_{hm}}s + 1\right)} \qquad (6\text{-}57)$$

考虑风力机转动惯量很大，变量马达转速调整过程认为定量泵流量为定值，所以 $Q_p = 0$。变量马达摆角 γ 和变量马达任意外负载力矩 T_m 为两个独立变量。

变量马达转速对变量马达摆角的传递函数为

$$\cfrac{\omega_m}{\gamma} = \cfrac{-\cfrac{\dot{\theta}_{m0}}{\gamma_0} + \cfrac{p_{h0}\left(C_t + \cfrac{V_0}{\beta_e}s\right)}{K_m \gamma_0^2}}{\cfrac{s^2}{\omega_{hm}^2} + \cfrac{2\zeta_{hm}}{\omega_{hm}}s + 1} \qquad (6\text{-}58)$$

该回路固有频率 $\omega_{hm} = \sqrt{\cfrac{\beta_e K_m^2 \gamma_0^2}{J_m V_0}}$ 时，V_0 越大、γ_0 越小，则固有频率越低，固有频率与马达摆角成正比。从系统动态响应快速性出发，希望 V_0 越小越好，γ_0 越大越好。所以 γ 应有一个最小值 γ_{0min} 使得系统具有一定的频宽，并且 ω_{hm} 随着 γ 的增加而增加。

阻尼比 $\zeta_{hm} = \cfrac{C_t}{2K_m\gamma_0}\sqrt{\cfrac{\beta_e J_m}{V_0}} + \cfrac{B_m}{2K_m\gamma_0}\sqrt{\cfrac{V_0}{\beta_e J_m}}$，$C_t$ 按定值处理时，阻尼比与马达摆角成反比。γ_0 很小时，ζ_{hm} 将很大，系统二阶振荡环节特性相当于一阶惯性环节，此时系统动态特性很差，因此从阻尼比角度分析也希望 γ 有一个最小值 γ_{0min}，使系统具有足够的动态响应特性。

对于 $\zeta_{hm} = \cfrac{C_t}{2K_m\gamma_0}\sqrt{\cfrac{\beta_e J_m}{V_0}} + \cfrac{B_m}{2K_m\gamma_0}\sqrt{\cfrac{V_0}{\beta_e J_m}}$，当 γ_0 为定值，$\cfrac{C_t}{2K_m\gamma_0}\sqrt{\cfrac{\beta_e J_m}{V_0}} = \cfrac{B_m}{2K_m\gamma_0}\sqrt{\cfrac{V_0}{\beta_e J_m}}$ 时，ζ_{hm} 取得最小值，此时 $V_0 = \cfrac{\beta_e C_t J_m}{B_m}$。对于 V_0 值的确定，希望 γ_0 在确定的工作区间变化时，ζ_{hm} 能够取得 0.5~0.8 的数值，并且取较小的 V_0 解。

该系统的开环伯德图如图 6-8 所示。

当一阶微分环节转折频率 ω_{Tm} 小于穿越频率 ω_c 时，系统稳定且具有较高的动态响应特性。

$$\omega_{Tm} = \cfrac{\beta_e(K_m\gamma_0\dot{\theta}_{m0} - P_{h0}C_t)}{P_{h0}C_t V_0} \qquad (6\text{-}59)$$

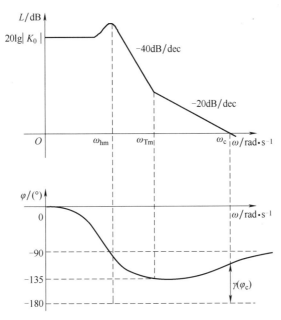

图 6-8 变量马达转速控制通道开环伯德图

6.3 基于马达摆角调控的低电压穿越控制方法

液压型风力发电机组正常并网运行功率控制不能满足快速调整液压系统输出功率的要求，所以考虑采用直接控制摆角补偿值法，控制系统传输功率。即当同步发电机并网稳定运行后，在电网电压跌落瞬时取消功率控制环节和转速控制环节，直接控制马达摆角值，马达摆角变化后，系统压力随之响应，系统功率也随之变化[6]。

6.3.1 液压型风力发电机组的能量传递

6.3.1.1 液压型风力发电机组并网运行时的能量传递

液压型风力发电机组正常并入电网后的功率流程图如图 6-9 所示。

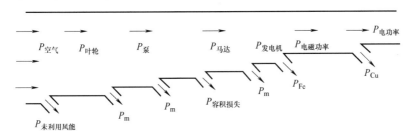

图 6-9 液压型风力发电机组功率流程图

叶轮从空气中吸收风能转换为叶轮的动能，从之前介绍的风力机模型中已知，叶轮的风能最大利用率为 0.593；叶轮功率 $P_{叶轮}$ 减去叶轮的机械损耗即为液压泵得到的输入功率 $P_{泵}$；通过液压闭式容积回路，减去定量泵机械损耗以及液压系统的容积损失，得到变量马达的输

出功率 $P_{马达}$，再减去马达的机械损耗即为同步发电机的输入功率 $P_{发电机}$；由 $P_{发电机}$ 减去机械损耗、铁心损耗 P_{Fe} 和附加损耗 P_{Δ} 以后，便得到发电机电磁功率 $P_{电磁功率}$；电磁功率即为由空气隙磁场所传递的功率，在此情况下，亦即由机械功率转变而来的功率。转变后的电磁功率再减去定子铜耗 P_{Cu} 以后，便得到最终输入电网的电功率 $P_{电功率}$。

此过程的能量传递过程为：风能→叶轮动能→泵动能→液压能→马达动能→发电机动能→电能。

6.3.1.2 液压型风力发电机组低电压穿越时的能量分配

电网电压小幅跌落后，发电机输出的电磁功率小幅下降，而变量马达的输出功率保持不变，此时变量马达与发电机的转速瞬时提高，将剩余能量转换为马达与发电机旋转主轴的动能，此时发电机转速大于同步转速。这个过程不需要控制液压系统，只需自动励磁调节器提高励磁电流来提高同步发电机的暂态稳定极限，使发电机在并网状态保持动态稳定。此过程的能量传递过程为：风能→叶轮动能→泵动能→液压能→马达动能增大→发电机动能增大→电能下降。

当电网电压大幅跌落后，仅仅依靠提升马达与发电机旋转主轴的动能来消耗电压跌落造成的剩余功率是远远不够的。此时应根据电压跌落的情况，改变主传动液压系统的控制策略，通过增大变量马达的排量，迅速降低液压系统的高压压力，增大定量泵的转速，以此将剩余功率传递到叶轮，使叶轮加速旋转达到将剩余功率储存于叶轮的目的，这样便使液压系统传递给发电机的功率减少，即减少了作用在转子上的剩余功率，提高了其暂态稳定性；同时同步发电机自动励磁调节器起动强行励磁功能，使励磁机的励磁电流瞬间增大，提高发电机电动势，增加发电机输出的电磁功率，减少转子的剩余功率。此过程的能量传递过程为：风能→叶轮动能增大→泵动能增大→液压能下降→马达动能下降→发电机动能下降→电能下降。

6.3.2 基于马达摆角调控的低电压穿越控制方法

马达摆角基准值可由流量反馈折算获得，当发电机并网后，变量马达旋转在同步转速，马达摆角补偿值决定系统压力，进而影响传输功率。系统压力与马达摆角对应关系为

$$\frac{p_h}{\gamma} = \frac{K_m \omega_m}{C_t \left(1 + \dfrac{V_0}{\beta_e C_t} s\right)} \tag{6-60}$$

据此，可以实现功率的开环控制，在此基础上，增加功率闭环，采用功率偏差，经积分环节，微调斜盘补偿值，可实现功率的控制精度。控制框图如图 6-10 所示。

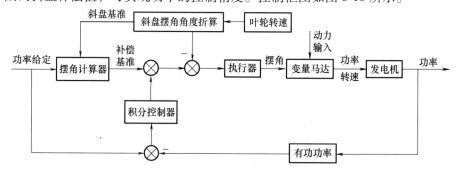

图 6-10 直接摆角给定功率控制框图

图 6-10 中，摆角计算器输入信号为功率给定值和马达摆角基准值，计算给出马达摆角补偿基准值。积分控制器输入信号为功率给定值和功率反馈值之差，通过功率偏差计算马达摆角补偿调整值，用于提高功率控制精度。

此处马达摆角计算器的计算公式由功率公式推导得来。

对应一定 γ_0 时，可以解得马达摆角补偿值 $\Delta\gamma$，使系统工作于 P，有

$$P=K_\mathrm{P}(\gamma_0-\Delta\gamma)\Delta p_\mathrm{h} \tag{6-61}$$

简化系统压力与马达摆角补偿值对应关系，$\Delta p_\mathrm{h}=K_{p\gamma}\Delta\gamma$，可得

$$P=K_\mathrm{P}(\gamma_0-\Delta\gamma)\Delta\gamma K_{p\gamma} \tag{6-62}$$

$$\Delta\gamma^2 K_{p\gamma}-K_{p\gamma}\Delta\gamma\gamma_0+P=0 \tag{6-63}$$

根据求根公式有

$$\Delta\gamma=\frac{K_{p\gamma}\gamma_0\pm\sqrt{(K_{p\gamma}\gamma_0)^2-4K_{p\gamma}P}}{2K_{p\gamma}} \tag{6-64}$$

式（6-64）即为直接摆角控制中由功率计算摆角值的计算公式。根据直接摆角控制思想可得出液压型风力发电机组低电压穿越控制框图，如图 6-11 所示。

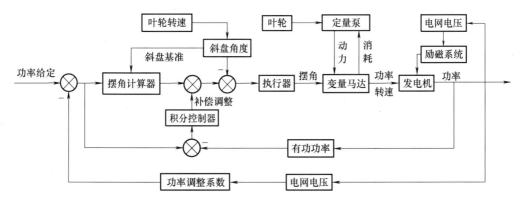

图 6-11　液压型风力发电机组低电压穿越控制框图

液压型风力发电机组低电压穿越基本控制思想为：检测电网电压，当电压跌落时，激活功率调整系数功能，根据电压跌落情况和励磁电压计算功率调整系数，通过摆角计算器计算出功率调整值所对应摆角补偿基准值，通过功率偏差计算马达摆角补偿调整值，通过迅速调整马达摆角值迅速降低输出的有功功率，抑制目标转速波动，使发电机稳定在同步转速，此时液压系统压力随发电功率降低后便不再升高。当电网电压恢复到额定电压的 90% 时，按照 10% 额定功率每秒的速度，增加功率调整系数数值，实现发电机发电功率的快速回升，完成风力发电机组低电压穿越功能。

6.3.3　仿真验证

6.3.3.1　电压跌落情况下不改变控制策略的仿真结果

当电网电压突然跌落时，同步发电机端电压瞬时跌落，根据磁链守恒定律，同步发电机的定子磁链不会突变，此时发电机定子磁链会产生一个直流分量，这个直流分量很快衰减，而当电压瞬时跌落时，发电机转速振荡相对较慢，所以稳态时定子磁链和端电压成比例地减小。此时同步发电机的电磁转矩也相应减小，而变量马达输出转矩不变，即发电机输入转矩

不变，这样在转子上便产生了剩余转矩导致转子转速增加。若此时不加以控制，各参数都会达到安全设定值而导致风力发电机组脱网运行。

以下通过仿真模拟电网故障电压跌落，与前述的仿真结果处理方式一样，液压型风力发电机组同期并网和功率提升阶段不在此赘述，仿真结果从稳定发电功率 12.5kW 开始，发电机转速 1500r/min，系统高压压力 174bar，第 0s 时刻电网电压跌落，幅值由 1pu 跌落至 0.3pu，持续时间为 1s。仿真结果如图 6-12 所示。

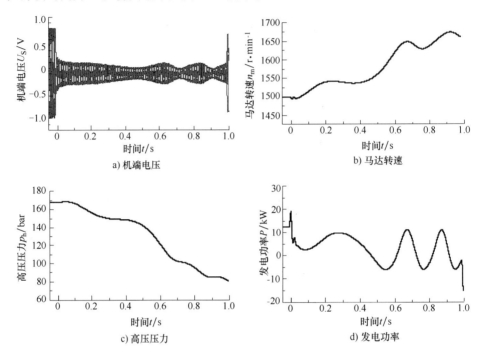

图 6-12　电压跌落情况下不改变控制策略仿真结果

由仿真结果可知，当电网电压跌落较剧烈时，如果不采取相应的措施，液压型风力发电机组在故障瞬时会产生剧烈的电磁振荡和机械振荡，导致发电机组脱网。

6.3.3.2　电网电压三相对称跌落时的仿真结果

当电网电压小幅跌落，即电网发生三相对称故障导致电压跌落不超过 20%，此时同步发电机因电压跌落引起的电磁暂态量比较小，定子电流、励磁电流和发电机转速都没有超过安全阈值，因此只需根据电压跌落的大小相应地调整励磁电压，增加同步发电机输出的电磁转矩，减小转子的剩余转矩使同步发电机在同步转速范围内运行。电压恢复后，定子磁链和电压恢复到故障前的大小，电磁转矩也迅速恢复，此时励磁电压也应该逐渐恢复到原来值。

在仿真模型中设置电网在第 0s 时刻发生三相对称跌落，电压幅值跌落 15%，故障持续时间为 1s，液压型风力发电机组故障前输出有功功率为 16kW。仿真结果如图 6-13 所示。

由仿真结果可知，当电网电压小幅跌落时，通过同步发电机励磁系统的强励功能，能提高系统的动态稳定性，降低系统的电磁振荡和机械振荡，主传动液压系统不需要切换到直接摆角控制模式，便能实现风力发电机组的低电压穿越，电网电压恢复后能快速稳定。

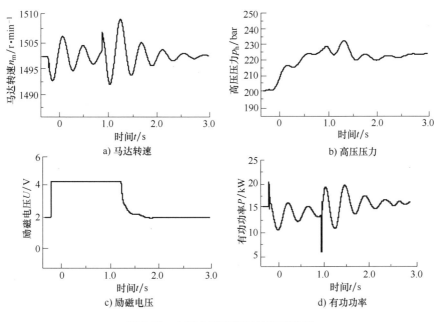

a) 马达转速　　　　　　　　b) 高压压力

c) 励磁电压　　　　　　　　d) 有功功率

图 6-13　电网电压跌落时的仿真结果

6.4　基于阀-泵联合的低电压穿越控制策略

6.4.1　基于能量耗散的比例节流阀控制律

比例节流阀的控制实际上是对机组多余能量的耗散，因此，可以从能量耗散的角度对其控制律进行规划。由上节液压系统能耗分析可知，当电网电压跌落时，可以通过液压系统关键部件（定量泵、比例节流阀和变量马达）的能量损耗对比例节流阀开度的控制律进行规划[7]。下面重点讨论控制律数学模型的确定。

当电网电压跌落时，系统产生一定的剩余能量 ΔP，需通过比例节流阀开度调整液压系统输出转矩，实现液压系统剩余能量的耗散。则有

$$P_{p1}+P_{b1}+P_{m1}=\Delta P \tag{6-65}$$

式中　P_{p1}——定量泵损耗的能量，单位为 kW；

$\quad\quad P_{b1}$——比例阀损耗的能量，单位为 kW；

$\quad\quad P_{m1}$——变量马达损耗的能量，单位为 kW。

其中，$\Delta P=Q_p p_{h1}-UI\cos\varphi$

比例节流阀开度为

$$X_v=\frac{\Delta P}{K_q p_L}-\frac{p_{h2}K_m\gamma\omega_m(1-\eta_{mv})}{K_q p_L}-\frac{p_{h1}D_p\omega_p(1-\eta_{pv})}{K_q p_L} \tag{6-66}$$

由式（6-66）可知，比例节流阀开度控制律由三部分组成，分别为剩余能量对应的比例节流阀开度基准值、定量泵能量损耗补偿值和变量马达能量损耗补偿值。

6.4.1.1　控制律基准值数学模型

低电压穿越过程实质上是解决瞬态输入能量过剩的问题，因此需要控制液压系统输入电

网的功率，实现瞬态能量耗散控制。本节通过比例节流阀控制实现定量泵输入到发电机输出的能量耗散，从电压跌落产生剩余能量 ΔP 出发，考虑比例节流阀能量输入，由式（6-66）可知，比例节流阀开度基准值的数学模型为

$$X_{v0} = \frac{\Delta P}{K_q p_L} \tag{6-67}$$

6.4.1.2 控制律定量泵能量损耗补偿数学模型

低电压穿越过程中，在发电机负载波动作用下，调整比例节流阀过程中，系统压力特性会产生一定变化，考虑到定量泵泄漏量的改变，需要对其能量损耗进行补偿控制，确保液压系统输出转矩的准确控制，实现剩余能量的耗散与调控。可知，比例节流阀控制律对应的定量泵能量损耗补偿数学模型为

$$X_{v1} = -\frac{p_{h1} D_p \omega_p (1 - \eta_{pv})}{K_q p_L} \tag{6-68}$$

6.4.1.3 控制律变量马达能量损耗补偿数学模型

与定量泵能量损耗补偿类似，考虑到变量马达泄漏量的改变，需要对其能量损耗进行补偿控制。由式（6-66）可知，比例节流阀控制律对应的变量马达能量损耗补偿数学模型为

$$X_{v2} = -\frac{p_{h2} K_m \gamma \omega_m (1 - \eta_{mv})}{K_q p_L} \tag{6-69}$$

6.4.1.4 控制律模型参数误差补偿数学模型

由上述补偿分析可知，上述补偿控制多采用模型参数，因此存在一定误差。在比例节流阀控制液压系统输出转矩的过程中，以发电机负载转矩（电磁转矩）为基准，将液压系统输出转矩偏差折算为比例节流阀开度进行补偿控制，具体数学模型可表示为

$$X_{v3} = \frac{\Delta T \omega}{K_q p_L} \tag{6-70}$$

综上所述，在低电压穿越过程，机组通过比例节流阀控制液压系统输出转矩以实现液压系统输出功率的快速调整，其控制律数学模型为

$$\begin{aligned} X_v &= X_{v0} + X_{v1} + X_{v2} + X_{v3} \\ &= \frac{\Delta P}{K_q p_L} - \frac{p_{h1} D_p \omega_p (1 - \eta_{pv})}{K_q p_L} - \frac{p_{h2} K_m \gamma \omega_m (1 - \eta_{mv})}{K_q p_L} + \frac{\Delta T \omega}{K_q p_L} \end{aligned} \tag{6-71}$$

式（6-71）中，在实际控制过程中，比例节流阀开度控制律给定由以上四部分组成：第一项为电压跌落后，机组能量耗散的折算基准值；第二项为定量泵能量损耗调整对比例节流阀开度的补偿值；第三项为变量马达能量损耗调整对比例节流阀开度的补偿值；第四项为模型参数误差对比例节流阀开度的补偿值。

6.4.2 基于动态面控制的变量马达摆角控制律

通过控制变量马达摆角调整液压系统输出转速，进而保证低电压穿越过程，液压系统在发电机脉振转矩作用下稳速输出，保证机组并网运行。采用动态面控制的方法对变量马达摆角控制律给定进行规划[7-8]。

动态面控制方法基于传统的反步法的设计思想，通过 Lyapunov 函数和虚拟控制器对系统控制输入进行规划。采用一阶滤波器有效地避免传统后推法在设计过程中的"微分项爆

炸"现象。

由于变量马达摆角控制输出是变量马达的转速 ω_m，因此，可根据变量马达的转速及其参考输入定义第一个动态面为

$$S_1 = \omega_m - \omega_{md} \tag{6-72}$$

式中　ω_{md}——变量马达的参考转速，单位为 rad/s。

将式（6-72）求导后可得

$$\dot{S}_1 = \frac{1}{J_m}(K_m \gamma p_{h2} \eta_{mm} - B_m \omega_m - T_e) - \dot{\omega}_{md} \tag{6-73}$$

选择动态面 S_1 的 Lyapunov 函数为 $V_1 = S_1^2 / 2$，当 $\dot{S}_1 = -k_1 S_1(k_1 > 0)$ 时，动态面 S_1 收敛，其中 k_1 为动态面 S_1 的收敛系数。

动态面函数 S_1 实质是跟踪期望轨迹 ω_{md} 的误差，于是可取节流后系统压力为虚拟控制信号，使得 $S_1 \to 0$。由式（6-73）可知，虚拟控制信号为

$$\overline{p}_{h2} = \frac{(-k_1 S_1 + \dot{\omega}_{md}) J_m + B_m \omega_m + T_e}{K_m \gamma \eta_{mm}} \tag{6-74}$$

为了避免虚拟控制在连续求导中产生大量的微分项，对 $\overline{p}_{h2}$ 进行一阶低通滤波，可以得到系统节流后压力的参考信号为

$$\tau_1 \dot{p}_{h2d} + p_{h2d} = \overline{p}_{h2} \tag{6-75}$$

然后，根据系统节流后压力及其参考信号定义第二个动态面为

$$S_2 = p_{h2} - p_{h2d} \tag{6-76}$$

对式（6-76）求导后可得

$$\dot{S}_2 = \frac{\beta_e}{V_{02}}(D_p \omega_p - C_{tp} p_{h1} - K_m \gamma \omega_m - C_{tm} p_{h2}) - \dot{p}_{h2d} \tag{6-77}$$

选择动态面 S_2 的 Lyapunov 函数为 $V_2 = S_2^2 / 2$，当 $\dot{S}_2 = -k_2 S_2(k_2 > 0)$ 时，动态面 S_2 收敛。其中 k_2 为动态面 S_2 的收敛系数。

由式（6-77）分析可知，系统的控制输入为

$$\begin{aligned} \gamma &= \frac{D_p \omega_p - C_{tp} p_{h1} - (-k_2 S_2 + \dot{p}_{h2d}) \dfrac{V_{02}}{\beta_e}}{K_m \omega_m} \\ &= \frac{D_p \omega_p}{K_m \omega_m} - \frac{C_{tp} p_{h1}}{K_m \omega_m} - \frac{(-k_2 S_2 + \dot{p}_{h2d}) V_{02}}{K_m \omega_m \beta_e} \end{aligned} \tag{6-78}$$

由式（6-78）可知，变量马达摆角控制律由三部分组成，分别为定量泵输出流量折算得到的变量马达摆角基准值、系统泄漏对应变量马达摆角的补偿值和系统压力瞬态调整对应变量马达摆角的补偿值。

6.4.2.1　控制律基准值数学模型

考虑到比例节流控制过程中系统无溢流现象，则定量泵输出流量除泄漏与油液压缩部分全部流入到变量马达中。因此，可以从定量泵到变量马达的流量平衡角度对变量马达摆角基准值进行设定。由式（6-78）可知，变量马达摆角基准值的数学模型为

$$\gamma_0 = \frac{D_p \omega_p}{\omega_m K_m} \tag{6-79}$$

6.4.2.2 控制律系统泄漏补偿数学模型

低电压穿越过程中，在发电机负载波动作用下，定量泵等会产生一定的泄漏，导致其输出流量存在一定误差，所以需要监控系统压力，对变量马达摆角进行适当补偿，从而实现液压系统稳速输出。由式（6-78）可知，变量马达摆角系统泄漏补偿的数学模型为

$$\gamma_1 = -\frac{C_{tp}p_{h1}}{K_m\omega_m} \tag{6-80}$$

6.4.2.3 控制律系统压力瞬态调整补偿数学模型

低电压穿越过程中，考虑到液压油的可压缩性，系统压力在调整过程中，管路容腔的油液体积发生变化，进而引起变量马达输出转速产生改变。由式（6-78）可知，变量马达摆角压力瞬态调整补偿的数学模型为

$$\gamma_2 = -\frac{(-k_2S_2+\dot{p}_{h2d})V_{02}}{K_m\omega_m\beta_e} \tag{6-81}$$

6.4.2.4 控制律模型参数误差补偿数学模型

由上述补偿分析可知，上述补偿控制多采用模型参数，因此存在一定误差。为进一步保证变量马达的稳速输出，以1500r/min为基准对变量马达转速偏差进行折算，补偿摆角偏差。该数学模型可表示为

$$\gamma_3 = \frac{D_m\Delta\omega_m}{K_m} \tag{6-82}$$

综上所述，在低电压穿越过程，机组通过变量马达摆角控制液压系统输出转速以实现液压系统稳速输出，其控制律数学模型为

$$\gamma = \gamma_0+\gamma_1+\gamma_2+\gamma_3$$
$$= \frac{D_p\omega_p}{\omega_mK_m}-\frac{C_pp_{h1}}{K_m\omega_m}-\frac{(-k_2S_2+\dot{p}_{h2d})V_{02}}{K_m\omega_m\beta_e}+\frac{D_m\Delta\omega_m}{K_m} \tag{6-83}$$

由式（6-83）可知，变量马达摆角控制律由四部分组成，γ_0为定量泵（风力机）转速折算得到的变量马达摆角基准值；γ_1为系统泄漏对变量马达摆角的补偿值；γ_2为系统压力瞬态对变量马达摆角的补偿值；γ_3为模型参数误差对变量马达摆角的补偿值。

6.4.3 仿真验证

6.4.3.1 三相电压对称跌落低电压穿越仿真分析

根据上述液压型机组低电压穿越控制方法，在第1s时刻分别设定电网电压跌落到其额定值50%，持续时间为1s，对电网三相短路故障低电压穿越进行仿真研究。机组在三相短路故障过程中，发电机定子电压和有功功率相应降低，导致电磁转矩发生跌落。采用本节所提出的控制策略，可以对定子过电流现象进行有效抑制，将定子过电流控制在两倍额定电流范围内，抑制发电机故障电流，减小对发电机的损伤，保证发电机整体安全。此外，在电网电压跌落过程中，励磁电压逐步提升，进而控制发电机输出一定的无功功率支撑电网电压恢复。

根据上述液压型机组低电压穿越控制方法，对电网三相短路故障低电压穿越进行仿真研究。液压系统仿真结果如图6-14所示。

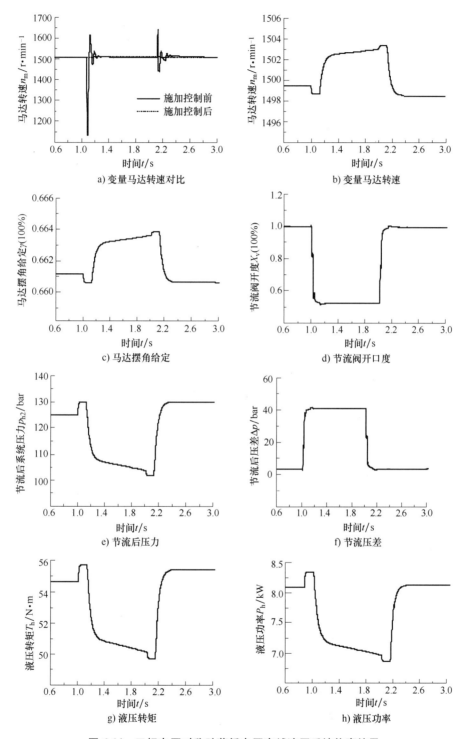

图 6-14　三相电压对称跌落低电压穿越液压系统仿真结果

由图 6-14 仿真结果可知，通过控制比例节流阀开度，节流降低系统压力，调整液压系统输出转矩，进而实现液压系统输出功率的快速调整，将输出功率由 8.1kW 下调到 6.8kW

左右，实现了故障后发电机的能量平衡。此外，通过调整变量马达摆角控制变量马达（发电机）稳速输出，保证液压转矩与电磁转矩基本同步变化，保证机组并网运行。最后，在故障切除后，通过调整比例节流阀开度，逐步提升液压系统输出功率，支撑电网恢复，最终实现机组低电压穿越控制。

6.4.3.2 两相电压接地跌落低电压穿越仿真分析

根据上述液压型机组低电压穿越控制方法，对电网两相接地故障低电压穿越进行仿真研究。液压系统仿真结果如图 6-15 所示。

由图 6-15 仿真结果可知，通过控制比例节流阀开度，节流降低系统压力，调整液压系统输出转矩，进而实现液压系统输出功率的快速调整，将输出功率由 8.7kW 下调到 6kW 左右，实现了故障后发电机的能量平衡。此外，通过调整变量马达摆角控制变量马达（发电机）稳速输出，保证液压转矩与电磁转矩基本同步变化，保证机组并网运行。最后，在故障切除后，通过调整比例节流阀开度，逐步提升液压系统输出功率，支撑电网恢复。

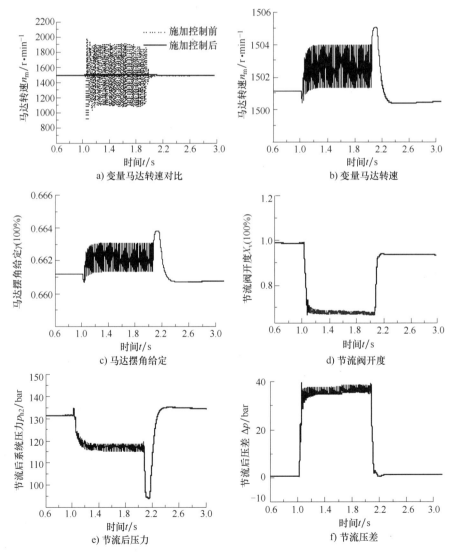

图 6-15　两相电压接地跌落低电压穿越液压系统仿真结果

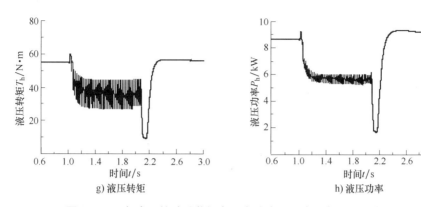

g) 液压转矩　　　　　　　　　　h) 液压功率

图 6-15　两相电压接地跌落低电压穿越液压系统仿真结果（续）

与三相对称故障相比，两相接地故障作为不对称故障，其低电压穿越过程中由于负序电压的存在，将导致系统整体存在一定振荡现象，在电压跌落与恢复瞬间存在一定冲击，为实现液压系统输出转矩与输出转速的实时控制，比例节流阀开度与变量马达摆角给定也实时波动，最终实现机组低电压穿越控制。

6.4.3.3　单相电压接地跌落低电压穿越仿真分析

根据上述液压型机组低电压穿越控制方法，在第 1s 时刻分别设定电网 A 相电压跌落到其额定值 50%，持续时间为 1s，对单相电压接地低电压穿越进行仿真研究。电力系统仿真结果如图 6-16 所示。

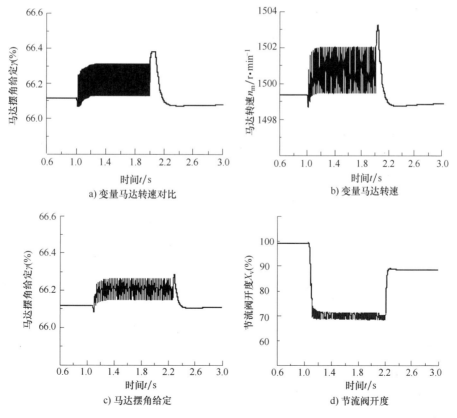

a) 变量马达转速对比　　　　　　　　　b) 变量马达转速

c) 马达摆角给定　　　　　　　　　　d) 节流阀开度

图 6-16　单相电压接地跌落低电压穿越液压系统仿真结果

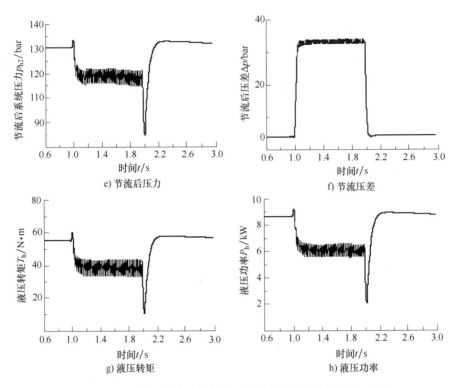

图 6-16 单相电压接地跌落低电压穿越液压系统仿真结果（续）

  与三相对称故障相比，单相接地故障作为不对称故障，其低电压穿越过程中由于负序电压的存在，将导致系统整体存在一定振荡现象，在电压跌落与恢复瞬间存在一定冲击，为实现液压系统输出转矩与输出转速的实时控制，比例节流阀开度与变量马达摆角给定也实时调整，最终实现机组低电压穿越控制。

6.5 能量分层调控

  在低电压穿越过程中，为避免发电机过电流，液压型机组传动系统应根据电网跌落情况，迅速降低输送给发电机的有功功率，由于风力机输入液压系统的功率不能迅速调整降低，所以需要解决能量瞬态调控的问题，同时发电机受电网影响，给变量马达输出端带来高频负载扰动，这些会影响机组的稳定运行。此时液压型机组涉及瞬态能量耗散、发电机稳速控制等多个控制目标。从能量调控角度出发，分析机组能量瞬态耗散和转换机理，探究瞬态能量耗散途径，采用能量分层调控策略解决机组残余能量存储、耗散和释放的问题[8]。

6.5.1 低电压穿越能量传输机理分析

6.5.1.1 低电压穿越残余能量产生机理

  液压型风力发电机组在低电压穿越过程中，由于外部电压跌落，为避免发电机因过电流烧毁，需要降低发电机的输出功率。但该过程中，风力机动力输入并未发生变化，即风力机能量捕获保持不变，此时机组内部将产生多余的不匹配能量，通常称为残余能量。若不施加控制，机组能量失稳，发电机将出现过电流现象，烧毁发电机，甚至引起脱网事故。低电压穿越能量流动规律如图 6-17 所示。

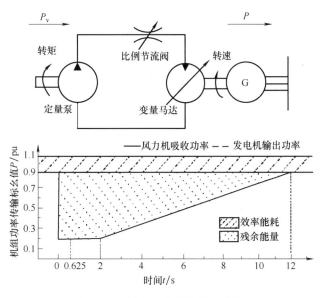

图 6-17　低电压穿越能量流动图

低电压穿越过程中，将残余能量定义为 W_{m}，由图 6-17 可知

$$W_{\mathrm{m}} = \int (P_{\mathrm{in}}(t) - P(t)) \mathrm{d}t \tag{6-84}$$

$P_{\mathrm{in}}(t)$ 为风机吸收的功率，根据风轮的空气动力学原理，可知

$$P_{\mathrm{in}}(t) = 0.5\rho\pi R^2 v^3 C_{\mathrm{p}}(\lambda,\beta) \tag{6-85}$$

$P(t)$ 为发电机输出的有功功率，可知

$$P(t) = \frac{EU}{X_{\mathrm{d}}}\sin\delta + \left(\frac{1}{X_{\mathrm{q}}} - \frac{1}{X_{\mathrm{d}}}\right)\frac{U^2}{2}\sin2\delta \tag{6-86}$$

在低电压穿越过程中，残余能量的存在会导致机组能量失衡。因此，残余能量的存储、耗散与释放是低电压穿越控制过程中的关键问题。

6.5.1.2　低电压穿越残余能量释放规律

在低电压穿越过程中，液压型风力发电机组残余能量调控可以分为三个阶段，各个阶段残余能量调控规律具体说明如下：

初级阶段：$t = 0 \sim 0.625\mathrm{s}$，电网电压骤降，要求发电机输出功率快速调整，该阶段机组残余能量要求快速耗散，避免发电机能量失稳，抑制发电机过载电流；

过渡阶段：$t = 0.625 \sim 2\mathrm{s}$，电网电压逐步恢复，要求发电机保持低功率输出，该阶段要求机组尽可能多地实现风力机惯性储能，回收机组残余能量；

恢复阶段：$t = 2 \sim 12\mathrm{s}$，电网故障已切除，发电机输出功率以 10% 额定功率/秒的速度逐步恢复，要求机组储存的残余能量逐步释放，支撑发电机有功功率恢复。

6.5.2　低电压穿越能量分层调控

低电压穿越过程中，拟通过调桨弃风、风力机惯性储能、比例节流协调控制对机组传输能量进行调控，最终实现低电压穿越过程中残余能量的存储、耗散与释放[9]。

本节针对低电压穿越过程残余能量成因机理，提出了一种低电压穿越能量分层调控策略，其控制框图如图 6-18 所示。

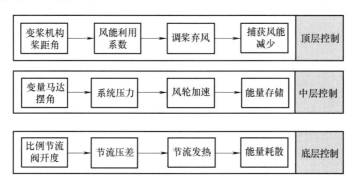

图 6-18　低电压穿越能量分层调控图

由图 6-18 可知，低电压穿越能量分层调控策略从控制结构上将分为顶层、中层和底层。顶层是以减少风能捕获为目标的风力机桨距角控制，是解决低电压穿越能量调控问题的根本途径；中层是以风轮加速为目标的变量马达摆角控制，是解决能量调控的辅助措施；底层是以耗散机组残余能量为目标的节流阀开度控制，是解决能量调控的应急手段。

6.5.2.1　顶层控制

低电压穿越过程中，采用调桨弃风策略减小风力机的吸收功率，将从源头上削减低电压穿越过程中的残余能量。根据风能转化原理，可得

$$P_{in}(t) = C_p P_w \qquad (6-87)$$

式中　P_w——风力机风功率输入；

C_p——风能利用系数。

若采用典型的风能利用系数表达式，则有

$$C_p(\lambda,\beta) = C_1\left(\frac{C_2}{\lambda_i} - C_3\beta - C_4\right) e^{-\frac{C_5}{\lambda_i}} + C_6\lambda \qquad (6-88)$$

采用调桨弃风策略实质上是通过增大桨距角，减小风力机的吸收功率，进而削减低电压穿越过程中的残余能量。低电压穿越过程中，可采用风力机快速变桨，通常为 $1°/s \sim 10°/s$。利用此特性可以在电网发生故障时调大桨距角，从而减少风机能量捕获输入，实现减少不匹配功率的目标。根据风功率与电机

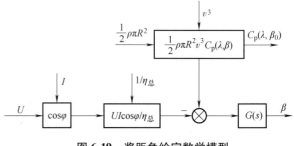

图 6-19　桨距角给定数学模型

输出功率平衡原则，可规划桨距角给定数学模型，如图 6-19 所示。

基于以上分析，结合实际的液压型风力发电机系统，对低电压穿越工况下风力机桨距角的控制律做如下规划，如图 6-20 所示。

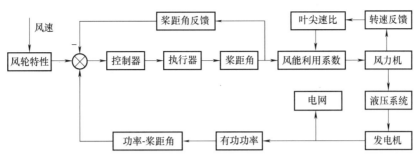

图 6-20　风力机桨距角的控制律

综上所述，顶层采用调桨弃风控制策略，可以有效地削减低电压穿越过程中的残余能量，减轻机组残余能量存储与耗散的负担，从源头上抑制机组残余能量，是低电压穿越能量调控最直接有效的控制方法。但考虑到风力机调桨系统为大惯量系统，其执行机构为机械部件，因而整体响应速度较慢，快速调整过程中又容易导致机组变桨机构整体失稳等现象。因此，在低电压穿越调桨弃风过程中，一方面需要快速调整变桨机构，抑制机组残余能量增生；另一方面又需要兼顾变桨机构运行稳定性，保持变桨机构平稳运行。

6.5.2.2　中层控制

液压型风力发电机组低电压穿越过程中，通过调整变量马达摆角大小，降低系统压力，即减小风力机液压负载转矩，进而实现风力机加速运行，利用风力机大惯量特性，将低电压穿越过程中机组的残余能量存储为风力机的动能，故障清除后再将风力机中的惯性能量回馈至电网。

通过调整变量马达摆角降低系统压力是风力机惯性储能的关键部分。此时，系统压力作为变量马达摆角和风力机负载转矩的中间响应环节，可知，系统压力对变量马达摆角的传递函数为

$$\frac{p_h}{\gamma} = -\frac{K_m \omega_m}{C_t \left(1 + \dfrac{V_0}{\beta_e C_t} s\right)} \tag{6-89}$$

进一步，系统压力降低，将直接影响风力机液压负载转矩，风力机液压负载转矩可表示为

$$T_{ph} = D_p p_h \tag{6-90}$$

可知，风力机液压负载转矩对变量马达摆角的传递函数为

$$\frac{T_{ph}}{\gamma} = -\frac{D_p K_m \omega_m}{C_t \left(1 + \dfrac{V_0}{\beta_e C_t} s\right)} \tag{6-91}$$

风力机液压负载转矩降低后，风力机在气动转矩作用下做加速运动，对风力机进行动力学受力分析，如图 6-21 所示。

通常情况下，风力机加速动力学方程可以表示为

$$J \frac{d\omega_p}{dt} = T_w - T_{ph} \tag{6-92}$$

风力机惯性储能将机组残余能量转换为风力机转动动能，其能量方程可表示为

$$\frac{1}{2}J\omega_{\mathrm{pt}}^2-\frac{1}{2}J\omega_{\mathrm{N}}^2=W_{\mathrm{in}} \qquad (6\text{-}93)$$

式中　ω_{pt}——风力机储能后的转速；

　　　ω_{N}——风力机储能前的转速（通常为额定转速）；

　　　W_{in}——风力机惯性储能总值。

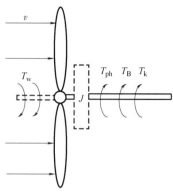

图 6-21　风力机受力分析

进一步，风力发电机组在恶劣电网电压跌落故障下，若全部残余能量都存储到风力机中，将会导致风力机转速越限。风力机转速越限将急剧增加风力机本身的机械应力，危及风力发电机组的正常运行状态。

$$\omega_{\mathrm{pt}}=\sqrt{\frac{2W_{\mathrm{in}}+J\omega_{\mathrm{p0}}^2}{J}}\leqslant\omega_{\max} \qquad (6\text{-}94)$$

式中　$\omega_{\max}$——风力机转速上限值。

为进一步分析风力机最大残余能量存储量 $W_{\max}$ 及风力机转速上限值 $\omega_{\max}$ 大小，设低电压穿越过程中，机组残余能量为

$$W_{\mathrm{m}}=kP_{\mathrm{in}}(t) \qquad (6\text{-}95)$$

式中　k——残余能量因子，表征机组低电压穿越过程中残余能量的大小。

可知

$$\frac{\omega_{\max}}{\omega_{\mathrm{N}}}=\sqrt{\frac{2kP_{\mathrm{in}}(t)}{J\omega_{\mathrm{p0}}}+1} \qquad (6\text{-}96)$$

由式（6-96）可得 $\dfrac{\omega_{\max}}{\omega_{\mathrm{N}}}$ 与 J 之间的关系曲线如图 6-22 所示。

综上所述，中层控制过程中，利用风力机惯性储能可以有效地利用风力机残余能量，避免了能源的耗散与流失，同时风力机惯性储能可以在电网故障切除后，将惯性储能部分回馈至电网，支撑机组有功功率恢复。风力机惯性储能实现残余能量的存储与释放，是低电压穿越能量调控最经济的控制方法。但考虑到风力机属于大惯量系统，一方面其加速过程存在时间滞后，另一方面考虑风力机转速越限，在恶劣电网故障下，机组残余能量无法实现全部存储。

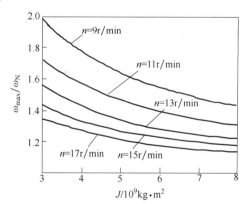

图 6-22　不同额定转速的 24kW 风机储能特性曲线图

6.5.2.3　底层控制

低电压穿越过程中，要求机组瞬态快速响应。考虑发电机有功功率的快速调整要求，可通过比例节流阀快速调整马达入口高压压力，进而实现发电机输出功率快速调整，将机组残余能量转化为液压系统热能进行耗散。

比例节流阀主要通过改变阀口压降对液压系统节流前后液压能状态进行调整。比例节流阀的存在造成系统压力存在一定损耗，分析可知比例节流阀在底层控制过程中，其引起的功率损耗为

$$P_b(t) = Q_b(p_{h1} - p_{h2}) \tag{6-97}$$

则底层控制过程中，由式（6-97）可知，比例节流阀可耗散的残余能量为

$$W_b = \int P_b(t) \, \mathrm{d}t \tag{6-98}$$

低电压穿越过程中，可采用快速调整比例节流阀开度，将机组中残余能量转化为液压系统热能，最终实现机组残余能量的瞬态高响应耗散。

确定电网电压跌落时比例节流阀开度值的前提是要对机组中聚集的残余能量进行量化计算。下面从机组的输入能量和输出能量的角度考虑，对机组低电压穿越中的多余能量进行了推导和计算，以作为节流阀开度基准值的计算依据。

$$\frac{\Delta W}{\Delta t} = \Delta P = Q_p p_{h1} - \frac{UI\cos\varphi}{\eta} \tag{6-99}$$

等式右边第一项为液压系统定量泵的输入能量，第二项为发电机输出的有功功率。

由比例节流阀数学模型和能耗公式可知，比例节流阀开度的基准值可以表示为

$$X_{v0} = \frac{\Delta P}{K_q p_L} \tag{6-100}$$

进一步可规划出比例节流阀开度基准值的给定模型，如图 6-23 所示。

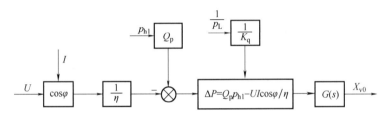

图 6-23　比例节流阀开度基准值给定模型

结合机组的实际控制系统，节流阀入口处压力、系统流量和有功功率可由监控采集系统实时采集，基准值计算器采用 MATLAB/Simulink 软件搭建。整个控制系统满足了机组对低电压穿越工况响应快速的要求，为机组液压系统内的残余能量提供了快速有效的耗散方法。对比例节流阀节流耗散开度基准值的给定值做如下规划，实现框图如图 6-24 所示。

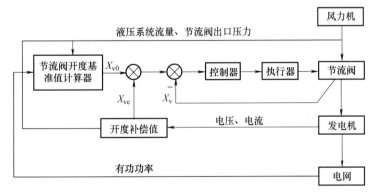

图 6-24　比例节流阀节流耗散开度基准值给定框图

综上所述，底层采用比例节流阀节流耗散控制，可以快速高效地耗散掉机组中残余能

量，是防止机组发电机能量失衡电流过载的最后屏障。该过程是低电压穿越能量调控最快速、稳妥的控制方法，但考虑到过度节流发热会引起液压系统油液温度快速提升，影响系统工作性能，因此，在低电压穿越底层节流发热过程中，一方面需要快速调整比例节流阀开度，耗散机组残余能量，抑制发电机过载电流；另一方面需要兼顾液压系统油液工作温度，保持液压系统工作性能。

6.5.3 低电压穿越电磁转矩补偿

低电压穿越过程中，尤其发生不对称跌落故障时，发电机电磁转矩受负序分量影响波动剧烈，是导致机组转速失稳脱网的重要原因。本节从电磁转矩波动对机组稳定性的影响入手，在不对称电网故障电磁转矩数学模型的基础上建立动态电磁转矩状态观测器，分析发电机电磁转矩波动对液压系统输出转矩和输出转速的影响规律，进而提出动态补偿电磁转矩波动以稳定液压系统输出转速的控制策略，维持机组不间断并网，最终实现机组低电压工况下的稳定运行[8]。

6.5.3.1 机组因电磁转矩波动失稳机理

在低电压穿越过程中，除了机组输入功率和输出功率失衡会导致机组失稳以外，发电机的电磁转矩波动也是影响机组稳定运行的重要因素。

当电网发生电网故障尤其是非对称电网故障时，机组中定子电压随电网电压的不对称跌落而发生三相不对称突变，与此同时，定子磁链中会出现暂态直流分量和负序分量；由于此时发电机仍处于同步转速，定子与转子间相对速度较大，定子磁场会在转子绕组中感应出幅值较大的电动势，转子磁场会在定子绕组和转子绕组中感应出幅值较大的定子电流和转子电流；不稳定波动的定子电流和转子电流会引起发电机的电磁转矩大幅振荡。单相电压跌落时机组电磁转矩波动分析如图 6-25 所示。

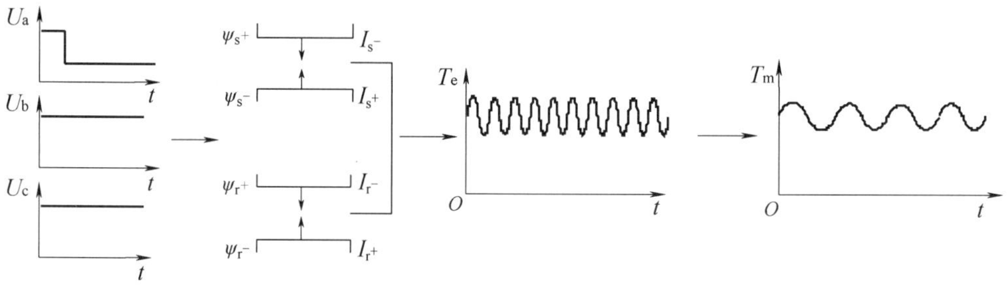

图 6-25　单相电压跌落时机组电磁转矩波动分析

电磁转矩波动的幅值与电网电压跌落深度成正相关，当电网电压发生大幅度不对称跌落时，发电机电磁转矩波动剧烈，对机组变量马达传动轴造成严重冲击，引起机组的输出转速也剧烈波动，当发生严重不对称电网电压跌落时，如果不对波动的电磁转矩加以动态补偿，会严重影响机组的稳定运行，甚至造成机组脱网和发电机损坏等严重事故。电磁转矩波动导致系统失稳分析如图 6-26 所示。

由图 6-26 可知，电磁转矩波动是机组在低电压穿越过程中发电机转速失稳的重要影响因素，如何有效补偿电磁转矩波动给发电机转速造成的冲击，是解决机组稳定运行的关键。

由于电磁转矩波动的频率较高，如何准确预测电磁转矩的波动规律对研究其对液压系统输出转矩的冲击和实现在实际工况下对电磁转矩的动态补偿具有十分重要的价值。

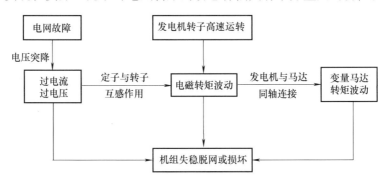

图 6-26　电磁转矩波动导致系统失稳分析框图

6.5.3.2　数学模型建立

（1）电磁转矩模型

$$T_{e} = \frac{P_{e}}{\Omega_{s}} = \frac{P_{e0} + P_{esin2} + P_{ecos2}}{\Omega_{s}} = T_{e0} + T_{esin2} + T_{ecos2} \tag{6-101}$$

可知，电磁转矩波动量是由二倍频的正、余弦分量组成的，而且电磁转矩波动的幅值随电网跌落深度的不同有相应变化。

（2）发电机全阶数学模型

为了便于建模和分析，可做如下两个假设：假设一：发电机在电网故障时，仍维持并网状态；假设二：发电机定子、转子方程中的电压、电流、磁链相关的量均可以折算成定子电压相关量或转子电流相关量。在此情况下发电机全阶数学模型为

$$\begin{cases} T_{e0} = \dfrac{3L_{m}n_{p}}{2L_{s}\omega_{s}} (u_{sd+}^{+} i_{rd+}^{+} + u_{sq+}^{+} i_{rq+}^{+} - u_{sd-}^{-} i_{rd-}^{-} + u_{sq-}^{-} i_{rq-}^{-}) \\[3mm] T_{esin2} = \dfrac{3L_{m}n_{p}}{2L_{s}\omega_{s}} (-u_{sq-}^{-} i_{rd+}^{+} + u_{sd-}^{-} i_{rq+}^{+} - u_{sq+}^{+} i_{rd-}^{-} + u_{sd+}^{+} i_{rq-}^{-}) \\[3mm] T_{ecos2} = \dfrac{3L_{m}n_{p}}{2L_{s}\omega_{s}} (-u_{sd-}^{-} i_{rd+}^{+} - u_{sq-}^{-} i_{rq+}^{+} + u_{sd+}^{+} i_{rd-}^{-} + u_{sq+}^{+} i_{rq-}^{-}) \end{cases} \tag{6-102}$$

该模型中，发电机的定子电压 u_s 和转子电流 i_r 可直接采集，定子转速 ω_s 认为是同步转速。观测值最终会收敛于实时电磁转矩的真实值。

6.5.3.3　电磁转矩状态观测器

电网故障发生时，发电机的电磁转矩产生剧烈的高频波动，准确动态补偿电磁转矩的前提是要对电磁转矩的波动规律提前进行准确预测。利用非线性状态观测器对发电机的运行状态进行预测，是解决电磁转矩补偿控制中实时性强和频率、相位、幅值贴合度高等要求的有效方法。本节设计了以降低状态观测器阶次为代价，以保证具体观测量准确度为前提的非线性状态观测器，实现了对发电机电磁转矩的实时预测。发电机是一种多输入输出变量、非线性的系统，与众多非线性系统一样，对非线性高阶系统的状态观测首先要对系统的能观性进行讨论。电网发生不对称故障时，发电机全阶数学模型为

$$
\begin{cases}
u_{sdq}^{+} = u_{sdq+}^{+} + u_{sdq-}^{-}\,e^{-j2\omega_s t} \\[4pt]
i_{sdq}^{+} = i_{sdq+}^{+} + i_{sdq-}^{-}\,e^{-j2\omega_s t} \\[4pt]
\psi_{sdq}^{+} = \psi_{sdq+}^{+} + \psi_{sdq-}^{-}\,e^{-j2\omega_s t} \\[4pt]
T_{e0} = \dfrac{3L_m n_p}{2L_s \omega_s}\left(u_{sd+}^{+} i_{rd+}^{+} + u_{sq+}^{+} i_{rq+}^{+} - u_{sd-}^{-} i_{rd-}^{-} + u_{sq-}^{-} i_{rq-}^{-} \right) \\[10pt]
T_{esin2} = \dfrac{3L_m n_p}{2L_s \omega_s}\left(-u_{sq-}^{-} i_{rd+}^{+} + u_{sd-}^{-} i_{rq+}^{+} - u_{sq+}^{+} i_{rd-}^{-} + u_{sd+}^{+} i_{rq-}^{-} \right) \\[10pt]
T_{ecos2} = \dfrac{3L_m n_p}{2L_s \omega_s}\left(-u_{sd-}^{-} i_{rd+}^{+} - u_{sq-}^{-} i_{rq+}^{+} + u_{sd+}^{+} i_{rd-}^{-} + u_{sq+}^{+} i_{rq-}^{-} \right) \\[10pt]
J\dfrac{d\omega}{dt} = T_m - T_e - T_D \\[6pt]
\dot{\theta} = \omega
\end{cases}
\tag{6-103}
$$

式（6-103）是在电网故障下，包含发电机定子电压方程、定子电流方程、定子磁链方程、发电机电磁转矩预测模型和发电机转子动力学方程在内的全阶发电机运行状态方程。发电机作为非线性、高阶系统，其动力学系统非常复杂，采用全阶模型搭建的观测器进行电磁转矩状态观测会遇到很多复杂情况，会导致利用观测器观测的电磁转矩不能收敛到发电机运行时的真实值，导致电磁转矩预测结果失真。

提高发电机状态能观性的重要手段就是将发电机运行状态方程进行降阶，在预测发电机电磁转矩时，需要对电磁转矩影响处于次要的因素所涉及的方程进行简化或省略，不妨做如下假设。

假设一：发电机在电网故障时，仍维持并网状态，即发电机的转速在某一时间段内维持恒定，即$\dfrac{d\omega}{dt}$为常值。状态方程可以不考虑以下两式：

$$
\begin{cases}
T_J\dfrac{d\omega}{dt} = T_m - T_e - T_D \\[6pt]
\dot{\theta} = \omega
\end{cases}
\tag{6-104}
$$

假设二：发电机定子、转子方程中的电压、电流、磁链相关的量均可以折算成定子电压相关量或转子电流相关量，即状态方程中只保留与电磁转矩预测直接相关的方程。状态方程中可以不考虑以下方程：

$$
\begin{cases}
u_{sdq}^{+} = u_{sdq+}^{+} + u_{sdq-}^{-}\,e^{-j2\omega_s t} \\[4pt]
i_{sdq}^{+} = i_{sdq+}^{+} + i_{sdq-}^{-}\,e^{-j2\omega_s t} \\[4pt]
\psi_{sdq}^{+} = \psi_{sdq+}^{+} + \psi_{sdq-}^{-}\,e^{-j2\omega_s t}
\end{cases}
\tag{6-105}
$$

在假设一和假设二的基础上，得到的发电机降阶数学模型，即发电机电磁转矩观测设计的基准模型为

$$\begin{cases} T_{e0} = \dfrac{3L_{m}n_{p}}{2L_{s}\omega_{s}}(u_{sd+}^{+}i_{rd+}^{+}+u_{sq+}^{+}i_{rq+}^{+}-u_{sd-}^{-}i_{rd-}^{-}+u_{sq-}^{-}i_{rq-}^{-}) \\[2mm] T_{esin2} = \dfrac{3L_{m}n_{p}}{2L_{s}\omega_{s}}(-u_{sq-}^{-}i_{rd+}^{+}+u_{sd-}^{-}i_{rq+}^{+}-u_{sq+}^{+}i_{rd-}^{-}+u_{sd+}^{+}i_{rq-}^{-}) \\[2mm] T_{ecos2} = \dfrac{3L_{m}n_{p}}{2L_{s}\omega_{s}}(-u_{sd-}^{-}i_{rd+}^{+}-u_{sq-}^{-}i_{rq+}^{+}+u_{sd+}^{+}i_{rd-}^{-}+u_{sq+}^{+}i_{rq-}^{-}) \end{cases} \tag{6-106}$$

该模型中，发电机的定子电压 u_{s} 和转子电流 i_{r} 可直接采集，定子转速 ω_{s} 认为是同步转速。此时，可以认为依据式（6-104）设计的降阶电磁转矩观测器是能观的，即观测值最终会收敛于实时电磁转矩的真实值。

在确定了发电机状态能观的基础上，进一步设计电磁转矩状态观测器，以式（6-104）和实际机组系统中可采集参量为前提，搭建如下电磁转矩状态观测器。

$$\begin{cases} \begin{pmatrix} \dot{x}_{1} \\ \dot{x}_{2} \\ \dot{x}_{3} \end{pmatrix} = K\begin{pmatrix} 1 & 0 & 0 \\ 0 & 1 & 0 \\ 0 & 0 & 1 \end{pmatrix} \cdot \begin{pmatrix} \lambda_{1} & \lambda_{2} & -\lambda_{3} & \lambda_{4} \\ -\lambda_{4} & \lambda_{3} & -\lambda_{2} & \lambda_{1} \\ -\lambda_{3} & -\lambda_{4} & \lambda_{1} & \lambda_{2} \end{pmatrix} \cdot \begin{pmatrix} \beta_{1} \\ \beta_{2} \\ \beta_{3} \\ \beta_{4} \end{pmatrix} \\[6mm] \begin{pmatrix} y_{1} \\ y_{2} \\ y_{3} \end{pmatrix} = \begin{pmatrix} 1 & 0 & 0 \\ 0 & 1 & 0 \\ 0 & 0 & 1 \end{pmatrix}\begin{pmatrix} x_{1} \\ x_{2} \\ x_{3} \end{pmatrix} \end{cases} \tag{6-107}$$

式（6-107）中，要观测的状态变量为 $\boldsymbol{x} = \begin{bmatrix} x_{1} & x_{2} & x_{3} \end{bmatrix}^{T} = \begin{bmatrix} T_{e0} & T_{esin2} & T_{ecos2} \end{bmatrix}^{T}$；$K = \dfrac{3L_{m}n_{p}}{2L_{s}\omega_{s}}$；系统中各状态参量 $\lambda_{1} = u_{sd+}^{+}$，$\lambda_{2} = u_{sq+}^{+}$，$\lambda_{3} = u_{sd-}^{-}$，$\lambda_{4} = u_{sq-}^{-}$，$\beta_{1} = i_{rd+}^{+}$，$\beta_{2} = i_{rq+}^{+}$，$\beta_{3} = i_{rd-}^{-}$，$\beta_{4} = i_{rq-}^{-}$；各状态参量均是与可测量量 u_{s}、i_{r} 相关；系统的输出变量 $\boldsymbol{y} = \begin{bmatrix} y_{1} & y_{2} & y_{3} \end{bmatrix}^{T} = \begin{bmatrix} T_{e0} & T_{esin2} & T_{ecos2} \end{bmatrix}^{T}$。

6.5.3.4　基于延时补偿的电磁转矩预测方法

在电磁转矩观测器解决了对发电机电磁转矩实时预测的基础上，如何根据当前预测得知的电磁转矩实时值来补偿液压系统变量马达的输出转矩是接下来要解决的主要问题。传统方法常采集当前时刻（假定为 k）的电压与电流值计算得到同步发电机电磁转矩，并根据采集到的电磁转矩调整液压系统输出转矩，使发电机稳定工作于工频转速保持并网。理想情况下如图 6-27a 所示，系统采集 k 时刻的发电机电流与电压信息，并在该时刻施加电磁转矩到机组控制系统，液压系统通过该电磁转矩调整其输出转矩保持跟随。但实际系统中，如图 6-27b 所示，由于采样及数字计算响应的延时效应，期望的液压输出转矩实际上是在一个采样周期后，即 $k+1$ 时刻达到。这使得液压输出转矩与发电机电磁转矩的响应始终滞后一个开关周期，在低电压穿越过程中，动态电磁转矩实时变化，这势必会引起发电机输出转速的较大波动，直接降低了机组运行的稳定性。

鉴于上述分析，提出了一种基于延时补偿的同步发电机转矩预测方法，如图 6-27c 所示，系统采集发电机在 k 时刻的电压、电流状态，预测其电磁转矩在 $k+1$ 时刻的大小，并将预测值作为给定，使液压输出转矩跟随预测值做出调整。

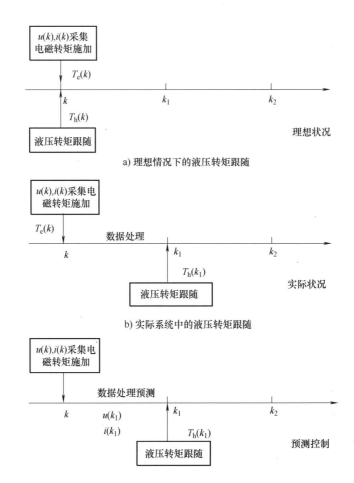

a) 理想情况下的液压转矩跟随

b) 实际系统中的液压转矩跟随

c) 实际系统中基于延时补偿的液压转矩跟随

图 6-27 电磁转矩预测时序分析图

6.5.3.5 基于节流阀开度调整的电磁转矩波动补偿研究

在机组的液压传动系统中，比例节流阀安装在定量泵与变量马达之间且靠近变量马达处，是机组在低电压穿越过程中对电磁转矩进行动态补偿时，需要重点调控的关键部件，相比较液压系统中的其他液压元件，调节比例节流阀开度来实现对电磁转矩的动态补偿具有以下两点优势：

1）比例节流阀响应速度快，适用于机组低电压穿越的特殊工况。

2）比例节流阀安放的位置特殊，调整比例节流阀开度可实现对快速调节变量马达入口处压力的调整，这为动态补偿变量马达的转矩波动提供了有效途径。

由第 2 章中不对称电网故障时电磁转矩表达式与电磁转矩观测器的预测结果知，电网发生不对称故障时，发电机的电磁转矩为

$$T_e = T_{e0} + T_{esin2} + T_{ecos2} \tag{6-108}$$

式中 T_{e0} ——电磁转矩的基准值；

T_{esin2} 和 T_{ecos2} ——分别表示电磁转矩波动的正弦二倍频分量和余弦二倍频分量。

需要动态补偿的电磁转矩为

$$\Delta T_e = T_e - T_{e0} = T_{esin2} + T_{ecos2} \tag{6-109}$$

由机组在不对称电网故障下的电磁转矩方程可知，电磁转矩的波动量 ΔT 由幅值在不断衰减的二倍频正、余弦分量叠加而成。为建立 ΔT 与节流阀开度补偿值 X_{ve} 的确切关系，进一步推导了 ΔT 与变量马达入口处压力 p_{h2} 的关系式。

$$T\omega = p_h Q_m \Rightarrow \Delta T_{e0} = \frac{p_{h2} Q_m}{\omega} = p_{h2} D_m \tag{6-110}$$

根据以上条件和节流阀流量方程可规划出动态补偿发电机电磁转矩波动的比例节流阀开度的实时补偿值，补偿值可表示为式（6-111），转矩波动补偿值的给定模型如图 6-28 所示。

$$X_{ve} = \frac{Q_b}{K_q} = \frac{Q_b}{C_d W} \sqrt{\frac{\rho}{2p_{h1} - 2p_{h2}}} \tag{6-111}$$

电网电压跌落瞬间带来的冲击和后续不对称电网电压对发电机的影响，使电磁转矩

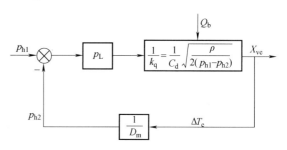

图 6-28　比例节流阀开度补偿值给定模型

产生高频波动，通过调整比例节流阀开度对液压系统的变量马达输出转矩进行动态补偿，以尽量减小电磁转矩波动对液压系统输出转矩的影响。

下面针对实际机组控制系统，实现动态补偿电磁转矩波动闭环控制的控制框图如图 6-29 所示。

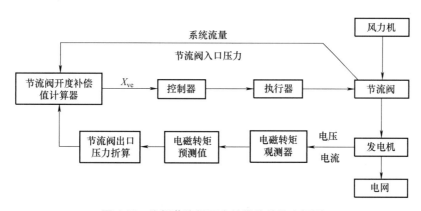

图 6-29　比例节流阀开度补偿值的给定框图

结合上述比例节流阀开度补偿值给定框图，对电磁转矩波动的情况下，比例节流阀开度的给定值做如下解释：节流阀开度补偿值的确定需要从机组液压系统和电力系统中实时采集压力、流量、电压和电流等时变参量，这些均可以靠监控采集系统中的传感器采集；采集的发电机定子电压和转子电流直接送入电磁转矩观测器进行电磁转矩的跟随和预测，电磁转矩预测值折算成比例节流阀出口压力值，压力值用于进一步节流阀开度补偿值的计算；监控采集系统从机组液压系统中采集的系统油液流量和节流阀入口压力送入节流阀开度补偿值计算器；补偿值计算器根据节流阀入口压力值、节流阀出口压力值和液压系统油液流量值计算得到节流阀开度补偿值 X_{ve}，计算得到比例节流阀的开度调整信号，执行器实现对节流阀开度的调节。

6.5.4 机组整体低电压穿越控制律规划

在低电压穿越的过程中，维持机组稳定运行需要解决的两个核心问题，一个是调控机组输出能量与输入能量以维持机组的能量平衡，另一个是补偿电磁转矩波动。

对于机组能量平衡的问题，采用能量分层调控策略。分别对调节风力机桨距角、节流阀开度和变量马达摆角在低电压穿越的不同阶段进行针对性控制，利用调桨弃风、风力机惯性储能、比例节流阀调节等措施来存储、耗散和释放残余能量，实现机组在低电压穿越过程中的输入能量和输出能量的平衡。

对于机组发电机电磁转矩波动问题，提出了基于节流阀开度调整的动态补偿电磁转矩波动的控制方法。通过对电磁转矩状态的观测，预测补偿的电磁转矩波动值，结合发电机转子动力学方程，规划了电磁转矩波动动态补偿的比例节流阀开口度，实现了机组在低电压穿越过程中对电磁转矩波动的动态补偿。

针对液压型风力发电机组低电压穿越过程中机组能量调控和电磁转矩波动补偿问题，提出机组整体低电压穿越控制律，控制律框图如图 6-30 所示。

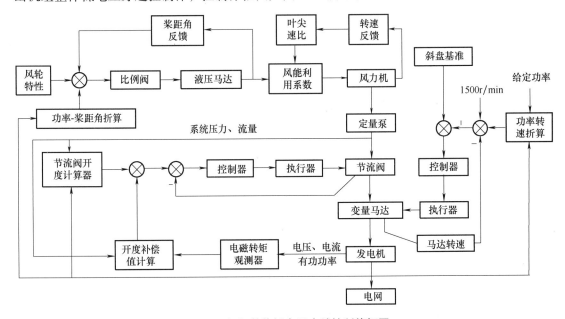

图 6-30 机组整体低电压穿越控制律框图

电网电压跌落瞬间，机组负荷骤降，能量在机组液压系统聚集，发电机侧电磁转矩产生波动。机组快速响应，比例节流阀开度控制系统、风力机变桨系统和变量马达摆角控制系统即时参与耗散机组残余能量和动态补偿电磁转矩波动的工作。下面就机组低电压穿越过程中的三个不同阶段，对机组的整体控制律进行进一步细化分析。

电网电压跌落的初级阶段，首先要解决的是耗散机组因风力机调桨速度慢引起液压系统残余能量的问题。电压跌落是瞬间变化，系统中比例节流阀的响应速度最快，这个时期整个机组的首要控制对象为比例节流阀，控制目标是实现机组液压系统残余能量的耗散，同时动态补偿电磁转矩波动；实现方式是利用节流阀阀口前后可以建立压差的特点，根据具体电网电压跌落深度确定节流阀开度调整值；与此同时，机组变桨系统起动，控制系统根据电网电压跌落深度和具体风况确定风机桨距角调整值；机组变量马达摆角控制系统根据具体风况和风力机变桨速度缓慢增大马达摆角使风力机开始加速，并兼顾比例节流阀开度调节引起的系统压力波动，微调马达摆角给定值。低电压穿越初级阶段机组整体控制律规划见表6-4。

表 6-4　低电压穿越初级阶段机组整体控制律规划

控制变量	变化趋势	控制目标	重要程度
桨距角	增大	减少风机吸收能量	主要控制目标
马达摆角	缓慢增大 加微调	风力机加速， 稳定机组输出转速	基本控制目标
节流阀开度	迅速减小 加微调	耗散机组残余能量， 动态补偿电磁转矩波动	首要控制目标

在低电压穿越的过渡阶段，机组要解决的核心问题由耗散掉机组液压系统中的残余能量转为调节机组输入能量与输出能量平衡的问题。这个阶段，机组的首要控制对象为风力机变桨系统，主控目标是实现机组的输入能量和输出能量平衡，实现方式是根据风机叶片改变桨距角可以改变风力机风能吸收率的特点，根据具体风况和故障电网对机组的有功功率需求确定桨距角调整值；液压系统节流阀仍处于快速响应状态，耗散因风力机变桨速度慢带给机组的残余能量；机组变量马达摆角控制系统根据具体风况和风机转速适当增加马达摆角以使风机持续加速，并根据机组有功输出要求和液压系统微调变量马达摆角给定值以稳定变量马达输出转速。低电压穿越过渡阶段机组整体控制律规划见表6-5。

表 6-5　低电压穿越过渡阶段机组整体控制律规划

控制变量	变化趋势	控制目标	重要程度
桨距角	持续增大	减少风机吸收能量	首要控制目标
马达摆角	缓慢增大 加微调	风力机加速， 稳定机组输出转速	基本控制目标
节流阀开度	微调	耗散机组残余能量， 动态补偿电磁转矩波动	重要控制目标

在低电压穿越的恢复阶段，即电网电压从最大跌落深度恢复至正常电网电压90%的阶段，机组要解决的核心问题仍是匹配机组输入能量与输出能量平衡的问题，不过此时要求机组以每秒10%的速度恢复输出的有功功率以支撑电网的恢复。这个阶段主要通过风力机变桨系统和液压系统比例节流阀联合调节，根据具体风况和电网电压恢复的速度来确定桨距角调节的幅度和快慢，比例节流阀起到缓解因风速突然升高或电网电压二次跌落给机组带来的二次能量冲击的作用，变量马达摆角控制系统根据机组输出功率和系统压力变化调整马达摆角给定值。低电压穿越恢复阶段机组整体控制律规划见表6-6。

表 6-6　低电压穿越恢复阶段机组整体控制律规划

控制变量	变化趋势	控制目标	重要程度
桨距角	缓慢增大， 逐渐恢复	以有功功率恢复曲线 调节风机吸收能量	首要控制目标

（续）

控制变量	变化趋势	控制目标	重要程度
马达摆角	缓慢减小，加微调	风力机减速，稳定机组输出转速	基本控制目标
节流阀开度	缓慢增大，加微调	耗散机组残余能量，动态补偿电磁转矩波动	重要控制目标

上文总结了在低电压穿越的不同阶段，以机组风力机桨距角、液压系统变量马达摆角和液压系统比例节流阀开度为调整变量，以机组能量输入输出平衡和补偿电磁转矩波动为目标，规划了机组整体低电压穿越控制律，为液压型风力发电机组在低电压穿越工况下的稳定运行提供了一定的理论基础。

6.5.5　机组低电压穿越控制律实验验证

利用 48kW 液压型风力发电机组半物理模拟实验平台，对所提出的低电压穿越控制律进行实验验证。对所提出的能量分层调控策略和电磁转矩波动补偿控制策略的控制算法在 MATLAB/Simulink 里编程，通过 dSPACE 实现对机组中定量泵转速、节流阀开度和变量马达摆角的控制，对机组在三相电压跌落 20% 和单相电压跌落 20% 的低电压穿越工况做了实验研究。

6.5.5.1　三相电压跌落时机组低电压控制实验研究

电网电压三相跌落时，机组受到的能量冲击最为严重，是三种电网电压跌落故障中最为严重的一类电网故障，研究低电压穿越控制律对三相电压跌落故障的控制效果，对机组应对恶劣工况具有实际的工程价值。

实验过程中，利用电网模拟器对电网电压跌落进行人工设置，具体设置为：电网电压三相从 10s 时开始发生跌落，跌落深度为 20%，跌落时间持续 0.5s。对有功功率、系统压力、定量泵转速、马达转矩等参量进行采集，实验结果如图 6-31 所示。

实验结果表明，机组在电网电压三相跌落 20% 时，机组的有功功率输出基本与仿真结果的趋势基本符合，验证了仿真实验中对机组有功功率输出控制的有效性；机组液压系统压力在电网电压跌落发生后出现了明显的下降，在最低值维持 3s 后开始回升，直至正常状态验证了仿真结果的正确性；机组的风力机转速在电网电压跌落发生后出现了明显的上升，在峰值维持一段时间后随着电网电压的恢复而逐渐恢复正常状态，风力机转速的实际曲线的变化趋势也基本与仿真的结果一致，风力机转速的加速及减速稍滞后于仿真的结果，分析认为这是由于风力机模拟系统时大惯量系统的滞后作用所造成的；机组液压系统马达转矩的变化范围与基本仿真结果相符，说明针对机组的电磁转矩控制补偿策略起到了有益的效果。

6.5.5.2　单相电压跌落时机组低电压控制实验研究

单相电压跌落故障属于不对称电网故障，跟三相电网电压跌落故障相比，单相电压跌落因负序分量的存在导致发电机电磁转矩出现大幅度的高频波动，如何补偿发电机电磁转矩波动以稳定机组变量马达输出转速是单相跌落时首先要考虑的问题。研究低电压穿越控制律对机组单相电压跌落故障的调节效果，对机组应对频发的常规电网故障具有很高的工程价值。

实际实验过程中，借助电网模拟器对电网电压跌落情况进行人工设置，具体设置为：电网电压 a 相从 10s 时开始发生跌落，跌落深度为 80%，跌落时间持续 0.5s。对机组低电压穿越过程中的有功功率、系统压力、定量泵转速、马达转矩等系统参量进行采集，实验结果如图 6-32 所示。

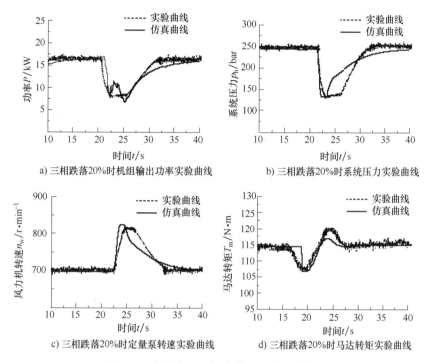

a) 三相跌落20%时机组输出功率实验曲线　　b) 三相跌落20%时系统压力实验曲线

c) 三相跌落20%时定量泵转速实验曲线　　d) 三相跌落20%时马达转矩实验曲线

图 6-31　电网电压三相跌落 20%时实验曲线

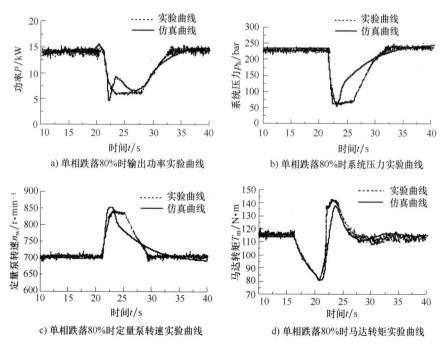

a) 单相跌落80%时输出功率实验曲线　　b) 单相跌落80%时系统压力实验曲线

c) 单相跌落80%时定量泵转速实验曲线　　d) 单相跌落80%时马达转矩实验曲线

图 6-32　电网电压单相跌落 80%时实验曲线

实验结果表明，机组在电网电压单相跌落 80% 时，机组的有功功率输出基本与仿真结果吻合，验证了低电压穿越过程中对机组有功功率控制的有效性；机组液压系统压力在电网电压跌落发生后出现下降趋势，验证了机组低电压穿越控制中调节变量马达摆角导致系统压力变化的正确性，系统压力在电网电压恢复后 2s 开始逐渐恢复正常状态；机组的风力机转速在系统压力下降后出现了明显的上升，风力机转速在峰值维持一段时间后，随着电网电压的恢复而逐渐下降，直至恢复正常状态，除风力机变化的速度略小于仿真结果中风力机的变化速度外，风力机转速的实验曲线变化趋势与仿真曲线变化趋势基本吻合，分析认为实验中风力机转速变化的滞后性与风力机本身属于大惯量时滞系统有关；机组液压系统马达转矩的变化范围也基本与仿真结果相符，进一步说明了针对机组的电磁转矩控制补偿策略起到了良好的效果。

6.6 本章小结

随着风力机大型化进程的推进，风力发电在电网中所占的比重逐渐增加。为确保大规模风电接入电网后电力系统运行的稳定性、安全性与可靠性，世界各国都相继对风电场/风力发电机组并网技术提出了严格的规范。其中，低电压穿越是风力发电机组稳定运行的最大挑战，也是当前风电场接入电网后亟待解决的重要难题。

本章针对液压型风力发电机组低电压穿越控制方法展开研究，以机组液压传输系统为研究对象，研究系统非线性、低电压穿越机能根据所得到的低电压工况下机组运行特性，分别从基于马达摆角调控、比例节流阀-定量泵联合调控以及机组能量的分层调控，探索机组有功功率控制、能量传递与耗散、电磁转矩波动补偿等方面的控制方法，最终提出整体的液压型风力发电机组低电压穿越控制策略，通过仿真和实验曲线验证所提的一系列控制策略取得了良好的控制效果。

参考文献

[1] 全国电力监管标准化技术委员会. 风电场接入电力系统技术规定：GB/T 19963—2011 [S]. 北京：中国标准出版社，2011.

[2] 孔祥东，艾超，闫桂山，等. 液压型风力发电机组低电压穿越控制方法研究 [J]. 中国机械工程，2014，25 (16)：2137-2142.

[3] 娄霄翔. 液压型风力发电机组低电压穿越理论与实验研究 [D]. 秦皇岛：燕山大学，2012.

[4] 闫桂山. 液压型风力发电机组低电压穿越控制研究 [D]. 秦皇岛：燕山大学，2015.

[5] 艾超，闫桂山，孔祥东，等. 基于动态面控制的液压型风力发电机组稳速控制研究 [J]. 动力工程学报，2016，36 (1)：30-35.

[6] 董彦武. 液压型风力发电机组低电压穿越能量调控与转矩补偿研究 [D]. 秦皇岛：燕山大学，2016.

第7章 液压型落地式风力发电机组长管路谐振抑制技术

7.1 长管路对机组特性的影响

7.1.1 长管路建模方法

在液压型落地式风力发电机组中，由于管路较长，必须考虑系统中的管路效应，因此建立管路数学模型是本章的重点研究内容。通常的处理方式是，管道被当作液阻或容腔来处理。但是，当连接系统元件间的管道较长或管径与长度之比较小时，这种处理方式是不合适的。此时，广泛采用的方法是分段集中参数法，或者同时考虑集中液阻、液容和液感的集中参数法以及以数值计算为主的特征线法。实际上，管道的真实模型属于分布参数系统，应该采用二阶偏微分方程（也称为波动方程）来描述。分布参数模型在考虑管道的黏性损失和热传递效应时，即被认为是一种精确的模型，以该模型分析管道的动态响应，便可以得到良好的、较符合实际系统的结果。本节给出了管道的集中参数模型、分段集中参数法模型以及基于线性摩擦理论建立的管道模型表达式。

7.1.1.1 流体管道的集中参数法

1. 液感、液容、液阻

（1）液感——流体的流动惯性

液感用来描述流体的流动惯性，定义如下：

$$L_y = \Delta p_{ye} / \dot{Q}_{ye} = m\frac{\mathrm{d}v_{yl}}{\mathrm{d}t} \bigg/ A_g\dot{Q}_{ye} = \rho_{ye}\frac{\mathrm{d}(A_g v_{yl})}{\mathrm{d}t} \bigg/ A_g\dot{Q}_{ye} = K_{fc}\rho_{ye}l_g\frac{\mathrm{d}Q_{ye}}{\mathrm{d}t} \bigg/ A_g\dot{Q}_{ye} = K_{fc}\frac{\rho_{ye}l_g}{A_g} \quad (7\text{-}1)$$

式中　K_{fc}——校正系数；

Δp_{ye}——压力的变化量，单位为 Pa；

Q_{ye}——流量，单位为 $\mathrm{m^3/s}$；

ρ_{ye}——油液密度，单位为 kg/m³；

l_g——管道长度，单位为 m；

A_g——管道横截面积，单位为 m²；

v_{yl}——油液流速，单位为 m/s。

对于层流流体，校正系数 $K_{fc}=4/3$。对于紊流流体，由于横截面速度分布无规律，所以校正系数很小，以至于可以忽略($K_{fc}=1$)[1]。图7-1描述了两种流动状态下管路中的速度分布情况。

（2）液容——管路的变形及流体的压缩性

管路中油液类似于机械弹簧，油液及管道的等效弹性模量可以看作是弹簧刚度。

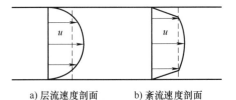

a) 层流速度剖面　　　b) 紊流速度剖面

图 7-1　层流与紊流流体横截面速度分布

$$C_y=\frac{Q_{ye}}{\dot p_{ye}}=\frac{Q_{ye}}{\frac{E}{V_{gy}}\frac{dV_{gy}}{dt}}=\frac{Q_{ye}}{\frac{E}{V_{gy}}Q_{ye}}=\frac{V_{gy}}{E}=\frac{A_g l_g}{E} \tag{7-2}$$

式中　E——等效体积弹性模量，单位为 Pa，$\frac{1}{E}=\frac{1}{\beta_e}+\frac{d_g}{bE_m}$；

d_g——管路内径，单位为 m；

b——管壁厚，单位为 m；

E_m——软管材料的体积弹性模量，单位为 Pa；

V_{gy}——管路中油液体积，单位为 m³。

（3）液阻——管内流体流动时所受阻力

根据圆管中层流运动规律[2]

$$\Delta p_{ye}=\frac{128\mu l_g}{\pi d_g^4}Q_{ye} \tag{7-3}$$

式中　μ——油液动力黏度，单位为 Pa·s。

表征流量稳定时，管壁对流动流体的黏性阻尼作用的静摩擦液阻 R_s 定义为

$$R_s=\frac{\Delta p_{ye}}{Q_{ye}}=\frac{128\mu l_g}{\pi d_g^4} \tag{7-4}$$

流体中的压力波在传播过程中，相邻分段流体由于具有不同的速度而产生相互作用，造成能量损失，导致压力波的衰减。为了表征这种相互作用而引起能量的损失，引入动摩擦液阻 R_d。无论是动摩擦还是静摩擦，它们均是由于流体的黏性引起的，因此动摩擦液阻与静摩擦液阻有一定的联系，它们之间的函数关系表达式为[3]

$$R_d=1300(2l_g/d_g)^{-0.64}R_s \tag{7-5}$$

故，液阻的表达式为

$$R=R_s+R_d=\frac{128\mu l_g}{\pi d_g^4}[1+1300(2l_g/d_g)^{-0.64}] \tag{7-6}$$

2. 集中参数法建模

图7-2是管路集中参数法的图形化表示。管路入口处压力和流量分别记作 P_1、Q_1，管路

出口处压力和流量分别记作 P_2、Q_2。此模型假设管路的总容积被平均分配给管路的两端，两端的等效弹性模量为 E，管路中央的流量记为 Q_e，所以此模型也被称为"中间流"模型[4]。在长管路的其他部分，油液被看作是不可压缩的，同时管路也被认为是刚性的。

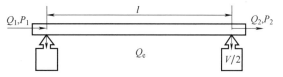

图 7-2　管路模型简图

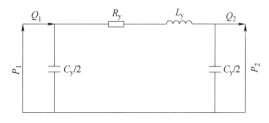

图 7-3　管路等效电回路模型

液压闭式系统和电回路是类似的，此模型的等效电回路模型如图 7-3 所示[5]。

由基尔霍夫定律可得电路电压动态方程

$$P_1(s) = \left(1 + \frac{Z_y Y_y}{2}\right)P_2(s) + Z_y Q_2(s) \quad (7\text{-}7)$$

$$Q_1(s) = Y_y\left(1 + \frac{Z_y Y_y}{2}\right)P_2(s) + \left(1 + \frac{Z_y Y_y}{2}\right)Q_2(s) \quad (7\text{-}8)$$

式中　Z_y——液压回路等效阻抗，$Z_y = R_y + L_y s$；

　　　Y_y——液压回路等效导纳，$Y_y = C_y s$；

　　　R_y——液压回路等效液阻，$R_y = \dfrac{128\mu l_g}{\pi d_g^4}\left[1 + 1300\left(2l_g/d_g\right)^{-0.64}\right]$；

　　　L_y——液压回路等效液感，$L_y = f_c\dfrac{4\rho_{ye}l_g}{\pi d_g^2} = \dfrac{16\rho_{ye}l_g}{3\pi d_g^2}$；

　　　C_y——液压回路等效液容，$C_y = \dfrac{A_g l_g}{E} = \dfrac{\pi d_g^2 l_g}{4E}$。

将式（7-7）、式（7-8）写成传递矩阵表达式：

$$\begin{pmatrix} P_1 \\ Q_1 \end{pmatrix} = \begin{pmatrix} 1 + \dfrac{Z_y Y_y}{2} & Z_y \\ Y\left(1 + \dfrac{Z_y Y_y}{2}\right) & 1 + \dfrac{Z_y Y_y}{2} \end{pmatrix}\begin{pmatrix} P_2 \\ Q_2 \end{pmatrix} \quad (7\text{-}9)$$

为了方便表达，将式（7-9）变换成如下表达形式：

$$\begin{pmatrix} P_1 \\ Q_1 \end{pmatrix} = \begin{pmatrix} A_L & B_L \\ C_L & D_L \end{pmatrix}\begin{pmatrix} P_2 \\ Q_2 \end{pmatrix} \quad (7\text{-}10)$$

其中，$A_L = 1 + \dfrac{Z_y Y_y}{2}$、$B_L = Z_y$、$C_L = Y_y\left(1 + \dfrac{Z_y Y_y}{4}\right)$、$D_L = A_L$。

式（7-10）即为集中参数模型下的长度为 l_g 的流体传输管路数学模型。写成由液阻、液容、液感表示的传递矩阵为

$$\begin{pmatrix} P_1 \\ Q_1 \end{pmatrix} = \begin{pmatrix} \dfrac{L_y C_y s^2 + R_y C_y s + 2}{2} & L_y s + R_y \\ \dfrac{C_y s\left(L_y C_y s^2 + R_y C_y s + 4\right)}{4} & \dfrac{L_y C_y s^2 + R_y C_y s + 2}{2} \end{pmatrix}\begin{pmatrix} P_2 \\ Q_2 \end{pmatrix} \quad (7\text{-}11)$$

3. 基于集中参数法的容积调速系统传递函数

基于集中参数模型，得到变量马达转速 ω_m 对变量马达转速 ω_p 的传递函数为

$$\frac{\omega_{\mathrm{m1}}(s)}{\omega_\mathrm{p}(s)}=\frac{D_\mathrm{p}K_{\mathrm{m1}}\gamma_1}{(A_\mathrm{L}Z_\mathrm{p}+B_\mathrm{L}Z_\mathrm{p}Z_{\mathrm{m1}}+C_\mathrm{L}+D_\mathrm{L}Z_{\mathrm{m1}})Z_\mathrm{T}+K_{\mathrm{m1}}^2\gamma_{01}^2(B_\mathrm{L}Z_\mathrm{p}+D_\mathrm{L})} \quad (7\text{-}12)$$

变量马达转速 ω_m 对变量马达摆角 γ_1 的传递函数为

$$\frac{\omega_\mathrm{m}(s)}{\gamma_1(s)}=\frac{(A_\mathrm{L}Z_\mathrm{p}+B_\mathrm{L}Z_\mathrm{p}Z_\mathrm{m}+C_\mathrm{L}+D_\mathrm{L}Z_\mathrm{m})K_{\mathrm{m1}}p_{h0}-K_{\mathrm{m1}}^2\gamma_{01}\omega_{\mathrm{m10}}(B_\mathrm{L}Z_\mathrm{p}+D_\mathrm{L})}{(A_\mathrm{L}Z_\mathrm{p}+B_\mathrm{L}Z_\mathrm{p}Z_\mathrm{m}+C_\mathrm{L}+D_\mathrm{L}Z_\mathrm{m})Z_\mathrm{T}+K_{\mathrm{m1}}^2\gamma_{01}^2(B_\mathrm{L}Z_\mathrm{p}+D_\mathrm{L})} \quad (7\text{-}13)$$

其中，$A_\mathrm{L}=D_\mathrm{L}=\dfrac{L_\mathrm{y}C_\mathrm{y}s^2+R_\mathrm{y}C_\mathrm{y}s+2}{2}$，$B_\mathrm{L}=L_\mathrm{y}s+R_\mathrm{y}$，$C_\mathrm{L}=\dfrac{C_\mathrm{y}s(L_\mathrm{y}C_\mathrm{y}s^2+R_\mathrm{y}C_\mathrm{y}s+4)}{4}$。

通过分析特征方程 $(A_\mathrm{L}Z_\mathrm{p}+B_\mathrm{L}Z_\mathrm{p}Z_{\mathrm{m1}}+C_\mathrm{L}+D_\mathrm{L}Z_{\mathrm{m1}})Z_\mathrm{T}+K_{\mathrm{m1}}^2\gamma_{10}^2(B_\mathrm{L}Z_\mathrm{p}+D_\mathrm{L})=0$，可以得到系统的固有频率表达式

$$\omega_\mathrm{n}=\sqrt{\frac{1}{\dfrac{\rho_{\mathrm{ye}}l_\mathrm{g}^2}{2E}+\dfrac{J_{\mathrm{m1}}\pi d_\mathrm{g}^2 l_\mathrm{g}}{4EK_{\mathrm{m1}}^2\gamma_{01}^2}}}=\sqrt{\frac{EA_\mathrm{g}/l_\mathrm{g}}{\dfrac{\rho_{\mathrm{ye}}A_\mathrm{g}l_\mathrm{g}}{2}+\dfrac{A_\mathrm{g}^2}{K_{\mathrm{m1}}^2\gamma_{01}^2}J_{\mathrm{m1}}}} \quad (7\text{-}14)$$

阻尼比为

$$\zeta=\frac{f}{2\sqrt{mk}}=\frac{L_\mathrm{y}l_\mathrm{g}C_{\mathrm{tp}}+\dfrac{R_\mathrm{y}C_\mathrm{y}l_\mathrm{g}^2}{2}+\dfrac{J_{\mathrm{m1}}}{K_{\mathrm{m1}}^2\gamma_{01}^2}(C_{\mathrm{tp}}+C_{\mathrm{tm1}})+\dfrac{B_{\mathrm{m1}}C_\mathrm{y}l_\mathrm{g}}{K_{\mathrm{m1}}^2\gamma_{01}^2}}{2\sqrt{\left(\dfrac{\rho_{\mathrm{ye}}l_\mathrm{g}^2}{2E}+\dfrac{J_{\mathrm{m1}}\pi l_\mathrm{g}d_\mathrm{g}^2}{4EK_{\mathrm{m1}}^2\gamma_{01}^2}\right)}} \quad (7\text{-}15)$$

需要说明的是，固有频率和阻尼比表达式虽然从特征方程中得到，但是由于展开后的特征方程表达式复杂，故对一些项进行了舍弃，舍弃的依据是：基于实验系统的参数，依据计算，忽略了数量级相差很大的较小项。

7.1.1.2 流体管道的分段集中参数法

1. 分段参数法建模

我们将长度为 l_g 的管路平均分成 n 份，如图7-4所示。

图7-4　管路模型均分 n 份示意图

其中任一段管路的数学模型就可以应用式（7-16）来表达。

$$\begin{pmatrix}P_1\\Q_1\end{pmatrix}=\begin{pmatrix}A_\mathrm{L}&B_\mathrm{L}\\C_\mathrm{L}&D_\mathrm{L}\end{pmatrix}\begin{pmatrix}P_2\\Q_2\end{pmatrix}$$

$$\begin{pmatrix}P_2\\Q_2\end{pmatrix}=\begin{pmatrix}A_\mathrm{L}&B_\mathrm{L}\\C_\mathrm{L}&D_\mathrm{L}\end{pmatrix}\begin{pmatrix}P_3\\Q_3\end{pmatrix} \qquad (7\text{-}16)$$

$$\begin{pmatrix}P_{n-1}\\Q_{n-1}\end{pmatrix}=\begin{pmatrix}A_\mathrm{L}&B_\mathrm{L}\\C_\mathrm{L}&D_\mathrm{L}\end{pmatrix}\begin{pmatrix}P_n\\Q_n\end{pmatrix}$$

即

$$\begin{pmatrix} P_1 \\ Q_1 \end{pmatrix} = \begin{pmatrix} A_L & B_L \\ C_L & D_L \end{pmatrix} \begin{pmatrix} P_n \\ Q_n \end{pmatrix} = \begin{pmatrix} A_L' & B_L' \\ C_L' & D_L' \end{pmatrix} \begin{pmatrix} P_n \\ Q_n \end{pmatrix} \tag{7-17}$$

式（7-17）即是管路分段集中参数法的数学模型表达式。

2. 基于分段集中参数法的容积调速系统传递函数

从传递函数的角度描述系统的特性，得到

$$D_p \omega_p(s) = \frac{(A_L' Z_p + B_L' Z_p Z_{m1} + C_L' + D_L' Z_{m1})(Z_T \omega_{m1}(s) + G_{m1}\theta_{m1} + T_{m1}(s) - K_{m1}\gamma_1(s)p_{20})}{K_{m1}\gamma_{01}} \tag{7-18}$$
$$+ K_{m1}\gamma(s)\omega_{m0}(B_L' Z_p + D_L') + K_{m1}\gamma_0 \omega_{m1}(s)(B_L' Z_p + D_L')$$

系统传递函数框图如图 7-5 所示。

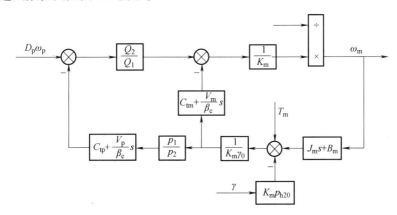

图 7-5　主传动系统转速传递函数框图

图 7-5 中传递函数 $\dfrac{Q_2}{Q_1}$ 及 $\dfrac{p_1}{p_2}$ 分别表示管道两端流量与压力传递关系，可以根据式（7-17）或式（7-18）求出其表达式。从图 7-5 可知，改变恒流源输入，即改变泵转速，变量马达转速也会随之改变；改变变量马达摆角，变量马达转速也会随之改变。而且，这两个传递函数都与管道模型联系紧密。由式（7-18），不难得到两个传递函数如下。

变量马达转速 ω_{m1} 对变量马达转速 ω_p 的传递函数为

$$\frac{\omega_{m1}(s)}{\omega_p(s)} = \frac{D_p K_{m1}\gamma_{01}}{(A_L' Z_p + B_L' Z_p Z_{m1} + C_L' + D_L' Z_{m1})Z_T + K_{m1}^2 \gamma_{01}^2 (B_L' Z_p + D_L')} \tag{7-19}$$

变量马达转速 ω_{m1} 对变量马达摆角 γ_1 的传递函数为

$$\frac{\omega_{m1}(s)}{\gamma_1(s)} = \frac{(A_L' Z_p + B_L' Z_p Z_{m1} + C_L' + D_L' Z_{m1})K_{m1}p_{h20} - K_m^2 \gamma_{01}\omega_{m10}(B_L' Z_p + D_L')}{(A_L' Z_p + B_L' Z_p Z_{m1} + C_L' + D_L' Z_{m1})Z_T + K_{m1}^2 \gamma_{01}^2 (B_L' Z_p + D_L')} \tag{7-20}$$

式（7-19）、式（7-20）便是基于分段集中参数法建立的马达转速传递函数。

然而式中 A_L'、B_L'、C_L'、D_L' 涉及分段问题，系统传递函数的阶次会随着分段数目的增加而增加，不便于定性分析，为此，需要根据实际问题，对此简化分析。

7.1.1.3　流体管道的线性摩擦理论法

1. 管道动态基本方程

具有恒定管径和轴向层流流动的流体传输管道，可用电传输线的理论来描述。将长管道分成无数单元，每一单元均由液阻、液容、液导和液感组成，如图 7-6 所示便是管道分布参数模型简图。图中 R、C、L、G 分别代表每单位长度的液阻、液容、液感和液导[6]。

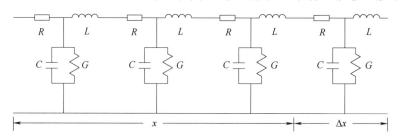

图 7-6　管道分布参数模型简图

$q(x,t)$ 和 $p(x,t)$ 分别为管道上任一点的瞬时流量和压力，根据基尔霍夫定律，有

$$\begin{cases} p_y(x,t) - p_y(x+\Delta x,t) = R\Delta x q_y(x,t) + L\Delta x \dfrac{\partial q_y(x,t)}{\partial t} \\ q_y(x,t) - q_y(x+\Delta x,t) = G\Delta x p_y(x,t) + C\Delta x \dfrac{\partial p_y(x,t)}{\partial t} \end{cases} \tag{7-21}$$

以上两式分别除以 Δx，并令 $\Delta x \to 0$，得到偏微分方程

$$\begin{cases} -\dfrac{\partial p_y(x,t)}{\partial x} = R q_y(x,t) + L \dfrac{\partial q_y(x,t)}{\partial t} \\ -\dfrac{\partial q_y(x,t)}{\partial x} = G p_y(x,t) + C \dfrac{\partial p_y(x,t)}{\partial t} \end{cases} \tag{7-22}$$

对式（7-22）进行拉普拉斯变换，令初始值为零得

$$\begin{cases} -\dfrac{\partial P_y(x,s)}{\partial x} = (R+Ls) Q_y(x,s) = Z_{yc}(s) Q(x,s) \\ -\dfrac{\partial Q_y(x,s)}{\partial x} = (G+Cs) P_y(x,s) = Y_{yb}(s) P(x,s) \end{cases} \tag{7-23}$$

式中　$Z_{yc}(s)$——串联阻抗，$Z_{yc}(s) = R+Ls$；

$\quad\quad Y_{yb}(s)$——并联导纳，$Y_{yb}(s) = G+Cs$；

$\quad P_y(x,s)$——$p_y(x,t)$ 的拉普拉斯变换；

$\quad Q_y(x,s)$——$q_y(x,t)$ 的拉普拉斯变换。

式（7-23）各项对 x 取偏导，可得

$$\begin{cases} \dfrac{\partial^2 P_y(x,s)}{\partial x^2} = -Z(s) \dfrac{\partial Q_y(x,s)}{\partial x} = Z_{yc}(s) Y_{yb}(s) P_y(x,s) \\ \dfrac{\partial^2 Q_y(x,s)}{\partial x^2} = -Y(s) \dfrac{\partial P_y(x,s)}{\partial x} = Z_{yc}(s) Y_{yb}(s) Q_y(x,s) \end{cases} \tag{7-24}$$

式（7-24）称为波动方程，可以看出，该式为二阶偏微分方程的一般表达式。

边界条件为 $x=0$，$P_y(x,s) = P_1(s)$，$Q_y(x,s) = Q_1(s)$；$x=l_g$，$P_y(x,s) = P_2(s)$，$Q_y(x,s) = Q_2(s)$ 解得

$$\begin{pmatrix} P_1(s) \\ Q_1(s) \end{pmatrix} = \begin{pmatrix} \mathrm{ch}\Gamma(s) & Z_\mathrm{c}(s)\mathrm{sh}\Gamma(s) \\ \dfrac{1}{Z_\mathrm{c}(s)}\mathrm{sh}\Gamma(s) & \mathrm{ch}\Gamma(s) \end{pmatrix} \begin{pmatrix} P_2(s) \\ Q_2(s) \end{pmatrix} \tag{7-25}$$

式中　$\Gamma(s)$——传播算子，$\Gamma(s)=\chi(s)l_\mathrm{g}$；

$\quad\quad Z_\mathrm{c}(s)$——特征阻抗，$Z_\mathrm{c}(s)=\sqrt{Z_\mathrm{yc}(s)/Y_\mathrm{yb}(s)}$；

$\quad\quad \chi(s)$——传播常数，$\chi(s)=\sqrt{Z_\mathrm{yc}(s)Y_\mathrm{yb}(s)}$。

式（7-25）就是流体传输管道动态特性的基本方程。可根据矩阵的运算，演化出各种不同的表达形式。式中串联阻抗和并联导纳由管道的几何参数及其中流体的参数决定。由管道动态特性方程可以看出，管道的频率特性主要取决于两个特征参数：串联阻抗 $Z_\mathrm{yc}(s)$ 和并联导纳 $Y_\mathrm{yc}(s)$。为了得到串联阻抗和并联导纳的表达式，建立管内流体运动状态的方程并对其进行求解。

根据是否考虑热传递效应和流体黏性，国内外学者们给出三种串联阻抗和并联导纳的表达式：无损模型、线性摩擦模型和耗散模型。无损模型是描述管道频率特性的较为简单的模型，它忽略了流体的黏性作用和热传递效应。线性摩擦模型（也称为层流假设模型），在无损模型的基础上，增加了一项与平均速度的一次方成正比的黏性摩擦损失项，此模型中没有考虑热传递效应。耗散模型（也称为分布摩擦模型），模型中引入了热传递效应和流体的黏性作用，被认为是流体管道频率特性分析的精确模型。下面分别给出了三种模型的串联阻抗 $Z(s)$ 和并联导纳 $Y(s)$ 的数学表达式。

无损模型：
$$Z_\mathrm{yc}(s)=\left(\frac{\rho_\mathrm{ye}}{A_\mathrm{g}}\right)s\,;\quad Y_\mathrm{yb}(s)=\left(\frac{A_\mathrm{g}}{\rho_\mathrm{ye}v_\mathrm{ya}^2}\right)s$$

线性摩擦模型：
$$Z_\mathrm{yc}(s)=\frac{\rho_\mathrm{ye}}{A_\mathrm{g}}\left(s+\frac{8\pi\mu}{\rho_\mathrm{ye}A_\mathrm{g}}\right)\,;\quad Y_\mathrm{yb}(s)=\left(\frac{A_\mathrm{g}}{\rho_\mathrm{ye}v_\mathrm{ya}^2}\right)s$$

耗散模型：
$$Z_\mathrm{yc}(s)=\frac{\rho_\mathrm{ye}}{A_\mathrm{g}}s\left[1-\frac{2J_1(\mathrm{j}d_\mathrm{g}\sqrt{s/v})}{\mathrm{j}d_\mathrm{g}\sqrt{s/v}J_0(\mathrm{j}d_\mathrm{g}\sqrt{s/v})}\right]^{-1}\,;\quad Y_\mathrm{yb}(s)=\left(\frac{A_\mathrm{g}}{\rho_\mathrm{ye}v_\mathrm{ya}^2}\right)s$$

式中　v_ya——压力波传播速度，单位为 m/s；

$\quad\quad d_\mathrm{g}$——管道内径，单位为 m；

$\quad\quad v$——运动黏度，单位为 $\mathrm{m^2/s}$；

$\quad\quad J_i$——第一类第 i 阶贝赛尔函数。

耗散模型虽然是很精确的管道数学模型，但表达式中存在贝塞尔函数，给很多场合下的理论分析带来困难，并不适用于工程应用。所以，在进行理论分析时，可考虑采用无损模型和线性摩擦模型。液压型落地式风力发电机组，在设计时要保证圆管中流体做层流运动，故可采用线性摩擦模型，对长管路进行建模分析研究。

2. 流体管道的线性摩擦理论模型

考虑具有分布参数的流体传输管道的基本微分方程有连续性方程、动量方程、能量方程和状态方程，它们描述了管道的动态过程的基本特性。

连续性方程

$$\frac{\partial\rho_\mathrm{ye}}{\partial t}+\rho_\mathrm{ye}(\nabla\cdot v_\mathrm{y})=0 \tag{7-26}$$

动量方程

$$\frac{\mathrm{d}v_y}{\mathrm{d}t} + \frac{1}{\rho_{ye}}\nabla p = v\nabla^2 v_y + \frac{v}{3}\nabla(\nabla v_y) \qquad (7\text{-}27)$$

能量方程

$$\rho_{ye}\frac{\mathrm{d}E_n}{\mathrm{d}t} = \frac{p}{\rho_{ye}}\frac{\mathrm{d}\rho_{ye}}{\mathrm{d}t} + k_{hot}\nabla^2 T_{hot} \qquad (7\text{-}28)$$

液体状态方程

$$\mathrm{d}p = \beta_e\frac{\mathrm{d}\rho_{ye}}{\rho_{ye}} \qquad (7\text{-}29)$$

式中 v_y——流体流速，单位为 m/s；

     ∇——哈密尔顿算子；

     ∇^2——拉普拉斯算子；

     p——压力，单位为 Pa；

     E_n——内能，单位为 J；

   T_{hot}——热力学温度，单位为 K；

   k_{hot}——热导率，单位为 W/(m·K)。

基本方程可简化为

$$\begin{cases} \dfrac{\partial \rho_{ye}}{\partial t} + \rho_{ye}\dfrac{\partial v_y}{\partial x} = 0 \\[3mm] \dfrac{\partial v_y}{\partial t} + \dfrac{1}{\rho_{ye}}\dfrac{\partial p}{\partial x} = v\left[\dfrac{1}{d_g}\dfrac{\partial}{\partial d_g}\left(d_g\dfrac{\partial v_y}{\partial d_g}\right)\right] \\[3mm] \dfrac{\partial T_{hot}}{\partial t} = \dfrac{T_{hot}(d_g-1)}{\rho_{ye}}\dfrac{\partial \rho_{ye}}{\partial t} + \dfrac{v\gamma}{\sigma}\left[\dfrac{1}{r}\dfrac{\partial}{\partial d_g}\left(d_g\dfrac{\partial T_{hot}}{\partial d_g}\right)\right] \end{cases} \qquad (7\text{-}30)$$

对于线性摩擦模型，不考虑热传递，故 $\dfrac{\partial T_{hot}}{\partial d_g} = 0$。

动量方程沿管路径向积分得到

$$\frac{\partial p}{\partial x} = -\frac{\rho_{ye}}{A_g}\frac{\partial q}{\partial t} + \frac{2\pi\mu\gamma_0}{A}\left(\frac{\partial u_x}{\partial r}\right)_{r=r_0} \qquad (7\text{-}31)$$

根据圆管中的层流运动规律

$$\left(\frac{\partial u_x}{\partial r}\right)_{r=r_0} = -\frac{4\overline{\mu}}{r_0} \qquad (7\text{-}32)$$

代入式（7-31）可得

$$\frac{\partial p}{\partial x} = -\frac{\rho_{ye}}{A_g}\frac{\partial q}{\partial t} + \frac{8\pi\mu q}{A_g^2} = -\frac{\rho_{ye}}{A_g}\left(\frac{\partial q}{\partial t} + \frac{8\pi\mu}{\rho_{ye}A_g}q\right) \qquad (7\text{-}33)$$

取其拉普拉斯变换

$$\frac{\partial P}{\partial x} = -\frac{\rho_{ye}}{A_g}\left(s + \frac{8\pi\mu}{\rho_{ye}A_g}\right)Q \qquad (7\text{-}34)$$

由连续性方程和状态方程可得

$$\frac{1}{\rho_{ye}}\frac{\partial \rho_{ye}}{\partial t}+\frac{1}{A_g}\frac{\partial q}{\partial x}=0 \tag{7-35}$$

$$\frac{\mathrm{d}p}{\rho_{ye}}=\frac{\mathrm{d}p}{\beta_e} \tag{7-36}$$

于是

$$\frac{\partial \rho_{ye}}{\rho_{ye}}\frac{1}{\partial t}+\frac{\partial q}{\partial x}\frac{1}{A_g}=\frac{\mathrm{d}p}{\beta_e}\frac{1}{\partial t}+\frac{\partial q}{\partial x}\frac{1}{A_g}=0 \tag{7-37}$$

进行拉普拉斯变换得

$$\frac{\partial Q_y(x,s)}{\partial x}=-\left(\frac{A_g}{\rho_{ye}v_{ya}^2}\right)sP_y(x,s) \tag{7-38}$$

故，对于管道的线性摩擦模型

$$\begin{cases}\dfrac{\partial P_y(x,s)}{\partial x}=-\dfrac{\rho_{ye}}{A_g}\left(s+\dfrac{8\pi\mu}{\rho_{ye}A_g}\right)Q_y(x,s)\\[3mm] \dfrac{\partial Q_y(x,s)}{\partial x}=-\left(\dfrac{A_g}{\rho_{ye}v_{ya}^2}\right)sP_y(x,s)\end{cases} \tag{7-39}$$

对比式子（7-23），可得

$$Z_{yc}(s)=\frac{\rho_{ye}}{A_g}\left(s+\frac{8\pi\mu}{\rho_{ye}A_g}\right) \tag{7-40}$$

$$Y_{yb}(s)=\left(\frac{A_g}{\rho_{ye}v_{ya}^2}\right)s \tag{7-41}$$

传播常数

$$\gamma(s)=\sqrt{Z_{yc}(s)Y_{yb}(s)}=\sqrt{\frac{\rho_{ye}}{A_g}\left(s+\frac{8\pi\mu}{\rho_{ye}A_g}\right)\left(\frac{A_g}{\rho_{ye}v_{ya}^2}\right)s}=\frac{s}{v_{ya}}\sqrt{1+\frac{8\pi\mu}{\rho_{ye}A_gs}} \tag{7-42}$$

$$\chi(j\omega)=\frac{j\omega}{v_{ya}}\sqrt{1+\frac{8\pi\mu}{\rho_{ye}A_gj\omega}}=\frac{\omega}{v_{ya}}\sqrt{j^2\left(1+\frac{8\pi\mu}{\rho_{ye}A_gj\omega}\right)}=\frac{\omega}{v_{ya}}\sqrt{\frac{8\pi\mu}{\rho_{ye}A_g\omega}j-1} \tag{7-43}$$

将式（7-43）表示成 $\chi(j\omega)=\alpha+j\beta$ 形式，可得

$$\alpha=\frac{\omega}{v_{ya}}\left[1+\left(\frac{8\pi\mu}{\rho_{ye}A_g\omega}\right)^2\right]^{\frac{1}{4}}\sin\left[\frac{1}{2}\left(\arctan\frac{8\pi\mu}{\rho_{ye}A_g\omega}\right)\right] \tag{7-44}$$

$$\beta=\frac{\omega}{v_{ya}}\left[1+\left(\frac{8\pi\mu}{\rho_{ye}A_g\omega}\right)^2\right]^{\frac{1}{4}}\cos\left[\frac{1}{2}\left(\arctan\frac{8\pi\mu}{\rho_{ye}A_g\omega}\right)\right] \tag{7-45}$$

管路的特征阻抗

$$Z_c(s)=\sqrt{Z_{yc}(s)/Y_{yb}(s)}=\frac{\sqrt{Z_{yc}(s)Y_{yb}(s)}}{Y_{yb}(s)}=\frac{\chi(s)}{\left(\dfrac{A_g}{\rho_{ye}v_{ya}^2}\right)s} \tag{7-46}$$

可见，在流体管道的线性摩擦模型中，特征阻抗是频率相关的。

3. 基于线性摩擦理论的容积调速系统传递函数

联立式（7-14）、式（7-22）、式（7-24）、式（7-42），得到

$$D_p \omega_p(s) = \frac{(AZ_p + BZ_pZ_{m1} + C + DZ_{m1})(Z_T\omega_{m1}(s) + G_{m1}\theta_{m1} + T_{m1}(s) - K_{m1}\gamma_1(s)p_{h20})}{K_m\gamma_{01}}$$
$$+ K_{m1}\gamma_1(s)\omega_{m0}(BZ_p + D) + K_m\gamma_0\omega_{m1}(s)(BZ_p + D) \tag{7-47}$$

其中，$A = D = \text{ch}\Gamma(s)$，$B = Z_c(s)\text{sh}\Gamma(s)$，$C = \dfrac{1}{Z_c(s)}\text{sh}\Gamma(s)$。

那么，变量马达转速 ω_{m1} 对定量泵转速 ω_p 的传递函数为

$$\frac{\omega_{m1}(s)}{\omega_p(s)} = \frac{D_pK_{m1}\gamma_{01}}{(Z_pZ_T + Z_{m1}Z_T + K_{m1}^2\gamma_{01}^2)A + (Z_pZ_{m1}Z_T + Z_pK_{m1}^2\gamma_{01}^2)B + CZ_T} \tag{7-48}$$

变量马达转速 ω_{m1} 对变量马达摆角 γ_1 的传递函数为

$$\frac{\omega_{m1}(s)}{\gamma_1(s)} = \frac{(Z_pK_{m1}p_{h20} + Z_{m1}K_{m1}p_{h20} - K_{m1}^2\gamma_{01}\omega_{m0})A + (Z_pZ_{m1}K_{m1}p_{h20} - K_{m1}^2\gamma_{01}\omega_{m0}Z_p)B + CK_{m1}p_{h20}}{(Z_pZ_T + Z_{m1}Z_T + K_{m1}^2\gamma_{01}^2)A + (Z_pZ_mZ_T + Z_pK_{m1}^2\gamma_{01}^2)B + CZ_T} \tag{7-49}$$

若未考虑长管路动态特性对系统带来的影响，那么 $A = D = 1$，$B = C = 0$，式（7-48）、式（7-49）变成

$$\frac{\omega_{m1}(s)}{\omega_p(s)} = \frac{D_pK_{m1}\gamma_0}{(Z_p + Z_{m1})Z_T + K_{m1}^2\gamma_0^2} \tag{7-50}$$

$$\frac{\omega_{m1}(s)}{\gamma_1(s)} = \frac{(Z_p + Z_{m1})K_{m1}p_{h20} - K_{m1}^2\gamma_0\omega_{m10}}{(Z_p + Z_{m1})Z_T + K_{m1}^2\gamma_0^2} \tag{7-51}$$

7.1.1.4　容积调速系统模型分析

分别观察传递函数 $\dfrac{\omega_{m1}(s)}{\gamma_1(s)}$、$\dfrac{\omega_{m1}(s)}{\omega_p(s)}$，可知，它们的特征方程（分母）是一致的。为了方便比较，选取表达式较为简便的 $\dfrac{\omega_{m1}(s)}{\omega_p(s)}$ 来比较三种建模方法下系统特性的异同。下面分别介绍三种系统固有频率表达式。

（1）管道等效容腔法

这种建模方法最为简便，它直接将管道等效为一个容腔。但值得注意的是，在这种方法下，必须考虑变量马达端转动惯量的等效问题。计算方法如下：

由流量连续性方程可得

$$D_{m1}\omega_{m1} = A_g v_y \tag{7-52}$$

由能量守恒方程可得

$$\frac{1}{2}J_{等效}\omega_{m1}^2 = \frac{1}{2}m_0v^2 = \frac{1}{2}\rho_{ye}A_g l_g v_y^2 \tag{7-53}$$

式中　$J_{等效}$——长管路中的液压油等效到变量马达端的转动惯量；

m_0——长管路中油液的质量。

联立式（7-52）和式（7-53）得到

$$J_{等效} = \left(\frac{D_{m1}}{A_g}\right)^2\rho_{ye}A_g l_g = \left(\frac{K_{m1}\gamma_{01}}{A_g}\right)^2\rho_{ye}A_g l_g \tag{7-54}$$

从式（7-54）可知，等效转动惯量 $J_{等效}$ 与油液的密度 ρ_{ye}、管道长度 l_g、变量马达排量 D_{m1} 的 2 次方成正比，与管道横截面积 A_g 成反比。

由式（7-50）求得系统的固有频率为

$$\omega_{n1} = \sqrt{\dfrac{1}{\dfrac{\pi d_g^2 l_g}{4EK_{m1}^2 \gamma_0^2} J_{m总}}} = \sqrt{\dfrac{EA_g / l_g}{\dfrac{A_g^2}{K_{m1}^2 \gamma_{01}^2}\left(J_{m1} + \dfrac{K_{m1}^2 \gamma_{01}^2}{A_g^2} \rho_{ye} A_g l_g\right)}} = \sqrt{\dfrac{EA_g / l_g}{\rho_{ye} A_g l_g + \dfrac{A_g^2}{K_{m1}^2 \gamma_{01}^2} J_{m1}}} \tag{7-55}$$

（2）管道分段集中参数法

1）风力发电液压闭式系统管道模型选取。如图 7-7 所示为根据实际实验系统所搭建的 AMESim 液压仿真系统，可实现马达转速控制问题的研究，也可对三种管路模型进行对比分析，从而选取适合本课题研究的管路模型。

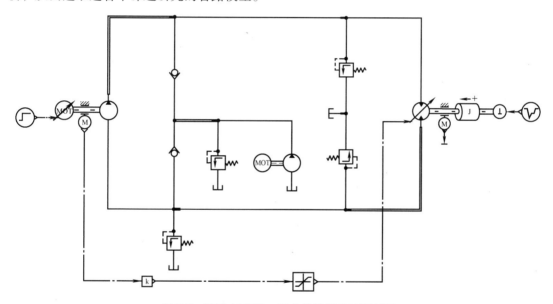

图 7-7　基于 AMESim 平台的液压系统原理图

该系统的原理是：定量泵驱动液压油带动另一端的变量马达转动，马达的斜盘摆角值是由定量泵的转速折算而来的，同时此系统也考虑了泄漏对系统的影响。本小节主要研究不同管路模型对系统特性的影响。设管道的长度为 25m，管内径为 0.025m。给定定量泵转速信号，管道另一端马达转速响应仿真结果如图 7-8 所示。

从图 7-8 可以看出，对于 25m 长的管道，三种管道建模方法所得仿真结果有所不同。其中，最直接的管道等效容腔法误差较大，相比较而言，管道集中参数法与分段集中参数法显得更为准确。同时，从图中可以看出管道集中参数法与管道分段集中参数法所得到的曲线较为接近，所

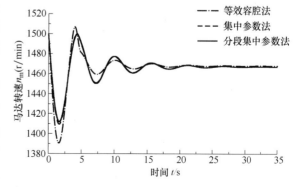

图 7-8　管道末端变量马达转速响应

以，在理论简化分析时，本文考虑采用参数意义明确、数学建模简便的集中参数法。进一步的，基于实验台参数，我们通过数值仿真计算可知，集中参数法和分段集中参数法所得传递函数伯德图，在低频段（一阶转折频率）几乎是一致的，只是分段集中参数法在高频段会有波峰产生，如图7-9所示。

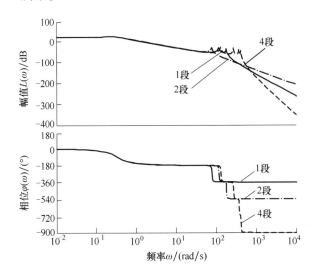

图7-9　管道分多段条件下的系统伯德图

由于采用分段集中参数法，解出的系统传递函数的阶次较高，不便对其进行定性分析。而通过图7-8及图7-9的比较可以看出，在系统的低频段，可以采用集中参数法对其进行建模研究。

2）已将分段集中参数法简化为集中参数法，给出系统固有频率。

$$\omega_{n2} = \sqrt{\dfrac{1}{\dfrac{\rho_{ye}l_g^2}{2E} + \dfrac{J_{m1}\pi d_g^2 l_g}{4EK_m^2\gamma_{01}^2}}} = \sqrt{\dfrac{EA_g/l_g}{\dfrac{\rho_{ye}A_g l_g}{2} + \dfrac{A_g^2}{K_{m1}^2\gamma_{01}^2}J_{m1}}} \tag{7-56}$$

（3）管道线性摩擦理论

由式（7-48）可求出该方法下系统的固有频率，但是由于其特征方程中含有双曲函数，这就给理论推导与化简带来了困难，不能像式（7-55）一样给出具体的表达式。本章将在下节采用数值仿真的方法，通过幅值特性图来进行研究分析。

观察式（7-55）、式（7-56）可知，它们的分母项不同。为了更为直观地认识两式的区别，我们对 $\dfrac{\dfrac{A_g^2}{K_{m1}^2\gamma_{01}^2}J_{m1}}{\rho_{ye}A_g l_g}$ 进行数值计算，相关数据见表7-1，管长 l 取50m，$\gamma_{01}=1$。

$$\dfrac{J_{m1}}{\dfrac{K_{m1}^2\gamma_{01}^2}{A_g^2}\rho_{ye}A_g l_g} = \dfrac{J_{m1}}{K_{m1}^2\rho_{ye}}\dfrac{A_g}{l_g\gamma_{01}^2} = \dfrac{0.462\times0.25\times\pi\times0.022^2}{(6.3662\times10^{-6})^2\times860\times50\times1\times1} = 100.7$$

表 7-1 系统参数值

序号	符号	名称	数值	单位
1	K_{m1}	变量马达排量梯度	6.3662×10^{-6}	m^3/rad
2	ρ_{ye}	液压油密度	860	kg/m^3
3	γ_{01}	摆角初始值	0.42	100%
4	β_e	油液体积弹性模量	7.43×10^8	Pa
5	μ	油液动力黏度	0.03956	$N \cdot s/m^2$
6	J_{m1}	等效转动惯量	0.462	$kg \cdot m^2$
7	B_{m1}	黏性阻尼系数	0.0345	$N \cdot m/(rad/s)$
8	d_g	管径	22×10^{-3}	m
9	C_{tp}	泵泄漏系数	4.28×10^{-12}	$m^3/(s \cdot Pa)$
10	C_{tm1}	马达泄漏系数	2.28×10^{-12}	$m^3/(s \cdot Pa)$

计算可知，由于 $\dfrac{K_{m1}^2 \gamma_{01}^2}{A_g^2} \rho_{ye} A_g l_g \ll J_{m1}$，所以 $\dfrac{K_{m1}^2 \gamma_{01}^2}{A_g^2} \rho_{ye} A_g l_g$ 相对于 J_{m1} 可以忽略不计，这说明对于本节的研究系统，长管路等效到马达端的转动惯量可以忽略，换句话说就是管路中的油液质量对负载端转动惯量的影响非常小，据于此那么式（7-55）、式（7-56）可简化写作

$$\omega_{n3} = \sqrt{\frac{EA_g / l_g}{\dfrac{A_g^2}{K_{m1}^2 \gamma_{01}^2} J_{m1}}} = \sqrt{\frac{K_{m1}^2 \gamma_{01}^2 E}{J_{m1} A_g l_g}} \tag{7-57}$$

7.1.1.5 系统幅值特性比较

由于利用线性摩擦理论不能从数学公式上清楚地表达系统的固有频率，为了清晰地了解三种建模方法下的传递函数表达式的异同，我们根据实际实验系统的参数，得到三种建模方法下的 $\dfrac{\omega_{m1}(s)}{\omega_p(s)}$ 传递函数幅频特性图，如图 7-10 所示，其中管长 $l_g = 10m$。

从图 7-10 可以看出，在三种建模方法下的系统幅值特性曲线，在低频段（一阶转折频率处）是重合的，而在高频段有所差异。采用等效容腔法，忽略了管道的动态特性，在高频段也就没有谐振点产生。分段集中参数法在高频段产生了谐振点，但其数目和建模时所分的段数有很大的关系，图中是将管路分成两段所得到的幅频特性图。采用线性摩擦理论，不用考虑分段问题，相比之前两种方法，该模型相对精确，高频段有多处波动，在考虑系统谐振问题时，尤其需要注意。对于本节的研究对象，可根据实际问题对应选取合适的模型。若仅仅是注重系统的低频段，可以考虑采用等效

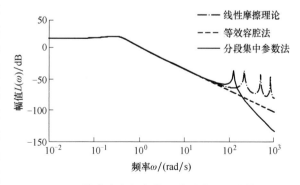

图 7-10 管道分多段条件下的系统幅频特性图

容腔法来求得系统固有频率表达式；若要研究系统的振动问题（低电压穿越过程中带来的发电机脉动转矩、风轮输入脉动驱动转矩），需要考虑采用线性摩擦理论，在要求特别高的情况下，需使用管道的耗散模型。目前常用的仿真软件 MATLAB/Simulink、AMESim 都自带管路分段集中参数模块，所以在进行仿真平台搭建时，分段集中参数法相比线性摩擦理论更加适合。

7.1.2 系统管道效应影响分析

7.1.2.1 系统转速传递影响分析

上一节比较了管道效应对系统的影响，可以发现，要想得到更加准确的理论分析，不能单纯地将管道等效成容腔，须考虑管道效应。本节针对考虑了管道效应的闭环传递函数，分析系统参数对其影响规律。

对于长管路液压系统，观察式（7-49）可知，影响其响应特性的主要参数有：管长、管径、油液体积弹性模量、马达端等效转动惯量、系统泄漏系数等。

原始仿真参数如下：高压管 $d_g = 0.022\text{mm}$，$\beta_e = 7.43 \times 10^8 \text{Pa}$，$\rho_{ye} = 860 \text{kg/m}^2$，$v = 46 \times 10^{-6} \text{m}^2/\text{s}$，$J_{m1} = 0.462 \text{kg} \cdot \text{m}^2$，$B_{m1} = 0.0345 \text{N} \cdot \text{s/m}^2$，$\gamma_{01} = 0.42$。

（1）管长对传递函数的影响

在不改变其他参数的情况下，不同管长对转速传递函数的影响如图 7-11 所示。

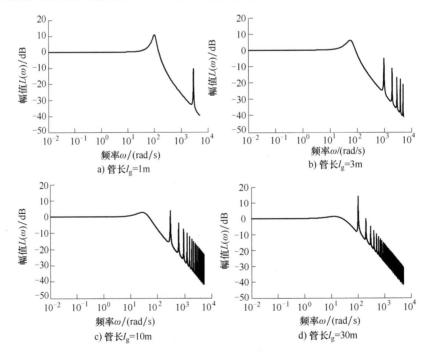

a) 管长 $l_g = 1\text{m}$

b) 管长 $l_g = 3\text{m}$

c) 管长 $l_g = 10\text{m}$

d) 管长 $l_g = 30\text{m}$

图 7-11 管长对转速传递函数的影响

从图 7-11 可以看出，管长为 1m 时，转折频率为 96.82rad/s，第一谐振点为 2579rad/s；管长为 3m 时，转折频率为 54.59rad/s，第一谐振点为 935.1rad/s，之后谐振点处频率成整数倍规律变化；管长为 10m 时，转折频率为 27.41rad/s，第一谐振点为 291.5rad/s；管长为

30m 时，转折频率为 14.5rad/s，第一谐振点为 100.3rad/s。可以看出，在以上管长变化范围内，传递函数的转折频率在 10~100rad/s 之间变化。系统固有频率随着管长的增加而减小。同时管长越长，传递函数幅值比波动次数越多，而且波动频段会越来越接近转折频率，但波动幅值呈下降趋势。

同时从伯德图可以看出，随着管长的增加，系统的阻尼比在增大，这就增加了系统的稳定性，然而这仅仅表现在低频段。随着管道增长，高频段出现振荡的次数越多，容易产生对系统有害的谐振，这便给系统带来了新的问题。马达转速控制的实质是流量控制，而流量、压力这两大系统主要参数密切相关，动态流量的变化可以通过压力的变化反映出来。这就是说，图中高频段的波动，在实际系统中反映出来便是系统压力比波动，本章将在后面进一步深入分析系统压力比频率特性。

为了更加清楚地知道转折频率以及第一谐振点与管长的关系，本节做了多组仿真，结果见表 7-2。

表 7-2　系统参数值

管长/m	转折频率/(rad/s)	第一谐振频率/(rad/s)
1	96.82	2579
3	54.59	935.1
5	39.66	572.5
10	27.41	291.5
15	22.41	196.1
20	18.39	148.5
25	15.68	119.5
30	14.5	100.3

对表 7-2 数据进行分析可得，传递函数转折频率 ω_n 随管长 l_g 变化的关系式为

$$\omega_n = 98.816 l_g^{-0.562} \tag{7-58}$$

第一谐振频率 ω_1 随管长 l 变化的关系式为

$$\omega_1 = 2635.1 l_g^{-0.959} \tag{7-59}$$

从式（7-58）、式（7-59）可以看出，转折频率接近与管长的 1/2 次方成反比。而第一谐振频率接近与管长成反比。

（2）管径对传递函数的影响

在不改变其他参数的情况下，不同管径对转速传递函数的影响如图 7-12 所示。

从图 7-12 可以看出，随着管径增加，系统的固有频率呈下降趋势，系统响应速度降低，同时系统的阻尼比呈现增大的趋势。在高频段，虽然幅值发生跃变点的频率有些变化，但是变化不大，总体波动次数不变，另外，波动幅值也不会随着管径的增大而发生明显改变。相比较管长而言，管径对高频段的影响不大，管径从 16mm 增大到 30mm，几乎增大一倍，但高频段波动次数并没有变化，而管长在同等变化条件下，对高频段的影响就很明显。

249

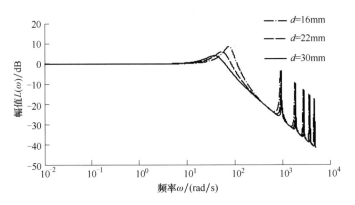

图 7-12 管径对转速传递函数的影响

（3）油液体积弹性模量对传递函数的影响

在不改变其他参数的情况下，不同油液体积弹性模量对转速传递函数的影响如图 7-13 所示。

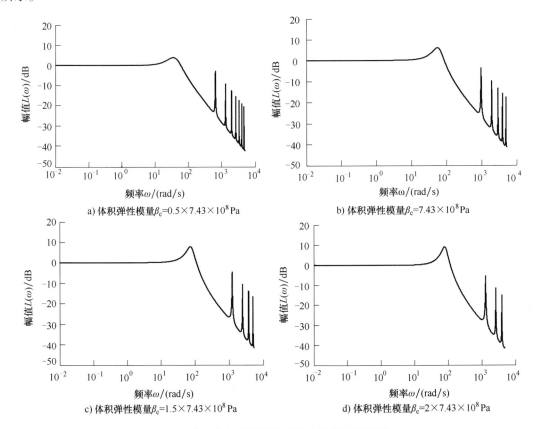

a) 体积弹性模量 $\beta_e = 0.5 \times 7.43 \times 10^8$ Pa

b) 体积弹性模量 $\beta_e = 7.43 \times 10^8$ Pa

c) 体积弹性模量 $\beta_e = 1.5 \times 7.43 \times 10^8$ Pa

d) 体积弹性模量 $\beta_e = 2 \times 7.43 \times 10^8$ Pa

图 7-13 油液体积弹性模量对转速传递函数的影响

从图 7-13 中可以看出，随着体积弹性模量的增加，系统的固有频率逐渐增大，但系统阻尼比呈现减小趋势。体积弹性模量表征油液的液压刚度，弹性模量增加表示液压刚度的增加，所以系统的固有频率会有所增大。另外，不难发现，随着弹性模量增大，高频段波动幅值基本没有变化，但波动次数减少，而且第一谐振频率也随之增大。转折频率 ω_n 与第一谐振频率 ω_1 随体积弹性模量 β_e 变化的关系式分别为

$$\omega_n = 54.176\beta_e^{0.5505} \tag{7-60}$$

$$\omega_1 = 934.72\beta_e^{0.4998} \tag{7-61}$$

（4）马达初始摆角对传递函数的影响

在不改变其他参数的情况下，不同马达初始摆角（$\gamma_0 = 0.42, 0.63, 0.84$）对转速传递函数的影响如图 7-14 所示。

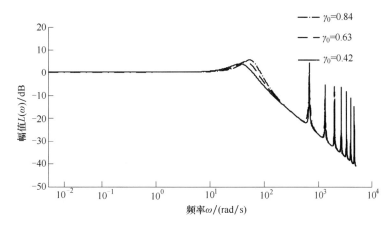

图 7-14 马达初始摆角对转速传递函数的影响

从图 7-14 可以看出，随着马达初始摆角的增大，系统的固有频率会有一定的提高，截止频率也在增大，这就说明，在马达摆角较大的工况下，系统的响应速度也较快。

（5）马达端等效转动惯量对传递函数的影响

在不改变其他参数的情况下，不同马达端转动惯量（$J_{m1} = 0.231\text{kg} \cdot \text{m}^2$, $0.462\text{kg} \cdot \text{m}^2$, $0.924\text{kg} \cdot \text{m}^2$）对转速传递函数的影响如图 7-15 所示。

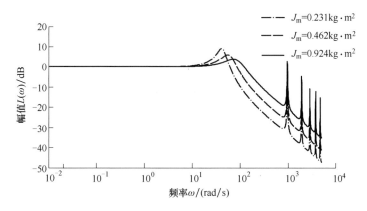

图 7-15 等效转动惯量对转速传递函数的影响

可以看出马达端等效转动惯量对系统的固有特性影响很大，在现有的参数上，马达端转动惯量增大一倍，系统的固有频率会减小到之前的 0.73 倍。

通过上述研究可以得出：

1）以上研究参数均对系统的转折频率有着影响，但对高频段影响显著的参数主要有管长和油液体积弹性模量。

2）随着管长的增加高频段的波动将会越来越频繁，而且管长越长，波动频段越接近于系统的转折频率，这会给系统的可靠性带来影响。

3）液压系统在工作时，也要尤其注意保证液压油的品质，因为若液压油中混入空气，哪怕是少量，也会极大改变油液的体积弹性模量，进而改变系统的波动频段，可能造成系统的不稳定等严重后果。

在实际设计系统时，若液压系统管长一定，可以考虑适当增大管径，增大马达端等效转动惯量来使系统的转折频率避开波动频段，以保证系统正常工作。

7.1.2.2　系统谐振影响分析

当长管道的输入端有压力或流量的激振信号（脉动信号）时，由于管道的分布参数特性，将在很多频率点处产生谐振。管道发生谐振的条件与管道本身的几何尺寸、管内流体的物理性质有关，而且与管道的负载条件有关。液压系统的谐振是可通过压力反映出来的，故根据管道的压力比传递方程，可以判断出管道是否产生谐振。

系统的谐振特性可通过传递函数表现出来，为此，这里选取压力比传递函数来进行研究，有

$$\frac{P_2(j\omega)}{P_1(j\omega)}=\frac{1}{\left(\dfrac{K_{m1}^2\gamma_{01}^2}{J_{m1}s+B_{m1}}+C_{tm1}+\dfrac{V_{m1}}{\beta_e}j\omega\right)Z_c(j\omega)\mathrm{sh}\Gamma(j\omega)+\mathrm{ch}\Gamma(j\omega)} \tag{7-62}$$

其中，$\Gamma(j\omega)=\chi(j\omega)l_g=\alpha l_g+j\beta l_g$；$\mathrm{sh}\Gamma(j\omega)=-j\sin[j\Gamma(j\omega)]=j\sin(\beta l_g-j\alpha l_g)$；$\mathrm{ch}\Gamma(j\omega)=\cos[j\Gamma(j\omega)]=\cos(j\alpha l_g-\beta l_g)=\cos(\beta l_g-j\alpha l_g)$；$Z_c(j\omega)=\dfrac{\rho_{ye}v_{ya}^2\chi(j\omega)}{A_g j\omega}$

对于本节的研究对象，仿真显示$\left(\dfrac{K_{m1}^2\gamma_{01}^2}{J_{m1}s+B_{m1}}+C_{tm1}+\dfrac{V_{m1}}{\beta_e}j\omega\right)Z_c(j\omega)$较小，可以忽略，而且通常$\alpha\cdot\beta$，且$\alpha$一般为较小正值，于是可以假设$\mathrm{ch}\alpha l\approx1$，$\mathrm{sh}\alpha l\approx0$。

式（7-62）就变为

$$G(j\omega)=\frac{1}{\cos\beta l_g} \tag{7-63}$$

故其谐振条件为$\beta l_g=\dfrac{(2n+1)}{2}\pi$，$n=0，1，2，\cdots$

而

$$\beta=\frac{\omega}{v_{ya}}\left[1+\left(\frac{8\pi\mu}{\rho_{ye}A_g\omega}\right)^2\right]^{\frac{1}{4}}\cos\left[\frac{1}{2}\left(\arctan\frac{8\pi\mu}{\rho_{ye}A_g\omega}\right)\right] \tag{7-64}$$

故谐振频率可通过下式求出

$$\frac{\omega l_g}{\sqrt{E/\rho_{ye}}}\left[1+\left(\frac{8\pi\mu}{\rho_{ye}A_g\omega}\right)^2\right]^{\frac{1}{4}}\cos\left[\frac{1}{2}\left(\arctan\frac{8\pi\mu}{\rho_{ye}A_g\omega}\right)\right]=\frac{(2n+1)}{2}\pi \tag{7-65}$$

从式（7-65）可看出，管路长度l_g、油液体积弹性模量E、管路直径d_g、油液动力黏度μ、油液密度ρ_{ye}直接影响着系统的谐振频率。其中管长l_g、体积弹性模量E、密度ρ_{ye}对谐振

频率的影响尤为明显。而对于实际正常工作的液压系统，油液密度 ρ_{ye} 及油液体积弹性模量 E 的变化范围并不大，故对系统谐振频率影响最大的便是设计时需要注意的重要参数——管长 l_g。实际上，基于 MATLAB 软件构造压力比频率特性的表达式，在实际实验系统参数的基础上，进行仿真数值计算时发现式（7-65）中 $\left[1+\left(\dfrac{8\pi\mu}{\rho_{ye}A_g\omega}\right)^2\right]^{\frac{1}{4}}\cos\left[\dfrac{1}{2}\left(\arctan\dfrac{8\pi\mu}{\rho_{ye}A_g\omega}\right)\right]\approx1$，那么，从式（7-65）可得出如下结论：

1）谐振频率为基频的奇数倍。

2）谐振频率的基频与管长 l_g 的一次方、密度 ρ_{ye} 的 1/2 次方成反比，与体积弹性模量 E 的 1/2 次方成正比。

为了更加明确地研究各个参数对压力比频率特性的影响大小，定义标准参数如下：$l_{g标}=3\text{m}$，$d_{g标}=0.022\text{mm}$，$E_{标}=7.43\times10^8\text{Pa}$，$\rho_{ye标}=860\text{kg/m}^2$，$v_{标}=46\times10^{-6}\text{m}^2/\text{s}$。计算得到一阶谐振频率为 77.5rad/s，压力比幅值为 199.4。结合式（7-65）得出的结论 2），便很容易估算出其他系统参数下压力传输的谐振频率点。

（1）管长对系统压力传输特性的影响

在保持其他参数不变的情况下，分别设定管长 l 为 3m、6m、9m、12m。利用 MATLAB 编程计算，得到 300Hz 频率范围内压力比幅值特性如图 7-16 所示。

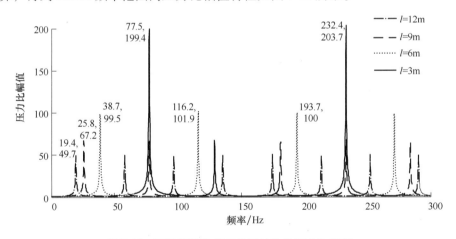

图 7-16　不同管长条件下的系统传输压力比幅值

从图 7-16 可以看出：随着管长的增加，系统工作频段越来越窄，在 300Hz 的频率范围内，谐振点的数目也越来越多；当管长一定时，谐振发生点的频率为一阶谐振频率的奇数倍；管长对压力幅值比的影响很大，随着管长的增加，谐振点处的幅值比呈下降趋势，在管长为 1 倍标准管长时，一阶谐振频率处的幅值比为 199.4，管长为 4 倍标准管长时，一阶谐振频率处的幅值比为 27.82。管道越长，管路中压力振荡幅度明显下降，这是因为随着管道的增长，压力波在管道中传播时与管道壁的碰撞次数增加，这样加速了压力比幅值的衰减。

从以上分析可知，管道长度 l 是系统设计的重要参数，随着管长的增加，系统中压力波动减小，但谐振频率点增加，因此在设计系统时，要合理选取管道长度。

（2）管径对系统压力传输特性的影响

在保持其他参数不变的情况下，根据设定管径 d_g 分别为 16mm、22mm、30mm，得到

300Hz 频率范围内，压力比幅值特性如图 7-17 所示。

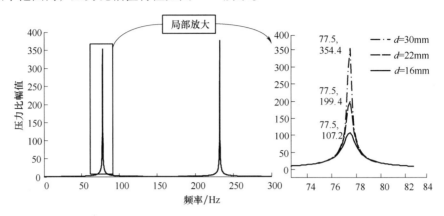

图 7-17 不同管径条件下的系统传输压力比幅值

左端为三个管径下的压力比幅值，右端为一阶谐振点的局部放大图。可以看出，随着管径的增大，谐振频率并没有变化，但压力比幅值变化非常明显。当 d_g 为 22mm 时，一阶谐振频率处压力比幅值为 199.9，当 d_g 增大为 30mm 时，压力比幅值突增为 354.4。这是因为随着管径增大，压力波在管道中传播时与管壁碰撞次数减小，从而耗散比较慢导致的。

（3）油液密度对系统压力传输特性的影响

在保持其他参数不变的情况下，分别设定油液密度 ρ_{ye} 为标准密度 $\rho_{标}$ 的 0.75 倍、1 倍、1.25 倍，得到压力比幅值特性如图 7-18 所示。

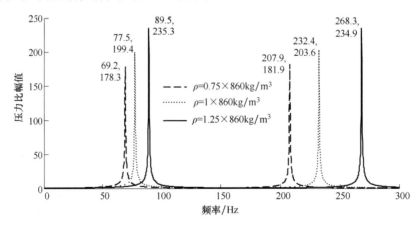

图 7-18 不同油液密度条件下的系统传输压力比幅值

从图 7-18 可以看出：①随着油液密度的增加，系统工作频段会越来越窄，在 300Hz 的频率范围内，谐振点将会增加。②油液密度对压力幅值比也有一定的影响，但没有管径影响那么显著。随着油液密度增加，管路中压力振荡幅度有一定的下降，这是因为随着密度的增加，压力波在传递过程中受到的阻力增大，这样就加速了压力比幅值的衰减。

液压油的密度在正常工作过程中并不会有明显变化，且液压油的密度范围是很小的，因此在设计液压系统时，不必过多考虑液压油密度变化对系统带来的影响。

（4）油液运动黏度对系统压力传输特性的影响

在保持其他参数不变的情况下，分别设定油液运动黏度 v 为标准黏度 $v_{标}$ 的 0.5 倍、

1 倍、1.5 倍，得到压力比幅值特性如图 7-19 所示。

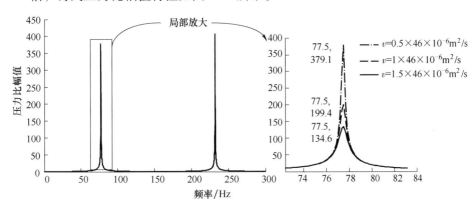

图 7-19　不同油液运动黏度条件下的系统传输压力比幅值

图 7-19 左端为 300Hz 频率范围内，三个不同油液运动黏度下的压力比幅值大小，右端为一阶谐振点的局部放大图。从图中可以看出，随着油液运动黏度的增大，谐振频率的分布并没有变化，但压力比幅值变化非常明显，呈下降趋势，当油液运动黏度增大为标准值的 1.5 倍时，压力比幅值减小为之前的 0.68 倍。这是因为随着油液运动黏度增加，压力波在传递过程中受到的阻力变大，衰减也就较快。

（5）油液体积弹性模量对系统压力传输特性的影响

在保持其他参数不变的情况下，分别设定油液体积弹性模量 β_e 为标准油液体积弹性模量 $E_{标}$ 的 0.5 倍、1 倍、1.5 倍，得到压力比幅值特性如图 7-20 所示。

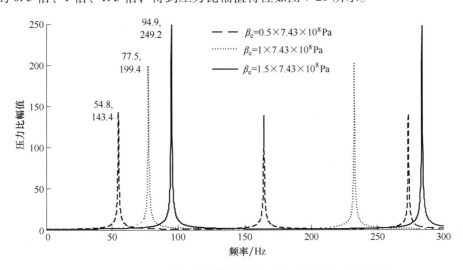

图 7-20　不同油液体积弹性模量条件下的系统传输压力比幅值

随着体积弹性模量的增加，一阶谐振频率逐渐增大，并且在谐振点处的压力幅值比也随之增大。若将油液等效为液压弹簧来看，体积弹性模量就类似于弹簧刚度，显然，体积弹性模量越大，也就是液压弹簧刚度越大，所以系统的固有频率会增加，因此发生谐振点频率增大。由于液压油的体积弹性模量随着油液的含气量的增加，会有很大的变化，所以在实际系统中，要采取有效措施，保证油液的品质，以保证系统特性的稳定。通过本节分析可知，影响系统谐振频率段的参数主要有：管长、油液密度、油液体积弹性模量。这与第 2 章转速传递函数分析中，系统参数对其影响规律是一致的。

7.2 长管路系统特性分析

7.2.1 液压元件阻抗模型

风力发电就是能量转换，从最初的风能到最终的电能，中间的传输能量的系统至关重要。对于本课题要研究的对象，在最传统的机械能向电能转换的过程中加入了液压能的转换，其间各种液压元件的作用必须详细分析，故建立机组的阻抗模型[7-10]。

7.2.1.1 源阻抗

阻抗的概念对比电学，都是指压与流之间的关系。源阻抗顾名思义是指管路的上游，即来源，它的特性与管路上游的元件有关。即

$$Z_{\mathrm{s}}(s) = \frac{P_1(s)}{Q_1(s)} \tag{7-66}$$

式中　$P_1(s)$、$Q_1(s)$——管路入口端压力和流量，本节中为定量泵输出压力（MPa）和流量（m^3/s）。

将式（7-66）代入式（7-25）中，可得源阻抗方程

$$Z_{\mathrm{s}}(s) = Z_{\mathrm{c}}(s) \frac{Z_{\mathrm{R}}(s)\,\mathrm{ch}\Gamma(s) + Z_{\mathrm{c}}(s)\,\mathrm{sh}\Gamma(s)}{Z_{\mathrm{c}}(s)\,\mathrm{ch}\Gamma(s) + Z_{\mathrm{R}}(s)\,\mathrm{sh}\Gamma(s)} \tag{7-67}$$

可以看出，源阻抗可以由管路特征阻抗 $Z_{\mathrm{c}}(s)$ 与负载阻抗 $Z_{\mathrm{R}}(s)$ 表示。

在我们的机组中，管路的入口端安装的是定量泵，定量泵的理论流量与管路入口端的流量有所差别。定量泵流量可分为 $Q_1(s)$（即输入到管路的流量 $Q_{\mathrm{p}}(s)$）和以下两部分，分别为

$$Q_{\mathrm{p1}}(s) = C_{\mathrm{tp}} P_1(s) \tag{7-68}$$

$$Q_{\mathrm{p2}}(s) = \frac{V_{\mathrm{p}}}{\beta_{\mathrm{e}}} s P_1(s) \tag{7-69}$$

定量泵的理论流量为

$$Q_{\mathrm{i}}(s) = D_{\mathrm{p}} \omega_{\mathrm{p}}(s) \tag{7-70}$$

经反拉普拉斯变换，有

$$q_{\mathrm{i}}(t) = D_{\mathrm{p}} \omega_{\mathrm{p}}(t) \tag{7-71}$$

$$p_1(t) = \frac{1}{C_{\mathrm{tp}}} q_{\mathrm{p1}}(t) \tag{7-72}$$

$$\dot{p}_1(t) = \frac{\beta_{\mathrm{e}}}{V_{\mathrm{p}}} q_{\mathrm{p2}}(t) \tag{7-73}$$

根据阻抗型模拟建立定量泵阻抗模型。在阻抗型模拟中，液阻表征管内流体流动时所受的阻力，即

$$液阻\ R_{\mathrm{y}} = \frac{压力差变化}{流量变化}\frac{\mathrm{N/m}^2}{\mathrm{m}^3/\mathrm{s}} = \frac{p}{q}$$

液容表征流体及元件的压缩变形，即

$$液容\ C_y = \frac{流量变化}{压力变化率}\frac{m^3/s}{(N/m^2)/s} = \frac{q}{\dot{p}}$$

液感表征流体流动的惯性，即

$$液感\ L_y = \frac{压力变化}{流量变化率}\frac{N/m^2}{(m^3/s)/s} = \frac{p}{\dot{q}}$$

由以上分析可知，定量泵中，用液阻、液容、液感表示有

$$R_p = \frac{p_1(t)}{q_{p1}(t)} = \frac{1}{C_{tp}} \tag{7-74}$$

$$C_p = \frac{q_{p2}(t)}{\dot{p}_1(t)} = \frac{V_p}{\beta_e} \tag{7-75}$$

经上述分析，定量泵阻抗模型模拟框图如图 7-21 所示。

图 7-21　定量泵阻抗模型模拟框图

7.2.1.2　管道特征阻抗

管路的传播特性与其自身的特征阻抗息息相关，而这个参数的值从波动方程中而来。利用双曲函数关系式，式（7-25）还可写为

$$\begin{cases} P(x,s) = k_1 e^{-\chi(s)x} + k_2 e^{\chi(s)x} \\ Q(x,s) = \dfrac{k_1}{Z_c(s)} e^{-\chi(s)x} - \dfrac{k_2}{Z_c(s)} e^{\chi(s)x} \end{cases} \tag{7-76}$$

式中　k_1——输入波系数，可由管路边界条件求得；

k_2——反射波系数，可由管路边界条件求得。

无反射波时有 $k_2 = 0$，则有

$$\frac{P(x,s)}{Q(x,s)} = Z_c(s) \tag{7-77}$$

由式（7-77）可见，此时的 $Z_c(s)$ 与 x 无关。因而对无反射的等截面均匀流体传输管道，比值 $\dfrac{P(x,s)}{Q(x,s)}$ 在管道上任一点均是相同的，并为一复数值，完全由参数 R_y、L_y、G_y、C_y 所决定，由串联阻抗 $Z(s)$ 与并联导纳 $Y(s)$ 表示。

在线性摩擦理论模型中，特征阻抗为

$$Z_c(s) = \sqrt{Z_{yc}(s)/Y_{yb}(s)} = \frac{\rho_{ye} v_{ya}}{A_g} \sqrt{1 + \frac{8\pi\mu}{\rho_{ye} A_g s}} = \frac{\chi(s)}{\left(\dfrac{A_g}{\rho_{ye} v_{ya}^2}\right) s} \tag{7-78}$$

7.2.1.3　负载阻抗

同源阻抗，负载阻抗指的是管路下游的压力流量情况，用它们的比值表示为

$$Z_R(s) = \frac{P_2(s)}{Q_2(s)} \tag{7-79}$$

负载阻抗在整个系统的分析过程中占据重要的地位，因为在我们要研究的系统中，管路下游的边界元件，往往都是已经知道的，我们能够根据元件的工作原理，求取出它的阻抗方

程，即系统的负载阻抗，进而进行分析。下面列出实际流体工程中，常见的一些边界元件。

1. 常见元件负载阻抗

（1）开端管路

如果管路的负载端通往大气，则 $P_2(s) = 0$，此时负载阻抗为

$$Z_R(s) = \frac{P_2(s)}{Q_2(s)} = 0 \tag{7-80}$$

（2）闭端管路

如果管路的负载端封闭，则 $Q_2(s) = 0$，此时的负载阻抗为

$$Z_R(s) = \frac{P_2(s)}{Q_2(s)} = \infty \tag{7-81}$$

（3）容腔

如果管路的下游出口连接的是一个容腔，那么我们可以想象这个容腔从很小很小变化至很大很大，那就相当于这个管路的出口端从封闭变化至敞开。而如果容腔的长度远小于断面尺寸，则液感与液阻的值都很小，更突出的是液容的作用。设容腔容积为 V_c，组合体积弹性模量为 K_e，则压力流量增量表示为

$$Q(s) = \frac{V_c}{K_e} s P(s) \tag{7-82}$$

因此，负载阻抗为

$$Z_R(s) = \frac{K_e}{V_e s} \tag{7-83}$$

（4）固定节流孔

如果在管路的负载端有一固定节流孔，通过节流孔的压力与流量并不是线性化关系，但经微增量的方法进行线性化之后有

$$Q(s) = K_2 P(s) \tag{7-84}$$

式中　K_2——工作点位置所对应的系数，根据理论计算或实际经验给出。

对于常规的阀门（比如节流阀等），也可用固定节流孔的模型代替而得其负载阻抗方程。

（5）液压缸

如果管路负载端连接一液压缸，如图 7-22 所示。

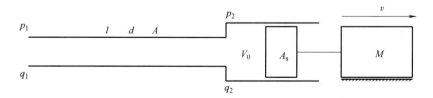

图 7-22　液压缸系统

液压缸的流量连续性方程与运动方程为

$$Q_2(s) = A_s V(s) + \left(C_s + \frac{V_0}{K_e} s \right) P_2(s) \tag{7-85}$$

$$P_2(s) A_s = (Ms + B_s) V(s) \tag{7-86}$$

式中　A_s——液压缸活塞面积，单位为 m^2；

$\quad V$——活塞运动速度，单位为 m/s；

$\quad C_s$——泄漏系数，单位为 $\text{m}^3/(\text{s} \cdot \text{Pa})$；

$\quad V_0$——液压缸活塞左边流体容积，单位为 m^3；

$\quad M$——活塞质量，单位为 kg；

$\quad B_s$——黏性阻力系数，单位为 $\text{N} \cdot \text{m}/(\text{rad/s})$。

所以，此时管道的负载阻抗为

$$Z_R(s) = \cfrac{1}{\cfrac{A_s^2}{Ms + B_s} + C_s + \cfrac{V_0}{K_e} s} \tag{7-87}$$

2. 机组负载阻抗

在液压型落地式风力发电机组中，液压长管路的出口端为变量马达负载阻抗。联立式（2-60）与式（2-61），可得

$$Q_{m1}(s) = \left(K_{m1}\omega_{m10} + \frac{K_{m1}^2 \gamma_{01} p_{m0}}{J_{m1}s + B_{m1}} \right) \gamma_1(s) + \\ \left(\frac{K_{m1}^2 \gamma_{01}^2}{J_{m1}s + B_{m1}} + C_{tm1} + \frac{V_{m1}}{\beta_e} s \right) P_m(s) - \frac{K_{m1}\gamma_{01}}{J_{m1}s + B_{m1}} T_{m1} \tag{7-88}$$

在变量马达摆角恒定的情况下进行研究，即 $\gamma_1(s) = 0$，此时式（7-88）变为

$$Q_{m1}(s) = \left(\frac{K_{m1}^2 \gamma_{01}^2}{J_{m1}s + B_{m1}} + C_{tm1} + \frac{V_{m1}}{\beta_e} s \right) P_m(s) - \frac{K_{m1}\gamma_{01}}{J_{m1}s + B_{m1}} T_{m1} \tag{7-89}$$

由式（7-89）可得马达流量可分为三部分，分别是

$$Q_{m1}(s) = \frac{K_{m1}^2 \gamma_{01}^2}{J_{m1}s + B_{m1}} P_m(s) - \frac{K_{m1}\gamma_{01}}{J_{m1}s + B_{m1}} T_{m1} \tag{7-90}$$

$$Q_{m2}(s) = C_{tm1} P_m(s) \tag{7-91}$$

$$Q_{m3}(s) = \frac{V_{m1}}{\beta_e} s P_m(s) \tag{7-92}$$

经反拉普拉斯变换，有

$$p_m(t) - p_o = \frac{J_{m1}}{K_{m1}^2 \gamma_{01}^2} \dot{q}_{m1}(t) + \frac{B_{m1}}{K_{m1}^2 \gamma_{01}^2} q_{m1}(t) \tag{7-93}$$

$$p_m(t) = \frac{1}{C_{tm1}} q_{m2}(t) \tag{7-94}$$

$$\dot{p}_m(t) = \frac{\beta_e}{V_{m1}} q_{m3}(t) \tag{7-95}$$

其中，$p_o = \dfrac{1}{K_{m1}\gamma_{01}} T_{m1}$。由以上分析可知，变量马达的电模拟相当于并联电路，其中，

式（7-93）又为

$$p_{\mathrm{m}}(t) - p_{\mathrm{o}} = p_{\mathrm{m1}}(t) + p_{\mathrm{m2}}(t) \tag{7-96}$$

即

$$p_{\mathrm{m1}}(t) = \frac{J_{\mathrm{m1}}}{K_{\mathrm{m1}}^2 \gamma_{01}^2} \dot{q}_{\mathrm{m1}}(t) \tag{7-97}$$

$$p_{\mathrm{m2}}(t) = \frac{B_{\mathrm{m1}}}{K_{\mathrm{m1}}^2 \gamma_{01}^2} q_{\mathrm{m1}}(t) \tag{7-98}$$

以上两点为串联支路。

根据阻抗型模拟建立马达数学模型。由以上分析可知，变量马达中，用液阻、液容、液感表示有

$$R_{\mathrm{m}} = \frac{p_{\mathrm{m}}(t)}{q_{\mathrm{m2}}(t)} = \frac{1}{C_{\mathrm{tm1}}} \tag{7-99}$$

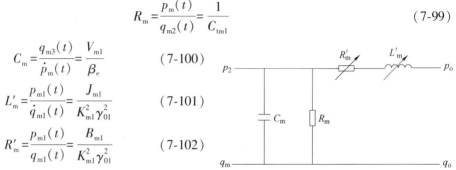

$$C_{\mathrm{m}} = \frac{q_{\mathrm{m3}}(t)}{\dot{p}_{\mathrm{m}}(t)} = \frac{V_{\mathrm{m1}}}{\beta_{\mathrm{e}}} \tag{7-100}$$

$$L_{\mathrm{m}}' = \frac{p_{\mathrm{m1}}(t)}{\dot{q}_{\mathrm{m1}}(t)} = \frac{J_{\mathrm{m1}}}{K_{\mathrm{m1}}^2 \gamma_{01}^2} \tag{7-101}$$

$$R_{\mathrm{m}}' = \frac{p_{\mathrm{m1}}(t)}{q_{\mathrm{m1}}(t)} = \frac{B_{\mathrm{m1}}}{K_{\mathrm{m1}}^2 \gamma_{01}^2} \tag{7-102}$$

图 7-23　变量马达阻抗型模拟框图

经上述分析，变量马达阻抗型模拟框图如图 7-23 所示。

机组运行过程中，调整变量马达摆角，可调整上述液感与液阻的值。

7.2.2　液压型落地式风力发电机组整机流体网络阻抗数学模型

阻抗分析法就是以系统中存在的阻性、容性及感性参数对系统进行动力学分析，其中阻性表征因流体黏性导致的能量损失，容性主要是将动能转变为势能，而感性是将势能转换为动能存储起来，而能量间的往复转换，就会带来振荡问题。所以针对系统流体传动的过程，建立流体网络阻抗数学模型，从压力与流量的角度分析其特性，主要的研究手段有源阻抗方程及压力比传递方程。

根据元件阻抗模型建立机组流体网络阻抗数学模型，模型简图如图 7-24 所示。

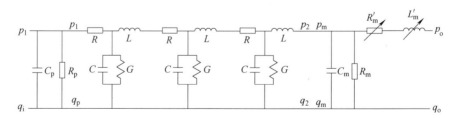

图 7-24　机组整体阻抗数学模型简图

究其根本，阻抗都是在表征流量与压力变化量之间的关系，在整个液压系统中，流量的传输伴随着压力的传递，所以系统的源阻抗、管路特征阻抗及负载阻抗是相互关联的，后两

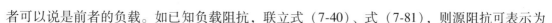

者可以说是前者的负载。如已知负载阻抗，联立式（7-40）、式（7-81），则源阻抗可表示为

$$Z_s(s) = \frac{P_1(s)}{Q_p(s)} = \frac{Z_R(s)\operatorname{ch}\Gamma(s) + Z_c(s)\operatorname{sh}\Gamma(s)}{\operatorname{ch}\Gamma(s) + \dfrac{Z_R(s)}{Z_c(s)}\operatorname{sh}\Gamma(s)} \tag{7-103}$$

除此之外，机组的管道传输中不涉及液压能与机械能的转换，管道传输的是流量与压力，这也是需要关注的变化量，但由于动态流量的监测不是那么容易的，而相较之下，压力值的监测与分析都十分方便，所以研究管道系统动态特性，压力传输方程是主要手段之一。管道的压力比频率特性反映了管道输出端压力与输入端压力在频域内的传递特性，它主要取决于管道自身的特征阻抗及负载阻抗，所以用阻抗形式表示管道压力比传输，联立式（7-40）和式（7-81）得压力比传递方程为

$$G_p(s) = \frac{P_2(s)}{P_1(s)} = \frac{1}{\operatorname{ch}\Gamma(s) + \dfrac{Z_c(s)}{Z_R(s)}\operatorname{sh}\Gamma(s)} \tag{7-104}$$

依据上述分析建立流体网络传递矩阵方程，支路图如图 7-25 所示。

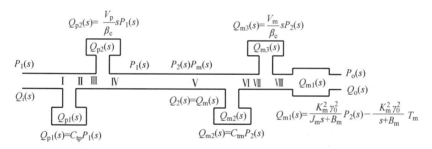

图 7-25　流体网络支路图

将机组流体网络阻抗数学模型分节点表示，共分为八个节点，对于节点 I 与节点 II 有

$$\begin{cases} P_1(s) = P_{II}(s) = P_1(s) \\ Q_1(s) = Q_i(s) = Q_{p1}(s) + Q_{II}(s) = C_{tp}P_1(s) + Q_{II}(s) \end{cases} \tag{7-105}$$

因此有

$$\begin{pmatrix} P_1(s) \\ Q_1(s) \end{pmatrix} = \begin{pmatrix} 1 & 0 \\ C_{tp} & 1 \end{pmatrix} \begin{pmatrix} P_{II}(s) \\ Q_{II}(s) \end{pmatrix} = A_I \begin{pmatrix} P_{II}(s) \\ Q_{II}(s) \end{pmatrix} \tag{7-106}$$

对于节点 II 与节点 III 有

$$\begin{cases} P_{II}(s) = P_{III}(s) \\ Q_{II}(s) = Q_{III}(s) \end{cases} \tag{7-107}$$

因此有

$$\begin{pmatrix} P_{II}(s) \\ Q_{II}(s) \end{pmatrix} = \begin{pmatrix} 1 & 0 \\ 0 & 1 \end{pmatrix} \begin{pmatrix} P_{III}(s) \\ Q_{III}(s) \end{pmatrix} = A_{II} \begin{pmatrix} P_{III}(s) \\ Q_{III}(s) \end{pmatrix} \tag{7-108}$$

对于节点 III 与节点 IV 有

$$\begin{cases} P_{III}(s) = P_{IV}(s) \\ Q_{III}(s) = Q_{p2}(t) + Q_{IV}(s) = \dfrac{V_p}{\beta_e}sP_1(s) + Q_{IV}(s) \end{cases} \tag{7-109}$$

因此有

$$\begin{pmatrix} P_{\text{III}}(s) \\ Q_{\text{III}}(s) \end{pmatrix} = \begin{pmatrix} 1 & 0 \\ \dfrac{V_{\text{p}}}{\beta_{\text{e}}}s & 1 \end{pmatrix} \begin{pmatrix} P_{\text{IV}}(s) \\ Q_{\text{IV}}(s) \end{pmatrix} = A_{\text{III}} \begin{pmatrix} P_{\text{IV}}(s) \\ Q_{\text{IV}}(s) \end{pmatrix} \tag{7-110}$$

对于节点Ⅳ与节点Ⅴ之间为液压长管路，同式（7-40），即

$$\begin{pmatrix} P_{\text{IV}}(s) \\ Q_{\text{IV}}(s) \end{pmatrix} = \begin{pmatrix} \text{ch}\Gamma(s) & Z_{\text{c}}(s)\text{sh}\Gamma(s) \\ \dfrac{1}{Z_{\text{c}}(s)}\text{sh}\Gamma(s) & \text{ch}\Gamma(s) \end{pmatrix} \begin{pmatrix} P_{\text{V}}(s) \\ Q_{\text{V}}(s) \end{pmatrix} = A_{\text{IV}} \begin{pmatrix} P_{\text{V}}(s) \\ Q_{\text{V}}(s) \end{pmatrix} \tag{7-111}$$

对于节点Ⅴ与节点Ⅵ有

$$\begin{cases} P_{\text{V}}(s) = P_{\text{VI}}(s) \\ Q_{\text{V}}(s) = Q_{\text{m2}}(s) + Q_{\text{VI}}(s) = C_{\text{tm}}P_{\text{VI}}(s) + Q_{\text{VI}}(s) \end{cases} \tag{7-112}$$

因此有

$$\begin{pmatrix} P_{\text{V}}(s) \\ Q_{\text{V}}(s) \end{pmatrix} = \begin{pmatrix} 1 & 0 \\ C_{\text{tm}} & 1 \end{pmatrix} \begin{pmatrix} P_{\text{VI}}(s) \\ Q_{\text{VI}}(s) \end{pmatrix} = A_{\text{VI}} \begin{pmatrix} P_{\text{VI}}(s) \\ Q_{\text{VI}}(s) \end{pmatrix} \tag{7-113}$$

对于节点Ⅵ与节点Ⅶ，参考节点Ⅱ与节点Ⅲ有

$$\begin{pmatrix} P_{\text{VI}}(s) \\ Q_{\text{VI}}(s) \end{pmatrix} = \begin{pmatrix} 1 & 0 \\ 0 & 1 \end{pmatrix} \begin{pmatrix} P_{\text{VII}}(s) \\ Q_{\text{VII}}(s) \end{pmatrix} = A_{\text{VI}} \begin{pmatrix} P_{\text{VII}}(s) \\ Q_{\text{VII}}(s) \end{pmatrix} \tag{7-114}$$

对于节点Ⅶ与节点Ⅷ有

$$\begin{cases} P_{\text{VII}}(s) = P_{\text{VIII}}(s) \\ Q_{\text{VII}}(s) = Q_{\text{m3}}(s) + Q_{\text{VIII}}(s) = \dfrac{V_{\text{m}}}{\beta_{\text{e}}}sP_{\text{m}}(s) + Q_{\text{VIII}}(s) \end{cases} \tag{7-115}$$

因此有

$$\begin{pmatrix} P_{\text{VII}}(s) \\ Q_{\text{VII}}(s) \end{pmatrix} = \begin{pmatrix} 1 & 0 \\ \dfrac{V_{\text{m1}}}{\beta_{\text{e}}}s & 1 \end{pmatrix} \begin{pmatrix} P_{\text{VIII}}(s) \\ Q_{\text{VIII}}(s) \end{pmatrix} = A_{\text{VII}} \begin{pmatrix} P_{\text{VIII}}(s) \\ Q_{\text{VIII}}(s) \end{pmatrix} \tag{7-116}$$

对于节点Ⅷ有 $P_{\text{VIII}}(s) = P_{\text{m}}(s)$，$Q_{\text{VIII}}(s) = Q_{\text{m1}}(s)$，即

$$\begin{pmatrix} P_{\text{VIII}}(s) \\ Q_{\text{VIII}}(s) \end{pmatrix} = \begin{pmatrix} 1 & 0 \\ 0 & 1 \end{pmatrix} \begin{pmatrix} P_{\text{m}}(s) \\ Q_{\text{m1}}(s) \end{pmatrix} = A_{\text{VIII}} \begin{pmatrix} P_{\text{m}}(s) \\ Q_{\text{m1}}(s) \end{pmatrix} \tag{7-117}$$

对于马达输出有

$$\begin{pmatrix} P_{\text{m}}(s) \\ Q_{\text{m1}}(s) \end{pmatrix} = \begin{pmatrix} 1 & \dfrac{J_{\text{m1}}s + B_{\text{m1}}}{K_{\text{m1}}^2 \gamma_{01}^2} \\ 0 & 1 \end{pmatrix} \begin{pmatrix} P_{\text{o}} \\ Q_{\text{o}} \end{pmatrix} = A_{\text{o}} \begin{pmatrix} P_{\text{o}} \\ Q_{\text{o}} \end{pmatrix} \tag{7-118}$$

通过以上推导，可以求出定量泵输入端经液压长管路至比例节流阀-变量马达输出端任意节点的传递矩阵，便于分析其传输特性。

7.2.3　液压型落地式风力发电机组频率特性分析

液压型落地式风力发电机组运行过程中，压力与流量是两个很重要的参量，对于机组正

常运行，转速也是机组并网发电所必需的控制参量之一。所以，对液压型落地式风力发电机组的运行特性进行频域分析时，主要从管路终端压力与马达转速两个方面进行研究工作。本节的具体内容包括：机组压力比方程、管路出口压力-负载力矩传递函数、转速比传递方程及马达转速-负载力矩传递函数推导、管路因素及负载阻抗因素对系统传递函数的影响作用分析。

7.2.3.1　液压长管路系统参数归一化处理

研究具有长管路结构的系统，可能关注输入特性、传递特性或者输出特性，而现在主要是研究传递特性，即施加输入信号时输出的情况。在传递过程中，首先要经过的就是长管路，所以它的阻抗特性影响作用很大，研究中，可以用阻尼比来表征。除此之外，流体推动负载做功，这是一个系统的最终目的，所以负载所具有的阻抗特性也对传递有很大影响。在本节中，变量马达作为负载，旋转做功，其由阻性、感性及容性特征组成。

（1）管道阻尼比

由于管内流体黏性摩擦的结果，管道阻尼比对压力比频率特性影响较大，其值有关于管路的特征频率与黏性特征频率，也有关于管路的耗散数。管路阻尼比为

$$\xi=\frac{\omega_{nv}}{2\omega_c}=\frac{16vl_g}{v_{ya}d_g^2} \tag{7-119}$$

其中

$$\omega_{nv}=\frac{32v}{d_g^2}$$

式中　ω_{nv}——黏性特征频率，管道频率特征分析中区分高低频的界限，单位为 rad。

管路特征频率为

$$\omega_c=\frac{v_{ya}}{l_g} \tag{7-120}$$

正则频率为

$$\omega_Z=\frac{\omega}{\omega_c} \tag{7-121}$$

对于 $8\pi\mu/(\rho_{ye}A_g\omega)$ 有

$$\frac{8\pi\mu}{\rho_{ye}A_g\omega}=\frac{8\pi\rho_{ye}v}{\rho_{ye}\frac{\pi}{4}d_g^2\omega}=\frac{32v}{d_g^2\omega}=\frac{2\times16vl_g}{v_{ya}d_g^2\omega}\frac{v_{ya}}{l_g}=\frac{2\xi}{\omega}\frac{a}{l_g}=\frac{2\xi}{\frac{\omega}{\omega_c}}=\frac{2\xi}{\omega_Z} \tag{7-122}$$

代入式（7-42）与式（7-43），有

$$\alpha l_g=\omega_Z\left[1+\left(\frac{2\xi}{\omega_Z}\right)^2\right]^{\frac{1}{4}}\sin\left[\frac{1}{2}\left(\arctan\frac{2\xi}{\omega_Z}\right)\right] \tag{7-123}$$

$$\beta l_g=\omega_Z\left[1+\left(\frac{2\xi}{\omega_Z}\right)^2\right]^{\frac{1}{4}}\cos\left[\frac{1}{2}\left(\arctan\frac{2\xi}{\omega_Z}\right)\right] \tag{7-124}$$

所以有

$$ch\Gamma(j\omega)=\cos[j\Gamma(j\omega)]=\cos(\beta l-j\alpha l)=\cos[\omega_Z f(\alpha,\beta)] \tag{7-125}$$

$$sh\Gamma(j\omega)=-j\sin[j\Gamma(j\omega)]=j\sin(\beta l-j\alpha l)=j\sin[\omega_Z f(\alpha,\beta)] \tag{7-126}$$

$$Z_c(j\omega)=\frac{\rho_{ye}v_{ya}^2\chi(j\omega)}{A_g j\omega}=\frac{\rho_{ye}v_{ya}}{A_g j}g(\alpha,\beta) \tag{7-127}$$

上式中，

$$f(\alpha,\beta) = \left[1+\left(\frac{2\xi}{\omega_Z}\right)^2\right]^{\frac{1}{4}}\cos\left[\frac{1}{2}\left(\arctan\frac{2\xi}{\omega_Z}\right)\right] - j\left[1+\left(\frac{2\xi}{\omega_Z}\right)^2\right]^{\frac{1}{4}}\sin\left[\frac{1}{2}\left(\arctan\frac{2\xi}{\omega_Z}\right)\right] \tag{7-128}$$

$$g(\alpha,\beta) = \left[1+\left(\frac{2\xi}{\omega_Z}\right)^2\right]^{\frac{1}{4}}\sin\left[\frac{1}{2}\left(\arctan\frac{2\xi}{\omega_Z}\right)\right] + j\left[1+\left(\frac{2\xi}{\omega_Z}\right)^2\right]^{\frac{1}{4}}\cos\left[\frac{1}{2}\left(\arctan\frac{2\xi}{\omega_Z}\right)\right] \tag{7-129}$$

（2）马达阻性

探究马达阻性对压力比频率特性的影响，采用马达阻抗中阻性支路参数与管道特征阻抗中阻性参数之比作为特征参数。管路特征阻抗中阻性参数为

$$R = \frac{8\pi\mu l_g}{A_g^2} \tag{7-130}$$

马达阻抗中的阻性支路参数为 $R_m = p_2(t)/q_{m2}(t) = 1/C_{tm1}$，所以，特征参数表示为

$$\frac{R_m}{R} = \frac{A_g^2}{8\pi\mu l_g C_{tm1}} \tag{7-131}$$

（3）马达容性

探究马达容性对压力比频率特性的影响，采用马达阻抗中容性支路参数与管道特征阻抗中容性参数之比作为特征参数。管道特征阻抗中容性参数为

$$C = \frac{A_g l_g}{\beta_e} \tag{7-132}$$

马达阻抗中的容性支路参数为 $C_m = \dfrac{V_{m1}}{\beta_e}$，所以，特征参数表示为

$$\frac{C_m}{C} = \frac{V_{m1}}{A_g l_g} \tag{7-133}$$

（4）马达可调感性

研究马达可调感性对压力比频率特性的影响，采用马达阻抗中支路可调感性参数与管道特征阻抗中感性参数之比作为特征参数。管道特征阻抗中感性参数为

$$L'_m = \frac{J_{m1}}{K_{m1}^2 \gamma_0^2} \tag{7-134}$$

改变变量马达摆角可调阻抗感抗值。管道特征阻抗中感性参数为 $L = \rho_{ye} l_g / A_g$，两者之比为

$$\frac{L'_m}{L} = \frac{J_{m1} A_g}{K_{m1}^2 \gamma_0^2 \rho_{ye} l_g} \tag{7-135}$$

（5）马达可调阻性

研究马达可调阻性对压力比频率特性的影响，采用马达阻抗中支路可调阻性参数与管道特征阻抗中感性参数之比作为特征参数。改变变量马达摆角可调阻抗值。特征参数表示为

$$\frac{R'_m}{R} = \frac{B_{m1} A_g^2}{8\pi\mu l_g K_{m1}^2 \gamma_0^2} \tag{7-136}$$

7.2.3.2　液压型落地式风力发电机组长管路系统压力特性分析

液压型落地式风力发电机组采用径向柱塞式定量泵作为能量输入端，该泵输出的流量都是不稳定的，不稳定的原因包括它自身的结构因素，也包括运行原理因素。在液压传动中，与流量的振荡形影相随的就是压力的振荡，所以对这些参量的监控就很有必要。但长管路的系统中，各个点的动态都不是一成不变的，而我们所关心的主要就是管路下游输出的部分，因为这部分连接的就是系统的执行机构，其他部分可以通过添加管夹等措施防止破裂就好。

所以，针对液压长管路系统，以管路终端压力为重点，研究管路系统压力特性，并进行仿真验证。

将流体传输管道动态特性基本方程式（7-40）进行变形为

$$\begin{pmatrix} Q_p(s) \\ Q_2(s) \end{pmatrix} = \begin{pmatrix} \dfrac{\mathrm{ch}\Gamma(s)}{Z_c(s)\mathrm{sh}\Gamma(s)} & -\dfrac{1}{Z_c(s)\mathrm{sh}\Gamma(s)} \\ \dfrac{1}{Z_c(s)\mathrm{sh}\Gamma(s)} & -\dfrac{\mathrm{ch}\Gamma(s)}{Z_c(s)\mathrm{sh}\Gamma(s)} \end{pmatrix} \begin{pmatrix} P_1(s) \\ P_2(s) \end{pmatrix} \tag{7-137}$$

变量马达摆角给定恒定值时，马达流量与压力之间的关系为

$$Q_m(s) = \left(\frac{K_{m1}^2 \gamma_{01}^2}{J_{m1}s + B_{m1}} + C_{tm1} + \frac{V_{m1}}{\beta_e}s \right) P_m(s) - \frac{K_{m1}\gamma_{01}}{J_{m1}s + B_{m1}} T_{m1}(s) \tag{7-138}$$

联立式（7-111）、式（7-113）、式（7-116）及式（7-118），可得

$$P_1(s) = \left[\mathrm{ch}\Gamma(s) + \left(C_{tm1} + \frac{V_{m1}}{\beta_e}s + \frac{K_{m1}^2 \gamma_{01}^2}{J_{m1}s + B_{m1}} \right) Z_c(s)\mathrm{sh}\Gamma(s) \right] P_2(s) - \\ \frac{K_{m1}^2 \gamma_{01}^2}{J_{m1}s + B_{m1}} Z_c(s)\mathrm{sh}\Gamma(s) \cdot \frac{1}{K_{m1}\gamma_{01}} T_{m1}(s) \tag{7-139}$$

由式（7-139）可求得管路出口压力对管路入口压力的传递函数即压力比，与管路出口压力对外负载转矩的传递函数，即为

$$G_P(s) = \frac{P_2(s)}{P_1(s)} = \frac{\dfrac{1}{Z_c(s)\mathrm{sh}\Gamma(s)}}{\dfrac{K_{m1}^2 \gamma_{01}^2}{J_{m1}s + B_{m1}} + \dfrac{V_{m1}}{\beta_e}s + C_{tm1} + \dfrac{\mathrm{ch}\Gamma(s)}{Z_c(s)\mathrm{sh}\Gamma(s)}} \tag{7-140}$$

$$G_{PT}(s) = \frac{P_2(s)}{T_{m1}(s)} = \frac{\dfrac{K_{m1}\gamma_{01}}{J_{m1}s + B_{m1}}}{\dfrac{K_{m1}^2 \gamma_{01}^2}{J_{m1}s + B_{m1}} + \dfrac{V_{m1}}{\beta_e}s + C_{tm1} + \dfrac{\mathrm{ch}\Gamma(s)}{Z_c(s)\mathrm{sh}\Gamma(s)}} \tag{7-141}$$

7.2.3.3　液压长管路系统压力比传递特性的影响分析

首先对系统的压力比传递方程进行研究，将压力比传递方程改写成正则频率、管道阻尼比、负载阻性、容性及感性的函数。将式（7-138）进行归一化处理，表示为

$$G_P(s) = \frac{1}{\cos(\omega_Z f) + \left(\dfrac{1}{\mathrm{j}\omega_Z \cdot L'_m/L + 2\xi \cdot R'_m/R} + \mathrm{j}\omega_Z \cdot \dfrac{C_m}{C} + \dfrac{R}{2\xi R_m} \right) g(\alpha, \beta) \sin(\omega_Z f)} \tag{7-142}$$

由式（7-142）可知，压力比传递方程 $G_P(s)$ 可表示为

$$G_{\mathrm{P}}(s) = \frac{1}{\cos\varphi + \lambda\,\mathrm{j}\sin\varphi} \qquad (7\text{-}143)$$

其中，$\lambda = \dfrac{Z_{\mathrm{c}}(\mathrm{j}\omega)}{Z_{\mathrm{R}}(\mathrm{j}\omega)} = \dfrac{1}{\mathrm{j}}\left(\dfrac{1}{\mathrm{j}\omega_{\mathrm{Z}}\cdot L'_{\mathrm{m}}/L + 2\xi\cdot R'_{\mathrm{m}}/R} + \mathrm{j}\omega_{\mathrm{Z}}\cdot\dfrac{C_{\mathrm{m}}}{C} + \dfrac{R}{2\xi R_{\mathrm{m}}}\right)g(\alpha,\beta)$，$\varphi = \omega_{\mathrm{Z}}f(\alpha,\beta)$，

并可求得

$$|G_{\mathrm{P}}(s)| = \sqrt{\frac{1}{\cos^2\varphi + \lambda^2\sin^2\varphi}} \qquad (7\text{-}144)$$

可见，系统阻抗参数中，马达阻性、马达容性、马达可调阻性及马达可调感性都会对压力比传递幅值产生影响。接下来对管路因素与负载阻抗因素进行仿真研究。

根据 24kV·A、48kV·A、60kV·A 液压型风力发电机组试验平台确定仿真参数，见表 7-3。

表 7-3　系统参数值

序号	符号	名称	数值	单位
1	K_{m1}	变量马达排量梯度	6.3662×10^{-6}	$\mathrm{m^3/rad}$
2	ρ_{ye}	液压油密度	860	$\mathrm{kg/m^3}$
3	γ_{01}	摆角初始值	0.42	100%
4	β_{e}	油液体积弹性模量	7.43×10^8	Pa
5	μ	油液动力黏度	0.03956	$\mathrm{N\cdot s/m^2}$
6	J_{m1}	变量马达端等效转动惯量	0.462	$\mathrm{kg\cdot m^2}$
7	B_{m1}	变量马达黏性阻尼系数	0.0345	$\mathrm{N\cdot m/(rad/s)}$
8	d_{g}	管径	22×10^{-3}	m
9	l_{g}	管长	30	m
10	C_{tp}	泵泄漏系数	4.28×10^{-12}	$\mathrm{m^3/(s\cdot Pa)}$
11	C_{tm1}	马达泄漏系数	2.28×10^{-12}	$\mathrm{m^3/(s\cdot Pa)}$
12	J_{p}	定量泵端等效转动惯量	400	$\mathrm{kg\cdot m^2}$
13	D_{p}	定量泵排量	63	ml/r
14	B_{p}	定量泵黏性阻尼系数	0.4	$\mathrm{N\cdot m/(rad/s)}$

（1）马达阻性的影响

以 $(R_{\mathrm{m}}/R)_0 = 3543$ 为基数，调整泄漏参数，使阻性特征参数分别为 ∞、$10^8(R_{\mathrm{m}}/R)_0$、$10^2(R_{\mathrm{m}}/R)_0$、$(R_{\mathrm{m}}/R)_0$、$10^{-1}(R_{\mathrm{m}}/R)_0$ 及 $10^{-8}(R_{\mathrm{m}}/R)_0$，进行仿真研究，并取第三阶谐振点为例进行分析。仿真结果如图 7-26 所示。

由图 7-26 可知，如果变量马达的泄漏系数可以在一定范围内变化的话，当受泄漏所影响的马达阻性由 $R_{\mathrm{m}}/R = \infty$ 逐渐减小到 $R_{\mathrm{m}}/R = 10^{-1}(R_{\mathrm{m}}/R)_0$ 时，系统压力比传递的第三阶谐振点的幅值由 28.38 衰减至 22.47，发生谐振的正则频率基本没有变化，但将马达阻性大幅度减小至 $R_{\mathrm{m}}/R = 10^{-8}(R_{\mathrm{m}}/R)_0$ 时，谐振幅值发生了很大变化，并且谐振频率从 $\pi/2$ 的奇数倍逐渐向偶数倍转变。

可见，随着马达负载阻性的减小，压力比传递谐振幅值逐渐降低，当大幅度减小时，谐振幅值变化会很明显。因为在流量波动传输到马达处，因阻性减小，相同的压力变化会造成

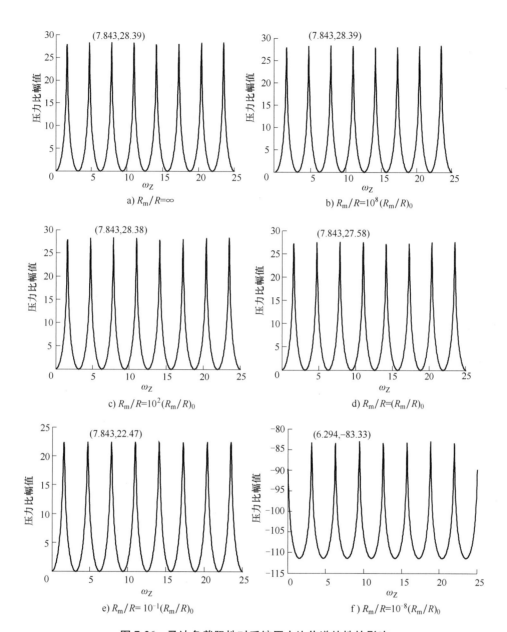

图 7-26　马达负载阻性对系统压力比传递特性的影响

更多的流量泄漏，流量波动会比较容易释放出去，以此来减少谐振幅值；并且，阻性变得很小的时候，即为泄漏变得很大，此时负载参数中阻性的影响作用越来越大，在压力比传输中，$sh\Gamma(j\omega)$ 项的作用就会越来越明显，所以引起了谐振频率的变化，说明在负载以阻性为主的系统中，它的影响是介乎于闭端负载与开端负载之间的。

（2）马达容性的影响

以 $(C_m/C)_0 = 0.0014$ 为基数，调整容积参数，使容性特征参数分别为 0、$10^{-2}(C_m/C)_0$、$(C_m/C)_0$、$10^2(C_m/C)_0$、$10^3(C_m/C)_0$ 及 $10^4(C_m/C)_0$，进行仿真研究，并取第三阶谐振点为例进行分析。仿真结果如图 7-27 所示。

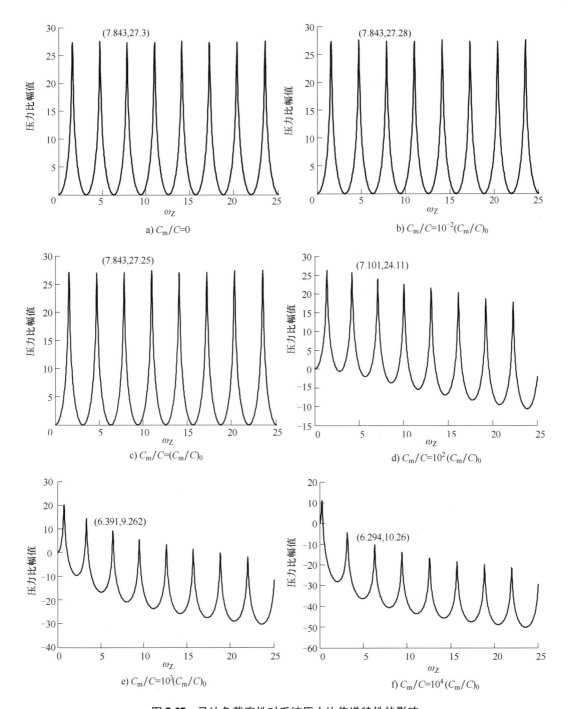

a) $C_m/C=0$

b) $C_m/C=10^{-2}(C_m/C)_0$

c) $C_m/C=(C_m/C)_0$

d) $C_m/C=10^2(C_m/C)_0$

e) $C_m/C=10^3(C_m/C)_0$

f) $C_m/C=10^4(C_m/C)_0$

图 7-27　马达负载容性对系统压力比传递特性的影响

由图 7-27 可知，改变变量马达的容腔参数，会引起负载容性的变化，当负载容性由 $C_m/C=0$ 逐渐增大到 $C_m/C=(C_m/C)_0$ 时，系统压力比传递的幅值会由 27.3 衰减到 27.25，此时，负载容性对压力比传递幅值的影响并不明显，但当该容腔逐渐增大，仿真中选取增大至 $C_m/C=10^4(C_m/C)_0$，我们会看到谐振幅值衰减得很明显，尤其在高频段，并且谐振的正则频率也在明显变化，同样由 $\pi/2$ 的奇数倍向偶数倍转变。

其实，负载容腔相当于容性消振器，利用其压缩性，将能量转化为势能存储起来，吸收振动，从而减小压力比传递的谐振幅值，尤其在高频段，容性性质会表现得更加明显。但在本课题研究的系统中负载容腔参数并不大，影响不会很明显。

（3）马达可调阻性的影响

以 $(R'_m/R)_0 = 38.9837$ 为基数，调整黏性参数，使阻性特征参数分别为 0、$10^{-1}(R'_m/R)_0$、$(R'_m/R)_0$、$10^2(R'_m/R)_0$、$10^4(R'_m/R)_0$ 及 $10^8(R'_m/R)_0$，进行仿真研究，并取第三阶谐振点为例进行分析。仿真结果如图 7-28 所示。

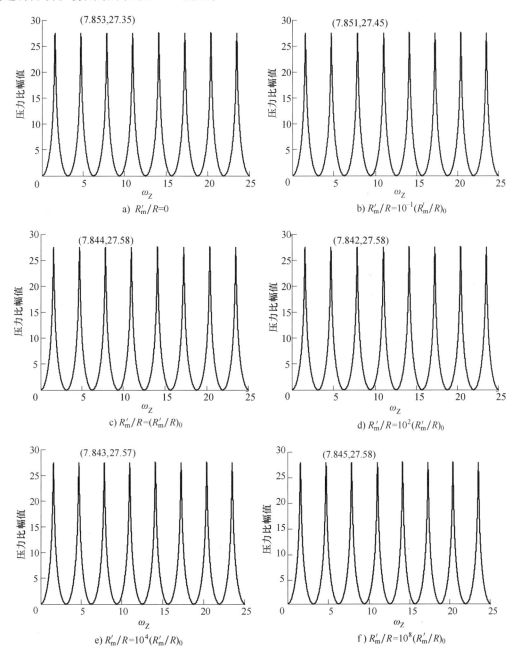

图 7-28　马达负载可调阻性对系统压力比传递特性的影响

当马达负载中的黏性阻尼系数发生变化时，负载的一部分阻性会发生变化，这部分阻性是和与马达泄漏系数相关的负载阻性相并联的。由图 7-28 可知，当这部分阻性由 $R'_m/R=0$ 逐渐增加到 $R'_m/R=10^8$ $(R'_m/R)_0$ 时，压力比传递的幅值由 27.35 变化到 27.58，幅值呈现增大的趋势，但并不明显，谐振的正则频率基本没有变化。因为该阻性的增大，阻碍了马达转动，加大了压力波的反射，所以谐振幅值有所增大。

（4）马达可调感性的影响

以 $(L'_m/L)_0=1229.5$ 为基数，调整惯量参数，使感性特征参数分别为 0、$10^{-4}(L'_m/L)_0$、$10^{-3}(L'_m/L)_0$、$(L'_m/L)_0$、$10^2(L'_m/L)_0$ 及 $10^8(L'_m/L)_0$，进行仿真研究，并取第三阶谐振点为例进行分析。仿真结果如图 7-29 所示。

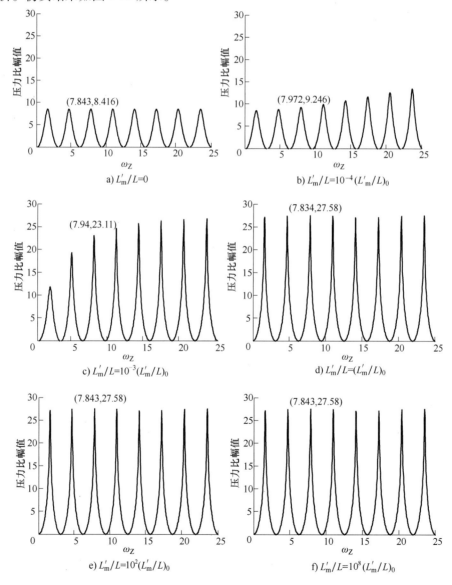

图 7-29　马达负载可调感性对系统压力比传递特性的影响

由图 7-29 可知，马达的转动惯量变化使其感抗由 $L'_m/L = 0$ 逐渐增大至 $L'_m/L = 10^8(L'_m/L)_0$，则相应的压力比传递幅值由 8.416 逐渐增大至 27.58，可见随马达负载感抗的增大，系统压力比传递幅值逐渐增大，增大的幅度很大，但主要集中于 L'_m/L 很小的时候。

　　因为当马达感抗很小的时候，流量很容易进入低压侧，压力波的反射程度会减小，而随着马达感抗逐渐增加时，流量中产生波动的交流分量会被隔绝，即这部分流量不能顺利地通过负载进入低压侧，这会导致负载阻抗的增大，从而源阻抗也会变大，致使谐振增强。

　　（5）马达初始排量的影响

　　变量马达的排量存在于马达可调阻性与可调感性，并且调整变量马达摆角可以改变变量马达的排量，现取变量马达的初始排量进行研究。为扩大研究范围，对不同的排量梯度进行仿真研究。变量马达排量梯度取 $K_{m0} = 6.3662 \times 10^{-6}\, \text{m}^3/\text{rad}$，摆角 γ 分别取值 0 与 1，进行仿真研究，同样，对 $K_{m1} = 10K_{m0}$、$K_{m1} = 100K_{m0}$ 进行相同的研究，并取第三阶谐振点为例进行分析。仿真结果如图 7-30 所示。

　　由图 7-30 可知，当变量马达排量梯度比较小的时候，谐振幅值的变化是很小的，只有当排量梯度增加大一定程度，此时调整马达摆角由 0 到 1 时，变量马达的排量变化会很大，系统压力比传递幅值才会发生明显的变化，同时发生谐振的正则频率也会变化。马达排量的增大减小了负载阻抗，同理也减小了源阻抗，从而减小了谐振，加大了 $\text{sh}\Gamma(\text{j}\omega)$ 项的影响。

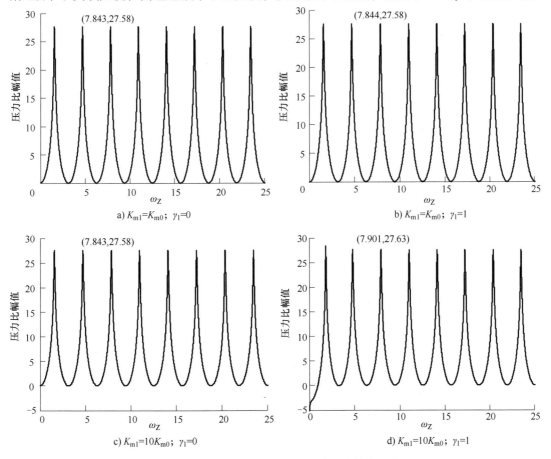

a) $K_{m1}=K_{m0}$；$\gamma_1=0$　　　　　　b) $K_{m1}=K_{m0}$；$\gamma_1=1$

c) $K_{m1}=10K_{m0}$；$\gamma_1=0$　　　　　　d) $K_{m1}=10K_{m0}$；$\gamma_1=1$

图 7-30　马达摆角对系统压力比传递特性的影响

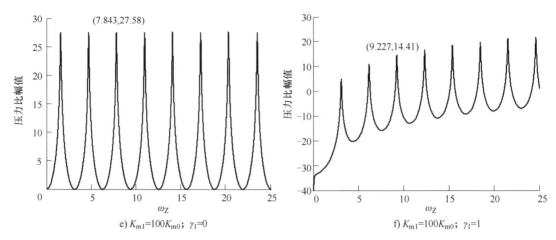

e) $K_{m1}=100K_{m0}$；$\gamma_1=0$　　　　　　f) $K_{m1}=100K_{m0}$；$\gamma_1=1$

图 7-30　马达摆角对系统压力比传递特性的影响（续）

7.2.3.4　液压长管路系统负载力矩对压力特性的影响分析

根据式（7-138）与式（7-139）可知，管路出口压力-负载力矩的传递函数和压力比传递方程具有相同的特征方程，两者谐振频率是一样的，只是在谐振点处的谐振峰值不同。由式（7-139）可知，两者的不同与马达负载的感性参数与可调阻性参数有关。

接下来对式（7-139）进行归一化处理，可得

$$G_{PT}(s)=\frac{P_2(s)}{T_m(s)}=\frac{\dfrac{1}{K_m\gamma_0}\dfrac{1}{j\omega_Z \cdot L_m'/L+2\xi \cdot R_m'/R}g(\alpha,\beta)\sin(\omega_Z f)}{\cos(\omega_Z f)+\left(\dfrac{1}{j\omega_Z \cdot L_m'/L+2\xi \cdot R_m'/R}+j\omega_Z \cdot \dfrac{C_m}{C}+\dfrac{R}{2\xi R_m}\right)g(\alpha,\beta)\sin(\omega_Z f)}$$

(7-145)

接下来对其进行仿真研究。

（1）马达可调阻性的影响

以$(R_m'/R)_0=38.9837$为基数，调整黏性参数，使阻性特征参数分别为0、$10^{-1}(R_m'/R)_0$、$(R_m'/R)_0$、$10^2(R_m'/R)_0$、$10^4(R_m'/R)_0$及$10^8(R_m'/R)_0$，进行仿真研究，并取第三阶谐振点为例进行分析。仿真结果如图 7-31 所示。

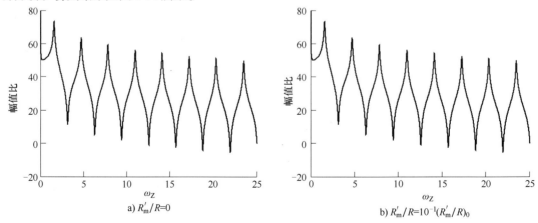

a) $R_m'/R=0$　　　　　　　　　b) $R_m'/R=10^{-1}(R_m'/R)_0$

图 7-31　马达负载可调阻性对系统压力与转矩传函的影响

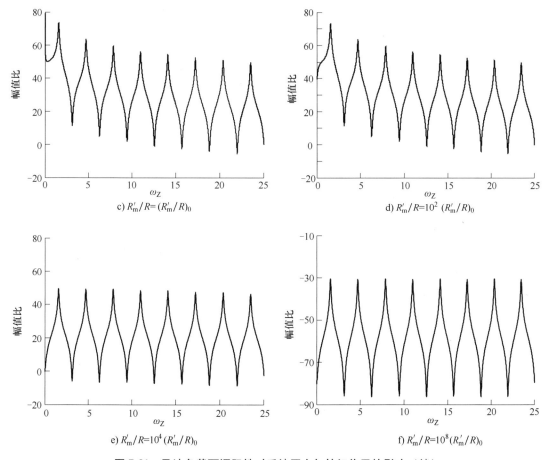

c) $R'_m/R=(R'_m/R)_0$　　d) $R'_m/R=10^2(R'_m/R)_0$

e) $R'_m/R=10^4(R'_m/R)_0$　　f) $R'_m/R=10^8(R'_m/R)_0$

图 7-31　马达负载可调阻性对系统压力与转矩传函的影响（续）

由图 7-31 可知，随着马达的可调阻性参数逐渐增大，传函的幅值会明显降低，这说明，当可调阻性参数越大的时候，负载力矩对管路出口压力的影响作用会越小，但并没有对谐振频率产生影响。

（2）马达可调感性的影响

以 $(L'_m/L)_0=1229.5$ 为基数，调整惯量参数，使感性特征参数分别为 0、$10^{-4}(L'_m/L)_0$、$10^{-3}(L'_m/L)_0$、$(L'_m/L)_0$、$10^2(L'_m/L)_0$ 及 $10^8(L'_m/L)_0$，进行仿真研究，并取第三阶谐振点为例进行分析。仿真结果如图 7-32 所示。

由图 7-32 可知，随着马达可调感性参数的增大，传函的幅值会明显降低，但谐振频率没有明显变化。说明此时，负载力矩对管路出口压力的影响作用减弱了，并且从幅值变化程度来看，马达可调感性参数在负载力矩对管路出口压力的影响中作用要大于其在压力比传递过程中的作用。

（3）马达初始摆角的影响

使变量马达初始摆角分别为 1、0.42、0.1、0.01、10^{-4} 及 10^{-8}，进行仿真研究。仿真结果如图 7-33 所示。

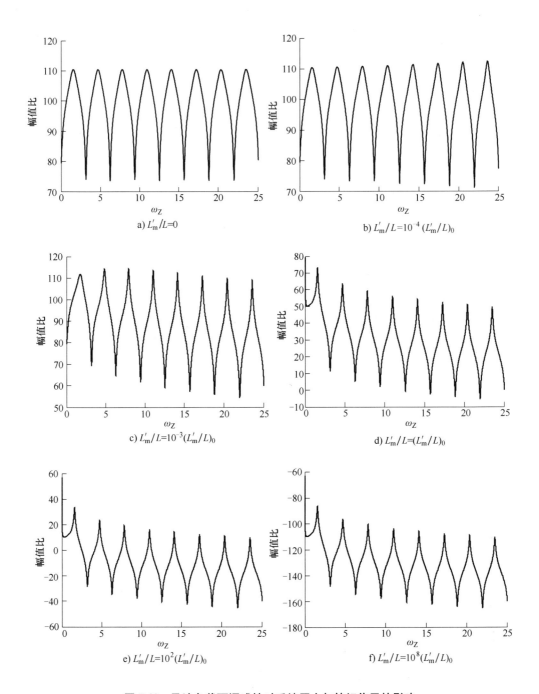

图 7-32　马达负载可调感性对系统压力与转矩传函的影响

由图 7-33 可知，马达摆角的增大会使幅值比变大，并且变化比较明显，因为摆角值变大即减小了马达可调阻性与可调感性参数，这与上述的分析是一致的，这也说明面对负载力矩的干扰，可以通过调整马达的可调感性与可调阻性参数来抑制，比如增加飞轮结构，使马达的性质倾向于纯感性，则能削减来自于负载力矩的干扰。

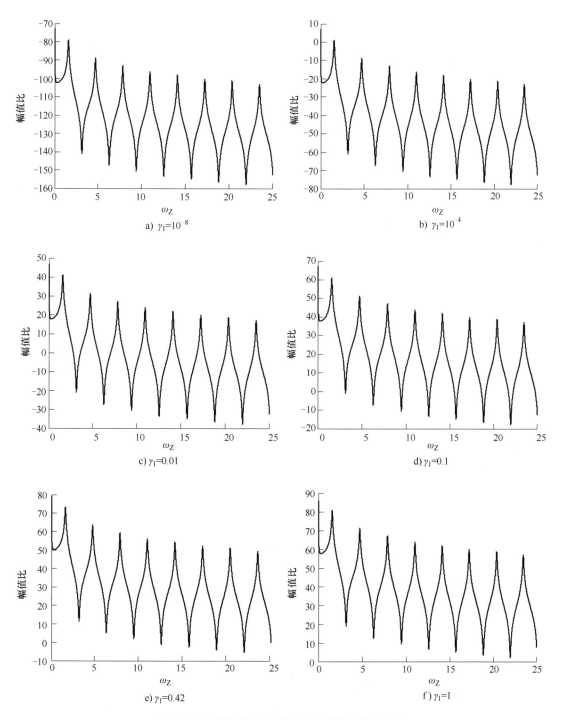

图 7-33　马达摆角对系统压力比传递特性的影响

7.2.4　液压型落地式风力发电机组长管路系统转速特性分析

在系统中，我们也很关心转速的传递情况。在转速传递研究过程中，联立矩阵方程式（7-106）、式（7-108）、式（7-110）、式（7-112）、式（7-113）、式（7-116）及式（7-118）可得

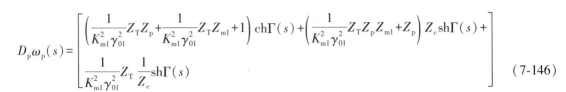

$$D_{\mathrm{p}}\omega_{\mathrm{p}}(s)=\left[\begin{array}{l}\left(\dfrac{1}{K_{\mathrm{m}1}^2\gamma_{01}^2}Z_{\mathrm{T}}Z_{\mathrm{p}}+\dfrac{1}{K_{\mathrm{m}1}^2\gamma_{01}^2}Z_{\mathrm{T}}Z_{\mathrm{m}1}+1\right)\mathrm{ch}\Gamma(s)+\left(\dfrac{1}{K_{\mathrm{m}1}^2\gamma_{01}^2}Z_{\mathrm{T}}Z_{\mathrm{p}}Z_{\mathrm{m}1}+Z_{\mathrm{p}}\right)Z_{\mathrm{c}}\mathrm{sh}\Gamma(s)+\\[3mm] \dfrac{1}{K_{\mathrm{m}1}^2\gamma_{01}^2}Z_{\mathrm{T}}\dfrac{1}{Z_{\mathrm{c}}}\mathrm{sh}\Gamma(s)\end{array}\right] \tag{7-146}$$

$$K_{\mathrm{m}1}\gamma_{01}\omega_{\mathrm{m}}(s)+\left[(Z_{\mathrm{p}}+Z_{\mathrm{m}1})\mathrm{ch}\Gamma(s)+Z_{\mathrm{p}}Z_{\mathrm{m}1}Z_{\mathrm{c}}\mathrm{sh}\Gamma(s)+\dfrac{1}{Z_{\mathrm{c}}}\mathrm{sh}\Gamma(s)\right]\cdot\dfrac{1}{K_{\mathrm{m}1}\gamma_{01}}T_{\mathrm{m}1}(s)$$

由式（7-144）可求得机组马达输出转速对泵输出转速的传递函数即转速比，与马达输出转速对外负载力矩的传递函数，即

$$G_{\omega}(s)=\dfrac{\omega_{\mathrm{m}1}(s)}{\omega_{\mathrm{p}}(s)}$$

$$=\dfrac{D_{\mathrm{p}}/(K_{\mathrm{m}1}\gamma_{01})}{\left(\dfrac{1}{K_{\mathrm{m}1}^2\gamma_{01}^2}Z_{\mathrm{T}}Z_{\mathrm{p}}+\dfrac{1}{K_{\mathrm{m}1}^2\gamma_{01}^2}Z_{\mathrm{T}}Z_{\mathrm{m}1}+1\right)A+\left(\dfrac{1}{K_{\mathrm{m}1}^2\gamma_{01}^2}Z_{\mathrm{T}}Z_{\mathrm{p}}Z_{\mathrm{m}1}+Z_{\mathrm{p}}\right)B+\dfrac{1}{K_{\mathrm{m}1}^2\gamma_{01}^2}Z_{\mathrm{T}}C} \tag{7-147}$$

其中，$A=\mathrm{ch}\Gamma(s)$，$B=Z_{\mathrm{c}}\mathrm{sh}\Gamma(s)$，$C=\dfrac{1}{Z_{\mathrm{c}}}\mathrm{sh}\Gamma(s)$，$Z_{\mathrm{T}}=J_{\mathrm{m}1}s+B_{\mathrm{m}1}$，$Z_{\mathrm{p}}=C_{\mathrm{tp}}+\dfrac{V_{\mathrm{p}}}{\beta_{\mathrm{e}}}s$，$Z_{\mathrm{m}1}=C_{\mathrm{tm}1}+$ $\dfrac{V_{\mathrm{m}1}}{\beta_{\mathrm{e}}}s$。

$$G_{\omega\mathrm{T}}(s)=\dfrac{\omega_{\mathrm{m}1}(s)}{T_{\mathrm{m}1}(s)}$$

$$=-\dfrac{\dfrac{1}{K_{\mathrm{m}1}^2\gamma_{01}^2}\left[(Z_{\mathrm{p}}+Z_{\mathrm{m}1})A+Z_{\mathrm{p}}Z_{\mathrm{m}1}B+C\right]}{\left(\dfrac{1}{K_{\mathrm{m}1}^2\gamma_{01}^2}Z_{\mathrm{T}}Z_{\mathrm{p}}+\dfrac{1}{K_{\mathrm{m}1}^2\gamma_{01}^2}Z_{\mathrm{T}}Z_{\mathrm{m}1}+1\right)A+\left(\dfrac{1}{K_{\mathrm{m}1}^2\gamma_{01}^2}Z_{\mathrm{T}}Z_{\mathrm{p}}Z_{\mathrm{m}1}+Z_{\mathrm{p}}\right)B+\dfrac{1}{K_{\mathrm{m}1}^2\gamma_{01}^2}Z_{\mathrm{T}}C} \tag{7-148}$$

7.2.5 液压长管路系统转速比传递特性的影响分析

对式（7-147）采用阻性、容性及感性表示，并进行归一化处理，可得

$$G_{\omega}(s)=\dfrac{D_{\mathrm{p}}/(K_{\mathrm{m}1}\gamma_{01})}{\left[g_1(g_2+g_3)+1\right]\cos\left[\omega_Z f(\alpha,\beta)\right]+\dfrac{1}{2\xi}g_2(g_1g_3+1)g(\alpha,\beta)\sin\left[\omega_Z f(\alpha,\beta)\right]}- \tag{7-149}$$

$$2\xi\dfrac{g_1}{g(\alpha,\beta)}\sin\left[\omega_Z f(\alpha,\beta)\right]$$

其中，$g_1=\mathrm{j}\omega_Z\dfrac{1}{2\xi}\dfrac{L_{\mathrm{m}}'}{L}+\dfrac{R_{\mathrm{m}}'}{R}$；$g_2=\mathrm{j}\omega_Z 2\xi\dfrac{C_{\mathrm{p}}}{C}+\dfrac{R}{R_{\mathrm{p}}}$；$g_3=\mathrm{j}\omega_Z 2\xi\dfrac{C_{\mathrm{m}}}{C}+\dfrac{R}{R_{\mathrm{m}}}$。

接下来，对转速传递函数进行仿真分析。

7.2.5.1 马达阻性的影响

以 $(R_{\mathrm{m}}/R)_0=3543$ 为基数，调整泄漏参数，使阻性特征参数分别为 ∞、$10^8(R_{\mathrm{m}}/R)_0$、$10^2(R_{\mathrm{m}}/R)_0$、$(R_{\mathrm{m}}/R)_0$、$10^{-1}(R_{\mathrm{m}}/R)_0$ 及 $10^{-4}(R_{\mathrm{m}}/R)_0$，进行仿真研究。仿真结果如图 7-34 所示。

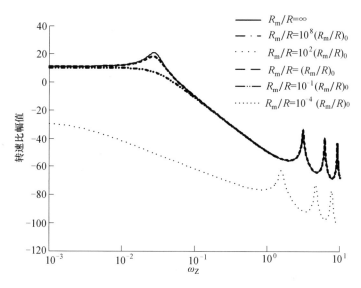

图 7-34　马达负载阻性对系统转速比传递特性的影响

由图 7-34 所示，当马达负载阻性由无穷大开始减小的时候，转速比传递幅值在高频段基本没有变化，在转折频率处有些许变化，而且随着马达负载阻性逐渐减小到一定程度，转速比传递在全频段内会有显著的减小现象，并且谐振频率有所偏移，偏移度为 $\pi/2$。马达负载阻性参数严重减小时，系统负载性质更接近于开端管路，即泄漏严重，流量脉动能较为容易地泄漏出去，从而减小流量冲击对转速的影响；同时，流量的流失会使变量马达的转速减慢，转速传递比会整体减小。这与压力比传递特性分析是一致的。

7.2.5.2　马达容性的影响

以 $(C_m/C)_0 = 0.0014$ 为基数，调整容积参数，使容性特征参数分别为 0、$10^{-2}(C_m/C)_0$、$(C_m/C)_0$、$10^2(C_m/C)_0$、$10^4(C_m/C)_0$ 及 $10^5(C_m/C)_0$，进行仿真研究。仿真结果如图 7-35 所示。

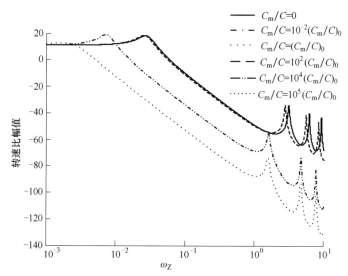

图 7-35　马达负载容性对系统转速比传递特性的影响

由图 7-35 可知，随着马达负载容性的逐渐增大，转速比传递幅值逐渐降低，并且谐振频率有明显的变化，当容性参数大到一定程度时，则谐振频率变化 $\pi/2$。

负载容性参数的压缩性质同样对流量的波动有吸收作用，其压缩性与压力变化的快慢有关，容性性质将流量的动能转换成势能，从而减小转速比传递的谐振幅值。

7.2.5.3　马达可调阻性的影响

以 $(R_m'/R)_0 = 38.9837$ 为基数，调整黏性参数，使阻性特征参数分别为 0、$10^{-1}(R_m'/R)_0$、(R_m'/R)、$10(R_m'/R)_0$、$10^2(R_m'/R)_0$ 及 $10^4(R_m'/R)_0$，进行仿真研究。仿真结果如图 7-36 所示。

由上述仿真可知，马达负载可调阻性参数变化对谐振频率上的谐振幅值影响并不大，随着阻性参数的逐渐增大，系统转速传递在低频段的影响会变得很明显。马达负载可调阻性与马达的黏性阻尼系数有关，它的增大，会消耗更多的动能，减小马达的转速输出。

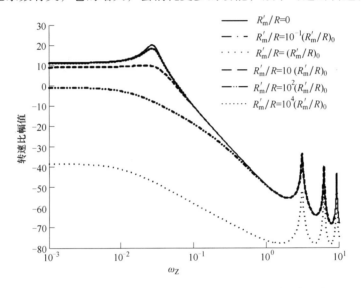

图 7-36　马达负载可调阻性对系统转速比传递特性的影响

7.2.5.4　马达可调感性的影响

以 $(L_m'/L)_0 = 1229.5$ 为基数，调整惯量参数，使感性特征参数分别为 0、$10^{-2}(L_m'/L)_0$、$10^{-1}(L_m'/L)_0$、$(L_m'/L)_0$、$10(L_m'/L)_0$ 及 $10^2(L_m'/L)_0$，进行仿真研究。仿真结果如图 7-37 所示。

通过图 7-37 可知，马达负载可调感性参数逐渐增大，转折频率在逐渐变小，而转速比传递衰减明显增大，并且可以看出，感性部分是对转速传递影响最为显著的部分。从加速度的角度来说，感性增大相当于惯性增大，流量不能顺利通过马达转子部分进入低压侧，自然马达转动速度就会降低。

7.2.5.5　马达初始摆角的影响

与压力比分析相同，变量马达摆角影响负载的可调感性与可调阻性，使变量马达初始摆角分别为 1、0.42、0.1、0.01、10^{-4} 及 10^{-8}，进行仿真研究。仿真结果如图 7-38 所示。

由图 7-38 可知，改变变量马达初始摆角的大小，随着马达初始摆角取值 0.1、0.42 及 1，系统转速传递的转折频率有明显变化，说明系统的固有频率有所提高，转速响应速度也变快了；但若马达摆角值持续减小至无穷小，则全频段内的转速比传递幅值会明显降低，但对谐振频率影响很小。

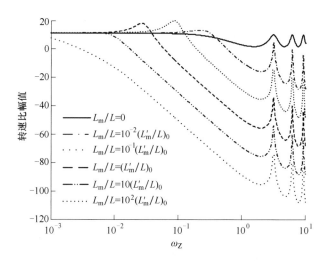

图 7-37 马达负载可调感性对系统转速比传递特性的影响

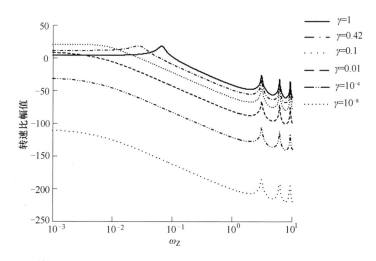

图 7-38 马达摆角对系统压力比传递特性的影响

7.2.6 液压长管路系统负载力矩对转速特性的影响分析

由式（7-146）可知，负载力矩对马达转速的传递函数与转速比方程具有一样的特征方程，不同之处主要表现在传递函数的分子部分，其中与负载阻抗相关的为马达的阻性参数、容性参数及摆角初值。

接下来对式（7-148）进行归一化处理，可得

$$G_{\omega T}(s) = -\frac{R}{K_{m1}^2 \gamma_{01}^2} \frac{(g_2+g_3)\cos(\omega_Z f) + \frac{1}{2\zeta}g_2 g_3 \sin(\omega_Z f)}{[g_1(g_2+g_3)]\cos(\omega_Z f) + \frac{1}{2\zeta}g_2(g_1 g_3 + 1)g\sin(\omega_Z f) - \frac{1}{2\zeta}g_1\frac{1}{g}\sin(\omega_Z f)} \quad (7\text{-}150)$$

接下来对其进行仿真研究。

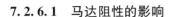

液压型风力发电机组控制技术

7.2.6.1 马达阻性的影响

同样以 $(R_m/R)_0 = 3543$ 为基数，调整泄漏参数，使阻性特征参数分别为 ∞、$10^8(R_m/R)_0$、$10^2(R_m/R)_0$、$(R_m/R)_0$、$10^{-1}(R_m/R)_0$ 及 $10^{-4}(R_m/R)_0$，进行仿真研究。仿真结果如图 7-39 所示。

由图 7-39 可知，马达负载阻性的变化对转速与转矩的传递函数影响还是很明显的，在 ω_Z 小于 0.0284 时，随着阻性参数的逐渐减小，幅值比逐渐增大，当 ω_Z 大于 0.0284 时，幅值比随着阻性参数的减小而减小。

7.2.6.2 马达容性的影响

同样以 $(C_m/C)_0 = 0.0014$ 为基数，调整容积参数，使容性特征参数分别为 0、$10^{-2}(C_m/C)_0$、$(C_m/C)_0$、$10^2(C_m/C)_0$、$10^4(C_m/C)_0$ 及 $10^5(C_m/C)_0$，进行仿真研究。仿真结果如图 7-40 所示。

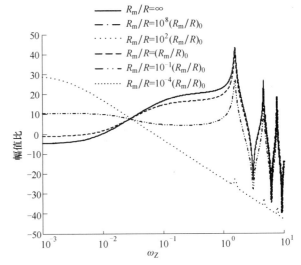

图 7-39 马达负载阻性对系统转速与转矩传函的影响

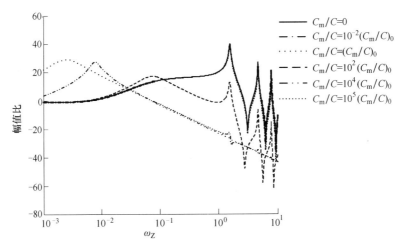

图 7-40 马达负载容性对系统转速与转矩传函的影响

由图 7-40 可知，随着马达负载容性参数的逐渐增大，谐振幅值在高频段的变化很明显，因为容性性质与压力变化的快慢有关，所以在高频段会表现得尤为明显，容性性质利用其压缩性能消减振动。

7.2.6.3 马达初始摆角的影响

同样使变量马达初始摆角分别为 1、0.42、0.1、0.01、10^{-4} 及 10^{-8}，进行仿真研究。仿真结果如图 7-41 所示。

由图 7-41 可知，马达摆角对转速与转矩的传递函数的影响主要集中在低频段，随着马达摆角的减小，幅值比逐渐增大，当其减小到一定的程度时，幅值比将不再变化。

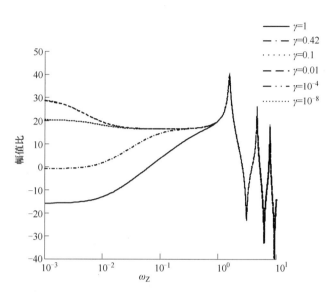

图 7-41　马达摆角初值对系统转速与转矩传函的影响

7.2.7　液压长管路系统谐振频率分析

管路系统的组成越复杂，对于系统固有频率的计算越困难。每一段的流动状态都会随分支管路、管路中的元件的存在而发生着变化。近些年，随着生产设备的规模增大、功率提高、压力增大，由于流量脉动所引起的管路谐振而损坏设备的事件时有发生，所以计算管路系统的各阶谐振频率、提出消振措施，以便把压力脉动值控制在许可的范围内，是十分有必要的。

7.2.7.1　系统网络方法

建立系统网络，首先要把一个系统进行划分，建立每个部分的传递矩阵，串联起来就可以根据边界条件求取一些参数值。在本节研究的系统中，我们可以根据输入、传递及输出将系统划割成三大部分。该方法的优点是包含所有的系统参数，可以根据不同的边界条件，求取不同情况下的谐振频率。

联立式(7-105)~式(7-118)，可得

$$\begin{pmatrix} P_{\mathrm{I}}(s) \\ Q_{\mathrm{I}}(s) \end{pmatrix} = A_{\mathrm{I}} A_{\mathrm{II}} A_{\mathrm{III}} A_{\mathrm{IV}} A_{\mathrm{V}} A_{\mathrm{VI}} A_{\mathrm{VII}} A_{\mathrm{VIII}} A_{\mathrm{o}} \begin{pmatrix} P_{\mathrm{o}} \\ Q_{\mathrm{o}} \end{pmatrix} \tag{7-151}$$

即

$$\begin{pmatrix} P_{\mathrm{I}}(s) \\ Q_{\mathrm{I}}(s) \end{pmatrix} = \begin{pmatrix} A_{11} & A_{12} \\ A_{21} & A_{22} \end{pmatrix} \begin{pmatrix} P_{\mathrm{o}} \\ Q_{\mathrm{o}} \end{pmatrix} \tag{7-152}$$

其中　$A_{11} = \mathrm{ch}\Gamma(s) + Z_{\mathrm{c}} Z_{\mathrm{m1}} \mathrm{sh}\Gamma(s)$，$A_{12} = \dfrac{1}{D_{\mathrm{m1}}^2} Z_{\mathrm{T}} \mathrm{ch}\Gamma(s) + \left(\dfrac{1}{D_{\mathrm{m1}}^2} Z_{\mathrm{T}} Z_{\mathrm{c}} Z_{\mathrm{m1}} + Z_{\mathrm{c}} \right) \mathrm{sh}\Gamma(s)$

$$A_{21} = (Z_{\mathrm{p}} + Z_{\mathrm{m1}}) \mathrm{ch}\Gamma(s) + \left(Z_{\mathrm{c}} Z_{\mathrm{p}} Z_{\mathrm{m1}} + \dfrac{1}{Z_{\mathrm{c}}} \right) \mathrm{sh}\Gamma(s)$$

$$A_{22}=\left(\frac{1}{D_{m1}^2}Z_pZ_T+\frac{1}{D_{m1}^2}Z_{m1}Z_T+1\right)ch\Gamma(s)+\left(\frac{1}{D_{m1}^2}Z_pZ_cZ_TZ_{m1}+\frac{1}{D_{m1}^2}\frac{Z_T}{Z_c}+Z_pZ_c\right)sh\Gamma(s)$$

依据边界条件 $Q_I(s)=D_p\omega_p(s)$，$P_o=\frac{1}{D_{m1}}T_{m1}$，$Q_o=D_{m1}\omega_{m1}(s)$，可得

$$D_p\omega_p=A_{21}P_o+A_{22}D_{m1}\omega_{m1} \tag{7-153}$$

式（7-153）中，给定恒定负载力矩，定量泵-变量马达系统符合流量匹配原则，对式（7-153）中变量进行赋值，根据剩余值为零进行迭代计算，可求取系统转速传递函数的谐振固有频率。

剩余值为零计算借助于计算机编程，首先设定求取固有频率的频段，在频段范围内由频率下限开始，采用异步赋值的方法计算各个矩阵，直至全部矩阵，在特定边界条件下能满足剩余值为零的频率就是我们所想要的。程序流程图如图 7-42 所示。

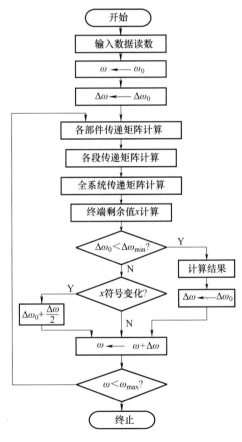

图 7-42　程序流程图

根据上述流程图，采用 MATLAB 编程计算 0~100Hz 的系统转速传递函数的谐振固有频率，计算可得，第一阶谐振频率为 15.46Hz，第二阶谐振频率为 30.99Hz，第三阶谐振频率至第六阶谐振频率分别为 46.48Hz、61.96Hz、77.46Hz 及 92.95Hz。

7.2.7.2　源阻抗方法

将式（7-103）源阻抗方程转换为频域表示，即

$$Z_s(j\omega) = Z_c(j\omega) \frac{Z_R(j\omega)\cos(\beta l_g - j\alpha l_g) + jZ_c(j\omega)\sin(\beta l_g - j\alpha l_g)}{jZ_R(j\omega)\sin(\beta l_g - j\alpha l_g) + Z_c(j\omega)\cos(\beta l_g - j\alpha l_g)}$$

$$= jZ_c(j\omega) \frac{Z_R(j\omega)\cos(\beta l_g - j\alpha l_g) + jZ_c(j\omega)\sin(\beta l_g - j\alpha l_g)}{jZ_c(j\omega)\cos(\beta l_g - j\alpha l_g) - Z_R(j\omega)\sin(\beta l_g - j\alpha l_g)}$$

$$(7\text{-}154)$$

令其中的 $Z_R(j\omega) = \cos\varphi$，$jZ_c(j\omega) = \sin\varphi$，则有

$$Z_s(j\omega) = jZ_c(j\omega) \frac{\cos\varphi\cos(\beta l_g - j\alpha l_g) + \sin\varphi\sin(\beta l_g - j\alpha l_g)}{\sin\varphi\cos(\beta l_g - j\alpha l_g) - \cos\varphi\sin(\beta l_g - j\alpha l_g)}$$

$$= jZ_c(j\omega) \frac{\cos[(\beta l_g - j\alpha l_g) - \varphi]}{\sin[\varphi - (\beta l_g - j\alpha l_g)]}$$

$$(7\text{-}155)$$

其中

$$\varphi = \arctan j \frac{Z_c(j\omega)}{Z_R(j\omega)}$$

系统发生谐振的条件是 $Z_s(j\omega) = 0$，即

$$(\beta l_g - j\alpha l_g) - \varphi = \frac{2n+1}{2}\pi, n = 0, 1, 2, 3, \cdots \qquad (7\text{-}156)$$

式（7-156）中，α 为固有衰减常数，表征压力或流量谐波产生的指数衰减，对谐振频率没有影响；β 为固有相移常数，与谐振频率相对应。对管长 6m、管径 0.025m 的管路系统进行压力比传输仿真研究，仿真结果如图 7-43 所示。

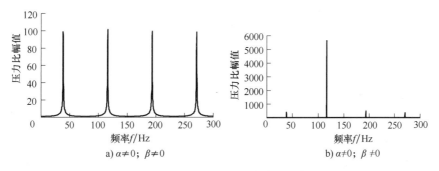

图 7-43　不同衰减常数下的系统压力比传输特性

a) $\alpha \neq 0$；$\beta \neq 0$　　　b) $\alpha \neq 0$；$\beta \neq 0$

由图 7-43 可知，固有衰减常数 α 的影响主要体现在压力比幅值上，而对频率的影响几乎没有。所以计算谐振频率时，可对固有衰减常数 α 进行处理，不计液阻进行计算，即 $\beta = \frac{\omega}{a}$，$\alpha = 0$，此时有谐振条件

$$\omega = \left(\frac{2n+1}{2}\pi + \varphi\right)\frac{v_{ya}}{l_g} \qquad (7\text{-}157)$$

谐振频率为

$$f = \frac{(2n+1)\pi + 2\varphi}{4\pi}\frac{v_{ya}}{l_g} \qquad (7\text{-}158)$$

应用上述公式，我们求取 0～100Hz 内，系统的压力振动频率。本节所研究的系统，$\dfrac{Z_c(j\omega)}{Z_R(j\omega)} = \dfrac{\rho_{ye}v_{ya}}{A_g}\sqrt{1 + \dfrac{8\pi\mu}{j\omega\rho_{ye}A_g}}\left(\dfrac{K_{m1}^2\gamma_{01}^2}{j\omega J_{m1} + B_{m1}} + C_{tm1} + j\omega\dfrac{V_{m1}}{\beta_e}\right)$ 值很小，可以忽略不计，此时谐振频率为

$$f = \frac{2n+1}{4} \frac{v_{ya}}{l_g} \tag{7-159}$$

取管长 30m，管径 0.0025m，于 0～100Hz 内计算压力比传递谐振频率，结果为第一阶谐振频率为 7.75Hz，第二阶谐振频率为 23.24Hz，第三阶谐振频率至第六阶谐振频率分别为 38.73Hz、54.22Hz、69.71Hz 及 85.20Hz。

7.2.8　串联节流阀的特性研究

在机组中，为完成高效安全的发电，在需要进行转速控制之外，还需要进行功率追踪控制、低电压穿越控制等，为实现控制目的，在液压型风力发电机组的相关研究中，通常在变量马达之前串联比例节流阀，除了变量马达摆角外，增加一个控制变量——比例节流阀阀口开度，构造双变量控制调节，实现机组的正常稳定运行。在液压型落地式风力发电机组中，也要进行相应的控制，所以相应地，也添加一个比例节流阀，比例节流阀相当于阻性元件，它的加入会对特性产生什么样的影响，也需要进行研究。

7.2.8.1　比例节流阀阻抗模型

比例节流阀的流量方程为

$$q_b = C_d W_{jlf} X_v \sqrt{\frac{2}{\rho_{ye}}(p_2 - p_b)} = C_d W_{jlf} X_v \sqrt{\frac{2\Delta p}{\rho_{ye}}} \tag{7-160}$$

式中　C_d——节流口的流量系数；

W_{jlf}——节流口的面积梯度，单位为 m^2；

X_v——比例节流阀开口大小，X_v 取值为 0～1；

p_b——节流阀出口压力，等于变量马达入口压力，单位为 Pa；

Δp——节流阀压力差，单位为 Pa。

将式（7-160）线性化，取一阶，即

$$q_b(t) = C_d W_{jlf} X_{v0} \sqrt{\frac{2\Delta p_0}{\rho_{ye}}} + C_d W_{jlf} \sqrt{\frac{2\Delta p_0}{\rho_{ye}}} \cdot X_v(t) + C_d W X_{v0} \sqrt{\frac{1}{2\rho\Delta p_0}} \Delta p(t) \tag{7-161}$$

式中　X_{v0}——比例节流阀开口初始大小，单位为 m；

Δp_0——节流口初始压力差，单位为 Pa。

对式（7-161）进行拉普拉斯变换，可得

$$Q_b(s) = C_d W_{jlf} \sqrt{\frac{2\Delta p_0}{\rho_{ye}}} \cdot X_v(s) + C_d W_{jlf} X_{v0} \sqrt{\frac{1}{2\rho_{ye}\Delta p_0}} \Delta P(s) \tag{7-162}$$

同样，在恒定阀口开度下进行特性研究，由式（7-162）可得节流阀阻抗为

$$Z_b(s) = \frac{\Delta P(s)}{Q_b(s)} = \frac{1}{C_d W_{jlf} X_{v0} \sqrt{\dfrac{1}{2\rho_{ye}\Delta p_0}}} = \frac{1}{K_c} \tag{7-163}$$

式中　K_c——比例节流阀流量-压力系数，单位为 m^3/s。

经上述分析，节流阀阻抗模型框图如图 7-44 所示。

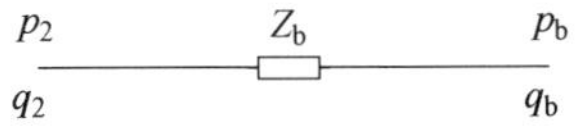

图 7-44　节流阀阻抗模型框图

7.2.8.2　短管模型

在比例节流阀与变量马达之间采用短管连接，考虑其压缩性，则该部分管路流量方程为

$$\Delta q_{\mathrm{g}} = q_{\mathrm{b}} - q_{\mathrm{m}} = \frac{V_0}{\beta_{\mathrm{e}}}\dot{p}_{\mathrm{b}} = \frac{V_0}{\beta_{\mathrm{e}}}\dot{p}_{\mathrm{m}} \tag{7-164}$$

式中　Δq_{g}——比例节流阀到变量马达之间高压管路流量变化，单位为 $\mathrm{m^3/s}$；

　　　V_0——比例节流阀到变量马达之间高压管路容腔体

　　　　　积，单位为 $\mathrm{m^3}$。

由式（7-164）可知比例节流阀至变量马达间这段管路
其阻抗特性表现为容性，即为

$$C_{\mathrm{g}} = \frac{\Delta q_{\mathrm{g}}}{\dot{p}_{\mathrm{m}}} = \frac{V_0}{\beta_{\mathrm{e}}} \tag{7-165}$$

所以，比例节流阀至变量马达间管路的阻抗模型框图如
图 7-45 所示。

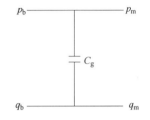

图 7-45　液压短管阻抗模型框图

7.2.8.3　串联节流阀的整机阻抗模型

串联节流阀后，液压型落地式风力发电机组的整机流体网络阻抗模型在图 7-24 基础上
变化为如图 7-46 所示；原机组支路图在图 7-25 的基础上变化为如图 7-47 所示。

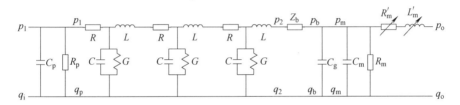

图 7-46　串联节流阀后机组整体阻抗数学模型简图

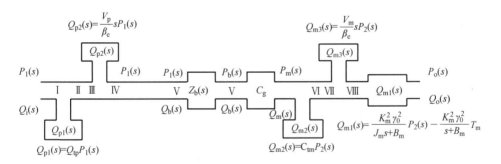

图 7-47　串联节流阀后流体网络支路图

如图 7-47 所示，在节点Ⅴ与节点Ⅵ之前插入节点Ⅴ′与节点Ⅵ′，则对于节点Ⅴ′与节点
Ⅴ有

$$\begin{cases} P_{\mathrm{V'}}(s) = P_{\mathrm{V}}(s) + K_{\mathrm{c}} Q_{\mathrm{V'}}(s) \\ Q_{\mathrm{V'}}(s) = Q_{\mathrm{V}}(s) \end{cases} \tag{7-166}$$

即为

$$\begin{pmatrix} P_{\mathrm{V'}}(s) \\ Q_{\mathrm{V'}}(s) \end{pmatrix} = \begin{pmatrix} 1 & \dfrac{1}{K_{\mathrm{c}}} \\ 0 & 1 \end{pmatrix} \begin{pmatrix} P_{\mathrm{V}}(s) \\ Q_{\mathrm{V}}(s) \end{pmatrix} + \begin{pmatrix} -\dfrac{2\Delta p_0}{x_{\mathrm{v0}}} \\ 0 \end{pmatrix} X_{\mathrm{v}}(s) = A_{\mathrm{V'}} \begin{pmatrix} P_{\mathrm{V}}(s) \\ Q_{\mathrm{V}}(s) \end{pmatrix} + B_{\mathrm{V'}} X_{\mathrm{v}}(s) \tag{7-167}$$

对于节点 V 与节点 VI′有

$$\begin{cases} P_{\mathrm{V}}(s) = P_{\mathrm{VI'}}(s) \\ Q_{\mathrm{V}}(s) = \dfrac{V_0}{\beta_{\mathrm{e}}} P_{\mathrm{VI'}}(s) + Q_{\mathrm{VI'}}(s) \end{cases} \tag{7-168}$$

即为

$$\begin{pmatrix} P_{\mathrm{V}}(s) \\ Q_{\mathrm{V}}(s) \end{pmatrix} = \begin{pmatrix} 1 & 0 \\ \dfrac{V_0}{\beta_{\mathrm{e}}}s & 1 \end{pmatrix} \begin{pmatrix} P_{\mathrm{VI'}}(s) \\ Q_{\mathrm{VI'}}(s) \end{pmatrix} = A_{\mathrm{V}} \begin{pmatrix} P_{\mathrm{VI'}}(s) \\ Q_{\mathrm{VI'}}(s) \end{pmatrix} \tag{7-169}$$

联立式（7-107）~式（7-108）与式（7-164）、式（7-167），可得机组负载阻抗变为

$$Z_{\mathrm{R}}(s) = \frac{P_2(s)}{Q_{\mathrm{b}}(s)} = \frac{1}{\dfrac{V_0}{\beta_{\mathrm{e}}}s + \dfrac{K_{\mathrm{m1}}^2\gamma_0^2}{J_{\mathrm{m1}}s + B_{\mathrm{m1}}} + \dfrac{V_{\mathrm{m1}}}{\beta_{\mathrm{e}}}s + C_{\mathrm{tm1}}} + \frac{1}{K_{\mathrm{c}}} \tag{7-170}$$

同样研究机组压力比传递方程与转速比传递方程，即为

$$G_{\mathrm{P}}(s) = \cfrac{1}{\cos[\omega_Z f] + \cfrac{1}{\mathrm{j}} \cdot \cfrac{1}{\dfrac{Z_{\mathrm{b}}}{R}} \cdot \cfrac{\cfrac{1}{\mathrm{j}\omega_Z \cdot L_{\mathrm{m}}'/L + 2\xi \cdot R_{\mathrm{m}}'/R} + \mathrm{j}\omega_Z \cdot \dfrac{C_{\mathrm{m}}}{C} + \dfrac{R}{2\xi R_{\mathrm{m}}}}{2\xi\left(\cfrac{1}{\mathrm{j}\omega_Z \cdot L_{\mathrm{m}}'/L + 2\xi \cdot R_{\mathrm{m}}'/R} + \mathrm{j}\omega_Z \cdot \dfrac{C_{\mathrm{m}}}{C} + \dfrac{R}{2\xi R_{\mathrm{m}}}\right) + 1} g(\alpha,\beta) \cdot \mathrm{j} \cdot \sin[\omega_Z f]} \tag{7-171}$$

$$G_{\omega}(s) = \frac{\omega_{\mathrm{m1}}(s)}{\omega_{\mathrm{p}}(s)} = \frac{D_{\mathrm{p}}/(K_{\mathrm{m1}}\gamma_{01})}{\left(\dfrac{1}{K_{\mathrm{m1}}^2\gamma_{01}^2}Z_{\mathrm{T}}Z_{\mathrm{p}} + \dfrac{1}{K_{\mathrm{m1}}^2\gamma_{01}^2}Z_{\mathrm{T}}Z_{\mathrm{m1}} + \dfrac{1}{K_{\mathrm{m1}}^2\gamma_{01}^2}Z_{\mathrm{T}}Z_{\mathrm{p}}Z_{\mathrm{m}}Z_{\mathrm{b}} + Z_{\mathrm{p}}Z_{\mathrm{b}} + 1\right)A} +$$

$$\left(\dfrac{1}{K_{\mathrm{m1}}^2\gamma_{01}^2}Z_{\mathrm{T}}Z_{\mathrm{p}}Z_{\mathrm{m1}} + Z_{\mathrm{p}}\right)B + \left(\dfrac{1}{K_{\mathrm{m1}}^2\gamma_{0}^2}Z_{\mathrm{T}}Z_{\mathrm{m}}Z_{\mathrm{b}} + \dfrac{1}{K_{\mathrm{m1}}^2\gamma_{01}^2}Z_{\mathrm{T}} + Z_{\mathrm{b}}\right)C \tag{7-172}$$

将转速比传递函数归一化处理后为

$$G_{\omega}(s) = \frac{D_{\mathrm{p}}/D_{\mathrm{m}}}{(g_1 g_2 + g_1 g_3 + g_2 g_4 + g_1 g_2 g_3 g_4 + 1)\cos[\omega_Z f(\alpha,\beta)]} -$$

$$(2\xi g_1 g_3 g_4 + 2\xi g_4 + 2\xi g_1)\frac{1}{g(\alpha,\beta)}\sin[\omega_Z f(\alpha,\beta)] +$$

$$\frac{1}{2\xi}g_2(g_1 g_3 + 1)g(\alpha,\beta)\sin[\omega_Z f(\alpha,\beta)] \tag{7-173}$$

其中 $\qquad\qquad\qquad\qquad g_4 = Z_{\mathrm{b}}/R$

接下来进行仿真分析研究。

7.2.8.4 节流阀对机组特性的影响

对机组串联节流阀与没有节流阀的情况分别进行压力比传递与转速比传递仿真，节流阀阻抗取值为 $Z_{\mathrm{b}}/R = 2 \times 10^3$，仿真结果分别如图 7-48、图 7-49 所示。

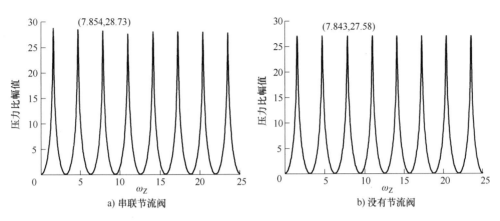

图 7-48　机组压力比传递特性

由图 7-48 可知，串联节流阀后的机组压力比传递谐振幅值会增加，但对谐振频率的影

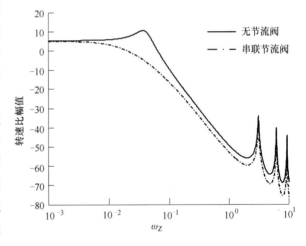

响几乎没有。这是因为在机组中串联节流
阀之后，机组的负载阻抗变大了，而根据
式（2-53）可知，当系统的负载阻抗增加
之后，其源阻抗也会随之变大，而根据源
阻抗方程定义，系统的压力脉动为 $P_1 = Z_s Q_1$，即在相同的流量脉动下，因为源阻
抗的增大，压力脉动也会变大，这也就导
致了在管路出口端的谐振幅值增大了。而
从图 7-49 可以看出，串联节流阀反倒使
转速比传递的谐振幅值稍稍降低，但系统
的转折频率却变小了，说明机组的稳定性
稍微变差。

图 7-49　机组转速比传递特性

在机组的控制过程中，节流阀阀口开
度是控制参量之一，不同的工况下具有不同的节流阀阀口开度。在节流阀阀口开度变化过程
中，以 $(Z_b/R)_0 = 2 \times 10^3$ 为基数，使特征参数分别为 0、$(Z_b/R)_0$、$10^3 (Z_b/R)_0$ 及无穷大，进
行仿真研究，机组压力比传递与转速比传递特性分别如图 7-50 所示。

由图 7-50 可知，调节节流阀的阀口开度，使其阻抗发生变化，当阻抗由 $Z_b/R = \infty$ 逐渐
变化至 0，随节流阀阻性减小，谐振幅值逐渐降低，但其对谐振幅值的影响微乎其微。系统
中节流阀串联在高压管路侧，它的阀口开度在完全关闭即阻抗无穷大时，与完全打开即阻抗
为 0 时，在这两种情况之间调整变化就相当于管路末端连接闭端负载或直接连接马达负载，
表现出来的主要是阻性，阻性较小时，流体流动所遇到的抵抗减小，压力波传递到此处会比
较容易通过；反之，则较大部分的能量会以波的形式传递回去，形成驻波后，加大谐振
峰值。

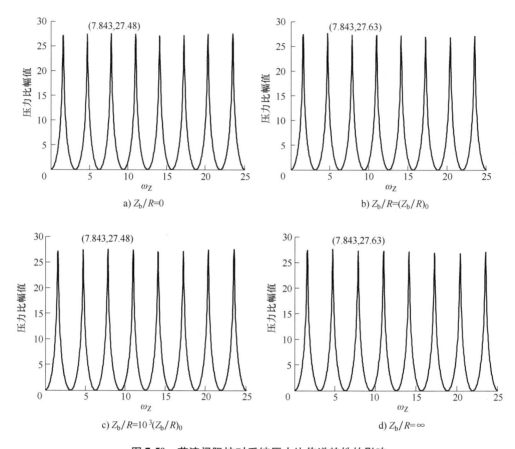

图 7-50　节流阀阻抗对系统压力比传递特性的影响

在研究了压力比传递之后，研究
转速比传递，因节流阀阻抗为无穷大
时，相当于节流阀完全关闭，则马达
不能转动，所以以 $(Z_b/R)_0 = 2\times10^3$ 为
基数，使节流阀阻抗特征参数分别为 0、
$(Z_b/R)_0$、$10^3(Z_b/R)_0$ 及 $10^8(Z_b/R)_0$，
进行仿真研究，仿真结果如图 7-51
所示。

由图 7-51 可知，随着节流阀阻抗
逐渐变小，系统转速比传递幅值逐渐
增大，而谐振的各阶频率几乎没有变
化。当节流阀阻抗变小时，系统的流
量可较容易地通过节流阀，当变化至

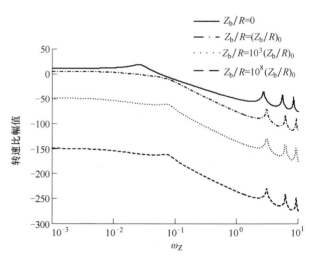

图 7-51　节流阀阻抗对系统转速比传递特性的影响

0 时，相当于没有节流阀，流量波动直接作用于变量马达，加大了转速的波动。

7.3　液压型落地式风力发电机组谐振抑制

在研究振动的时候，最主要涉及两大部分。其一是振动源，所谓源自然是指负责能量输入的流体机械，如果系统的输入都在振荡，那自然会影响系统振荡；其二是系统阻抗，即能量在传输过程中受到的一系列作用。在液压型落地式风力发电机组中，源自然指的就是定量泵，除此之外，也包括一些流体元件，即突然关闭或开启而产生流量或压力脉动的流体元件；系统阻抗主要是指管路本身的阻抗，即其特征阻抗，与其几何尺寸息息相关，另外就是指负载阻抗，在机组中即为变量马达。

在管道动力学中，系统能不能发生谐振主要看的是阻抗与谐振条件之间的关系，若达到相应谐振条件，那么即使振动源所发出的激励并不大，反映到系统中，也会产生谐振，甚至剧烈振荡。所以，在谐振抑制方面，主要从振动源与系统阻抗两方面着手[10]。

7.3.1　振动源

液压系统中，振动源主要是液压泵。针对机组中的柱塞定量泵，由于泵的结构问题，不可避免地会产生流量脉动，这方面的脉动需要从结构方面来削弱，或者添加能源输入元件，依靠其产生与原动力源幅值相等、相位相反的振动输入，通过波的叠加原理消除振动，在这里不多做介绍。但柱塞泵所产生的脉动激励频率还是值得我们关注的。

所应用的柱塞泵在工作过程中进行间断排液，即它的实际输出情况并不是像我们所建立的流量连续方程那样是连续不断的，它是由多个柱塞的输出叠加成一个相对均匀的总流量，但还是存在脉动，并且这种脉动是有规律可循的。柱塞泵的流量脉动根据它的结构特点及工作原理主要包括两部分，固有脉动与回冲脉动。不管是固有脉动还是回冲脉动，其频率都与柱塞泵的柱塞数及泵转速有关。

如果柱塞泵的转速为 n_p，柱塞数为 $n_{柱塞}$，则固有脉动频率为

$$f_{pg} = \begin{cases} n_p \cdot n_{柱塞}/60, & n_{柱塞}=2n \\ n_p \cdot n_{柱塞}/30, & n_{柱塞}=2n+1 \end{cases} \quad n=0,1,2,\cdots \tag{7-174}$$

回冲脉动频率为

$$f_{ph} = n_p \cdot n_{柱塞}/60 \tag{7-175}$$

而在定量泵的复合流量脉动中，回冲脉动占据主导地位，所以，在考虑柱塞泵输出脉动时，可按式（7-175）计算。

7.3.2　系统阻抗

机组面临的能量输入是随机风能，所带来的波动是随机而时变的，在这种情况下，调整系统阻抗就是一种衰减振动的重要措施。所谓的系统的阻抗主要就是管路部分和负载部分，所以总是变一变管路，比如改变它的长度和直径，这就能很方便地调整阻抗，或者，添加一些消振元件，再或者，把一些元件从原先的位置安放到另一处，这些都可以做到。

7.3.2.1　管路参数的选择

因系统结构参数一旦选定不可轻易更改，所以这种方法只能针对一些固有的谐振频率起作用，管路参数的改变就属于这一类情况。在设计系统之前，可以根据系统最常见的工况及

其固有的激励频率对结构参数进行计算选择，比如系统动力源输入带来的周期性脉动。在液压型落地式风力发电机组当中，希望系统能稳速在 1500r/min 进行工作，此时泵源一般运转在 400r/min，针对此工况对参数进行设计。

在根据流量等设计参数选定管路直径后，需要对管路的长度参数进行计算选择。根据式（7-173）可得，在一定的激励频率下，产生谐振的管长可表示为

$$l_{\mathrm{g}} = \frac{(2n+1)\pi}{2\omega} v_{\mathrm{ya}} \qquad (7\text{-}176)$$

同时，对压力比传递方程同源阻抗分析，有

$$G_{\mathrm{P}}(s) = \frac{1}{\cos(\beta l_{\mathrm{g}} - \mathrm{j}\alpha l_{\mathrm{g}})} \qquad (7\text{-}177)$$

若系统不发生谐振，最理想的状态为 $G_{\mathrm{P}}(s) = 1$，即 $\beta l_{\mathrm{g}} - \mathrm{j}\alpha l_{\mathrm{g}} = n\pi$，忽略液阻处理，则 $l_{\mathrm{g}} = \frac{n v_{\mathrm{ya}}}{\omega}\pi$，这是不发生管路出口压力波动的管长。

假如针对泵转 400r/min，柱塞数为 7，根据上一节分析，定量泵输出脉动频率为 $\omega_{\mathrm{ph}} = 2\pi n_{\text{柱塞}} n_{\mathrm{p}}/60 = 293\mathrm{rad/s}$，依据式（7-176）与式（7-177）可得：

$n = 0$ 时，管路压力波动管长为 4.98m；不发生波动管长为 0m。

$n = 1$ 时，管路压力波动管长为 14.95m；不发生波动管长为 9.67m。

$n = 2$ 时，管路压力波动管长为 24.9m；不发生波动管长为 19.93m。

对压力比传递方程进行 MATLAB 仿真研究，仿真结果如图 7-52 所示。

经仿真结果分析可知，谐振频率与

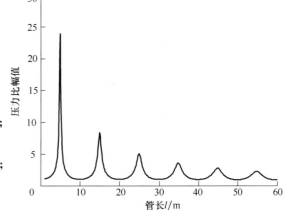

图 7-52　固定谐振频率下压力比传递特性

计算值基本相符。所以，选定 20m 长的管路时，应在 5m 与 15m 处添加管夹。

7.3.2.2　消振或滤波元件

在实际的流体系统中，设法彻底消除振动源的脉动是很困难的，尽管针对机组定量泵的脉动频率设计了管路参数，能够在一定频率下，在希望的管长处减小谐振，但是这并不能彻底地消除谐振。而且有时候因为有场地、空间等各种实际情况的限制，也不能简单用改变管路的方式抑制谐振，所以，在这样的基础上，看中了滤波及消振的方式，往往会构造各种各样的硬件设备安装至一定的位置，以此达到吸收流量与压力脉动的目的。其实从阻抗分析的角度讲，这样做也是调整了系统的阻抗特性，但这种方法比较稳妥，不会给系统正常运行带来很大的负面影响，只是消振的范围有限，但在工程应用中有不错的效果，比较实用。

流体系统中消振或滤波的元件主要有滤波器、蓄能器和板孔等，根据它们的阻抗特性，也可分为容性消振与阻性消振。容性消振自然包括蓄能器在内的利用介质的压缩性来吸收流量脉动，涉及能量的转换；而阻性消振是通过吸收能量或反射来缓和压力振动，比如板孔就是这样的工作原理。除此之外，从波动理论的角度分析，则分为谐振型滤波（通过自身的

流体谐振吸收能量）和干涉型滤波（通过波的干涉现象消除压力脉动）。

7.3.2.3　元件参数调整

流量与压力在管路中以波的形式传递，管路中任一点的压力与流量都随时间与位置变化，且由入射波与反射波的叠加而成。当长管路的长度有限时，压力或流量波在传递到管路的终点时会部分或者全部反射回去，其反射程度与管路终端的负载阻抗有关，如此反复叠加，就会形成更大的波动峰值。在阻抗分析法中可以知道，当管路阻抗匹配时，即 $Z_{\mathrm{c}}(s)/Z_{\mathrm{R}}(s)=1$，根据系统中阻抗耦合特性，源阻抗自然也与之相等，即 $Z_{\mathrm{c}}(s)\approx Z_{\mathrm{R}}(s)\approx Z_{\mathrm{S}}(s)$，如此管路的传输就相当于无限管长的传输特性，将不存在反射波，也就不会产生谐振，所以，在系统运行过程中，可以调整负载阻抗，使之接近于管路特征阻抗，达到消振的目的。

7.3.3　系统阻抗调整下的压力比传递特性分析

所谓的阻抗匹配即系统的负载阻抗与系统管路的特征阻抗相等，所以，调整机组中负载阻抗中的参数，比如变量马达摆角，使负载阻抗接近于管路特征阻抗。此时，系统的压力比传递特性为

$$G_{\mathrm{P}}(s)\approx\frac{1}{\mathrm{ch}\Gamma(s)+\mathrm{sh}\Gamma(s)} \tag{7-178}$$

这种情况下，压力波在管道中的传播从驻波变成行波，压力比传递主要表现为幅值的衰减与相移，并没有谐振发生。

但在很多情况下我们并不能直接保证阻抗能实现完整匹配，但系统对于压力波动有一个承受能力，在该承受范围内的匹配程度就能满足设计要求。将特征阻抗与负载阻抗之间的关系定义为阻抗比 $T=Z_{\mathrm{c}}(s)/Z_{\mathrm{R}}(s)$，则根据式（7-122），可得

$$G_{\mathrm{P}}(s)=\frac{1}{\mathrm{ch}\Gamma(s)+T\mathrm{sh}\Gamma(s)} \tag{7-179}$$

针对式（7-179）进行仿真研究，其中，阻抗比分别为 1、0.8、0.6、0.4 及 0.2，仿真结果如图 7-53 所示。

由图 7-53 可知，阻抗比 T 为 1 时，没有谐振情况，随着阻抗比逐渐偏移 1，偏移量越多则谐振会逐渐增加，可以根据压力比的可承受范围选择阻抗比的调整范围。

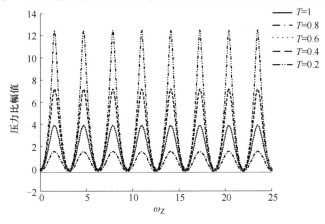

图 7-53　阻抗调整下压力比传递特性

液压型风力发电机组控制技术

7.3.4 系统阻抗调整下的转速传递特性分析

当系统达到阻抗匹配的时候，压力比传递不会出现谐振现象，而液压型落地式风力发电机组除了要关注压力这个参量之外，为实现机组的发电运行，转速传递特性也是至关重要的，所以，同样需要研究阻抗匹配对转速传递的作用影响。以阻抗比的形式表示转速传递函数为

$$G_\omega(s) = \frac{\dfrac{D_p}{D_{m1}}\left(\dfrac{Z_c}{Z_R} - Z_{m1}Z_c\right)}{\left(1 + Z_p Z_c \dfrac{Z_c}{Z_R}\right)\mathrm{sh}\Gamma(s) + \left(Z_p Z_c + \dfrac{Z_c}{Z_R}\right)\mathrm{ch}\Gamma(s)} \tag{7-180}$$

用阻抗比 T 表示，即为

$$G_\omega(s) = \frac{\dfrac{D_p}{D_{m1}}(T - Z_{m1}Z_c)}{(1 + T Z_p Z_c)\mathrm{sh}\Gamma(s) + (Z_p Z_c + T)\mathrm{ch}\Gamma(s)} \tag{7-181}$$

因为变量马达的泄漏系数及其容腔并不会在大范围内变化，我们忽略马达的泄漏及压缩进行研究，则式（7-181）变为

$$G_\omega(s) = \frac{T\dfrac{D_p}{D_{m1}}}{(1 + T Z_p Z_c)\mathrm{sh}\Gamma(s) + (Z_p Z_c + T)\mathrm{ch}\Gamma(s)} \tag{7-182}$$

其中

$$Z'_R = \frac{J_{m1}s + B_{m1}}{D_{m1}^2}$$

接下来，我们对阻抗比分别赋值 1、0.8、0.6、0.4 及 0.2，仿真结果如图 7-54 所示。

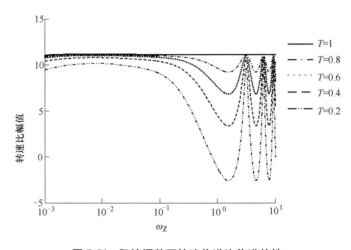

图 7-54　阻抗调整下转速传递比传递特性

由图 7-54 可以看出，阻抗调整同样对系统的转速传递有效果，并且，在阻抗完全匹配的情况下，转速比传递也是没有谐振情况发生的，而阻抗比对于 1 的偏移量越多，谐振幅值会慢慢增加，同样，我们可以根据能接收的谐振范围，选定调整阻抗的范围。

7.4 本章小结

本章以长管路泵控液压马达系统为研究对象，重点研究了长管路对液压系统带来的影响，探讨长管路条件下并网稳速控制策略。

针对管路对系统带来的影响问题，建立了流体传输管道动态特性的基本方程，比较了三种建模方法下的系统转速传递函数的异同，分析了三种建模方法的适用范围。并基于流体线性摩擦理论，分析了系统参数对转速传递函数的影响规律，推导出管道出口与入口的压力比传输幅频特性模型，研究液压型落地式风力发电机组管道系统在频域内的压力传递特性，通过 MATLAB 数值模拟计算，得到管道长度、直径、油液密度等系统参数对系统压力传输的影响规律，并研究了管道系统产生流体谐振的条件。

在研究风力发电机组并网转速控制时，采用间接流量反馈加接直接转速闭环的控制策略，利用 AMESim 软件，搭建了定量泵-变量马达长管路液压系统仿真模型，研究了系统主要参数对长管路条件下的定量泵-变量马达系统特性的影响规律。

另外，针对液压型落地式风力发电机组谐振特性及其抑制，采用阻抗分析法展开研究。利用电路相似原理，就液压主传动系统建立阻抗型模型，包括定量泵、液压长管路、变量马达，从而建立整机的流体网络阻抗模型，推导机组源阻抗方程、压力比传递方程等。

影响管路系统振动的主要因素为管路特征阻抗与负载阻抗。机组以变量马达为负载阻抗，包括与泄漏相关的阻性参数、与容腔相关的容性参数及与其能量转换相关的感性参数和阻性参数；针对机组运行关键参量——管路出口压力与马达转速，推导压力比传递方程、压力-负载力矩传递函数及转速比传递函数、转速-负载力矩传递函数；采用 MATLAB/Simulink 仿真分析马达作为负载，各阻抗特性对机组传输的影响作用规律，其中马达摆角影响马达的感性与阻性。

在谐振特性分析的基础上，计算机组转速传递与压力传递的谐振频率，并依据谐振条件，总结谐振管长与避免谐振管长的选择原则；分析谐振抑制方法及不同阻抗匹配比对压力比传递及转速比传递的作用效果，借鉴液压型风力发电机组现有控制手段，利用节流阀，采用 MATLAB 仿真分析节流阀对机组传输特性的影响规律。

参考文献

［1］ WHITE F M. Fluid Mechanics ［M］. 6th ed. New York：Mc Graw-Hill International，2008.

［2］ 盛敬超. 液压流体力学 ［M］. 北京：机械工业出版社，1980：122-125.

［3］ 阎世敏，李洪人. 层流流体管路分段集中参数键图模型研究 ［J］. 工程设计学报，2002，9（3）：113-115.

［4］ WATTON J. Fluid power systems ［M］. New York：Prentice Hall，1989：123-128.

［5］ NEDI'C N，DUBONJI'C L，FILIPOVI'C V. Design of constant gain controllers for the hydraulic control system with a long transmission line ［J］. Forsch Ingenieurwes，2011，75：231-242.

［6］ 蔡毅刚. 流体传输管道动力学 ［M］. 杭州：浙江大学出版社，1989：16-19.

［7］叶壮壮. 液压型落地式风力发电机组主传动系统特性与稳速控制研究［D］. 秦皇岛：燕山大学，2015.

［8］艾超，刘艳娇，叶壮壮，等. 液压型落地式风力发电机组管道谐振分析［J］. 动力工程学报，2016，36（7）：556-563.

［9］艾超，刘艳娇，宋豫，等. 液压型落地式风力发电机组长管路特性研究［J］. 华中科技大学学报，2016，44（5）：108-113.

［10］刘艳娇. 液压型落地式风力发电机组谐振特性及抑制研究［D］. 秦皇岛：燕山大学，2017.

第 **8** 章　液压型风力发电机组变桨距控制技术

8.1　概述

　　在大型风力发电机组中，仅仅依靠发电机无法独立完成功率的稳定控制，特别是在控制风速波动产生的冲击方面[1-2]，所以现代风力发电机组均采用变桨距控制技术。以变桨距系统所采用的执行元件进行分类，可以将变桨距驱动分为电动机驱动、液压缸驱动和液压马达驱动三类。以控制模式进行分类，可以将其分为统一变桨距控制和独立变桨距控制。

　　目前国内外很多研究机构都搭建了风力发电机组变桨距控制实验平台。由于风力发电设备体积庞大，运行工况复杂，风力发电场环境恶劣，风况不可控，所以对于风力发电设备的实验研究需要采用特定的实验平台来完成。目前，德国、丹麦、美国等国家均采用风电仿真实验台来研究风力发电技术，如丹麦 RISO 国家风电实验室、美国 Sandia 国家实验室和荷兰 ECN 风能实验室等。丹麦科技大学搭建了可对风轮叶片进行两自由度振动疲劳实验的风力发电实验平台，该平台可以对风力机空气动力学、气动、风力机机构力学和风力机声学进行仿真，具备数值模拟功能。

8.2　阀控液压马达变桨距系统运行特性

　　以某 850kW 风力机为研究对象，由于该风机的质心位置与变桨轴线位置相重合，故由离心力和重力所引起的变桨距载荷为零，只考虑由气动力引起的变桨距载荷。对于不同的桨距角、不同桨叶截面处的气动力引起的变桨距载荷进行计算，结果如图 8-1 所示[3]。

　　由图 8-1 可以看出，气动力载荷随桨叶变化波动比较明显，特别是在桨叶末端。这主要是因为翼型的气动中心与变桨轴中心的距离发生变化引起的，与桨叶的弦长和升阻系数也有很大的关系。图 8-2 为不同风速下，变桨总载荷随桨距角变化的情况。

　　在风力机实际工作时，风速是不断波动的，故变桨距载荷也会随风速的波动发生变化。图 8-3 为 13m/s 的平均风速下，脉动风引起的变桨距载荷波动的二维载荷。

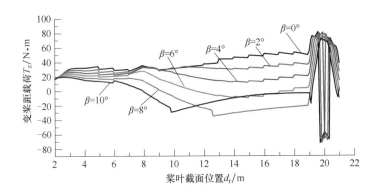

图 8-1 气动力引起的变桨距载荷随桨叶截面位置变化曲线

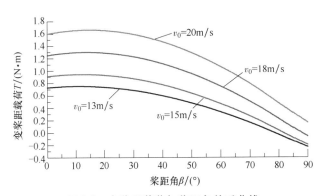

图 8-2 变桨总载荷与桨距角关系曲线

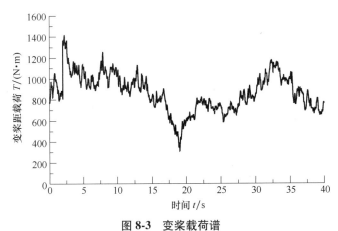

图 8-3 变桨载荷谱

8.3 阀控液压马达桨距角位置控制

8.3.1 阀控液压马达位置伺服系统数学模型

8.3.1.1 系统动力机构传递函数

阀控液压马达是一种典型的液压回路，采用液压阀来控制液压马达的旋转速度和位置，其原理简图如图 8-4 所示[4]。

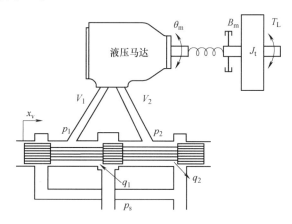

图 8-4　阀控液压马达原理简图

（1）高频响比例阀线性化流量方程

在阀控液压马达变桨距系统中，采用高频率响应比例阀来控制大扭矩液压马达来完成变桨距动作。假定高频率响应比例阀的四个节流窗口是匹配对称的，供油压力 P_s 恒定，回油压力 P_0 为 0。同时，用变量本身表示它们从初始条件下的变化量，则阀口的流量方程为

$$q_L = K_q x_v - K_c p_L \tag{8-1}$$

式中　q_L——高频率响应比例阀的负载流量，单位为 m^3/s；

$\quad\quad K_q$——高频率响应比例阀的流量增益，单位为 m^2/s；

$\quad\quad p_L$——高频率响应比例阀的负载压力，单位为 MPa；

$\quad\quad x_v$——高频率响应比例阀阀芯位移，单位为 m；

$\quad\quad K_c$——高频率响应比例阀的流量-压力系数，单位为 $m^5/(N \cdot s)$。

假定高频率响应比例阀与液压马达的连接管道对称且短而粗，管道中的压力损失和管道动态可以忽略，液压马达的每个工作腔内各处压力相等，油温和体积弹性模量为常数，液压马达内外泄漏均为层流流动。

（2）液压马达流量连续性方程

由于液压马达外泄漏和压缩性的影响，使流入液压马达的流量和流出液压马达的流量不相等，即 $q_1 \neq q_2$。为了简化分析，定义负载流量为

$$q_L = \frac{q_1 + q_2}{2} \tag{8-2}$$

式中　q_1——流入液压马达进油腔的流量，单位为 L/min；

$\quad\quad q_2$——流出液压马达出油腔的流量，单位为 L/min。

液压马达流量连续性方程为

$$q_L = D_m \frac{d\theta_m}{dt} + C_{im}(p_1 - p_2) + \frac{C_{em}}{2}(p_1 - p_2) + \frac{1}{2\beta_e}\left(V_{01}\frac{dp_1}{dt} - V_{02}\frac{dp_2}{dt}\right) + \frac{D_m \theta_m}{2\beta_e}\left(\frac{dp_1}{dt} + \frac{dp_2}{dt}\right) \tag{8-3}$$

式中　θ_m——液压马达的转角，单位为 rad；

$\quad\quad D_m$——液压马达的排量，单位为 m^3/r；

p_1——液压马达高压腔控制压力，单位为 MPa；

p_2——液压马达低压腔控制压力，单位为 MPa；

C_{im}——液压马达内泄漏系数，单位为 N·s/m；

C_{em}——液压马达外泄漏系数，单位为 N·s/m；

β_e——有效体积弹性模量（包括油液、连接管道和壳体的机械度），单位为 N/m²；

V_0——马达进、回油腔的容积（包括阀、连接管道和进油腔），单位为 m³。

其中，外泄漏流量 $C_{em}p_1$ 和 $C_{em}p_2$ 通常很小，可忽略不计。压缩流量 $\frac{V_1}{\beta_e}\frac{dp_1}{dt}$ 和 $-\frac{V_2}{\beta_e}\frac{dp_2}{dt}$ 相等，则 $q_1=q_2$；由于 $p_L=p_1-p_2$，$p_s=p_1+p_2$，所以 $p_1=\frac{p_s+p_L}{2}$，$p_2=\frac{p_s-p_L}{2}$。从而 $\frac{dp_1}{dt}=\frac{1}{2}\frac{dp_L}{dt}=-\frac{dp_2}{dt}$。由于 $D_m\theta_m\ll V_0$，$\frac{dp_1}{dt}+\frac{dp_2}{dt}\approx0$，则式（8-3）可简化为

$$q_L=D_m\frac{d\theta_m}{dt}+C_{tm}p_L+\frac{V_t}{4\beta_e}\frac{dp_L}{dt} \tag{8-4}$$

式中　V_t——液压马达两腔及连接管道总压缩容积，单位为 m³，$V_t=2V_0$；

C_{tm}——液压马达总泄漏系数，单位为 N·s/m。

$$C_{tp}=C_{im}+\frac{1}{2}C_{em} \tag{8-5}$$

（3）力矩平衡方程

液压马达和负载的力矩平衡方程为

$$D_mp_L=J_t\frac{d^2\theta_m}{dt^2}+B_m\frac{d\theta_m}{dt}+G\theta_m+T_L \tag{8-6}$$

式中　J_t——等效负载惯量，单位为 kg·m²；

B_m——液压黏性阻尼系数，单位为 N·s/(rad/s)；

G——马达等效负载弹簧刚度，单位为 N·m/rad；

T_L——外负载力矩，单位为 N·m。

变桨距系统的高频率响应比例阀控制液压马达转角位置传递函数为

$$\theta_m=\frac{\frac{K_q}{D_m}X_v-\frac{K_{ce}}{D_m^2}\left(1+\frac{V_t}{4\beta_eK_{ce}}s\right)T_L}{\frac{J_tV_t}{4\beta_eD_m^2}s^3+\left(\frac{J_tK_{ce}}{D_m^2}+\frac{B_mV_t}{4\beta_eD_m^2}\right)s^2+\left(1+\frac{B_mK_{ce}}{D_m^2}+\frac{GV_t}{4\beta_eD_m^2}\right)s+\frac{GK_{ce}}{D_m^2}} \tag{8-7}$$

式中　K_{ce}——总的流量压力系数，单位为 m³/(s·Pa)，$K_{ce}=K_c+C_{tm}$。

阀控液压马达变桨距位置控制系统框图如图 8-5 所示。

阀控液压马达位置伺服系统较阀控缸位置伺服系统对系统中的软参量更为敏感。因此，理想化的阀控液压马达位置控制仿真模型不能够很好地反映系统在不同工作点的特性，尤其是高频响比例阀的流量-压力系数，当阀芯处在不同位置和负载压力下时，对其输出流量的影响是很大的。在变桨距位置控制仿真平台中将高频率响应比例阀的流量-压力系数设置为随着负载压力及阀芯位移变化的动态参量，确保高频率响应比例阀在不同工作点处的特性能

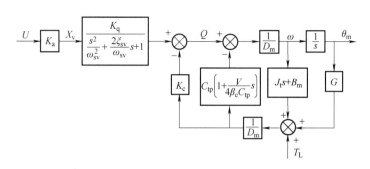

图 8-5　阀控液压马达变桨距系统位置控制框图

够真实反映实际特性。

　　流量-压力系数表示阀开度一定时，负载压降变化所引起的负载流量变化。流量-压力系数值越小，表示阀抵抗负载变化的能力越大，即阀的刚度越大。同时，流量-压力系数是系统中的一种阻尼，当系统振动加剧时，负载压力的增大使阀输出的流量减小，有助于系统振动的衰减。

　　四边滑阀的负载流量为

$$q_L = C_d W x_v \sqrt{\frac{2(p_s - p_L)}{\rho}} \qquad (8\text{-}8)$$

式中　　C_d——阀口流量系数；

　　　　W——阀的面积梯度，单位为 m；

　　　　p_s——阀进油口压力，单位为 MPa；

　　　　p_L——阀负载压力，单位为 MPa。

考虑液压阀流量-压力系数变化的阀控液压马达变桨距位置控制系统框图如图 8-6 所示。

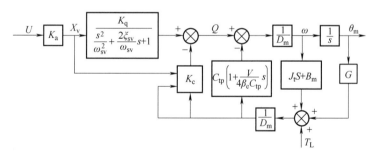

图 8-6　改进的阀控液压马达变桨距位置控制系统框图

8.3.1.2　阀控液压马达变桨距控制精度影响因素

　　阀控液压马达变桨距控制精度的影响因素主要包括变桨距系统的摩擦力矩、液压系统的压力波动、高频率响应比例阀的分辨率和最小稳定流量，这些因素使得变桨距控制系统的性能下降，产生稳态误差和低速爬行现象，严重时产生极限环振。在这些影响因素中，摩擦力矩对于变桨距控制系统的影响最大。在阀控液压马达变桨距控制系统中，摩擦力矩主要包括桨叶变桨距轴承的摩擦力矩和液压马达的摩擦力矩。变桨距轴承的摩擦力矩变化不大，对变桨距控制精度的影响也较小，将该力矩作为定值考虑。液压马达的摩擦力矩与马达的转速有关，该力矩是影响变桨距控制精度和低速条件下变桨距控制稳定性的主要因素[3]。

摩擦力矩与相对转速的关系可以由Stribeck 曲线来表示，摩擦力矩的大小与摩擦副的表面性质相关，摩擦接触面的运动由静止状态到运动状态经历了 4 个阶段，分别为弹性形变阶段、边界润滑阶段、部分流体润滑阶段和完全流体润滑阶段[5]，如图 8-7 所示。

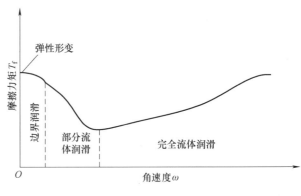

图 8-7　Stribeck 曲线

在第 1 个阶段中，摩擦力矩表现为与速度无关的静摩擦特性，也称为弹性形变。在这一阶段物体受到静摩擦力的约束，产生了弹性形变，但并无相对滑动，这时的摩擦力不依赖于速度，静摩擦力本身是一种约束力而不是真正的摩擦力。静摩擦力不耗费能量，摩擦力与控制力大小相同、方向相反。

第 2 阶段为边界润滑阶段，在这一阶段摩擦力矩随速度的增大而降低，呈现摩擦力的下降特性或者称为负阻尼特性，边界润滑阶段与系统的低速爬行效应存在直接关系。主要成因是在这一阶段相对运动的速度非常低，还不足以形成润滑油膜，随着相对速度的增大油膜形成状态逐渐转好，摩擦力也随之下降。

第 3 阶段为部分流体润滑阶段，随着相对运动速度的进一步提高，接触面之间形成了液体薄膜，但由于法向压力的作用仍然存在部分润滑油膜破坏，存在部分固体接触区域。在这一阶段随着相对运动速度的进一步增加，固体接触区域逐渐缩小，摩擦力继续减小。

第 4 阶段为完全流体润滑阶段，这时润滑油膜已经达到了足够的厚度，运动部件之间没有固体接触，负载全部由液体来支撑，运动的阻力按流体力学理论分布。由于润滑油具有一定的黏性，运动速度越快，内摩擦力矩就越大，呈现正阻尼特性。

阀控液压马达变桨距系统属于电液位置伺服控制，摩擦对于电液位置伺服系统的影响很大。首先，摩擦使得伺服系统在低速时产生爬行和脉动现象。当变桨距液压马达处于低速运动区域时，摩擦力矩沿 Stribeck 曲线不断变化，使得马达转速不均匀造成低速爬行和转速跳跃。

摩擦还会对系统的控制精度产生很大的影响。首先，由于摩擦力的作用，使得系统产生死区现象。当控制系统检测到位置误差而引起的变桨驱动力不足以克服静摩擦力时，系统处于停滞状态，也就进入了控制死区。只有当位置误差引起的变桨驱动力足以克服静摩擦力时，系统才能离开死区状态。当系统进入稳态后，就会引起系统的稳态误差，使系统的重复精度降低。由于系统摩擦的影响，当系统速度过零点时就会引起波形畸变，在跟踪正弦信号时出现"平顶"现象。所以非线性摩擦力的存在，会严重影响变桨距控制精度，降低了位置伺服系统的性能，必须对摩擦进行补偿。

以外负载为单向 900N·m 条件为研究所用工况，分别采用正弦信号、斜坡信号和阶跃信号作为系统给定，控制器采用 P 控制，得到马达转角的响应情况如图 8-8 所示。

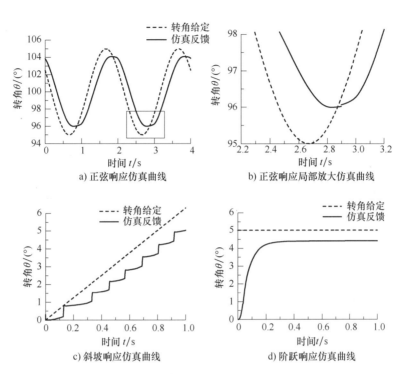

图 8-8　基于 LuGre 摩擦模型的阀控液压马达位置控制转角仿真曲线

在 900N·m 负载条件下，马达转角采用正弦给定，设定幅值为 5°，频率为 0.5Hz，偏移量为 100°。系统采用 P 控制模式时，马达摩擦转矩与转速的响应特性如图 8-9 所示。

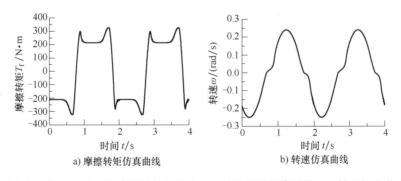

图 8-9　基于 LuGre 摩擦模型的阀控液压马达位置控制摩擦转矩、转速仿真曲线

从图 8-8 和图 8-9 中可以看出，当在单向 900N·m 负载的情况下，在马达转角正弦给定条件下，液压马达转角输出出现"平顶"现象，同时伴随液压马达转速在零点附近的死区现象，由液压马达的摩擦力曲线可以看到，当转速在零点附近时，其摩擦转矩突然增加，导致液压马达转角"平顶"现象。马达转角斜坡给定条件下，液压马达转角输出出现"爬行"现象，马达转角阶跃给定条件下，液压马达转角输出出现明显的稳态误差。引起这一系列现象的根源问题是液压马达的摩擦力问题。

8.3.1.3　基于 LuGre 摩擦模型的变桨距系统数学模型

为了对变桨距控制系统进行摩擦补偿，需要对摩擦力的模型进行深入的研究。随着变桨距控制系统的不断发展，对于桨距角控制精度的要求不断提高，简单的静态摩擦模型无法对非线性摩擦过程进行准确表达，不能适用于现代变桨距控制系统的实际应用。特别是对于阀控液压马达变桨距控制系统，非线性摩擦力对于液压马达起动特性的影响非常大，所以选用准确可靠的摩擦模型对提高桨距角控制精度和变桨距控制性能非常重要。

摩擦模型有很多种，常用的有库仑-黏性摩擦模型、Stribeck 摩擦模型、Karnopp 摩擦模型和 LuGre 摩擦模型。本节选用 LuGre 摩擦模型作为阀控液压马达变桨距控制系统的摩擦补偿模型。LuGre 摩擦模型是 C. Canudas de Wit 等人在 1995 年提出的，它是一个动态模型。LuGre 摩擦模型引入摩擦面之间弹性鬃毛的平均偏移来表征摩擦的动态行为，能够描述摩擦的各种动态和静态特性。LuGre 摩擦模型认为刚体表面接触是通过具有弹性的鬃毛完成的，在外力作用下，切向分力使鬃毛产生变形形成了摩擦力，当切向分力到达某一数值时，产生滑动。LuGre 摩擦模型是目前应用最为广泛的模型，对于阀控液压马达变桨距控制系统比较适用。

设状态量 z 代表接触面鬃毛的平均变形，摩擦力 T_f 的 LuGre 摩擦模型可以表示为

$$T_f = \sigma_0 z + \sigma_1 \dot{z} + \sigma_2 \dot{\theta} \tag{8-9}$$

$$\dot{z} = \dot{\theta} - \frac{\sigma_0 \mid \dot{\theta} \mid}{g(\dot{\theta})} z \tag{8-10}$$

$$g(\dot{\theta}) = T_c + (T_s - T_c)\, e^{-\left(\frac{\dot{\theta}}{\dot{\theta}_s}\right)^2} \tag{8-11}$$

式中　T_f——摩擦力矩，单位为 N·m；

T_c——库仑摩擦力矩，单位为 N·m；

T_s——最大静摩擦力矩，单位为 N·m；

$\dot{\theta}_s$——Stribeck 临界速度，单位为 rad/s；

$\dot{\theta}$——瞬时角速度，单位为 rad/s；

σ_0——鬃毛刚度系数，单位为 N·m/rad；

σ_1——鬃毛阻尼系数，单位为 N·m·s/rad；

σ_2——黏性摩擦系数，单位为 N·m·s/rad；

z——黏滞状态下的表面相对变形量，单位为 rad。

如果 $z=0$，则稳态条件下摩擦力矩表示为

$$T_f = T_c \mathrm{sgn}(\theta) + (T_s - T_c)\, e^{-(\theta/\theta_s)^2} \mathrm{sgn}(\theta) + \sigma_2 \theta \tag{8-12}$$

式 (8-12) 所表示的 T_f 与 θ 的关系即为 Stribeck 曲线。所以 LuGre 摩擦模型在稳态时能够反映 Stribeck 现象。将 LuGre 摩擦模型引入后，阀控液压马达桨距位置控制系统框图如图 8-10 所示。

基于上述分析，将 LuGre 摩擦模型引入后，阀控液压马达桨距位置控制系统仿真模型如图 8-11 所示。

8.3.2　LuGre 摩擦模型参数辨识

8.3.2.1　LuGre 摩擦模型静态参数辨识

由于 LuGre 摩擦模型是由 Stribeck 摩擦模型发展而来，Stribeck 摩擦模型的摩擦参数描述的就是 LuGre 摩擦模型的静态参数。通过大量的实验将系统匀速运动状态的速度与摩擦力

302

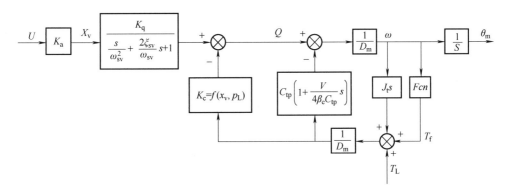

图 8-10　基于 LuGre 摩擦模型的阀控液压马达变桨距位置控制系统框图

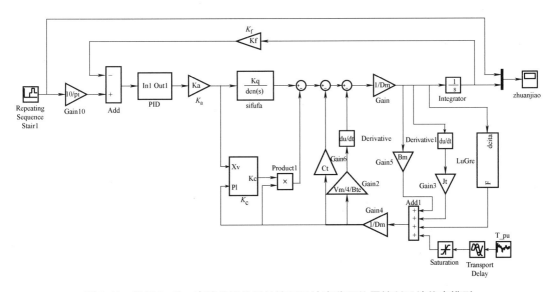

图 8-11　基于 LuGre 摩擦模型的阀控液压马达变桨距位置控制系统仿真模型

对应关系采用描绘拟合的方法得到 Stribeck 曲线，从而获得 LuGre 摩擦模型的静态参数。

（1）匀速运动时的摩擦力矩

理论上认为，在液压马达匀速运动状态下，液压马达的摩擦扭矩为由高低压油路实际压差乘以液压马达排量得到的理论输出扭矩与负载扭矩的差。由于加载系统与主系统存在耦合问题，因此，需要首先对该系统进行解耦，将主系统位置变化时加载系统产生的多余力矩通过补偿的方式加以消除，从而获得稳定的加载扭矩。

（2）Stribeck 曲线拟合

通过描图法对 Stribeck 曲线进行拟合的基本方法如图 8-12 所示。根据 Stribeck 曲线的特征，将其曲线分为低速段与高速段两部分。首先根据稳态下摩擦力矩与速度的关系曲线，将低速段与高速段的点分别拟合成直线，低速段的拟合直线

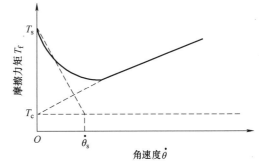

图 8-12　Stribeck 曲线参量图

的延长线与纵轴交点值为最大静摩擦力 T_s，低速段的拟合直线与直线 $T_\mathrm{f}=T_\mathrm{c}$ 的交点的横坐标值即为临界 Stribeck 角速度 $\dot\theta_\mathrm{s}$；高速段的拟合直线的延长线与纵轴交点值为库仑摩擦力 T_c，其斜率为黏滞摩擦系数 B_θ。

采用最小二乘法和遗传算法实现对静态参数的辨识是目前两种较为精确的办法。最小二乘法是通过观测的数据与拟合曲线偏差的二次方和最小，该方法应用非常广泛，且计算速度快，但当信噪比较小时，容易出现局部极小；遗传算法（GA）是一种模拟自然界遗传机制和生物进化论而提出的并行随机搜索最优化方法，在解决非线性问题时不要求对象的模型信息，同时又能避免局部极小，实用范围广，鲁棒性强，但其缺点是计算量大。本节采用遗传算法对静态摩擦参数进行辨识。

设辨识的参数向量 $W_1=\begin{bmatrix}\hat T_\mathrm{c},\hat T_\mathrm{s},\hat{\dot\theta}_3,\hat B_\theta\end{bmatrix}$，定义辨识误差为

$$e(W_1,\dot\theta_i)=T_\mathrm{f}(\dot\theta_i)-T(W_1,\dot\theta_i) \tag{8-13}$$

其中，$T_\mathrm{f}(\dot\theta_i)$ 为实际系统在 $\dot\theta_i$ 时刻的输出，$T(W_1,\dot\theta_i)$ 为由辨识参数组成的模型系统在 $\dot\theta_i$ 时刻的输出，由 Stribeck 模型可得到

$$T(\dot\theta)=\left[\hat T_\mathrm{c}+(\hat T_\mathrm{s}-\hat T_\mathrm{c})e^{-(\theta/\theta_\mathrm{s})^2}\right]\mathrm{sgn}(\dot\theta)+\hat B_\theta\dot\theta \tag{8-14}$$

定义目标函数如下：

$$J=\frac{1}{2}\sum_{i=1}^{n}e^2(W_1,\dot\theta_i) \tag{8-15}$$

即求目标函数 J 的极小值。

基于大量实验，通过遗传算法得到的静态摩擦参数的辨识结果见表 8-1。

表 8-1　静态摩擦参数的辨识结果

静态参数	辨识结果
$T_\mathrm{s}/\mathrm{N}\cdot\mathrm{m}$	498.2
$T_\mathrm{c}/\mathrm{N}\cdot\mathrm{m}$	308.4
$\theta_\mathrm{s}/(\mathrm{rad/s})$	0.1
$B_\theta/(\mathrm{N}\cdot\mathrm{m}\cdot\mathrm{s/rad})$	1

由此绘制的 Stribeck 拟合曲线如图 8-13 所示。

从图 8-13 中可以看出，Stribeck 曲线在低速阶段变化很大，因此为得到高精度的 Stribeck 曲线，需要大量的低速阶段的实验数据。由辨识结果和 Stribeck 曲线可以看出，曲线拟合的结果与原始数据基本重合，这说明，通过上述对摩擦力矩的精确求解使得拟合的偏差较小，遗传算法能得出较为准确的对摩擦参数进行辨识的结果。

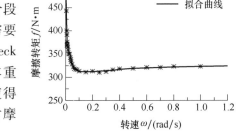

图 8-13　Stribeck 拟合曲线

8.3.2.2　LuGre 摩擦模型动态摩擦参数辨识

LuGre 摩擦模型的动态参数的辨识较为困难，因为该模型采用鬃毛理论引入了无法测量的状态即鬃毛的平均变形 z。目前，针对 LuGre 摩擦模型的辨识方法主要有近似计算、最小

二乘和遗传算法等。合理选择输入信号是最小二乘或遗传算法辨识的关键，通过对大量实验数据的筛选，选择包含信息量大且稳定的实验数据作为辨识的基础，其辨识结果将更为精确。本节选择多组低幅值阶跃信号作为输入信号，采用多组系统的极限环振荡曲线实验数据来辨识 LuGre 模型的动态参数。当摩擦处于预滑阶段时 ($z \approx 0$, $v \approx 0$)，即物体受到很小外力作用，物体未发生明显运动，可假设

$$\begin{cases} \mathrm{d}z \approx \mathrm{d}x \\ \dfrac{\mathrm{d}z}{\mathrm{d}t} \approx \dfrac{\mathrm{d}x}{\mathrm{d}t} \end{cases} \tag{8-16}$$

式中　x——位移，单位为 m；

　　　z——鬃毛的平均变形。

由系统的运动学方程为

$$J_L \frac{\mathrm{d}^2 x}{\mathrm{d}t^2} = u - T_f - T_L = u - \sigma_0 z - \sigma_1 \frac{\mathrm{d}z}{\mathrm{d}t} - B_\theta \frac{\mathrm{d}x}{\mathrm{d}t} - T_L \tag{8-17}$$

式中　J_L——物体的转动惯量，单位为 kg·m²；

　　　u——控制力矩，单位为 N·m；

　　　T_f——摩擦力矩，单位为 N·m。

将式 (8-16) 代入式 (8-17) 可得

$$J_L \frac{\mathrm{d}^2 x}{\mathrm{d}t^2} + (\sigma_1 + B_\theta) \frac{\mathrm{d}x}{\mathrm{d}t} + \sigma_0 x + T_L = u \tag{8-18}$$

将式 (8-18) 进行拉普拉斯变换得

$$u = J_t \theta_m s^2 + (\sigma_1 + B_\theta) \theta_m s + \sigma_0 \theta_m + T_L \tag{8-19}$$

所以，阀控液压马达系统负载的力平衡方程

$$D_m p_L = J_t \theta_m s^2 + (\sigma_1 + B_\theta) \theta_m s + \sigma_0 \theta_m + T_L \tag{8-20}$$

由式 (8-17)、式 (8-18)、式 (8-20) 得阀控液压马达的转角位置为

$$\theta_m = \frac{\dfrac{K_q}{D_m} X_v - \dfrac{K_{ce}}{D_m^2} \left(1 + \dfrac{V_t}{4\beta_e K_{ce}} s\right) T_L}{\dfrac{J_t V_t}{4\beta_e D_m^2} s^3 + \left[\dfrac{J_t K_{ce}}{D_m^2} + \dfrac{(\sigma_1 + B_\theta) V_t}{4\beta_e D_m^2}\right] s^2 + \left[1 + \dfrac{(\sigma_1 + B_\theta) K_{ce}}{D_m^2} + \dfrac{\sigma_0 V_t}{4\beta_e D_m^2}\right] s + \dfrac{\sigma_0 K_{ce}}{D_m^2}} \tag{8-21}$$

由于 $K_{ce} B_m \ll D_m^2$，式 (8-21) 可简化为

$$\theta_m = \frac{\dfrac{K_q}{D_m} X_v - \dfrac{K_{ce}}{D_m^2} \left(1 + \dfrac{V_t}{4\beta_e K_{ce}} s\right) T_L}{\dfrac{J_t V_t}{4\beta_e D_m^2} s^3 + \left[\dfrac{J_t K_{ce}}{D_m^2} + \dfrac{(\sigma_1 + B_\theta) V_t}{4\beta_e D_m^2}\right] s^2 + \left(1 + \dfrac{\sigma_0 V_t}{4\beta_e D_m^2}\right) s + \dfrac{\sigma_0 K_{ce}}{D_m^2}} \tag{8-22}$$

或

$$\theta_m = \frac{\dfrac{K_q}{D_m} X_v - \dfrac{K_{ce}}{D_m^2} \left(1 + \dfrac{V_t}{4\beta_e K_{ce}} s\right) T_L}{\dfrac{s^3}{\omega_h^2} + \dfrac{2\xi_h}{\omega_h} s^2 + \left(1 + \dfrac{\sigma_0}{K_h}\right) s + \dfrac{\sigma_0 K_{ce}}{D_m^2}} \tag{8-23}$$

式中　K_h——液压弹簧刚度，单位为 N·m/rad，$K_h = \dfrac{4\beta_e D_m^2}{V_t}$。

由于 $\left[\dfrac{K_{ce}\sqrt{\sigma_0 J_t}}{D_m^2\left(1+\dfrac{\sigma_0}{K_h}\right)}\right]^2 \ll 1$，则上式可合并为

$$\theta_m = \dfrac{\dfrac{K_q}{D_m}X_v - \dfrac{K_{ce}}{D_m^2}\left(1+\dfrac{V_t}{4\beta_e K_{ce}}s\right)T_L}{\left[\left(1+\dfrac{\sigma_0}{K_h}\right)s + \dfrac{\sigma_0 K_{ce}}{D_m^2}\right]\left(\dfrac{s^3}{\omega_0^2}+\dfrac{2\xi_0}{\omega_0}s^2+1\right)} \tag{8-24}$$

式中　ω_0——综合固有频率，单位为 rad/s，$\omega_0 = \omega_h\sqrt{1+\dfrac{\sigma_0}{K_h}}$；

　　　ξ_0——液压阻尼比，$\xi_0 = \dfrac{1}{2\omega_0}\left[\dfrac{4\beta_e K_{ce}}{V_t\left(1+\dfrac{\sigma_0}{K_h}\right)}\right]+\dfrac{\sigma_1+B_\theta}{J_t}$。

其简化模型如图 8-14 所示。

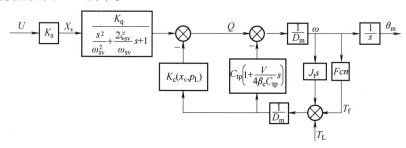

图 8-14　基于 LuGre 摩擦模型的变桨距控制系统简化框图

LuGre 摩擦模型的动态参数的辨识方法主要有最小二乘法、遗传算法和蚁群算法等方法，本节采用遗传算法辨识 LuGre 摩擦模型动态摩擦参数。

由于摩擦主要影响系统的低速阶段即预滑动阶段，因此，选择系统的极限环振荡曲线并采用遗传算法对 LuGre 摩擦模型动态参数进行辨识。

设辨识的参数向量 $W_2 = [\hat{\sigma}_0, \hat{\sigma}_1]$，定义辨识误差为

$$e(W_2, t_i) = \theta(t_i) - \theta_1(W_2, t_i) \tag{8-25}$$

其中，$\theta(t_i)$ 为实际系统在 t_i 时刻的输出，$\theta_1(W_2, t_i)$ 为由辨识参数组成的模型系统在 t_i 时刻的输出，由 LuGre 摩擦模型可得到

$$J_L\ddot{\theta} = u - T_f \tag{8-26}$$

$$T_f = \hat{\sigma}_0 z + \hat{\sigma}_1\dot{z} + B_\theta\dot{\theta} \tag{8-27}$$

$$\dot{z} = \dot{\theta} - \dfrac{\hat{\sigma}_0\,|\dot{\theta}|}{g(\dot{\theta})}z \tag{8-28}$$

定义目标函数如下

$$J = c_1\sum_{i=1}^{n}e^2(W_2, T_i) + c_2\max\{|e(W_2, T_i)|\} \tag{8-29}$$

式中　c_1、c_2——加权系数，辨识目标使 J 极小化，可辨识出 LuGre 摩擦模型的动态参数 σ_0、σ_1。

由于实际系统重复精度、传感器检测误差、工作状态等不确定因素的存在，仅根据少量实验数据来辨识是不能全面、准确描述 LuGre 摩擦模型的动态参数的。所以，必须采取多组不同幅值的阶跃输入信号进行大量实验，选择包含信息量大且稳定的实验数据作为辨识的基础，式（8-25）辨识误差可改写为

$$\begin{cases} e_1(\boldsymbol{W}_2,t_i) = \theta_{10}(t_i) - \theta_{11}(\boldsymbol{W}_2,t_l) \\ e_2(\boldsymbol{W}_2,t_i) = \theta_{20}(t_i) - \theta_{21}(\boldsymbol{W}_2,t_i) \\ \qquad\qquad \vdots \\ e_m(\boldsymbol{W}_2,t_i) = \theta_{m0}(t_i) - \theta_{m1}(\boldsymbol{W}_2,t_i) \end{cases} \tag{8-30}$$

其中，$\theta_{m0}(t_i)$ 为实际系统第 m 组阶跃输入信号在 t_i 时刻的输出，$\theta_{m1}(\boldsymbol{W}_2,t_i)$ 为由辨识参数组成的模型系统第 m 组阶跃输入信号在 t_i 时刻的输出。定义目标函数如下

$$J = c_1 \sum_{j=1}^{m} \sum_{i=1}^{n} e_i^2(\boldsymbol{W}_2,T_i) + c_2 \sum_{j=1}^{m} \max\{|e_i(\boldsymbol{W}_2,T_i)|\} \tag{8-31}$$

最终得到 LuGre 摩擦模型的动态参数，见表 8-2。

表 8-2　动态参数辨识结果

静态参数	辨识结果
$\sigma_0/(\text{N}\cdot\text{m/rad})$	2989.7
$\sigma_1/(\text{N}\cdot\text{m}\cdot\text{s/rad})$	147.5

按照 850kW 液压型风力发电机组变桨距系统数据，阀控液压马达变桨距位置控制仿真模型参数设置见表 8-3。

表 8-3　变桨距系统仿真参数

符号	名称	单位	数值
p_s	系统的供油压力	MPa	20
D_m	液压马达排量	m^3/r	9.4×10^{-4}
β_e	有效体积弹性模量	N/m^2	6.86×10^8
V_m	液压马达两腔及连接管道总容积	m^3	1×10^{-4}
J_t	桨叶的转动惯量	$\text{kg}\cdot\text{m}^2$	206
C_t	液压马达的泄漏系数	$\text{m}^5/\text{N}\cdot\text{s}$	3.2×10^{-12}
K_q	高频率响应比例阀的流量增益	m/A	3.5×10^{-4}
ω_{sv}	高频率响应比例阀的固有频率	rad/s	377
ξ_{sv}	高频率响应比例阀的阻尼比	—	0.6
W	高频率响应比例阀阀芯面积梯度	m	2.55×10^{-3}
C_d	流量系数	—	0.602
ρ	油液密度	kg/m^3	874
k_f	绝对值编码器增益	—	3.2

8.3.3 基于 LuGre 摩擦模型的阀控液压马达桨距角控制与仿真

8.3.3.1 基于 LuGre 摩擦模型的自适应补偿控制策略

由于 $x_v = K_a u$ 阀口的流量连续性方程为

$$q_L = K_q x_v - K_c p_L = K_q K_a u - K_c p_L \tag{8-32}$$

液压马达流量连续性方程

$$q_L = D_m \dot{\theta}_m + C_{tm} p_L + \frac{V_t}{4\beta_e} \dot{p}_L \tag{8-33}$$

液压马达和负载的力平衡方程

$$D_m p_L = J_t \ddot{\theta}_m + B_\theta \dot{\theta} + G + T_f \tag{8-34}$$

将式（8-34）代入式（8-33）得

$$J\ddot{\theta} = \frac{K_q K_a D_m}{K_{ce}} u - \frac{K_{ce} B_\theta + D_m^2}{K_{ce}} \dot{\theta} - \frac{V_t}{4\beta_e K_{ce}} \dot{p}_L - T_f \tag{8-35}$$

化简式（8-35）得

$$J\ddot{\theta} = au - b\dot{\theta} - c\dot{p}_L - T_f \tag{8-36}$$

其中

$$a = \frac{K_q K_a D_m}{K_{ce}}, b = \frac{K_{ce} B_\theta + D_m^2}{K_{ce}}, c = \frac{V_t}{4\beta_e K_{ce}}$$

为设计阀控液压马达变桨距系统非线性摩擦的自适应控制率，建立系统误差方程为

$$e_1(t) = \theta(t) - \theta_d(t) \tag{8-37}$$

$$e_2(t) = \dot{e}_1(t) - ke_1(t) = \dot{\theta}(t) - \dot{\theta}_d(t) - k(\theta(t) - \theta_d(t)) = \dot{\theta}(t) - \theta_e(t) \tag{8-38}$$

其中

$$\theta_e(t) = \dot{\theta}_d(t) - ke_1(t)$$

由式（8-9）和式（8-10）得

$$T_f = \sigma_0 z + \sigma_1 \left(\dot{\theta} - \frac{\sigma_0 |\dot{\theta}|}{g(\dot{\theta})} z \right) + B_\theta \dot{\theta} \tag{8-39}$$

其中

$$\beta = \sigma_1 + B_\theta$$

将式（8-39）代入式（8-36）得

$$J\ddot{\theta} = au - b\dot{\theta} - c\dot{p}_L - \sigma_0 z + \sigma_1 \frac{\sigma_0 |\dot{\theta}|}{g(\dot{\theta})} z - \beta\dot{\theta} \tag{8-40}$$

将式（8-38）求导后代入式（8-40）得

$$J\dot{e}_2 = au - b\dot{\theta} - \sigma_0 z + \sigma_1 \frac{\sigma_0 |\dot{\theta}|}{g(\dot{\theta})} z - \beta\dot{\theta} - c\dot{p}_L - J(\ddot{\theta}_d - k\dot{e}_1) \tag{8-41}$$

由于 LuGre 模型的非线性状态 z 未知且不可测，此处采用两个非线性观测器来估计

$$\frac{d\hat{z}_0}{dt} = \dot{\theta} - \frac{\sigma_0 |\dot{\theta}|}{g(\dot{\theta})} \hat{z}_0 + t_0 \tag{8-42}$$

$$\frac{d\hat{z}_1}{dt} = \dot{\theta} - \frac{\sigma_0 |\dot{\theta}|}{g(\dot{\theta})} \hat{z}_1 + t_1 \tag{8-43}$$

其中，$\hat{z}_0$、$\hat{z}_1$ 为 z 的估计值，$\hat{t}_0$、$\hat{t}_1$ 为需要设计观测器的动态项。

设 $\tilde{z}_0 = z - \hat{z}_0$，$\tilde{z}_1 = z - \hat{z}_1$，则计算出的观测器的估计误差为

$$\frac{\mathrm{d}\tilde{z}_0}{\mathrm{d}t} = \dot{\theta} - \frac{\sigma_0 |\dot{\theta}|}{g(\dot{\theta})}\tilde{z}_0 + t_0 \tag{8-44}$$

$$\frac{\mathrm{d}\tilde{z}_1}{\mathrm{d}t} = \dot{\theta} - \frac{\sigma_0 |\dot{\theta}|}{g(\dot{\theta})}\tilde{z}_1 + t_1 \tag{8-45}$$

由于 σ_0、σ_1、β 的值是未知的，采用其估计值 $\hat{\sigma}_0$、$\hat{\sigma}_1$、$\hat{\beta}$ 代替，采用如下的控制律

$$u = \frac{1}{a}\left[-he_2 + b\dot{\theta} + \hat{\sigma}_0\hat{z}_0 - \hat{\sigma}_1\frac{\hat{\sigma}_0 |\dot{\theta}|}{g(\dot{\theta})}\hat{z}_1 + \hat{\beta}\dot{\theta} + c\dot{p}_L + J(\ddot{\theta}_d - k\dot{e}_1) \right] \tag{8-46}$$

其中 h 为正的设计常数，将式（8-46）代入式（8-41）中得

$$Je_2 = -he_2 - \tilde{\beta}\dot{\theta} - \sigma_0\tilde{z}_0 - \tilde{\sigma}_0\hat{z}_0 + \sigma_1\frac{\sigma_0 |\dot{\theta}|}{g(\dot{\theta})}\tilde{z}_1 + \tilde{\sigma}_1\frac{\sigma_0 |\dot{\theta}|}{g(\dot{\theta})}\hat{z}_1 \tag{8-47}$$

各未知参数和摩擦状态观测器动态项的自适应率采用如下形式

$$\hat{\sigma}_0 = -\gamma_0\hat{z}_0 e_2 \tag{8-48}$$

$$\hat{\sigma}_1 = \gamma_1\frac{\sigma_0 |\dot{\theta}|}{g(\dot{\theta})}e_2\hat{z}_1 \tag{8-49}$$

$$\hat{\beta} = -\gamma_\beta\dot{\theta}e_2 \tag{8-50}$$

$$t_0 = -e_2 \tag{8-51}$$

$$t_1 = \frac{\sigma_0 |\dot{\theta}|}{g(\dot{\theta})}e_2 \tag{8-52}$$

其中，γ_0、γ_1、γ_β 为正的设计常数。下面证明阀控液压马达变桨距系统式（8-10）在自适应控制率式（8-46）作用下闭环控制系统可以实现对给定位置期望信号的全局渐近跟踪。

证明：定义估计误差为 $\tilde{\sigma}_0 = \sigma_0 - \hat{\sigma}_0$，$\tilde{\sigma}_1 = \sigma_1 - \hat{\sigma}_1$，$\tilde{\beta} = \beta - \hat{\beta}$，选择 Lyapunov 函数

$$V(t) = \frac{1}{2}Je_2^2 + \frac{1}{2}\sigma_0\tilde{z}_0^2 + \frac{1}{2}\sigma_1\tilde{z}_1^2 + \frac{1}{2\gamma_0}\tilde{\sigma}_0^2 + \frac{1}{2\gamma_1}\tilde{\sigma}_1^2 + \frac{1}{2\gamma_\beta}\tilde{\beta}^2 \tag{8-53}$$

对式（8-53）求导可得

$$\dot{V}(t) = Je_2\dot{e}_2 + \sigma_0\tilde{z}_0\dot{\tilde{z}}_0 + \sigma_1\tilde{z}_1\dot{\tilde{z}}_1 + \frac{1}{\gamma_0}\tilde{\sigma}_0\dot{\tilde{\sigma}}_0 + \frac{1}{\gamma_1}\tilde{\sigma}_1\dot{\tilde{\sigma}}_1 + \frac{1}{\gamma_\beta}\tilde{\beta}\dot{\tilde{\beta}} \tag{8-54}$$

将式（8-49）、式（8-50）、式（8-51）和式（8-41）代入式（8-54）可得

$$\dot{V}(t) = -he_2^2 - \tilde{\sigma}_0\left(\frac{1}{\gamma_0}\hat{\beta}_0 + e_2\hat{z}_0\right) - \sigma_0\tilde{z}_0(t_0 + e_2) - \tilde{\sigma}_1\left(\frac{1}{\gamma_1}\hat{\beta}_1 - e_2\frac{\sigma_0 |\dot{\theta}|}{g(\dot{\theta})}\hat{z}_1\right)$$
$$- \tilde{\beta}\left(\frac{1}{\gamma_\beta}\hat{\beta} + e_2\dot{\theta}\right) - \tilde{\sigma}_1\tilde{z}_1\left(t_0 - e_2\frac{\sigma_0 |\dot{\theta}|}{g(\dot{\theta})}\right) - \sigma_0\frac{\sigma_0 |\dot{\theta}|}{g(\dot{\theta})}\tilde{z}_0^2 - \sigma_1\frac{\sigma_0 |\dot{\theta}|}{g(\dot{\theta})}\tilde{z}_1^2 \tag{8-55}$$

将自适应率式（8-48）、式（8-52）代入式（8-55）可得

$$\dot{V}(t) = -he_2^2 - \sigma_0\frac{\sigma_0 |\dot{\theta}|}{g(\dot{\theta})}\tilde{z}_0^2 - \sigma_1\frac{\sigma_0 |\dot{\theta}|}{g(\dot{\theta})}\tilde{z}_1^2 - he_2^2 \tag{8-56}$$

309

由于 $h>0$，$\sigma_0>0$，$\sigma_1>0$，并且 Stribeck 特征函数 $g(\dot{\theta})$ 也大于零，由此得到 $\dot{V}(t)<0$。

根据 Lyapunov 稳定性定理，此控制系统是全局渐近稳定的。因此，$\dot{e}_2$ 是一致有界的，随着 $t\to\infty$ 有 $e_2\to0$，根据式（8-51），则有 $e_1\to0$ 保证了 θ 渐近收敛到 θ_d。

基于自适应控制的液压马达摩擦转矩控制的系统仿真模型如图 8-15 所示。

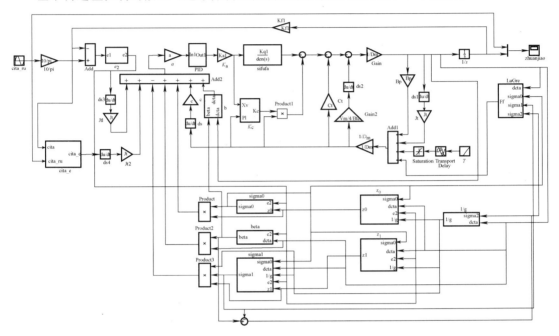

图 8-15　采用自适应控制的阀控液压马达变桨距系统位置控制仿真模型

8.3.3.2　摩擦补偿仿真分析与实验验证[3]

（1）PID 控制加前馈补偿仿真

采用前馈补偿与 PID 控制，以外负载单向 900N·m 条件为研究工况，马达转角正弦给定，偏移量为 $100°$，幅值为 $5°$，频率为 0.5Hz，得到马达转角和转速的响应特性，如图 8-16 所示。

由图 8-16 可以看出，采用 PID 加前馈控制与只采用 PID 控制相比可以消除位置跟踪过程中的"平顶"现象。图 8-17 为采用 PID 控制与采用 PID 加前馈补偿控制时系统的位置跟踪误差曲线。

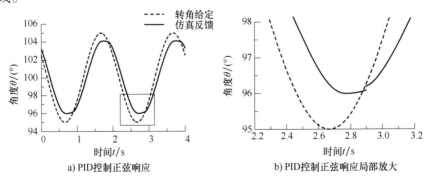

a) PID控制正弦响应　　　　　　b) PID控制正弦响应局部放大

图 8-16　采用 PID 加前馈补偿变桨距系统位置控制仿真

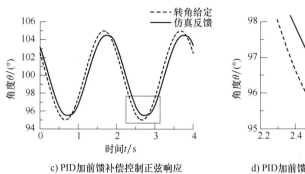

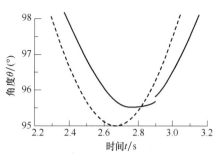

c) PID加前馈补偿控制正弦响应　　　　　d) PID加前馈补偿控制正弦响应局部放大

图 8-16　采用 PID 加前馈补偿变桨距系统位置控制仿真（续）

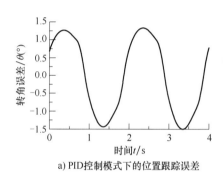

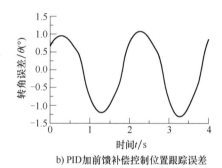

a) PID控制模式下的位置跟踪误差　　　　b) PID加前馈补偿控制位置跟踪误差

图 8-17　不同控制模式下的位置跟踪误差

由图 8-16 和图 8-17 可以看出，采用 PID 加前馈控制方式与普通 PID 控制模式比较可以消除部分由于摩擦引起的位置跟踪误差，系统位置跟踪误差的峰值由 $1.35°$ 减小到 $1.08°$，取得了一定的摩擦补偿效果，但仍存在较大的跟踪误差。

（2）自适应前馈补偿仿真

采用基于自适应控制的液压马达摩擦转矩模型，以外负载为单向 $900\mathrm{N \cdot m}$ 条件为研究工况，马达转角给定为正弦信号，偏移量为 $100°$，幅值为 $5°$，频率为 $0.5\mathrm{Hz}$。马达转角的响应特性如图 8-18 所示。

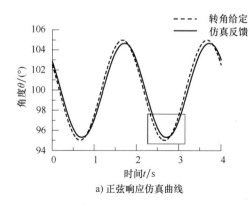

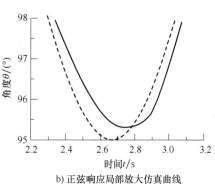

a) 正弦响应仿真曲线　　　　　　b) 正弦响应局部放大仿真曲线

图 8-18　自适应摩擦补偿控制模式下的桨距角位置控制系统仿真

图 8-19 为采用自适应摩擦补偿控制模式下位置跟踪误差曲线。

图 8-20 为 5°/s 斜坡给定条件的响应情况。

从图 8-18 和图 8-19 中可以看出，当在单向 $900\mathrm{N\cdot m}$ 负载的情况下，在马达转角正弦给定条件下，液压马达转角输出的"平顶"现象已得到很好的补偿，采用自适应摩擦补偿控制方法，可以大大降低系统位置跟踪的误差值，最大位置误差值下降到 $0.67°$。由图 8-20 可以看出马达转角斜坡给定条件下，液压马达转角输出的"爬行"现象也得到了较好的抑制，马达转角跟踪误差进一步缩小。

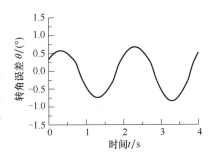

图 8-19 自适应摩擦补偿控制模式下的位置跟踪误差曲线

综合 PID 控制、前馈补偿与 PID 综合控制和自适应摩擦补偿控制的控制效果可以看出，单纯的 PID 控制时，其对抑制摩擦力矩影响的能力有限，系统的"平顶"与"爬行"现象不能得到很好的控制；采用前馈补偿与 PID 复合控制能够部分抑制"平顶"与"爬行"现象的影响，但由于系统非线性模型的不确定性与辨识精度问题，补偿效果不理想；而自适应摩擦补偿控制可实时修正模型参数达到跟踪误差最小，达到"平顶"与"爬行"现象补偿最优的效果。

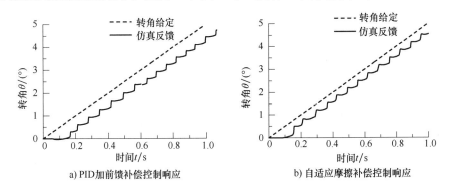

a) PID 加前馈补偿控制响应 b) 自适应摩擦补偿控制响应

图 8-20 不同控制方式下的桨距角控制系统斜坡给定响应

变桨距控制实验平台组成原理如图 8-21 所示。实验台实物如图 8-22 所示。

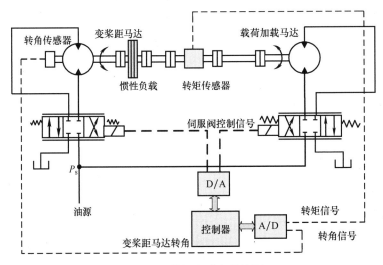

图 8-21 模拟实验台结构图

图 8-22　变桨距载荷加载与桨距角控制实验平台

模拟实验台由变桨载荷加载系统和桨距角控制系统两部分组成。加载系统采用伺服阀控液压马达结构，桨距角控制系统采用高频响比例阀控液压马达结构。检测元件主要包括：扭矩传感器、角位移传感器、压力传感器。如图 8-22 所示，变桨加载系统由低速大扭矩摆线液压马达、伺服阀、惯性负载盘和扭矩传感器组成；桨距角控制系统包括变桨执行液压马达、高频率响应比例阀、转角传感器、转速传感器。

在变桨距控制实验台中，变桨距执行马达和变桨载荷模拟液压马达均采用伊顿 VIS40 系列马达，该马达自带液压制动系统，马达性能参数见表 8-4。

表 8-4　变桨距实验平台液压马达参数

	单位	连续	间歇	峰值
排量	cm³/r		940	
理论最高转速	r/min	120	140	
流量	l/min	114	132	
理论扭矩	N·m	2714	3390	
压力	bar	181	226	272

控制系统采用 NI-Labview 软件开发，界面如图 8-23 所示。

摩擦是影响阀控液压马达桨距角控制精度的最主要因素。在风力发电机组变桨距控制过程中，桨距角的控制精度直接关系到风力发电机发电功率的稳定性。而在阀控液压马达变桨距系统中，由于液压马达的摩擦力矩带来了桨距角位置控制时产生低速爬行或波形畸变问题。本节基于 LuGre 动态摩擦模型对阀控液压马达位置控制系统中的摩擦力矩进行补偿，测试阀控液压马达变桨距系统采用自适应补偿方法的有效性。

分别采用基于 LuGre 动态摩擦模型的常规 PID 控制加前馈补偿和自适应摩擦补偿方法对

阀控液压马达变桨距系统进行实验研究，负载条件为单向 900N·m，桨距角正弦给定信号的幅值为 5°，频率为 0.5Hz。图 8-24 分别为采用常规 PID 加前馈补偿控制和采用自适应控制时的系统响应情况。

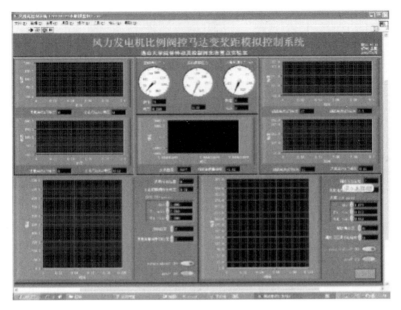

图 8-23　主控程序图形

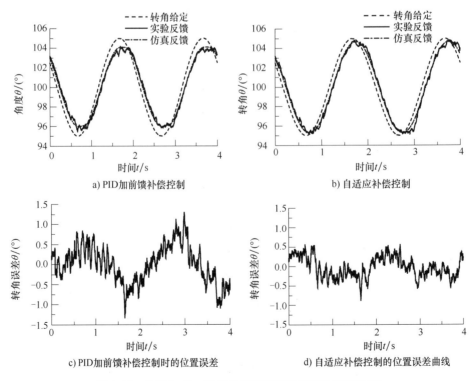

a) PID加前馈补偿控制　　　　　　　　　　b) 自适应补偿控制

c) PID加前馈补偿控制时的位置误差　　　　d) 自适应补偿控制的位置误差曲线

图 8-24　基于 LuGre 模型的不同摩擦补偿下的正弦响应

由图 8-24 可以看出，采用 PID 加前馈补偿控制方法能够消除部分摩擦带来的影响，但是系统的跟踪误差仍然比较大。原因是采用 PID 加前馈补偿策略无法补偿动态摩擦力矩的非线性特性，无法获得良好的补偿效果。采用自适应补偿方法，系统跟踪的误差较 PID 加前馈补偿方法要小，由图 8-24c 和图 8-24d 可以看出，位置跟踪误差平均值由 $0.9°$ 下降到 $0.45°$，获得了满意的补偿效果。

采用 $5°/s$ 的斜坡信号作为系统的给定，仍分别采用 PID 加前馈补偿和自适应补偿控制方法进行位置跟踪实验研究，图 8-25 为实验结果曲线。

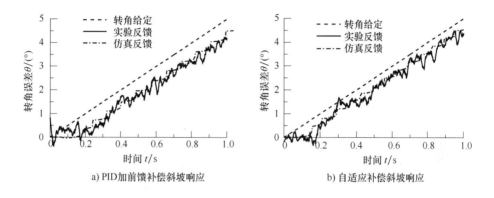

图 8-25　不同摩擦补偿下的斜坡响应

由图 8-25 可以看出，系统在 $5°/s$ 的斜坡给定下采用自适应补偿方法较 PID 加前馈补偿方法获得了更好的控制效果。采用 PID 加前馈补偿控制方法时，斜坡给定条件下，系统的平均跟踪误差为 25.6%，采用自适应控制方法，系统的跟踪误差为 15.3%。

为了研究不同载荷条件下自适应摩擦补偿控制方法的鲁棒性，采用变桨距载荷谱对系统加载，考察桨距角跟踪情况。载荷谱为时域内的变桨载荷随风速变化曲线，平均风速取 $13m/s$。在变桨距载荷谱条件下，正弦给定桨距角，幅值为 $5°$，频率为 $0.16Hz$，响应情况如图 8-26 所示。由图可以看出，在该载荷谱下，系统正弦响应跟踪能够达到控制精度要求，具有良好的位置控制性能，系统的鲁棒性较好。

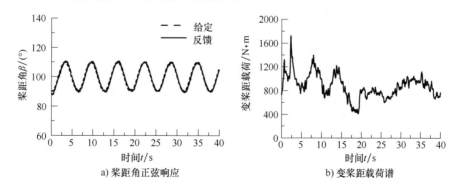

图 8-26　变桨距载荷谱条件下桨距角正弦给定响应

8.4 **阀控液压马达变桨距速度冲击抑制**

8.4.1 液压变桨距控制冲击分析

8.4.1.1 变桨距控制要求

随着风力发电技术的不断发展，对于发电功率的要求越来越高，不但要求风力发电机组能够吸收最大的风能来发电，而且对于发电质量的要求也在不断提高。由于风能具有很强的随机性和间歇性，从而导致风力发电机组输出的发电功率也具有这种不可预期的波动性。这种功率波动会对电网的电能质量产生严重的影响，特别是在孤岛发电、局域网发电、电网薄弱段并网发电条件下，发电功率波动会对电能质量产生很大的影响，如电压波动、电压偏差、闪变和谐波等[6]。为了达到发电功率控制性能要求，要求变桨距系统具备以下要求。

（1）变桨距功率储备要求

变桨距系统的功率要与风场的风速特性、桨叶的物理结构组成（材料、桨叶翼型结构、整体外形结构、气动特性、阻尼系数）相匹配。在满足负载要求的同时还需要留有足够的功率储备，以防止桨叶结冰或者桨距轴承尘土污染等负载变化情况。

（2）桨距角控制精度要求

桨距角的变化范围一般为 0~90°，非紧急顺桨工况下桨距角的变化范围在 3~30°，紧急顺桨时采用大桨距角控制。桨距角的调整影响到风能利用系数，提高桨距角控制精度可以提高发电功率的质量，应将桨距角控制精度控制在 0.1°以内。

（3）变桨距速度要求

变桨距速度与桨叶振动和冲击密切相关，而且变桨的速度还会影响发电功率的变化率。在高风速阶段，如果进桨速度过快，功率控制就会出现过调现象，使输出功率的波动变大，也会使桨叶、桨叶轴承和驱动马达的寿命降低；如果进桨速度过慢，会降低发电功率，影响风力发电机组的效率。顺桨控制同样重要，如果顺桨速度过慢，会出现发电功率超调，电流超过额定值，严重时会烧毁发电机；如果顺桨速度过快，会对桨叶产生很大的冲击，造成桨叶和桨叶轴承寿命降低，发电功率也会随之波动。应该在进桨和顺桨过程中，对桨距角变化率即变桨距速度进行控制，以提高发电质量，延长桨叶寿命。变桨距系统是一个高阶的惯性环节，如果时间常数越小，控制难度就越低，能够实现功率调节和减小塔架和桨叶的振动。但是，桨叶负载的惯性很大，风速的变化快且具有随机性，在变桨过程中变桨距载荷是实时变化的，这就增加了变桨距控制的难度。

（4）可靠性要求

变桨距控制系统不仅仅是调节发电功率，同时还有保护发电机的功能。如果变桨距系统失控，无法对风轮吸收功率进行调节，将会造成发电机功率不受控，当风速过高时会造成飞车，引起桨叶扫塔的灾难性后果，所以变桨距系统要求具有非常高的可靠性。

8.4.1.2 阀控液压马达变桨距冲击

由第 2 章的分析可知，变桨距载荷随桨距角和风速波动而变化，有时变化的范围非常大。而变桨距控制为位置伺服控制，在桨距角变化过程中变桨速度也会随之变化，有可能会产生对桨叶的冲击，造成桨叶振颤，甚至会损伤桨叶。由于变桨距负载产生的冲击分为两种情况：一种情况是桨距角在调节过程中进桨和退桨所受到的载荷不同，使得变桨距驱动过程在进桨和退桨时的速度不同而产生桨叶冲击，特别是在低幅值高频率调整桨距角过程中，这种冲击会对整个风力发电机组的控制产生影响，比如发电功率波动变大、桨叶轴承损伤等；另一种情况是在大范围调整桨距角过程中，如果不进行变桨过程的速度控制，在桨距角位置变化时也会产生冲击[3]。

以外负载为单向 900N·m 条件为研究工况，马达转角给定值由 100°阶跃至 120°再向下阶跃至 100°，采用 PID 控制器，得到马达转角阶跃给定时的位置响应和马达转速变化特性，如图 8-27 所示。

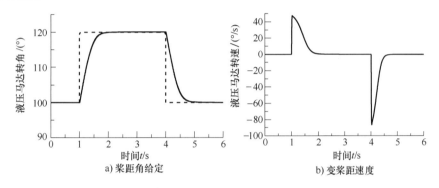

a) 桨距角给定　　　　　　　　b) 变桨距速度

图 8-27　位置阶跃条件下的马达转角和转速响应

从图 8-27 中可以看出，当在单向 900N·m 负载的情况下，马达转角正阶跃给定和负阶跃给定条件下的系统速度响应不同，正负阶跃时马达转速不对称且产生冲击，这在变桨距控制工况中是不允许的。为了获得平稳的风轮主轴输出扭矩曲线，在达到桨距角位置的控制精度同时还应尽量减少变桨速度突变，维持转速不高于 5°/s。马达转角负向给定条件下的马达转速峰值比正阶跃时大，这是由于变桨距系统在实际工况下会受到超越负载的作用，而为了减小变桨过程中的冲击希望桨距角在两个方向的变桨速度保持一致。

8.4.2　基于速度/位置模糊控制的变桨距冲击抑制

8.4.2.1　速度/位置协调控制基本方法

变桨距控制过程不仅要满足桨距角位置控制精度的要求，而且对于变桨距过程中的速度也要满足一定的要求，避免出现冲击导致桨叶大幅振动，以提高变桨距控制性能，优化风力发电机组的发电功率。而且，在多桨叶变桨距过程中还应该避免多变桨控制器之间相互干扰。

图 8-28 为速度/位置协调控制基本原理。系统位置给定为 x_d，按照一定的规划原则经过速度规划和位移规划后变为速度参考值 v_r 和位移参考值 y_r，v_r 和 y_r 即为期望的速度曲线和位移曲线。速度和位移规划模块要实现在整个控制过程中速度和位置曲线的规划设计，规划后的曲线需保证速度和位置控制分别在动态运行过程和位置参考值附近完成。液压系统负载端的压力 p_A 和 p_B 与油源压力 p_s 结合给定的速度值 v_r 通过速度前馈计算模型计算出相应的补偿量叠加到伺服阀控制信号上，完成动态过程中的速度控制；负载力 F 经过负载补偿计算模型计算后也作为补偿信号叠加到伺服阀给定信号之上，这一计算模型用来保证系统的位置精度。

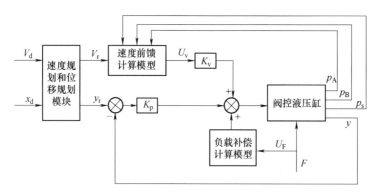

图 8-28 速度/位置协调控制原理图

速度补偿的基本方法是假设伺服阀 A 口与液压缸无杆腔连接，则有

$$Q_A = Q_1 \tag{8-57}$$

式中 Q_A——伺服阀 A 口流量，单位为 m^3/s；

$\quad\quad Q_1$——液压缸无杆腔流量，单位为 m^3/s。

液压缸无杆腔流量可以表示为

$$Q_1 = 60000 v_r A_1 \tag{8-58}$$

式中 A_1——液压缸无杆腔活塞面积，单位为 m^2；

$\quad\quad v_r$——液压缸活塞速度，单位为 m/s。

设当伺服阀控制给定信号为 100% 时额定压差为 Δp_N 时的额定流量为 Q_N，忽略伺服阀的零位泄漏，则伺服阀 A 口的流量为

$$Q_A = U_v Q_N \sqrt{\frac{p_s - p_A}{\Delta p_N}} \tag{8-59}$$

式中 U_v——速度前馈补偿值，单位为 V；

$\quad\quad \Delta p_N$——伺服阀单边额定压差，单位为 MPa；

$\quad\quad Q_N$——额定流量，单位为 m^3/s；

$\quad\quad p_s$——油源压力，单位为 MPa；

$\quad\quad p_A$——伺服阀 A 口压力，单位为 MPa。

由式（8-58）和式（8-59）得到速度前馈计算模型为

$$U_v = \begin{cases} \dfrac{6E5\sqrt{\Delta p_N}}{Q_N} \dfrac{A_1 v_r}{\sqrt{p_s - p_A}} & v_r \geqslant 0 \\[4mm] \dfrac{6E5\sqrt{\Delta p_N}}{Q_N} \dfrac{A_1 v_r}{\sqrt{p_s - p_B}} & v_r < 0 \end{cases} \tag{8-60}$$

式（8-57）考虑的是回油压力为零、无内泄漏的条件下的前馈补偿方法，是一种理想条件下液压缸作为执行元件时的补偿方法，其应用受到了一定的限制，特别是当采用液压马达作为执行元件时，该补偿方法不适用。在这种复合控制方式中，为了能够同时满足速度/位置的控制要求，在位置闭环中只能采用比例控制，不能添加积分项，否则对于速度控制效果会产生影响。解决的方法是添加负载补偿计算模型来补偿负载变化对位置控制的影响。在这

种补偿方法中，是通过试验的方法获取稳态时液压缸的输出力与负载伺服阀控制量的关系，对该曲线进行拟合，得到控制量和输出力的表达式，从而实现负载补偿计算模型。

8.4.2.2 阀控液压马达速度/位置模糊控制

针对阀控液压马达位置伺服系统的特点，在对阀控液压马达做速度/位置协调控制时需要速度补偿模型能够充分反映负载流量的变化，且当负载大范围变化时仍然能够保持良好的位置控制精度。本节对速度/位置协调控制基本方法进行了改进，提出了阀控液压马达位置/速度模糊控制方法，如图 8-29 所示。

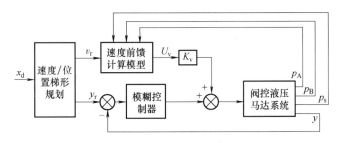

图 8-29 速度/位置模糊控制原理图

液压马达作为执行元件与液压缸不同之处在于，液压马达的内泄漏量较大，马达的转速需要采用负载流量变化来描述，且马达转速受负载的影响较大。采用在基础速度/位置协调控制的基础上，提出速度/位置协调模糊控制方法，建立能够反映负载流量变化的速度补偿模型，并采用模糊控制理论对位置环进行控制，减少负载剧烈变化对位置控制精度的影响。在速度/位置规划上采用 TS 规划方式将给定位置分解为规划速度和位置给定信号。

1. 速度前馈模型

对于阀控液压马达系统，阀口的流量方程为

$$q_L = K_q x_v - K_c p_L \tag{8-61}$$

其中负载流量可以表示为

$$q_L = \omega D_m \tag{8-62}$$

式中 ω——马达转速，单位为 rad/s；

D_m——马达排量，单位为 m^3/r。

设伺服阀为理想零开口四边滑阀，则流量-压力系数为

$$K_c = \frac{C_d W x_v \sqrt{\frac{1}{\rho}(p_s - p_L)}}{2(p_s - p_L)} \tag{8-63}$$

由式（8-61）、式（8-62）和式（8-63）可以得到阀芯位移的表达式为

$$x_v = \frac{\omega D_m}{K_q - \frac{C_d W p_L}{2(p_s - p_L)}\sqrt{\frac{1}{\rho}(p_s - p_L)}} \tag{8-64}$$

因为阀的流量增益为

$$K_q = C_d W \sqrt{\frac{1}{\rho}(p_s - p_L)} \tag{8-65}$$

将式（8-65）代入式（8-64）得到阀芯位移补偿表达式为

$$x_v = \cfrac{\omega D_m}{C_d W \sqrt{\cfrac{1}{\rho}(p_s - p_L)\left[1 - \cfrac{p_L}{2(p_s - p_L)}\right]}} \tag{8-66}$$

式中　ω——马达转速，单位为 rad/s；

　　　D_m——马达排量，单位为 m^3/r；

　　　C_d——阀口流量系数；

　　　W——阀的面积梯度，单位为 m；

　　　p_s——油源压力，单位为 MPa；

　　　p_L——负载压力，单位为 MPa。

由式（8-66），速度前馈计算模型所得出的阀芯位移补偿量与马达转速、伺服阀流量增益和负载压力相关，当负载发生变化时能够跟随负载压力的变化而改变，同时还与油源压力有关，当油源压力波动时补偿量也发生变化，这在多桨叶变桨执行器运动时是有意义的。

2. 变桨距速度位置曲线规划

为了避免液压马达在加减速过程中对变桨距机构的冲击，需要对变桨距速度进行规划。速度规划的方式一般有两种，分别是梯形规划和 S 形规划。梯形速度规划是最为常用的规划方法，规划完成后速度首先由零开始，以匀加速方式逐渐运动至最大速度后再以匀速运动，最后再做匀减速运动，直到速度为零时达到位置给定的运动目标。梯形规划的形式如图 8-30 所示。

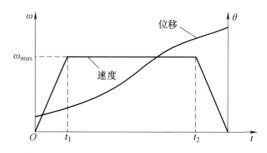

图 8-30　速度/位置规划曲线

变桨距梯形速度曲线的规划是按照变桨距平均速度限定值和桨距角给定值来进行的。设桨距角变化给定值为 θ，平均速度限定值为 ω_0，则总的桨距角变化时间为

$$t = \theta / \omega_0 \tag{8-67}$$

按照图 8-30 所示的梯形速度规划方式来调整桨距角变化速度，则桨距角给定值 θ 可以表示为

$$\theta = \frac{1}{2}\omega_{max}t_1 + \omega_{max}(t_2 - t_1) + \frac{1}{2}\omega_{max}(t - t_2) \tag{8-68}$$

式中　t_1——加速时间，单位为 s；

　　　t_2——开始减速时间，单位为 s；

　　　ω_{max}——最高转速，单位为 rad/s。

由式（8-68）可知最高转速 ω_{max} 为

$$\omega_{max} = 2\theta / (t + t_2 - t_1) \tag{8-69}$$

加速段和减速段的速度斜率分别为

$$k_1 = 2\theta / [t_1(t + t_2 - t_1)] \tag{8-70}$$

$$k_2 = 2\theta / [(t - t_2)(t + t_2 - t_1)] \tag{8-71}$$

所以梯形速度曲线的函数可以由分段函数来表示

$$\omega = \begin{cases} k_1 t_{\mathrm{v}} & ,0 \leqslant t_{\mathrm{v}} \leqslant t_1 \\ \omega_{\max} & ,t_1 \leqslant t_{\mathrm{v}} \leqslant t_2 \\ k_2(t-t_{\mathrm{v}}) & ,t_2 \leqslant t_{\mathrm{v}} \leqslant t \\ 0 & ,t_{\mathrm{v}} \geqslant t \end{cases} \tag{8-72}$$

由图 8-30 可以看出，采用梯形速度规划之后，速度曲线变为三段式，分别是加速阶段、匀速阶段和减速阶段。由规划出的梯形速度曲线来在线计算速度前馈补偿量，前馈补偿量随期望速度而改变，即速度逐渐由 0 匀加速至最大转速然后匀速运行后再匀减速减小至 0，从而来实现对速度冲击的抑制。当前馈补偿量减小到 0 附近时，位置闭环起到了主要作用，来实现位置闭环的切换。

对速度曲线进行规划后，还要对系统的位置给定信号进行规划。为了减小系统在动态运动过程中的位置偏差，将位置给定方式由阶跃给定变为 S 形位移给定，S 形位移的值直接由速度曲线的积分获得，这样在进行速度/位置复合控制时，系统的位置偏差较小，能够保证在动态运动过程中速度前馈起主要控制作用，在 0 速度附近时，位置闭环起到主要控制作用，使得系统获得满意的控制效果。

对桨距角给定值进行梯形速度曲线规划，取变桨马达驱动桨叶运动时的平均转速为 $10°/\mathrm{s}$，设马达转角为 θ，则变桨距需要的时间

$$t = \theta/10 \tag{8-73}$$

在对变桨速度进行梯形规划时可以结合变桨距系统的特性和变桨距控制的要求来设置加速时间，这里设置变桨距加速时间和减速时间均为 $t/5$，则根据式（8-73）可得变桨距过程中马达最高转速为

$$\omega_{\max} = 5\theta/4t \tag{8-74}$$

根据式（8-73）和式（8-74）可以解得变桨距最高转速为 $12.5°/\mathrm{s}$。

将加速段和减速段的速度斜率变为转角 θ 的函数，则

$$k_1 = 625/\theta \tag{8-75}$$
$$k_2 = -625/\theta \tag{8-76}$$

所以梯形速度曲线的函数可以由分段函数来表示

$$\omega = \begin{cases} 625t_{\mathrm{v}}/\theta & ,0 \leqslant t_{\mathrm{v}} \leqslant t_1 \\ 12.5 & ,t_1 \leqslant t_{\mathrm{v}} \leqslant t_2 \\ 625(t-t_{\mathrm{v}})/\theta & ,t_2 \leqslant t_{\mathrm{v}} \leqslant t \\ 0 & ,t_{\mathrm{v}} \geqslant t \end{cases} \tag{8-77}$$

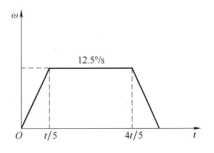

变桨距马达速度梯形规划曲线如图 8-31 所示。

分别取变桨距马达的位置给定为 20° 和 50°，经过梯形速度规划，变桨距马达的转速规划曲线和转角位移规划曲线如图 8-32 所示。

由图 8-32 可以看出，匀速段变桨距马达最高转速为 $12.5°/\mathrm{s}$，随着桨距角给定的不同，系统能够规划出不同的转速梯形轨迹和转角 S 轨迹曲线。

图 8-31　变桨距马达速度梯形规划曲线

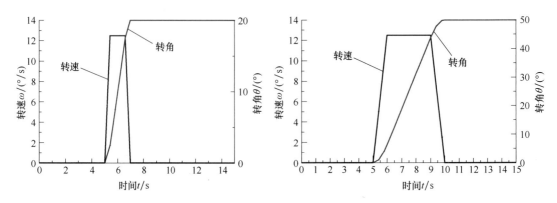

图 8-32 转速/转角规划曲线

8.4.3 模糊控制器设计

8.4.3.1 模糊控制原理

模糊控制器的基本原理是，将输入的信号经过模糊化变成模糊量，再经过模糊推理得出模糊结果，最后通过解模糊化模块变成输出量输出，控制被控对象，实现控制目标。模糊控制器的原理框图如图 8-33 所示。

模糊控制器的输入独立变量的个数称为模糊控制的维数。常用的模糊控制器结构如图 8-34 所示，图 8-34a 为一维模糊控制器，图 8-34b 为二维模糊控制器，图 8-34c 为三维模糊控制器。

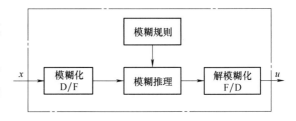

图 8-33 模糊控制器的原理框图

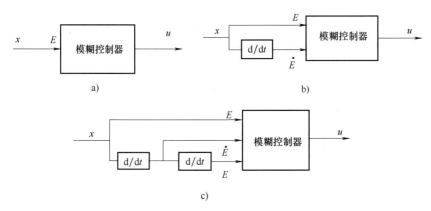

图 8-34 常用模糊控制器结构

基本模糊控制器是一个单输入单输出二维模糊控制器，误差 e 和误差变化率 e_c 为其输入变量。因为该控制器包含比例和微分环节，系统采用该模糊控制器可以获得良好的动态特性，但稳态特性难以得到保证。把 PID 控制与基本模糊控制相结合，构成模糊 PID 复合控制，既保证了控制器对不确定系统的鲁棒性，又能够在获得较高的静态精度的同时获得较高的动态响应。

基本模糊控制器主要由四个部分功能组成：模糊化、模糊规则、模糊推理和解模糊化。基本模糊控制器控制原理图如图 8-35 所示。

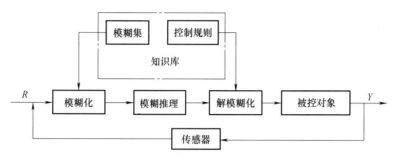

图 8-35　基本模糊控制器控制原理图

（1）模糊化

模糊化是将输入空间的观测量映射为输入论域上的模糊子集及其隶属度函数的过程。在进行模糊化前，需要对输入量进行尺度变换。把精确量与模糊论域对应是通过量化因子进行变换实现的。量化因子的定义为

$$k_i = \frac{n}{x} \tag{8-78}$$

式中　k_i——量化因子；

n——模糊集合论域的分级数；

x——误差/误差变化率的清晰值。

量化因子可以将误差和误差变化的清晰值转换到模糊子集的论域中，实现输入信号的模糊化。通常，模糊变量 e、ec、u 的模糊子集取｛"正大"（PB），"正中"（PM），"正小"（PM），"零"（ZO），"负小"（NS），"负中"（NM），"负大"（NB）｝。模糊子集的隶属度函数一般取三角形隶属度函数、梯形隶属度函数或高斯隶属度函数。由各模糊变量的离散论域及各模糊子集的隶属度函数得到各模糊变量的隶属度函数表。

（2）模糊控制规则

模糊控制规则也称为模糊控制算法，是模糊控制器设计的核心。它将输入信号经模糊化（D/F）后，输入到模糊推理机并调用规则库的模糊控制规则进行处理。

对于单输出模糊控制器，控制规则由一组"if……then……"语句表达，即

$$\text{if } A \text{ and } B \text{ then } U \tag{8-79}$$

式中　A——e 的模糊子集；

B——e_c 的模糊子集；

U——u 的模糊子集。

此外，还可以使用模糊控制状态表来描述模糊控制规则集所表示的控制规则。

（3）模糊推理

在模糊推理机中，将模糊规则通过模糊逻辑法则转换为某种映射，即模糊推理机的作用是将模糊规则表示出来。采用 Mamdani 的 Max-Min 推理方法，则模糊控制规则的推理关系为

$$\mu_c(u) = \max\left[\min\left[\mu_e(e), \mu_{e_c}(e_c)\right]\right] \tag{8-80}$$

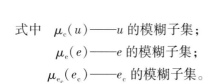
式中　$\mu_c(u)$——u 的模糊子集；

　　　$\mu_e(e)$——e 的模糊子集；

　　$\mu_{e_c}(e_c)$——e_c 的模糊子集。

（4）解模糊化

模糊逻辑推理后输出的是模糊量，而控制系统的控制对象要求的是输入一个清晰值，这就必须要从输出隶属度函数中得到最能代表这个模糊集合的精确量，这就是解模糊化。将模糊论域变换为物理论域的因子称为比例因子。比例因子的定义为

$$k = \frac{u}{n}$$

解模糊化一般采用加权平均法、最大隶属度法或取中位数法。

加权平均法表达式为

$$x = \frac{\sum\limits_{i=1}^{n} x_i \mu_u(x_i)}{\sum\limits_{i=1}^{n} \mu_u(x_i)}$$

8.4.3.2　变桨距位置模糊控制器

在变桨距位置控制系统中，为改善位置控制系统动态特性，减小因外负载变化引起的桨距角控制速度及位置精度的影响，因此采用模糊 PID 控制策略进行仿真和实验研究。

在变桨距位置控制系统中，桨距角控制器给定的桨距角信号与液压马达转角位置反馈的信号的差值为模糊系统的误差，由于在额定负荷区桨距角的变化通常在几度的范围内调整，其论域为 $\{-6,-5,-4,-3,-2,-1,0,1,2,3,4,5,6\}$，包含 7 个模糊子集 $\{NB,NM,NS,Z,PS,PM,PB\}$。桨距角的变化速度为模糊系统的误差变化率，在正常变桨距工况下桨距角的调整速度为 $5\sim8°/s$，其论域为 $\{-6,-5,-4,-3,-2,-1,0,1,2,3,4,5,6\}$，包含 7 个模糊子集 $= \{NB,NM,NS,Z,PS,PM,PB\}$。高频率响应比例阀的输入电信号即为模糊系统的输出控制量，高频率响应比例阀的输入电信号为 $-10\sim+10V$，其论域为 $\{0,1,2,3,4,5,6,7,8,9,10\}$，包含 6 个模糊子集 $\{Z,S,MS,M,MB,B\}$。因此，建立 k_p、k_i 的模糊控制规则见表 8-5 和表 8-6。

表 8-5　k_p 模糊控制规则表

k_p		e						
		NB	NM	NS	Z	PS	PM	PB
e_c	NB	B	MB	M	Z	Z	S	S
	NM	B	MB	MS	Z	Z	S	M
	NS	B	M	S	Z	S	MS	MB
	Z	B	MS	S	S	S	MS	B
	PS	M	MS	S	Z	S	M	B
	PM	M	S	Z	Z	MS	MB	B
	PB	S	S	Z	Z	M	MB	B

表 8-6　k_i 模糊控制规则表

k_i		e						
		NB	NM	NS	Z	PS	PM	PB
e_c	NB	Z	Z	Z	Z	Z	Z	Z
	NM	Z	Z	Z	Z	Z	Z	Z
	NS	M	MS	S	Z	S	MS	M
	Z	B	MB	M	MS	M	MB	B
	PS	M	MS	S	Z	S	MS	M
	PM	Z	Z	Z	Z	Z	Z	Z
	PB	Z	Z	Z	Z	Z	Z	Z

　　确定模糊变量 e、e_c 及 k_p、k_i 的论域并建立其隶属度函数。隶属度函数要求在 0 附近区域模糊变量 e、e_c 的三角隶属度函数较密集及陡峭，以达到增加其分辨率，最终增加模糊控制的精细程度。隶属度函数如图 8-36 所示。

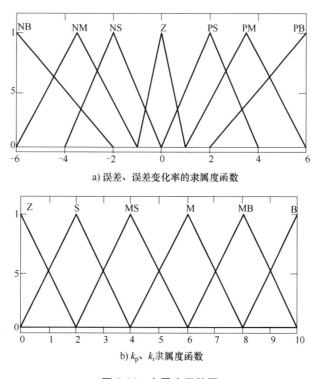

a) 误差、误差变化率的隶属度函数

b) k_p、k_i 隶属度函数

图 8-36　隶属度函数图

8.4.4　变桨距速度/位置模糊控制仿真分析与实验验证

8.4.4.1　变桨距冲击抑制仿真模型

　　阀控液压马达变桨距仿真平台是以 850kW 液压型变桨距风力发电机组为研究对象，其模型参数的确定来源于变桨距系统真实的元件及负载特性确定，用以指导变桨距实验系统的

分析研究[3]。

　　风力发电机组变桨距系统中，风速是高频随机变化的，因此由风作用在桨叶上产生的变桨距负载也是高频随机变化的。桨叶作为被控对象，本身具有较大的转动惯量，对高频信号起到了一定的低通滤波器的作用，因此将变桨距位置控制系统仿真的负载谱选为经过滤波后的频谱。本书采用 AMESim 和 MATLAB 联合仿真，AMESim 模型如图 8-37 所示。

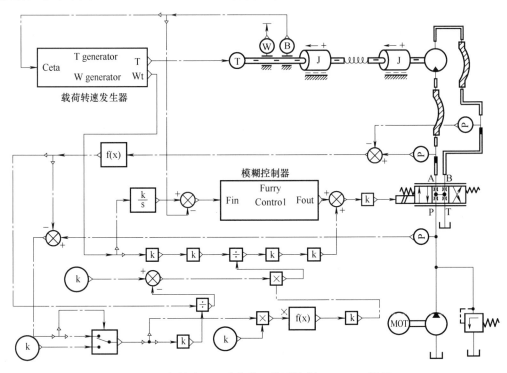

图 8-37　阀控液压马达变桨距位置控制 AMESim 模型

　　模糊控制器和载荷计算与速度/位置曲线规划模块均由 MATLAB 实现。图 8-38 为模糊控制器。

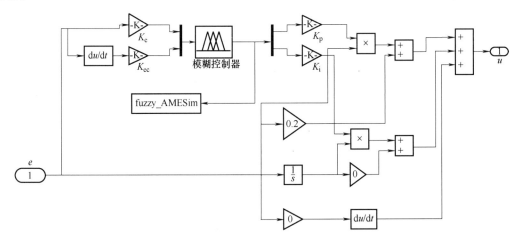

图 8-38　阀控液压马达变桨距位置控制模糊控制器

根据 850kW 液压型风力发电机组阀控液压马达变桨距控制系统的参数，阀控液压马达变桨距位置控制仿真模型参数设置见表 8-7。

表 8-7　变桨距系统仿真参数

符号	名称	单位	数值
p_s	系统的供油压力	MPa	20
D_m	液压马达排量	m^3/r	9.4×10^{-4}
β_e	有效体积弹性模量	N/m^2	6.86×10^8
B_m	负载等效的黏性阻尼系数	$kg \cdot m/s$	32
J_t	桨叶的转动惯量	$kg \cdot m^2$	206
C_t	液压马达的泄漏系数	$m^5/N \cdot s$	3.2×10^{-12}
K_q	高频率响应比例阀的流量增益	m/A	7×10^{-4}
ω_{sv}	高频率响应比例阀的固有频率	rad/s	377
ξ_{sv}	高频率响应比例阀的阻尼比	—	0.6
W	高频率响应比例阀阀芯面积梯度	m	0.01
C_d	流量系数	—	0.602
ρ	油液密度	kg/m^3	874
V_m	液压马达两腔及连接管道总容积	m^3	1×10^{-4}
k_f	绝对值编码器增益	—	3.2

8.4.4.2　恒负载条件下速度位置协调控制

采用联合仿真方法对本章提出的复合控制策略进行验证，图 8-39 为当外负载为 900N·m，桨距角给定由 100° 阶跃至 120° 再至 100° 情况下，采用 PID 控制桨距角位置阶跃时的转速和转角响应曲线。

由图 8-39 可以看出，在恒负载条件下，采用 PID 控制，当桨距角阶跃给定时，变桨马达存在很大的瞬时速度冲击，而且正向和反向的马达转速峰值不同，无法对桨距角控制过程中的马达转速进行控制。

设变桨距液压马达所承受的变桨距载荷为 900N·m，变桨液压马

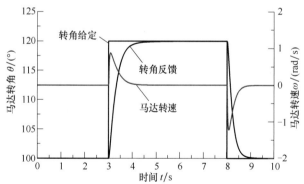

图 8-39　转角阶跃给定条件下系统响应情况

达桨距角给定由 100° 至 120°，设定马达平均转速为 5°/s，采用速度梯形给定仿真结果如图 8-40 所示。

由图 8-40 可以看出，在恒负载条件下，采用速度位置模糊控制策略对桨距角进行控制可以达到满意的控制效果，消除了马达转动过程中瞬时速度冲击，使得正向转速和反向转速均相同。为了考察恒负载条件下，不同变桨距速度给定条件下的位置速度协调控制效果，将

变桨速度分别设置为 10°/s 和 20°/s，图 8-41 为 10°/s 的转速设置条件下变桨距协调控制结果。

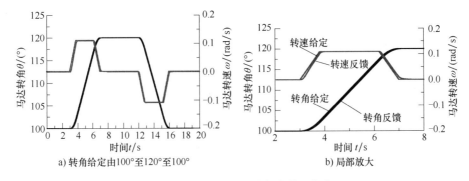

图 8-40　5°/s 条件下的复合控制仿真

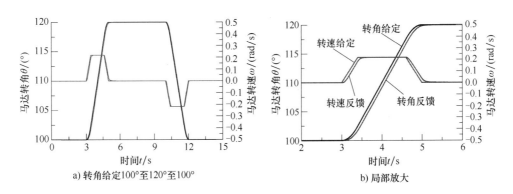

图 8-41　10°/s 条件下的协调控制仿真

图 8-42 为 20°/s 的转速设置条件下变桨距协调控制结果。

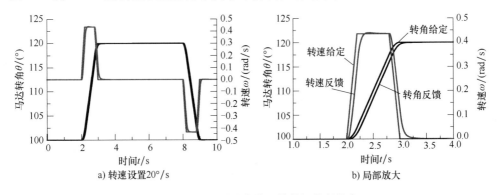

图 8-42　20°/s 给定条件下的协调控制仿真

　　由图 8-41 和图 8-42 可以看出，在恒负载条件下，采用协调控制策略，在不同的变桨转速给定条件下均可以获得良好的控制效果。

8.4.4.3　变负载条件下速度位置协调控制

　　风力发电机组在实际的运行工况下，外负载力不会是理想的恒值，是一个随风速时刻变化的量，这种高频振荡的载荷对于变桨距系统的稳定性会产生很不利的影响，因此，变桨距位置控制系统在载荷谱下的位置控制精度与速度波动是很重要的控制参量。为了考察不同载荷条件下的桨距角控制过程中速度冲击抑制效果，首先选取不同的载荷工况进行仿真研究。分别采用 0N·m、-300N·m、-600N·m、-900N·m、300N·m、600N·m、900N·m 变桨距负载，考察在该工况下桨距角变化和变桨速度变化情况，仿真结果如图 8-43 所示。

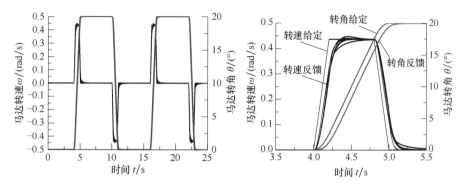

图 8-43　不同变桨距载荷条件下协调控制仿真

考虑如图 8-44 所示的变桨距载荷谱，外负载在 850~1200N·m 之间波动。桨距角以 20°/s 的转速给定由 100° 至 120° 再至 100° 情况下，系统的响应情况如图 8-45 所示。

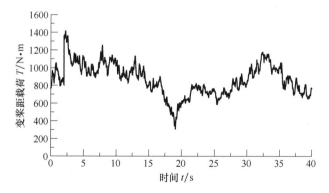

图 8-44　变桨距载荷谱

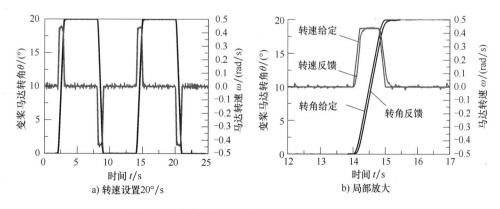

图 8-45　载荷谱作用下协调控制变桨距响应仿真

由图 8-44 和图 8-45 可以看出，采用模糊速度位移协调控制可以在不同的负载条件下达到预期的控制目标，而且在正向和反向都实现了变桨距无冲击控制，证明了控制策略的有效性。

8.4.4.4 变桨距速度/位置模糊控制实验验证

采用本章提出的阀控液压马达位置/速度模糊复合控制方法对风力发电机组变桨距系统进行实验研究。首先在未采用速度复合控制模式下进行桨距角阶跃响应分析。采用 PID 控制方法在 900N·m 单向载荷条件下，马达转角由 100°阶跃至 120°，位置响应曲线和速度变化曲线如图 8-46 所示。

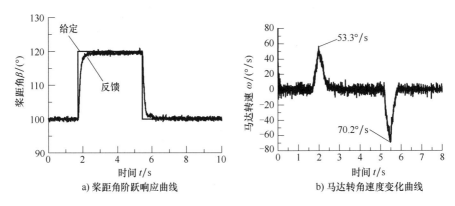

a) 桨距角阶跃响应曲线 b) 马达转角速度变化曲线

图 8-46 900N·m 负载条件下桨距角正弦给定响应

由图 8-46 可以看出，在桨距角阶跃给定条件下，变桨距马达在转角位置变化过程中，马达转速不受控制，且在正反两个方向上的速度峰值不同，速度差达到了 19.9°/s，产生了速度冲击，速度冲击会加大桨叶的振动，造成发电功率的大幅波动，所以必须对变桨距过程进行控制。

在图 8-46b 的载荷谱负载条件下，采用位置/速度模糊控制方法，对桨距角进行控制。图 8-47 为变桨马达以 10°/s 的平均转速分别由 100°转至 120°和 220°再转至 100°过程中速度和位移的实验曲线。

图 8-47 与图 8-46 相比，在不同的转角给定条件下，变桨距马达转角和转速在正向和反向都获得了较好的控制效果。马达转速曲线与给定速度曲线跟踪效果良好，正向与反向消除了变桨距过程中的速度冲击。

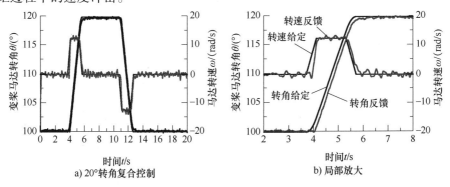

a) 20°转角复合控制 b) 局部放大

图 8-47 变桨距负载谱条件下桨距角位置/速度复合控制

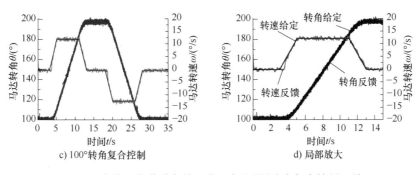

c) 100°转角复合控制　　　　　　d) 局部放大

图 8-47　变桨距负载谱条件下桨距角位置/速度复合控制（续）

8.5　液压型风力发电机组变桨距载荷模拟与功率控制策略

8.5.1　液压型风力发电机组变桨距控制半物理仿真

8.5.1.1　系统总体构成

目前国内外很多研究机构都搭建了风力发电机组变桨距控制实验平台，这些实验平台均以商用风力机软件 GH Bladed 或风机仿真软件 FAST 为虚拟样机，结合物理实验平台完成桨距角的真实模拟，从而完成风力发电机组变桨距控制的实验研究。液压型风力发电机组的研究尚处于起步阶段，且液压型风力发电机组变桨距控制的方法与传统风力发电机组存在很大差异，国内外目前还没有商用的风力机仿真软件包含准确的液压型风力发电机组模型。故本书在液压型风力发电机组主传动仿真平台的基础上开发了变桨距液压型风力发电机组仿真分析模型，并采用物理实验平台与数字仿真实验平台相结合的方法来对液压机型变桨距控制策略进行实验验证，半物理仿真平台结构如图 8-48 所示[3]。

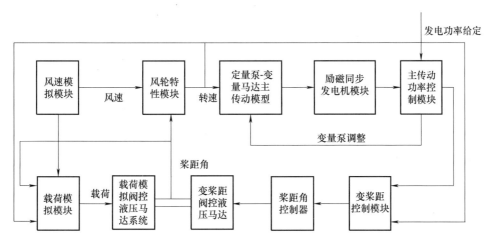

图 8-48　液压型风力发电机组变桨距半物理仿真结构图

8.5.1.2　风速模拟与风轮特性模块

风速模块主要对四种典型风速进行仿真模拟，包括基本风、阵风、渐变风和随机风，其组成如图 8-49 所示。风轮特性模块主要描述风力机的气动特性，即由风速大小和风力机转速计算出风力机的风能利用系数、气动转矩和风力机主轴的输出功率，其组成如图 8-50 所示。风轮特性模拟模块有 4 个输入参数：分别是风速 v、风力机转速 ω、风力机半径 R 和桨距角 β，两个输出量：气动转矩 T、输出功率 P，该模块完成的功能是计算出风能利用系数、输出气动转矩和风功率。

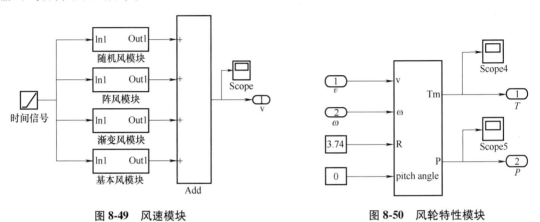

图 8-49 风速模块　　　　　　　　　图 8-50 风轮特性模块

8.5.1.3　定量泵-变量马达液压系统模块

定量泵-变量马达闭式液压传动系统模块由 7 部分组成，分别是风力机等效转动惯量、定量泵、补油泵、泄漏和管道效应、变量马达、发电机负载和接口模块。该模块的组成如图 8-51 所示，采用 AMESim 作为仿真平台搭建。仿真参数见表 8-8，所有参数均参照 850kW 液压型风力发电机组数据进行匹配。

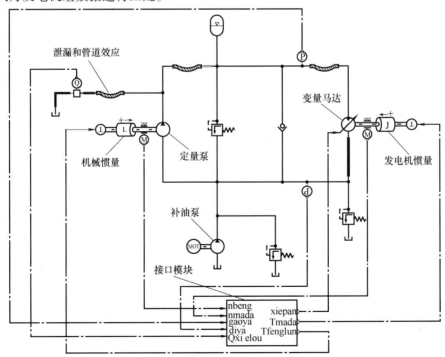

图 8-51　液压系统仿真模块

表 8-8　液压系统参数表

序号	名称	参数	单位
1	风力机转动惯量	500000	$kg \cdot m^2$
2	定量泵排量	50300	mL/r
3	变量马达最大排量	1500	mL/r
4	系统低压管路溢流压力	1.2	MPa
5	系统高压管路溢流压力	35	MPa
6	系统补油压力	1	MPa
7	补油流量	500	L/min
8	定量泵转速输入范围	0~70	r/min
9	变量马达恒转速输出值	1500	r/min
10	发电机负载转动惯量	15	$kg \cdot m^2$

8.5.1.4　励磁同步发电机和并网控制模块

励磁同步发电机和该模块主要是搭建出励磁同步发电机模型和并网控制模型，并在仿真时完成发电及并网功能。其主要由 3 个子模块组成：励磁调压模块、同步发电机模块、同期并网模块。图 8-52 为同步发电机励磁模块。

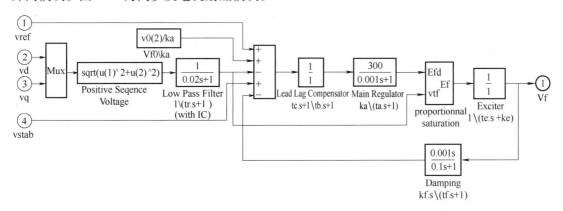

图 8-52　同步发电机励磁模块

同步发电机模块采用同步发电机模型，按照转速输入模式，采用标幺值设置同步发电机参数。同期并网控制模块检测发电机侧和网侧的三相电压，将网侧和发电机侧三相电压经过 dq 变换后取 d 轴的幅值差和相位差作为判断条件，当网侧和机侧的 d 轴幅值差和相位差均满足设定范围时，表明已经达到准同期并网的要求，给出并网合闸信号实现准同期并网，如图 8-53 所示。

8.5.1.5　液压型风力发电机组变桨距控制半物理仿真实验

为了考察液压型风力发电机组在随机风速下的变桨距控制情况，引入模拟风速谱，设置风速为 15m/s，在随机风速的作用下，风速变化情况如图 8-54 所示。

在随机风速谱下，变桨距控制过程中桨距角和风轮转速的变化情况如图 8-55 所示。

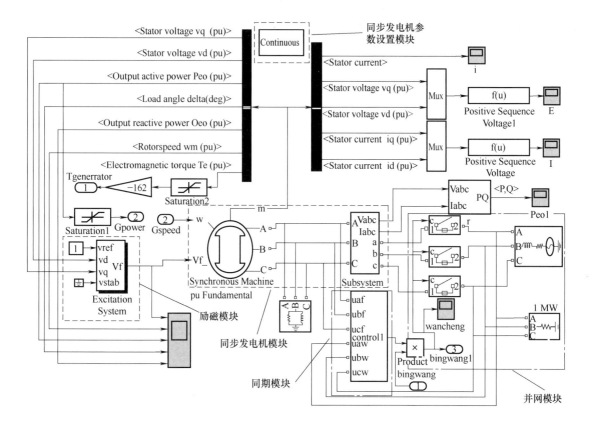

图 8-53　励磁同步发电机和并网控制模块

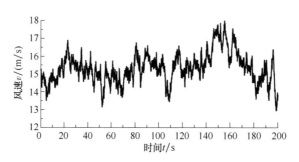

图 8-54　随机风速

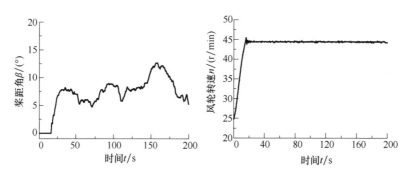

图 8-55　随机风速下桨距角和风轮转速变化曲线

机组发电功率变化和斜盘变化曲线如图 8-56 所示。

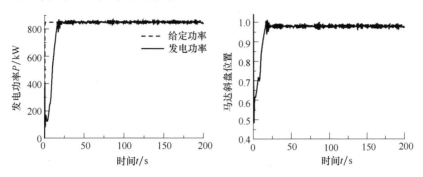

图 8-56 随机风速下发电功率和斜盘位置变化曲线

由图 8-55 和图 8-56 可以看出，桨距角随着风速的波动不断变化，使得风轮转速保持在额定值 44.6r/min，最终维持发电功率保持在 850kW。考察阶跃风速下，液压型风力发电机组变桨距控制效果，将阶跃风速分别输入风轮特性模块和变桨距载荷模块，采用液压型风力发电机组半物理仿真实验平台进行实验研究。图 8-57 为液压型风力发电机组变桨距控制过程中风速和风轮转速变化曲线。

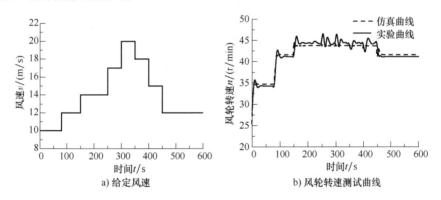

图 8-57 液压型风力发电机组转速变化

由图 8-57 可以看出，在给定风速下，风轮转速随着风速的提高逐步提高，转速达到 44.6r/min 时达到了额定转速。图 8-58 是桨距角和发电功率变化曲线。

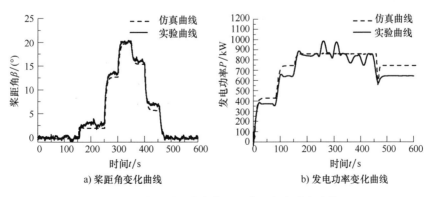

图 8-58 液压型风力发电机组桨距角和功率变化

由图 8-58 可以看出，在阶跃风给定条件下，采用本书所提出的液压型风力发电机组变桨距控制策略可以满足发电功率要求。当风速低于额定风速时，发电功率能够随着风速的增加平稳上升；当风速达到额定风速时，变桨距控制系统通过改变桨距角来控制风轮吸收的风功率，将风轮转速控制在额定转速附近，再结合变量马达的调整将发电功率控制在额定值。图 8-59 为在桨距角调整过程中马达斜盘调整和风能利用系数的变化情况。

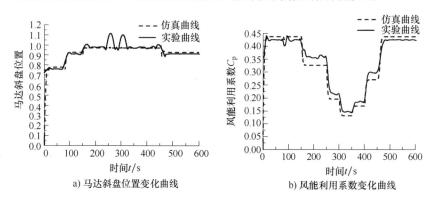

a) 马达斜盘位置变化曲线　　　　　b) 风能利用系数变化曲线

图 8-59　变桨距半物理仿真马达斜盘位置和风能利用系数变化曲线

由图 8-59 可以看出，随着桨距角的变化风能利用系数也在随之改变，当风速高于额定风速且不断增强时，风能利用系数随着桨距角的增大不断减小，以减小风轮吸收的风功率，从而限制发电功率；在风速低于额定风速时，系统的风能利用保持在较高值，以保证风轮能够最大程度地吸收风功率。

从半物理仿真实验结果可以看出，在实验条件下得到的桨距角的作用下，系统在部分负荷区能够追踪最大功率稳定运行，在额定负荷区能够稳定在额定功率附近稳定运行；半物理仿真实验结果曲线都有一定程度的波动，分析产生的原因主要有两方面：其一，实验所得桨距角变化数据存在较大波动，造成半物理仿真结果的部分波动；其二，实验过程中在阶跃风速变化时桨距角响应较慢，使得半物理仿真中在风速发生阶跃时，系统调整时间变长，各物理量波动较大。因此，为了改善系统运行时的波动程度，必须提高桨距角调节系统的响应速度，同时应对桨距角进行适当的滤波处理。

8.5.2　变桨距载荷模拟系统研究

8.5.2.1　变桨距载荷模拟系统数学模型

变桨距载荷模拟系统的工作原理如图 8-60 所示，载荷模拟系统由加载系统和承载系统两部分组成，图中刚性连接左侧为加载系统，即力矩伺服控制系统，模拟变桨过程中桨叶的负载力矩；右侧为承载系统，即桨距角位置伺服控制系统。变桨距载荷模拟系统工作过程中，承载系统和加载系统分别跟踪被加载对象转角位置指令信号和加载力矩指令信号，利用角位移传感器和扭矩传感器测量信号实现闭环控制。模型推导过程中做如下假设：

1) 滑阀为理想的零开口四通阀，四个节流窗口是匹配和对称的。

2) 液压马达为理想的对称马达，并且每个工作腔的各点压力相同，油液温度和容积弹性模数认为是常数。

3) 油源供油压力恒定，回油压力为零。

4）加载马达轴和变桨距马达轴的刚性连接部件中，传感器的刚度很大，将其与连接轴视为一体，连接刚度使用扭矩传感器与连接轴的综合刚度，连接轴的转动惯量等效到系统两端的加载马达和承载马达轴的转动惯量中。

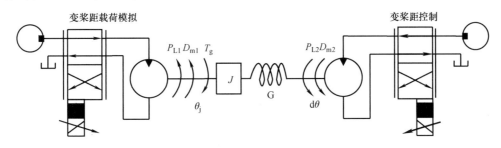

图 8-60　变桨距载荷模拟系统工作原理

1. 加载系统数学模型

基于以上假设，对图 8-54 的加载系统进行分析，有以下四个基本方程：

（1）加载伺服阀的线性化流量方程

$$Q_{L1} = K_{q1}X_{v1} - K_{c1}P_{L1} \tag{8-81}$$

式中　Q_{L1}——加载伺服阀的负载流量，单位为 m^3/s；

K_{q1}——加载伺服阀的流量增益，单位为 m^2/s；

X_{v1}——加载伺服阀阀芯的开口量，单位为 m；

K_{c1}——加载伺服阀的流量-压力系数，单位为 $m^5/N \cdot s$；

P_{L1}——加载马达的负载压力，单位为 N/m^2。

（2）马达流量连续性方程

马达的负载流量除了用于推动马达转动外，还用于补偿各种泄漏和压缩流量。

$$Q_{L1} = D_{m1}s\theta_j + C_{tm1}P_{L1} + \frac{V_{m1}}{4\beta_e}sP_{L1} \tag{8-82}$$

式中　D_{m1}——加载马达的理论排量，单位为 m^3/rad；

θ_j——加载马达轴的转角，单位为 rad；

C_{tm1}——加载马达总的泄漏系数，单位为 $m^5/N \cdot s$；

V_{m1}——加载马达腔和连接管道的总容积，单位为 m^3；

β_e——等效容积弹性模量，单位为 N/m^2。

（3）力矩平衡方程

忽略库仑摩擦等非线性负载，对加载马达使用牛顿第二定律，可得力矩平衡方程为

$$P_{L1}D_{m1} = J_1\theta_j s^2 + B\theta_j s + T_{L1} \tag{8-83}$$

式中　J_1——加载马达轴转动惯量，单位为 $kg \cdot m^3$；

B——液压黏性阻尼系数，单位为 $N \cdot m/(rad/s)$；

T_{L1}——加载马达输出力矩，单位为 $N \cdot m$。

（4）力矩输出方程

$$T_{L1} = G_1(\theta_j - \theta_d) \tag{8-84}$$

式中 G_1——加载马达等效负载刚度，单位为 N·m/rad；

θ_d——承载系统的位置转角，单位为 N·s/(rad/s)。

取 $K_{ce1}=K_{c1}+C_{tm1}$，K_{ce1} 为加载系统总的流量-压力系数，其量纲为 $(\text{m}^5/\text{N·s})$。由式（8-81）与式（8-82）联立消去 Q_{L1}，然后代入式（8-83）消去 P_{L1}，再将式（8-84）代入消去 θ_j，最后整理得到

$$T_{L1}=\cfrac{\dfrac{K_{q1}D_{m1}}{K_{ce}}X_{v1}-\dfrac{V_{m1}J_1}{4\beta_eK_{ce1}}\theta_ds^3-\left(J_1+\dfrac{V_{m1}B}{4\beta_eK_{ce1}}\right)\theta_ds^2-\left(\dfrac{D_{m1}^2}{K_{ce1}}+B\right)\theta_ds}{\dfrac{V_{m1}J_1}{4\beta_eK_{ce1}G_1}s^3+\left(\dfrac{J_1}{G_1}+\dfrac{V_{m1}B}{4\beta_eK_{ce1}G_1}\right)s^2+\left(\dfrac{D_{m1}^2}{K_{ce1}G_1}+\dfrac{B}{G_1}+\dfrac{V_{m1}}{4\beta_eK_{ce1}}\right)s+1}\tag{8-85}$$

式（8-85）为变桨距载荷模拟系统输入输出表达式，其模型框图如图 8-61 所示。

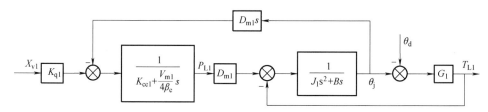

图 8-61　变桨距载荷模拟系统输出力矩模型

2. 对耦数学模型

对耦模型中将马达轴自身的转动惯量简化，只考虑桨叶及连接轴等效的负载惯量及等效刚度，对耦模型如图 8-62 所示。

（1）加载伺服阀的线性化流量方程

$$Q_{L2}=K_{q2}X_{v2}-K_{c2}P_{L2}\tag{8-86}$$

式中 Q_{L2}——负载伺服阀的负载流量，单位为 m^3/s；

K_{q2}——负载伺服阀的流量增益，单位为 m^2/s；

X_{v2}——负载伺服阀阀芯的开口量，单位为 m；

K_{c2}——负载伺服阀的流量-压力系数，单位为 $\text{m}^5/\text{N·s}$；

P_{L2}——负载马达的负载压力，单位为 N/m^2。

（2）马达流量连续性方程

马达的负载流量除了用于推动马达转动外，还用于补偿各种泄漏和压缩流量。

$$Q_{L2}=D_{m2}s\theta_d+C_{tm2}P_{L2}+\frac{V_{m2}}{4\beta_e}sP_{L2}\tag{8-87}$$

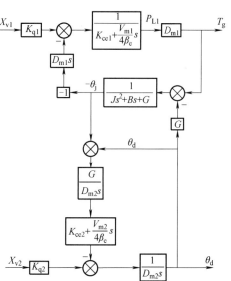

图 8-62　变桨距载荷模拟系统与变桨距位置控制系统对顶耦合控制框图

式中 D_{m2}——负载马达的理论排量，单位为 m^3/rad；

C_{tm2}——加载马达总的泄漏系数，单位为 $\text{m}^5/\text{N·s}$；

V_{m2}——加载马达腔和连接管道的总容积，单位为 m^3。

（3）力矩平衡方程

忽略库仑摩擦等非线性负载，对加载马达使用牛顿第二定律，可得力矩平衡方程为

$$P_{L2}D_{m2} = J\theta_j s^2 + B\theta_j s + T_g \tag{8-88}$$

式中　J——桨叶及连接轴等效负载惯量，单位为 kg·m³；

　　　T_g——系统输出力矩，单位为 N·m。

（4）力矩输出方程

$$T_g = G(\theta_d - \theta_j) = P_{L1}D_{m1} \tag{8-89}$$

式中　G——桨叶及连接环节的等效负载刚度，单位为 N·m/rad。

3. 系统多余力矩分析

加载系统与变桨距系统通过轴连接在一起，这就要求加载系统在跟踪力矩信号的同时能够跟踪桨距角位置的变化。由于加载系统对桨距角信号是未知的，所以这时的位置运动对加载系统是一个强干扰，从而产生多余力矩。对加载系统动力机构而言，从式（8-85）可以看出，分子中第一项为加载系统为保证加载力矩所需的流量，后面几项是和变桨距位置相关的量，也即多余力矩项，如式（8-90）所示。

$$T_g = \cfrac{-\cfrac{V_m J}{4\beta_e K_{ce}}\theta_d s^3 - \left(J + \cfrac{V_m B_c}{4\beta_e K_{ce}}\right)\theta_d s^2 - \left(\cfrac{D_m^2}{K_{ce}} + B_c\right)\theta_d s}{\cfrac{V_m J}{4\beta_e K_{ce} G}s^3 + \left(\cfrac{J}{G} + \cfrac{V_m B_c}{4\beta_e K_{ce} G}\right)s^2 + \left(\cfrac{D_m^2}{K_{ce} G} + \cfrac{B_c}{G} + \cfrac{V_m}{4\beta_e K_{ce}}\right)s + 1} \tag{8-90}$$

由式（8-90）可以看出，多余力矩与变桨距系统的转角速度项、转角加速度项以及转角加加速度项都有关系，是由于变桨距系统的动态过程引起的，变桨距动态过程通过连接轴作用于加载马达，在加载马达两腔产生强迫流量，形成多余力矩。尤其在变桨距起动、换向、加速和减速等工况时多余力矩更为明显，如图 8-63 所示。

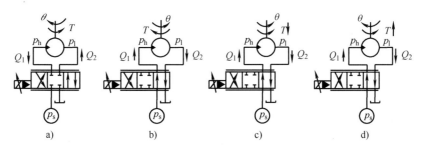

图 8-63　变桨距动态过程

（1）变桨距马达起动时

变桨距系统起动时加载马达如图 8-63a 所示，此时变桨距端开始运动一个 θ 角，而加载马达控制伺服阀处于关闭状态，由于变桨距系统转动带动加载马达转动，马达左腔要排出一定流量，右腔需要补充流量，但是阀口关闭，液体只能通过马达内泄漏流通，阻碍了液体流动，所以此时加载马达两腔形成强大的压差，从而形成很大多余力矩 T。

（2）变桨距马达换向时

当变桨距系统由图 8-63a 运动方向转向 8-63b 运动方向时，阀控加载马达如图 8-63b 所示。此时马达左腔中有流量流入，右腔中有流量流出，但是由于变桨距运动带动加载马达顺时针方向运动，所以此时右腔中存在多余流量，左腔中需要补充流量，使得加载马达两腔压差突然增大，形成多余力矩 T。

（3）变桨距马达加速时

当加载马达处于图8-63c所示工况时，变桨距系统突然加速，会使加载马达左腔中需要补充更多流量，而右腔中需要排掉由于加速运动而多出的强迫流量，使马达两腔中的压差突然变化，形成多余力矩 T。

（4）变桨距马达减速时

当加载马达处于图8-63d所示工况时，变桨距系统突然减速，会使加载马达左腔中需要补充的流量突然减少，而右腔中需要排掉的流量也减少，但是此时加载伺服阀阀口不能及时减小，仍然补充左腔很多流量，排掉右腔很多流量，使两腔中的压差增大，形成多余力矩 T。

由上述分析可知，形成多余力矩的主要原因是变桨距控制产生的转角位移，理想情况下，如果能将这部分扰动抵消或用其他方式减小都可以减小多余力矩。由于多余力矩最终表现出来的形式为加载误差的大小，即在式（8-90）中加载伺服阀输出为零时的力矩。如果使用理想加载伺服阀，可以使式中第一项抵消后面几项，也就可以消除变桨距干扰。但是实际上由于伺服阀固有频率的限制，只能通过改善伺服阀性能来减少多余力矩，无法达到完全消除的目的。

从式（8-90）中还可以看出 K_{ce} 也对多余力矩有一定影响，由于 $K_{ce}=K_c+C_{tm}$，一方面和伺服阀有关，另一方面和加载马达的泄漏有关，泄漏的大小对多余力矩有一定影响。如果把此泄漏变成可控，在一定程度上也可以削弱多余力矩的影响。

由于多余力矩主要来自变桨距干扰，如果在加载系统的控制量中补偿这种扰动量，也能达到削减多余力矩的目的，这就是控制器补偿思路。补偿效果的优劣主要取决于对变桨距扰动量补偿程度，关于多余力矩补偿的方法很多，典型的有结构不变性和干扰观测器补偿，对多余力矩的抑制起到了一定的作用。

8.5.2.2 辅助同步补偿多余力矩方法

1. 结构不变性补偿原理分析

从动力执行机构的模型来看，系统的干扰为变桨马达转动角速度 $\dot{\theta}_d$。根据结构不变性原理，只要根据该角速度的值进行前馈补偿就完全可以消除多余力矩。根据结构不变性原理，系统控制框图如图8-64所示。

图8-64中，补偿环节为

$$G_m(s) = \frac{V_{m1}J_1}{4\beta_e K_{ce1}G_1}s^3 + \left(\frac{J_1}{G_1}+\frac{V_{m1}B}{4\beta_e K_{ce1}G_1}\right)s^2 + \left(\frac{D_{m1}^2}{K_{ce1}G_1}+\frac{B}{G_1}+\frac{V_{m1}}{4\beta_e K_{ce1}}\right)s+1$$

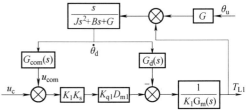

图8-64　结构不变性原理控制框图

由于补偿环节 $G_{com}(s)$ 中含有高阶微分成分，实现完全补偿存在一定的困难，通常将补偿环节简化为常数，进行近似补偿。另外由于模型误差、角速度信号误差、伺服阀的动态、非线性和参数时变等因素的影响，很难做到完全补偿，因此系统还是会受到影响。来自角速度传感器或微分电路的信号存在相位滞后和幅值衰减，仅靠采用结构不变性原理方法难以完全消除多余力矩。

2. 辅助同步补偿原理分析

对于负载模拟系统，当主控信号为零（$V_v = 0$）时，希望模拟负载力矩为零。这就要求负载模拟系统能及时地跟踪承载对象的自身运动，此时力矩系统之所以能做跟踪运动完全是因为力矩传感器受到多余力矩，产生反馈信号 V_f，使力矩系统动作，以减小多余力矩。所以，此时多余力矩是力矩系统做跟踪运动的原因，力矩系统总是处于被动的工作状态。从原理上看，不采取任何措施的被动式电液力矩控制系统，在动态加载时将不可避免地产生多余力矩。

为了深入探讨被动式力矩系统的加载特点，把其连续加载过程分为两步：①跟踪承载对象的自身运动；②给承载对象加载。

如果力矩系统能很好地完成第一步，则相当于主动式力矩系统，没有位置干扰，不存在多余力矩。故为了使力矩系统主动地跟随承载对象做相同的运动，消除多余力矩影响，给力矩系统加一位置内环。同时将承载对象的输入信号 V_v 引入力矩系统，构成辅助同步环。若承载对象特性与力矩系统位置环特性完全相同，设 $V_v = 0$，则受控于同一信号 V_v 时，两者将做相同的运动，使力矩系统由被动地跟踪承载对象运动，变为主动地与其做同步运动。事实上，两系统位置环特性不可能完全相同，甚至差别很大。若仅在力矩系统中加一位置内环，有时反而使多余力矩增大。所以还需检测出承载对象的运动状态和力矩系统的运动状态，将两者的同步差信号送到力矩系统中，起到补偿作用，促使力矩系统保持与承载对象的同步运动。对力矩系统采取上述措施，可使其很好地完成加载的第一步。加载过程的第二步，仍由主控力矩信号 V_v 来完成。

如上文所述，辅助同步补偿方法是在加载系统中增加了一个位置补偿环节，将变桨距的输入信号引到加载系统，使加载马达主动地与变桨距一起运动，达到消除多余力矩的目的。传统辅助同步补偿原理如图 8-65 所示。

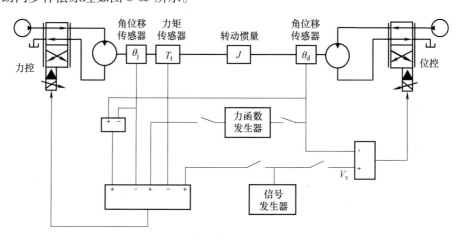

图 8-65　传统辅助同步补偿原理图

从图 8-65 可以看出，该同步方案实现了跟踪运动和加载两种功能，加入了所要求的位置内环；承载对象和力控系统运动状态的同步差信号也起到了补偿作用。同时该方案中引入了两个角位移检测，进一步保证了同步精度。

8.5.2.3 改进辅助同步补偿研究

辅助同步补偿方法对抑制多余力矩有一定的效果，提高了系统加载精度及频宽，但是在位置补偿环节与加载系统之间还存在耦合，二者之间相互作用，相互影响，限制系统性能指标的进一步提高，所以本节结合传统辅助同步补偿方法，提出一种改进辅助同步补偿方案，以达到抵消式（8-90）分子中各项的目的。

通过传统同步补偿原理分析可知，在载荷模拟系统控制回路中并联位置控制回路，目的是将载荷模拟系统的连续加载分解为两个基本步骤，第一步实现载荷模拟系统跟随变桨距位置控制系统运动，第二步实现对变桨距位置控制系统加载欲模拟的载荷谱。

图 8-66 为载荷模拟系统原理简图，载荷模拟系统在加载并动态跟随变桨距系统运动过程中，由于负载力矩变化引起的非线性因素对载荷模拟系统的动态响应影响很大。

如图 8-66a 所示，当载荷模拟系统跟随变桨距系统运动方向与施加的

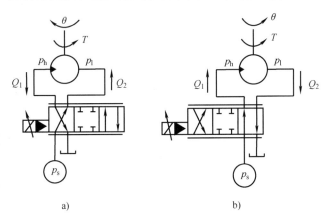

图 8-66 载荷模拟系统原理简图

载荷方向相反时，需要将马达高压侧多余流量释放出来，该流量记为 Q_{11}，马达低压侧需要补充的流量为 Q_{12}。

$$Q_{11} = C_d W x_v \sqrt{2(p_s - p_h)/\rho} \tag{8-91}$$

$$Q_{12} = C_d W x_v \sqrt{2(p_s - p_1)/\rho} \tag{8-92}$$

如图 8-66b 所示，当载荷模拟系统跟随变桨距系统运动方向与施加的载荷方向相同时，马达高压侧需要补充流量，该流量记为 Q_{21}，马达低压侧需要释放流量，记为 Q_{22}。

$$Q_{21} = C_d W x_v \sqrt{2(p_s - p_h)/\rho} \tag{8-93}$$

$$Q_{22} = C_d W x_v \sqrt{2 p_1/\rho} \tag{8-94}$$

当负载模拟系统需要加载的扭矩比较大时，P_h 比较接近 P_s，所以对于相同的阀 Δx_v，Q_{11} 与 Q_{21} 差别较大，这种非线性将会影响负载模拟系统跟随变桨距系统动作的响应特性，使变桨距角度方向不同时，具有不同的响应特性。欲使两种状态下具有相同 θ 角度响应特性时，所需的 x_v 方向相反，大小不同。所以力控系统跟随位控系统运动过程，多余力矩的产生规律是非线性的，并且力控系统本身由于上述非线性影响会存在加载特性变化的问题。

由于变桨距载荷模拟系统和变桨距位置控制系统对力矩动态响应要求较低，所以设计变桨距载荷模拟系统和变桨距位置控制系统时应提高传动轴的刚度，保证载荷模拟系统具有一定的频宽。在这个前提下，可以认为载荷模拟马达与变桨距马达实现了机械同步，在采用辅助同步补偿方法时不必考虑同步补偿控制问题，这样就避免了传统辅助同步补偿方法中位置补偿环节与加载系统之间的耦合问题，简化了传统辅助同步补偿方法，改进辅助同步补偿原理如图 8-67 所示。

由于变桨距载荷模拟系统输出转矩较高，虽然采用相同的低速大扭矩马达，载荷模拟系

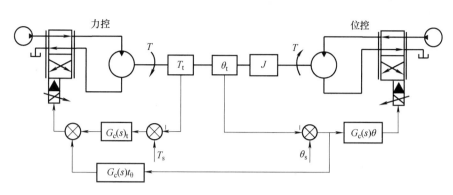

图 8-67　改进辅助同步补偿原理

统与变桨距位置控制系统同步位置响应会有一定差别，这个差别会随着载荷模拟系统工作点变化而变化，传统的辅助同步补偿原理不能消除由此产生的多余力矩。为了使载荷模拟系统与变桨距位置控制系统具有相同的位置响应特性，并且对系统工作点变化引起的参数变化不敏感，具有一定的鲁棒性，将载荷模拟系统控制回路中位置补偿环节改为与载荷模拟控制回路并联的位置控制回路，并单独给位置控制回路设置控制器，以实现载荷模拟系统与变桨距控制系统在大部分工作点处都能保证较高的同步精度。改进辅助同步补偿控制框图如图 8-68所示。

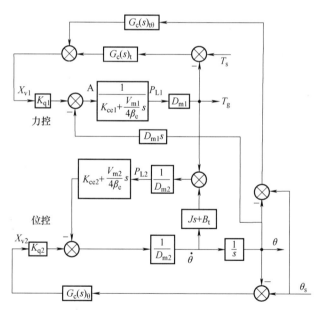

图 8-68　改进辅助同步补偿控制框图

采用改进辅助同步补偿原理，以负载模拟系统无任何扰动为控制目标，求解负载模拟系统位置控制回路控制器控制规律。

当负载模拟系统能实现与变桨距系统完全同步运动时，此时理论上认为多余力矩为零，则 T_g 的增量为零。就是要求 A 点处变量不发生变化，由变桨距系统转角变化产生的多余流量记为 Q_q，由负载模拟系统位置控制回路给出阀口调整值对应的补偿流量记为 Q_c。

$$Q_q = D_{m1} s\theta \qquad (8\text{-}95)$$

$$Q_c = (\theta_s - \theta) G_c(s)_{t\theta} K_{q1} \qquad (8\text{-}96)$$

变桨距位置控制系统在外负载力矩增量为零时，转角闭环控制系统前向通道传递函数为

$$\frac{\theta}{e_\theta} = \frac{G_c(s)_\theta K_{q2}/D_{m2}}{\dfrac{V_{m2}J}{4\beta_e D_{m2}^2}s^3 + \left(\dfrac{V_{m2}B_t}{4\beta_e D_{m2}} + \dfrac{JK_{ce2}}{D_{m2}^2}\right)s^2 + s} \qquad (8\text{-}97)$$

$$\frac{\theta}{e_\theta} = \frac{G_c(s)_\theta K_{q2}/D_{m2}}{s\left(\dfrac{s^2}{\omega_{h2}^2} + \dfrac{2\zeta_{h2}}{\omega_{h2}}s + 1\right)} \qquad (8\text{-}98)$$

其中
$$\omega_{h2} = \sqrt{\frac{4\beta_e D_{m2}^2}{V_{m2}J}}, \quad \zeta_{h2} = \frac{K_{ce2}}{D_{m2}}\sqrt{\frac{\beta_e J}{V_{m2}}} + \frac{B_t}{4D_{m2}}\sqrt{\frac{V_{m2}}{\beta_e J}}$$

转角输出对转角给定的传递函数为

$$\frac{\theta}{\theta_s} = \frac{G_c(s)_\theta K_{q2}/D_{m2}}{\dfrac{s^3}{\omega_{h2}^2} + \dfrac{2\zeta_{h2}}{\omega_{h2}}s^2 + s + G_c(s)_\theta \dfrac{K_{q2}}{D_{m2}}} \qquad (8\text{-}99)$$

当多余力矩为零时，有

$$Q_q = Q_c$$

即

$$\frac{\theta}{\theta_s - \theta} = \frac{G_c(s)_{t\theta} K_{q1}}{D_{m1} s}$$

则

$$\frac{\theta}{\theta_s} = \frac{G_c(s)_{t\theta} K_{q1}}{D_{m1} s + G_c(s)_{t\theta} K_{q1}}$$

整理，有

$$\frac{G_c(s)_\theta K_{q2}/D_{m2}}{\dfrac{s^3}{\omega_{h2}^2} + \dfrac{2\zeta_{h2}}{\omega_{h2}}s^2 + s} = \frac{G_c(s)_{t\theta} K_{q1}}{D_{m1} s + G_c(s)_{t\theta} K_{q1}} \qquad (8\text{-}100)$$

可得到负载模拟系统位置并联控制回路，在完全消除多余力矩的理想工况，控制规律为

$$G_c(s)_{t\theta} = \frac{G_c(s)_\theta \dfrac{K_{q2}}{D_{m2}} \dfrac{D_{m1}}{K_{q1}}}{\dfrac{s^2}{\omega_{h2}^2} + \dfrac{2\zeta_{h2}}{\omega_{h2}}s + 1} \qquad (8\text{-}101)$$

实际物理系统采用上述理想工况下求解出的控制规律时，不可能完全消除多余力矩，所以需要进一步计算，当位控系统运动对力控系统引入多余力矩后，力控系统并联位控回路控制传递函数。将控制框图中的控制器以传统的 PID 控制进行近似替换，得到控制框图如图 8-69 所示。

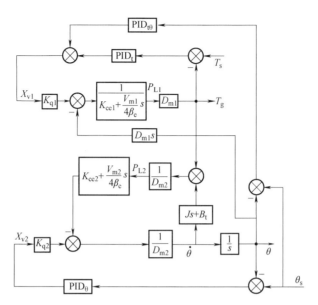

图 8-69　简化改进辅助同步补偿控制原理图

通过优化载荷模拟系统控制回路中位置跟随控制回路的控制器控制参数，首先实现载荷模拟系统完全跟随变桨距位置控制系统运动，使连接两马达的主轴上尽量不产生多余力矩，然后投入扭矩控制回路并调整控制器控制参数，使连接两马达主轴上产生需要的扭矩载荷。采用上述方法，避免了采用结构不变性原理引入的高阶微分环节和实际物理系统转速信号的准确测量问题，能够稳定、准确地计算出载荷模拟系统所需要的阀口开度，并且对系统工作点变化不敏感。

8.5.2.4　阀控液压马达变桨距载荷模拟实验研究

1. 多余力矩测试实验

多余力矩是由于位置控制系统的强扰动产生的，对于多余力矩的测量，一般是在加载系统给定加载力矩为一定值，位置控制系统运动时所产生的输出力矩。对于变桨距负载模拟系统，在实验中加载 1000N·m 的恒力矩，测试由于桨距角在阶跃给定信号和正弦给定信号所产生的多余力矩。实验结果如图 8-70 所示。

由图 8-70 可以看出，位置变化引起的多余力矩非常大。多余力矩频率与位置正弦扰动频率相同，相位上有所滞后，位置扰动频率越高，多余力矩的频率也会增加。同时，随着位置扰动频率的增强，多余力矩的幅值也会提高，说明多余力矩的大小与位置扰动的速度直接相关。

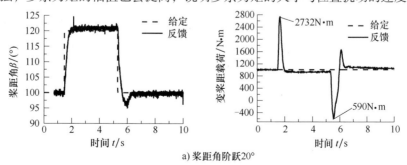

a) 桨距角阶跃20°

图 8-70　阶跃扰动条件下的多余力矩

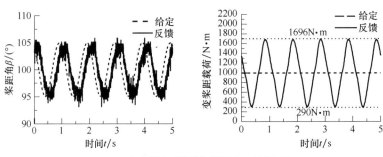

b) 桨距角正弦给定(幅值5°，频率1Hz)

图 8-70　阶跃扰动条件下的多余力矩（续）

2. 多余力矩补偿实验

本节采用改进辅助同步补偿算法来抑制多余力矩，为了表明对于多余力矩的补偿效果，首先进行桨距角阶跃扰动下多余力矩补偿实验，桨距角的扰动采用两个方波信号，在第一个方波开始处投入补偿算法，在第二个方波处解除多余力矩补偿算法，这样可以清晰地看到补偿前后系统多余力矩的抑制情况。对 20°的桨距角扰动进行实验研究，加载系统控制给定为 1000N·m。实验结果如图 8-71 所示。

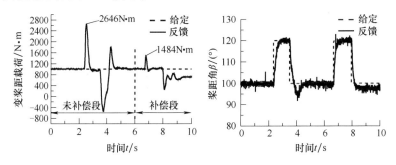

图 8-71　阶跃扰动条件下的多余力矩补偿

由图 8-71 可以看出，采用本节提出的改进辅助同步补偿算法对多余力矩的抑制有很好的效果，多余力矩抑制率可以达到 70.6%。为了研究在动态给定条件下采用该方法对多余力矩的抑制效果，采用正弦位置扰动，实验结果如图 8-72 所示。

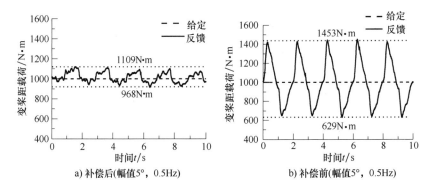

a) 补偿后(幅值5°，0.5Hz)　　　　　　b) 补偿前(幅值5°，0.5Hz)

图 8-72　正弦位置扰动条件下的多余力矩补偿

由图 8-72 可以看出，采用辅助同步补偿算法的多余力矩抑制方法在动态位置扰动时是适用的，消除多余力矩能够达到 75% 以上。在桨距角正弦给定条件下，负载模拟系统以追踪给定随机载荷谱为基准，并以不同的频率正弦加载，考察加载力跟踪条件下的多余力矩抑制效果。实验结果如图 8-73 所示。

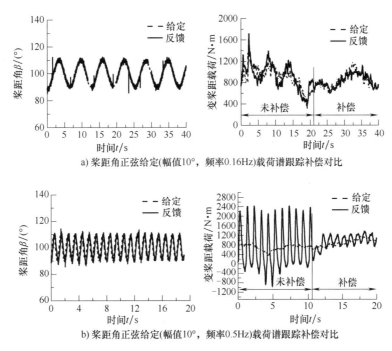

a) 桨距角正弦给定(幅值10°，频率0.16Hz)载荷谱跟踪补偿对比

b) 桨距角正弦给定(幅值10°，频率0.5Hz)载荷谱跟踪补偿对比

图 8-73　正弦位置扰动条件下载荷谱跟踪情况对比

如图 8-73a 所示，当桨距角按照 10°幅值、0.16Hz 给定时，载荷模拟系统跟随随机载荷过程中投入补偿算法后，能够基本跟踪随机给定的载荷谱。当桨距角按照 0.5Hz 给定时，投入补偿算法后，消除了 80% 以上的多余力矩。所以通过实验验证了提出的改进辅助同步补偿控制算法对补偿多余力矩的有效性。

8.5.3　改进辅助同步补偿仿真验证

8.5.3.1　多余力矩测量仿真

（1）桨距角阶跃给定

变桨距负载给定值 900N·m 条件下，桨距角阶跃给定，阶跃值为 10°和 20°，仿真结果如图 8-74 所示。

由图 8-74 可以看出，当桨距角阶跃给定值为 10°和 20°时，多余力矩大小见表 8-9。

表 8-9　桨距角阶跃加载条件下多余力矩测量值

桨距角阶跃值/(°)	多余力矩/N·m	
	正向	负向
10	884	1811
20	957	1994

液压型风力发电机组控制技术

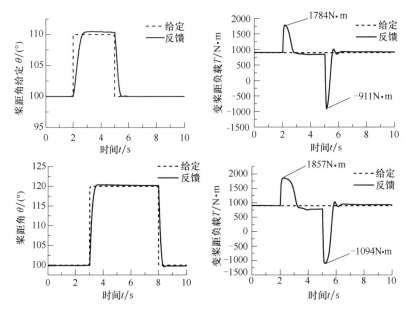

图 8-74　桨距角阶跃给定条件下的多余力矩

由仿真结果可以看出，位置控制系统对力控系统的扰动非常强烈，20°时多余力矩超过了力矩给定值的 1 倍，位置变化值越大，产生的多余力矩越大。

（2）桨距角正弦给定

多余力矩给定值 1000N·m，桨距角正弦给定，频率为 0.16Hz 和 0.5Hz。仿真结果如图 8-75 所示。

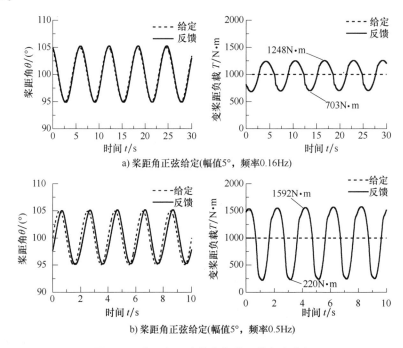

a) 桨距角正弦给定(幅值5°，频率0.16Hz)

b) 桨距角正弦给定(幅值5°，频率0.5Hz)

图 8-75　桨距角正弦给定条件下的多余力矩

仿真结果表明，多余力矩的频率与位置扰动频率相同，幅值与位置扰动的幅值呈正比。

8.5.3.2　多余力矩抑制仿真

1. 桨距角阶跃给定条件下的多余力矩抑制

在 900N·m 控制目标下，采用改进辅助同步补偿方法对多余力矩进行抑制，仿真结果如图 8-76 所示。

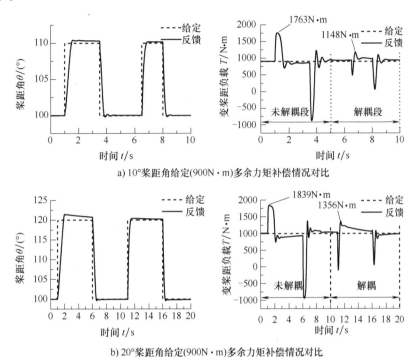

a) 10°桨距角给定(900N·m)多余力矩补偿情况对比

b) 20°桨距角给定(900N·m)多余力矩补偿情况对比

图 8-76　桨距角阶跃给定条件下的多余力矩抑制

2. 桨距角正弦给定条件下的多余力矩抑制

负载力 1000N·m 条件下，桨距角正弦给定，频率为 1Hz 和 1.5Hz，仿真结果如图 8-77 所示。

由图 8-76 和图 8-77 可以看出，采用改进辅助同步补偿方法对多余力矩抑制效果明显。

8.5.4　基于变桨距的功率控制研究

8.5.4.1　有功功率传输过程

液压型风力发电机组通过风轮吸收风功率，采用定量泵变量马达传输功率，最终将功率传递给励磁同步发电机并网发电。所以，液压型风力机对于传输功率的控制可以分为两个部分，首先是通过变桨距来控制风轮的吸收功率，然后通过定量泵-变量马达闭式液压系统来控制发电功率。

风力发电机组并网运行状态受风速变化、电网频率波动和电网电压波动影响，针对液压型风力发电机组功率传输的特点，对液压型风力发电机组功率控制提出了如下要求：

1）风速一定时，风力发电机组可按照给定功率稳定发电运行，即主动控制机组发电功率。

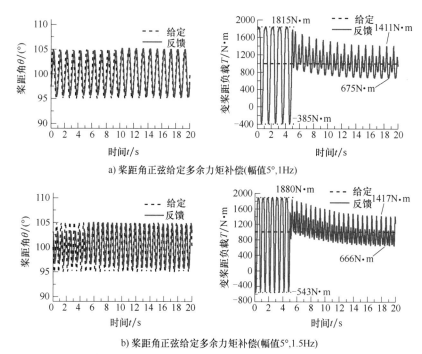

a) 桨距角正弦给定多余力矩补偿(幅值5°,1Hz)

b) 桨距角正弦给定多余力矩补偿(幅值5°,1.5Hz)

图 8-77　桨距角正弦给定条件下的多余力矩抑制

2）风速变化时，在部分负荷区，通过变桨距系统和主传动系统的协同控制完成最大功率追踪控制，同时抑制功率追踪过程中产生的功率波动。

3）风速变化时，在额定负荷区，变桨距系统控制风轮输出功率并保持稳定，主传动系统完成并网功率控制。

4）风力发电机组可适应电网频率波动，在不同稳定状态之间变化、运行。

5）保证发电机发电频率在（50±0.1%）Hz 范围变化。

风力发电机组发电功率给定值由主控制系统根据当前风速、风力机运行状态、电网状态计算得出。当风速变化、电网用电负载（频率）波动、风力机运行状态变化时，需主动改变风力机发电功率给定值，使风力机稳定工作在目标状态。

1. 液压型风力发电机组并网控制过程

液压型风力发电机组配备了励磁同步发电机，为了能够并网发电需要将变量马达的输出转速调整到 1500r/min。随着风轮转速变化，定量泵输出流量发生变化，通过改变液压马达的排量实现闭式系统恒转速控制。为了减少溢流损失，可使定量泵工作于恒流源状态，定量泵输入转速变化，调整变量马达维持马达恒转速，负载压力变化决定系统压力，系统无溢流损失。控制原理如图 8-78 所示。

基于上述转速控制方法，当变量马达转速被控制在发电机同步转速允许的范围内时，发电机即可并入电网。

2. 并网后主传动系统传输功率控制过程

并网后同步发电机转速与电网同频，即工作于 1500r/min，通过转速闭环实现马达转速与发电机转速始终相等。励磁同步发电机并网功率控制是依靠转速进行调整的，所以并网后

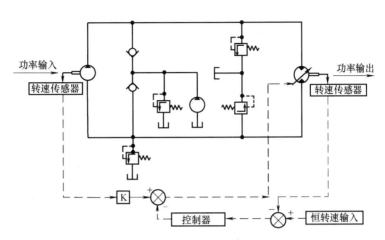

图 8-78　间接流量反馈加直接转速闭环定量泵-变量马达恒转速控制系统简图

传输功率的控制需要建立有功功率与调整目标转速之间定量的线性化关系。也就是将欲传输的有功功率折算成对应的转速变化值,补偿到目标转速,实现转速偏差归零,目标转速即为同步转速。发电机并入电网工作于同步转速后,调整马达转速的目的是使发电机转速保持同步转速,发电机发出的有功功率从而随之变化。这样便实现了发电功率变化量与转速差的线性化对应关系。电网频率检测并折算成功率补偿给定,实现电网频率波动时,随电网频率变化改变下垂特性曲线截距值,使有功功率跟随电网频率波动变化。在此基础上增加功率给定环节,即可实现功率调整值的给定,如图 8-79 所示。

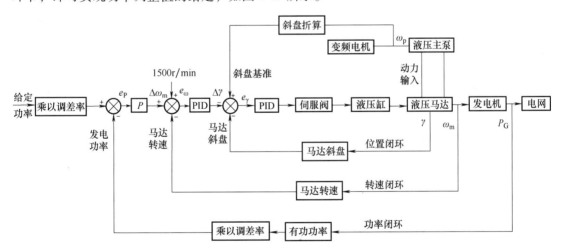

图 8-79　液压型风力发电机组正常并网运行功率控制框图

对于液压型风力发电机组定量泵-变量马达主传动系统,忽略系统泄漏损失,可将系统传输的功率简化为系统压力和马达摆角的函数,而系统压力又是马达摆角的函数,故可作出系统传输功率的三维工作区间图,如图 8-80 所示。

不同的工作状态下系统可传输的最大功率不同,在计算系统功率传输范围时,考虑马达摆角的绝对控制,即系统从初始压力 $p_{h0}=0$ 开始算起。γ_0 为定量泵流量折算基准值,p_{max} 为系统的最大工作压力,则对应一定 γ_0 和 p_{max} 时,系统可传输的最大功率为

$$p_{\max}=\begin{cases} 0.25K_{\text{P}\gamma}\gamma_0 & ,\gamma_0\leqslant 2p_{\max}/K_{\text{P}\gamma}\\ K_{\text{P}}p_{\max}(\gamma_0-p_{\max}/K_{\text{P}\gamma}) & ,\gamma_0>2p_{\max}/K_{\text{P}\gamma}\end{cases} \tag{8-102}$$

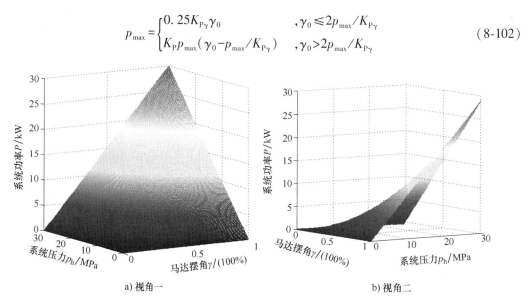

a) 视角一   b) 视角二

图 8-80　系统功率三维工作区间图

8.5.4.2　额定负荷区变桨距控制策略

液压型风力发电机组在额定负荷区运行时，风速在额定风速和切出风速之间变化，风电机组转速应保持在额定转速，发电功率应保持在额定功率。由前面的分析可知，风速不变时，随着桨距角的增大，风力机吸收的风功率将随之变小。风速在额定风速以下变化时，即在部分负荷区时，不进行调桨，对风电机组进行最佳功率追踪控制，风电机组的发电功率将随着风速变化；风速达到额定风速时，发电功率将达到机组额定功率；风速在额定风速和切出风速之间变化时，即在额定负荷区时，风电机组必须保持发电功率不变。由于在额定负荷区风速在额定风速以上变化，此时风电机组要保持在额定发电功率运行，必须根据风速的变化通过调节桨距角的大小来减小风力机吸收的风功率，从而使风力机吸收的风功率保持在机组的额定发电功率值，风电机组的转速则由于风力机吸收的风功率与液压主传动系统传输的功率（即发电功率）相平衡而保持不变。

由于液压型风力发电机组较传统风力发电机组省去了变流逆变装置，整个机组只有变量马达斜盘和风力机桨距角可调，故液压型风力发电机组额定负荷区变桨距控制方法较传统风力发电机组不同，控制的过程中既要保证桨距角快速准确地调节到合适的位置，同时又要精确地控制主传动系统变量马达斜盘的位置，因此需要针对液压型风力发电机组的特点提出一种合适的桨距角控制方法。

针对液压型风力发电机组主传动系统功率控制方法和桨距角调节系统的要求，提出一种适用于液压型风力发电机组额定负荷区的变桨距控制方法。

设风速为 v，风轮额定转速为 n_{r}，风轮实际转速为 n，桨距角预设值为 β_{set}，实际桨距角为 β，风电机组的额定发电功率为 P_{r}。

在并网状态下，在液压型风力发电机组主传动功率控制的基础上，在图 8-79 所示主控制框图中添加上变桨控制环节，即可实现在主传动功率控制的同时对风轮桨距角的实时控制，控制框图如图 8-81 所示，具体控制方法介绍如下。

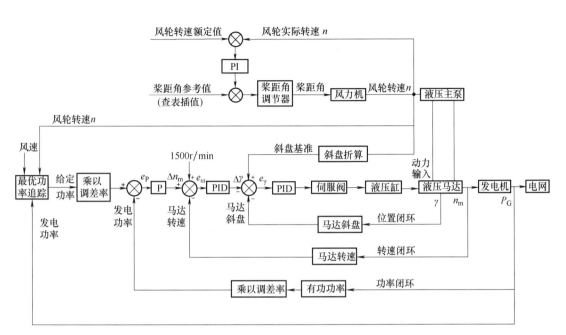

图 8-81　液压型风力发电机组额定负荷区变桨距控制框图

实时检测风速的变化，根据检测到的风速的大小判断风电机组是否运行在额定负荷区，当风速传感器检测到风速 v 在局部负荷区变化时，不进行变桨距控制，风电机组通过最优功率追踪控制，最大量地将风能转化为电能；当风速传感器检测到风速 v 在额定负荷区变化时，由最优功率追踪控制转化为变桨距控制，即图 8-81 所示的液压型风力发电机组变桨距控制框图中发电功率给定值和风轮转速参考值分别设为机组的额定值 P_r 和 n_r，同时根据检测到的风速大小运用查表插值的方法计算出桨距角的预设值 β_{set}，作为桨距角调节的基准；为了控制风电机组在额定工作点稳定运行，在桨距角控制环节中添加了风轮转速控制环，即实时检测风轮的转速 n，并与风轮的额定转速 n_r 进行比较，将转速偏差通过控制器调整后作为桨距角的补偿量 $\Delta\beta$，对桨距角进行微调，从而使其控制在合理的大小。由上述分析可知，在局部负荷区，液压型风力发电机组进行最优功率追踪控制，而在额定负荷区，液压型风力发电机组进行变桨距控制，桨距角的控制由两部分组成，即桨距角预设值 β_{set} 和补偿值 $\Delta\beta$，其中桨距角的预设值 β_{set} 起主要调节作用，由检测的风速进行查表获取，桨距角的补偿值 $\Delta\beta$ 对桨距角进行微调，由转速偏差经 PI 控制环节调整得到。在额定负荷区，通过上述方法对桨距角进行控制，既能保证桨距角的快速调整，同时又能控制风电机组在额定工作点稳定运行。

8.5.4.3　额定负荷区变桨距控制仿真

根据额定负荷区风电机组变桨距控制策略建立联合仿真模型对液压型风电机组进行仿真研究，设定风速先从部分负荷区的 10m/s 通过逐步阶跃变化到额定负荷区的 20m/s，再从额定负荷区的 20m/s 逐步阶跃变化到部分负荷区的 12m/s，图 8-82 和图 8-83 分别为风速变化曲线和风轮转速变化曲线。

在图 8-82 所描述的风速变化过程中，风电机组经过最优功率追踪控制和变桨距控制后得到的风力机组发电功率曲线和桨距角变化曲线如图 8-84 和图 8-85 所示。

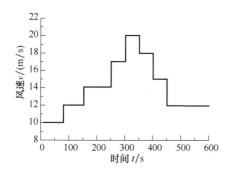

图 8-82　风速变化曲线

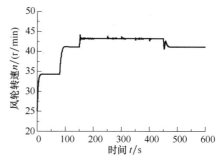

图 8-83　风轮转速变化曲线

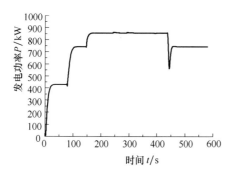

图 8-84　发电功率变化曲线

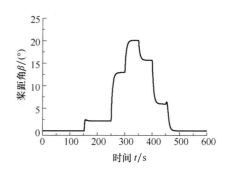

图 8-85　桨距角变化曲线

　　由图 8-84 和图 8-85 可以看出，本节提出的功率控制策略可以实现液压型风电机组在局部负荷区和额定负荷区的控制要求，在部分负荷区（风速 $v<13\mathrm{m/s}$）变化时，即风速从 $10\mathrm{m/s}$ 变化到 $12\mathrm{m/s}$ 过程中，风电机组不进行变桨控制（如图 8-85 所示 $0\sim150\mathrm{s}$ 和 $450\sim600\mathrm{s}$ 时间范围内的桨距角 $\beta=0$），而是通过最优功率追踪控制快速追踪并稳定运行在最大功率点。当风速从 $20\mathrm{m/s}$ 逐步变化到 $12\mathrm{m/s}$ 过程中，风电机组通过上述变桨距控制方法，都能够快速、准确地调节桨距角的大小（如图 8-85 所示 $150\sim450\mathrm{s}$ 时间范围内的桨距角 $\beta>0$），使液压型风电机组的发电功率稳定在 $850\mathrm{kW}$ 的额定功率，同时也使风力机的转速稳定在 $44.416\mathrm{r/min}$ 的额定转速（图 8-83）所示。

　　风速变化过程中，变量马达斜盘位置和风能利用系数变化曲线分别如图 8-86 和图 8-87 所示。

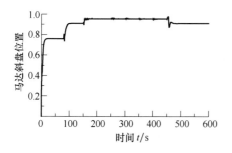

图 8-86　马达斜盘位置变化曲线

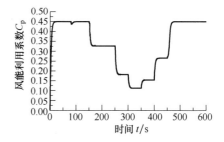

图 8-87　不同风速下的风能利用系数

　　从图 8-87 所示的不同风速下的风能利用系数曲线也可以看出，通过最佳功率追踪控制，在部分负荷区，风力机的风能利用系数始终维持在 0.45 的最大值，即风电机组最大程度地吸收和利用了风能；在额定负荷区（风速 13m/s<v<20m/s）变化时，从图 8-87 所示的不同风速下的风能利用系数曲线也可以看出，通过变桨距控制，在额定负荷区，风力机由于变桨作用，使得风能利用系数低于 0.45 的最大值，即风电机组只吸收和利用了部分风能。理论分析和仿真结果表明，本节提出的额定负荷区变桨距控制方法能够实现液压型风力发电机组在额定负荷区额定功率和额定转速的控制要求。

8.6　本章小结

本章主要从以下五个方面对大型风力发电机组变桨距控制技术进行了研究：

1）采用 Kaimal 谱建立了脉动风速模型，得出了风力机的功率输出特性，对桨叶变桨距载荷气动模型进行了分析计算，获得了不同风速下的变桨距载荷随桨距角变化的曲线。

2）通过数学建模和 MATLAB/Simulink 的仿真分析，得出了桨距角在恒定负载及超越负载作用下的位置、速度响应及液压马达摩擦对其低速稳定性的影响，并采用基于 LuGre 摩擦模型的自适应摩擦补偿控制方法来对摩擦产生的位置"平顶"现象和低速"爬行"现象进行补偿，得到了很好的补偿控制效果。

3）分析了变桨距过程中速度冲击产生的机理，提出利用速度/位置复合控制来抑制变桨速度冲击，并针对变桨距过程中载荷波动剧烈的特点，提出了模糊速度/位置协调控制方法，对变桨距过程中的速度规划、速度补偿和模糊控制器进行了研究。

4）搭建了液压型风力发电机组变桨距控制系统半物理仿真平台，对变桨距载荷模拟系统中的多余力矩进行了研究，分析了其产生机理和抑制方法，提出了一种改进辅助同步补偿方法对多余力矩进行抑制，并对液压型风力发电机组额定负荷区内功率控制进行研究，提出液压型风力发电机组变桨距控制策略。

5）对基于 LuGre 动态摩擦模型的自适应补偿方法、模糊位置/速度协调控制方法、变桨距加载平台的载荷加载过程中的多余力矩补偿方法、额定负荷区的功率控制方法、变桨距控制策略进行了仿真实验研究，结果表明以上控制方法策略正确可行，能够满足液压型风力发电机组的要求。

参考文献

[1] 李晶，方勇，宋家骅，等 . 变速恒频双馈风电机组分段分层控制策略的研究 [J]. 电网技术，2005，29（9）：15-21.

[2] 姚兴佳，温和煦，邓英 . 变速恒频风力发电系统变桨距智能控制 [J]. 沈阳工业大学学报，2008，30（2）：159-162.

[3] 李昊 . 液压型风电机组阀控液压马达变桨距控制理论与实验研究 [D]. 秦皇岛：燕山大学，2013.

[4] 王春行 . 液压控制系统 [M]. 北京：机械工业出版社，1999.

[5] ARMSTRONG B，DUPONT P，CANUDAS DE W C. A Survey of Model, Analysis Tools and Compensation Methods for the Control of Machines with Friction [J]. Automatica. 1994, 30（7）：1083-1138.

[6] 崔杨，穆钢，刘玉，等 . 风电功率波动的时空分布特性 [J]. 电网技术，2011，35（2）：110-114.